轻轻松松学习建筑结构

[日]江尻宪泰 著

郭屹民 陈 笛 罗林君 张 准 译

郭屹民 钱 晨 王梓童 校

中国建筑工业出版社

contents
目录

chapter 1
结构基础 ………p5

chapter 2
结构力学 ………p71

chapter 4 结构设计 ·········p173

chapter 5 抗震设计 ·········p209

column

chapter 1 结构基础

01 所谓建筑结构

建筑结构是什么?

建筑结构与身体的“结构”一样吗?

很多人都觉得“结构”是隐身于表象之后的。一般来说,我们可以将“建筑结构”比喻成生物的骨骼;将给排水、电气管线设备等比喻成血管和消化器官;将窗户、面层等比喻成皮肤。听到这样的解释,许多人都会认为建筑结构是不可见的。

“结构”无处不在吗?!

在生物界,有以甲壳虫为代表有着类似外壳的昆虫,也有像犀牛的犄角那样变得异常坚硬的皮肤,这些生物的外皮都有着与结构类似的强度。同样地,建筑的结构中,既有像人的骨骼那样隐藏在内部的结构;也有同时作为建筑物的支撑和表皮的结构。玻璃的框架虽然不是建筑结构的主体,但也是将风抵挡在建筑外的围护结构。

甚至,书架抵抗着地心引力,成为将沉重的书本支撑起来的结构。固定海报的图钉、自动铅笔的笔芯等也是小小的“结构”。日常生活中,“结构”无处不在。

从内部支撑建筑的结构可通过梁柱的大小呈现出来。在钢筋混凝土结构的建筑中布置家具时,想必大家都有被柱子所困扰的情况。因此,即便隐身于表象之后,“结构”也在时时刻刻地影响着日常生活。而在希腊的神庙中,柱子不仅仅支撑起屋顶,它的造型本身也通过精心的设计成为了艺术作品。事实上,结构未必身居幕后,它一直通过各种各样的方式被展现出来。

结构设计师利用力学、数学以及经验,设计出能够在重力、地震等外力作用下确保建筑安全的“结构”。“结构”无处不在,笔者认为“建筑结构”可以定义为通过抵抗外力创造出能给人使用空间。

身边的结构

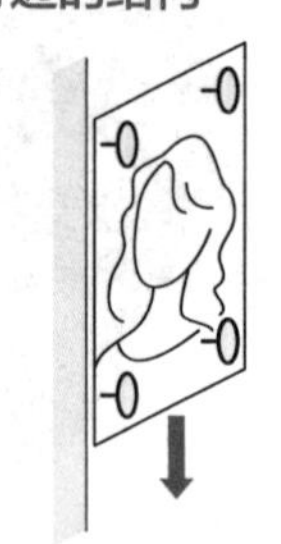

抵抗重力,支起海报的小图钉就是结构。

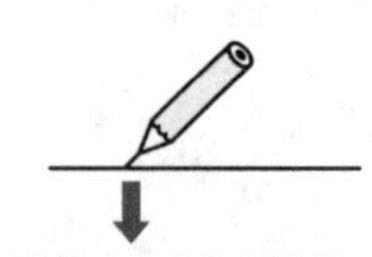

抵抗笔尖压力的铅笔芯同样也是细微的结构。

建筑结构的组成要素

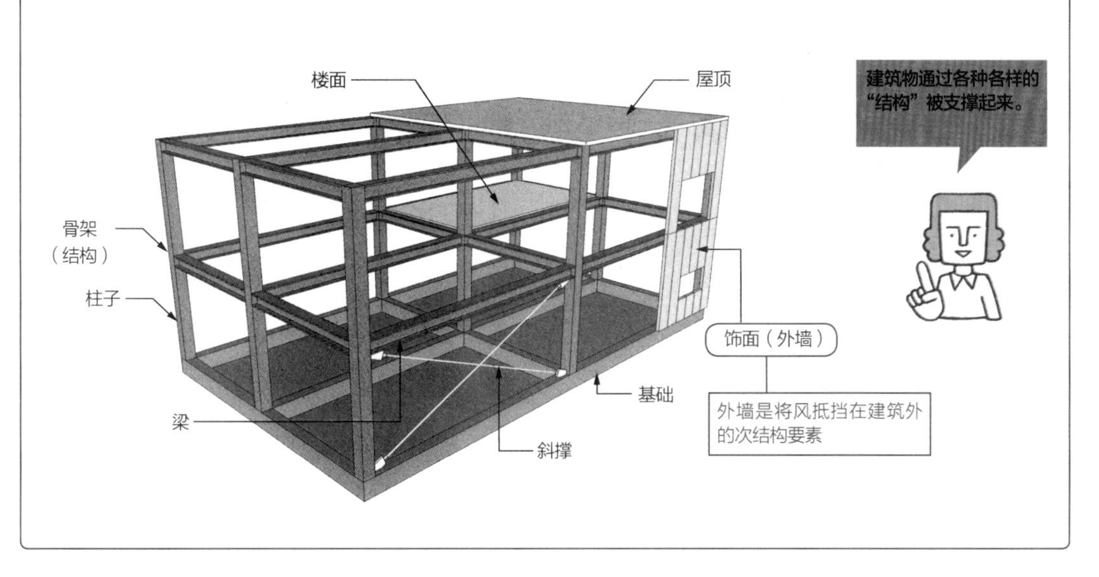

建筑结构的理论发展

结构的理论从古代开始存在至今，在 16 世纪到 17 世纪期间迅速发展起来。

阿基米德
Archimedes
（约 B.C. 287 ~ B.C.212）

列奥纳多 · 达 · 芬奇
Leonardo da Vinci
（1452 ~ 1519）

伽利略 · 伽利莱
Galileo Galilei
（1564~1642）

艾萨克 · 牛顿
Isaac Newton
（1642~1727）

→ 现代

杠杆原理

利用杠杆的原理，来理解力的平衡

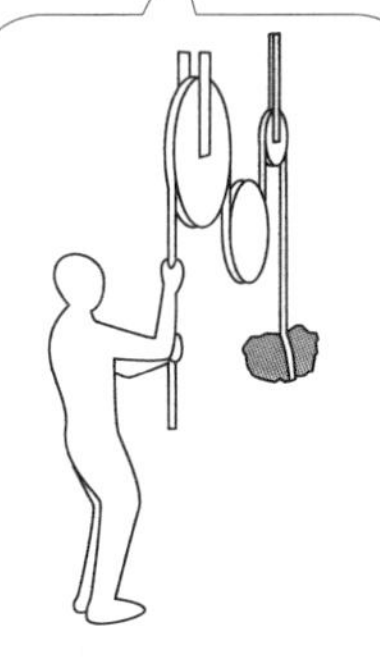

提升重物的原理

提出利用滑轮组内力的平衡提升重物的方法。达·芬奇多才多艺，同时也是位建筑师。

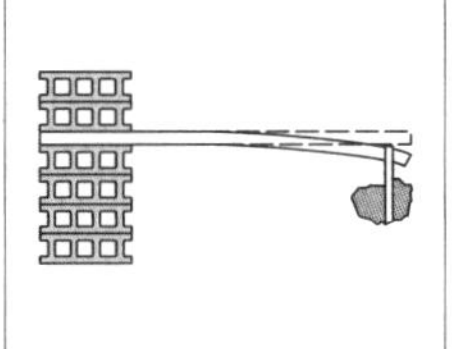

梁的试验

通过梁的试验提出计算方法。成为通过试验来推断理论的现代技术的基础。

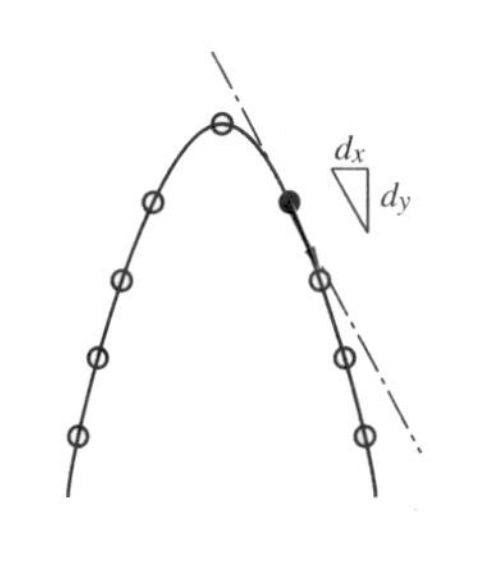

微积分

通过微积分理论，推导出梁与柱的理论公式，解出了振动方程式。成为现代建筑工程学的基础。

02 所谓结构设计

结构设计做些什么？

! 结构设计是对“安全”的设计！

“结构设计”并没有明确的定义。随着时代的发展，“建筑设计”开始分化出“结构设计”这一领域。不过，直到第二次世界大战后，专门从事结构设计的事务所才开始大量涌现，因此结构设计并没有多么悠久的历史。如今，根据结构设计师分工的不同，事务所的工作内容也大相径庭。但所有的人都有一个共识，结构设计师的工作是为了抵抗重力、地震、风等外力而对“安全”进行的设计。虽然“安全”问题包括火灾时的疏散问题、与人体健康有关的环境问题，但是结构设计师在其中所要负责的是，通过设计确保建筑物在重力、地震、风的外部作用下不致损坏。

“结构设计”的工作内容

结构设计师是如何对安全性进行设计的呢？在有关的建筑结构规范中，与安全性有关的大量技术性要求已经成为具有法律效应的条文。结构设计师需要借助计算机进行大量的应力计算，并对照规范确认安全性。但是，结构设计师会把依赖于计算机进行解析的部分称为“结构计算”，以此区别于“结构设计”。

那么“结构设计”究竟做些什么呢？举例来说，为了确保安全，只要在梁和柱子的框架中置入斜撑，结构的强度就会提高。但是，如果斜撑太多的话，就会影响墙面开窗，进而造成建筑功能上的障碍。结构设计师会同建筑师一起讨论能使斜撑效能最大化的位置，并对斜撑布置方式进行调整。此外，为了确保大地震时的安全性，选择柔性的建筑物，或是选择通过加固来抑制振动的方式，这些都需要结合建筑物的功能来一并考虑。许多结构设计师都能够与建筑师、设备工程师一起相互协作，在考虑各种各样体系和安全性的同时，对建筑构件的截面进行调整，从结构层面设计出极具艺术性的高品质建筑。

什么是结构计算？

主要对荷载和应力以及截面的安全性等进行计算。最近，电脑被广泛使用，越来越多的人开始把依靠电脑进行计算的部分叫做“结构计算”。在结构计算中，结构力学、材料力学这一类的知识固然很重要，但是由于这一部分内容交给电脑进行运算，即便是没有上述知识也能计算出来。然而，电脑计算出来的结果不一定是最终的正确答案。结构设计与计算中，结构力学和材料力学等知识仍然是不可或缺的。

为了对“安全”进行设计，熟练掌握结构力学和材料力学是必需的。

ⓘ 结构设计的工作内容及其流程

结构设计的工作内容不仅仅是进行结构计算和结构制图。
从结构设计到现场配合，需要做多方面的工作。

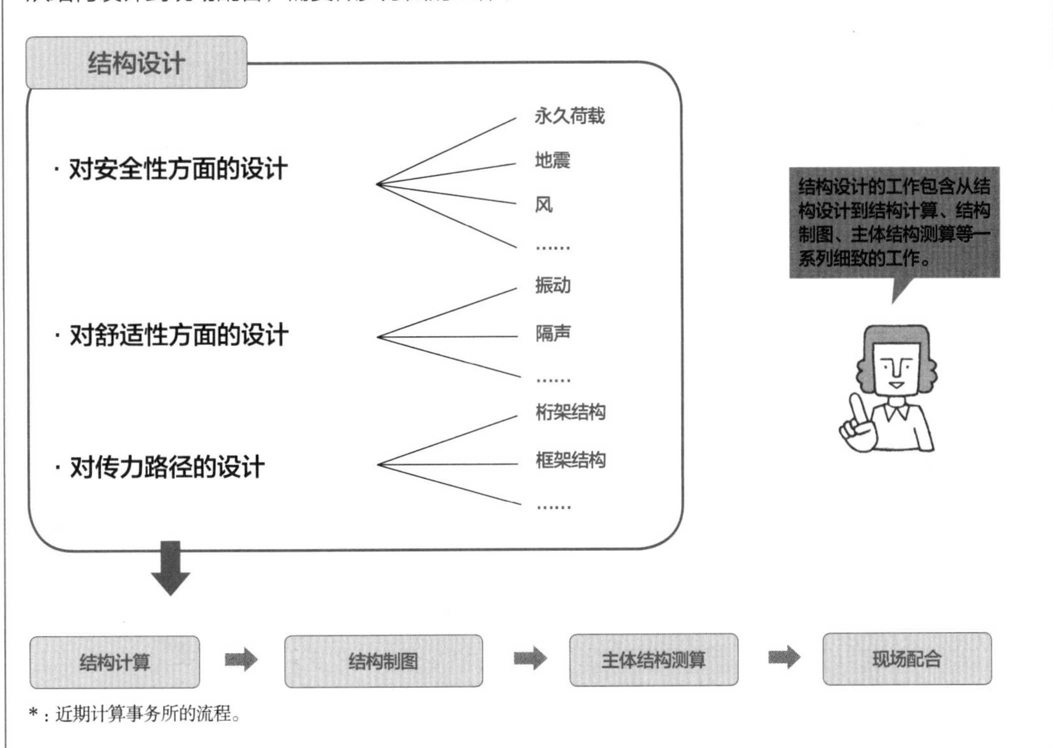

*：近期计算事务所的流程。

ⓘ 结构设计师的定位

结构设计师与建筑设计师、设备工程师一起，作为“设计师”中的一个分支担任着重要职责。

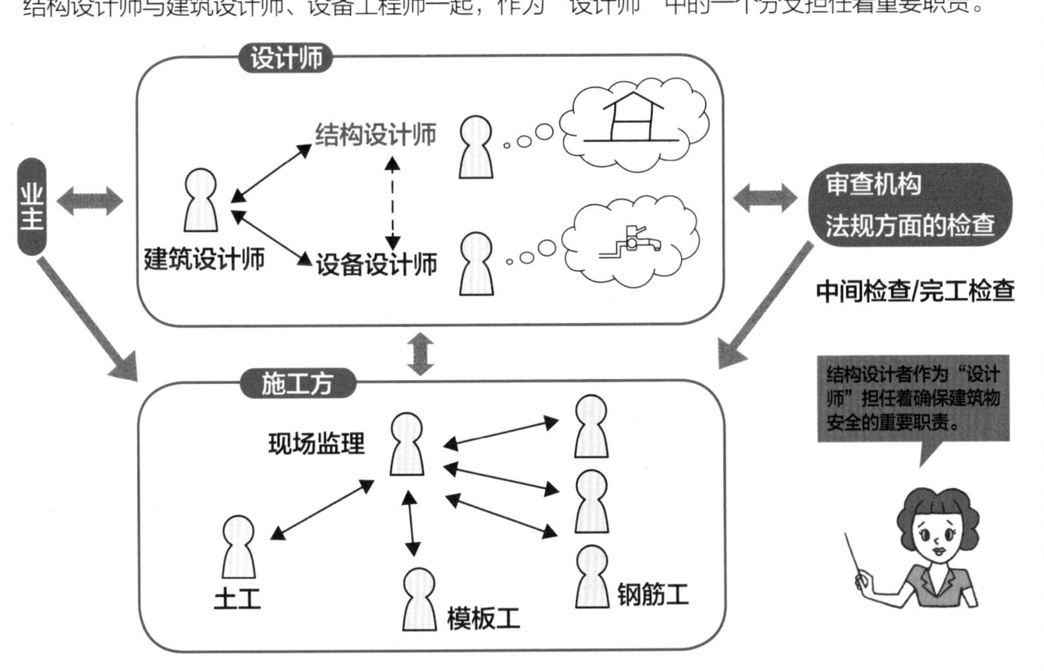

03 结构的感觉

磨练对结构的敏锐感觉

！由荷载与外力所产生的“力的传递”是如何变化的？！

建筑结构属于工学领域，虽然常被认为犹如“1”和“0”那样泾渭分明，但是一旦深入了解，你就会逐渐意识到不以“1”和“0”做出明确区分的结构感觉是非常重要的。

掌握“力的传递”

人们常说一旦熟悉结构设计以后，就能够完全理解“力的传递”。地球上的物体全都受到重力的影响，一旦把东西搬到了建筑物的内部，建筑物就必须负担物体所带来的重力。简单说来，荷载的传递是从楼板到次梁，从次梁到主梁，然后通过柱子传递下去，最后从基础传递到地基。也许你会觉得这很简单，但是，材料在受力或者温度变化的情况下，由于荷载的大小、位置不同，柱和梁都会产生一定量的变形。而随着柱和梁的大小、强度变化，力的传递也会发生变化。

结构设计师做设计的时候不仅要考虑“力的传递”，还要预想到最终建筑物被破坏的情况。也许大家会想，明明建筑物要被建造得非常安全，为何这里要考虑建筑被破坏的情况。事实上，通过预想其被破坏的方式来进行设计，正是为了保证更好的安全性。自然灾害无法被100%地预测，有可能会有超出预想的受力情况。此外，随着时间的流逝，构件老化带来的性能下降也可能会比预想更加严重。

那么，到底应该如何来进行设计呢？简单说来，就是为了确保人们的生命安全，来找到楼板不致被破坏的办法。如果柱子折断了楼板会掉落，可是梁就算端部损坏，只要还能与柱子相连，楼板就不会掉落。因此，结构设计中一般会考虑让梁比柱先行被破坏，通过调整柱和梁的大小进行设计，并选择梁作为首先被破坏的结构构件。

河水的流动与“力的传递”

河水一般会在河流中间大量流动，在河岸边流动水量则会变少，拐弯的地方内侧流速会比外侧缓慢。“力的传递”也有着类似的规律。

memo

在建筑结构规范中，设想中小规模的地震中建筑不会被破坏，大地震中建筑即使发生部分破坏也能够确保人们的生命安全，这是清晰而合理的思考方式。

结构设计不仅包括力的传递，也要考虑建筑如何被破坏。

ⓘ 垂直荷载与水平荷载的“力的传递”

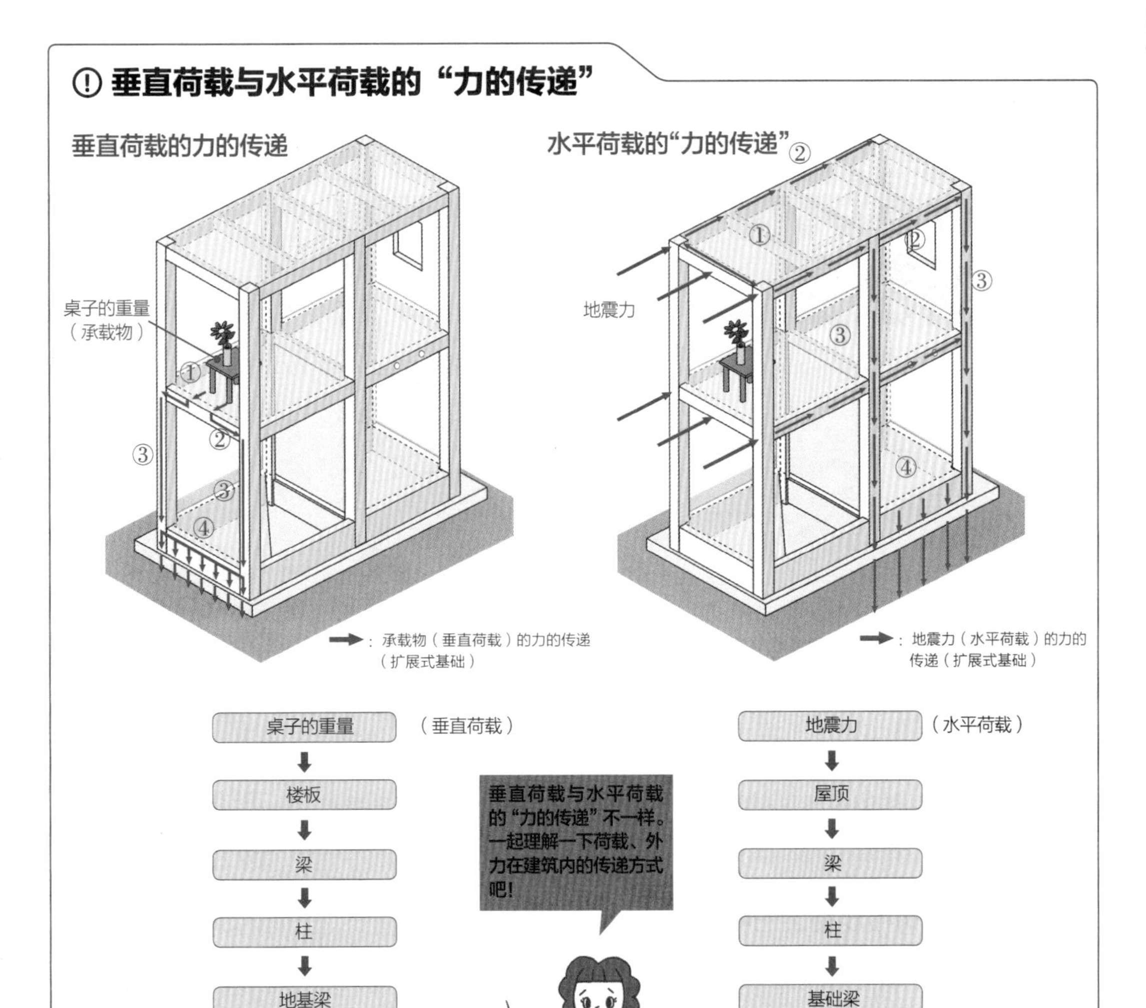

ⓘ 培养结构的感觉

薄钢板下挂重物

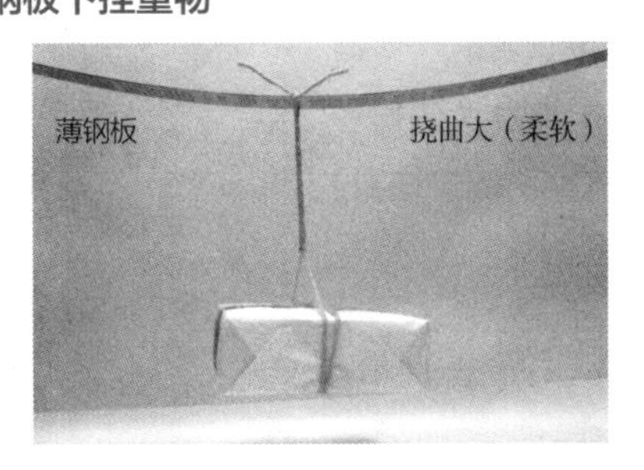

厚钢板下挂重物

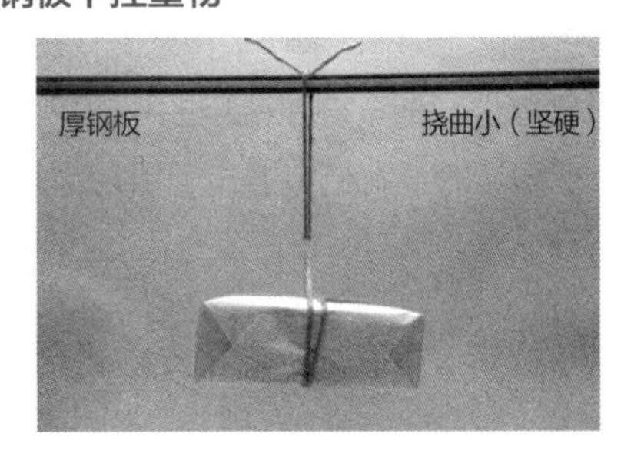

截面越小，挠曲越大。对于同样的荷载，构件截面大的话挠曲会变小。为了培养结构的感觉，最好的方式是利用身边的物品来进行各种各样的尝试。即便是简单的扶手，也有各种粗细不同的种类。推这些扶手时的感觉，也会各不相同。

04 建筑结构材料的代表

掌握建筑材料的特性

确定建筑材料需要从了解材料开始。

可作为建筑结构的材料是有限的。主要的材料是木材、钢和混凝土这三种。首先，必须要熟知这三种材料各自的特性。

➔ 木材、钢和混凝土的特点

关于材料，从结构的角度来说，强度、承受极限荷载时的表现、最终被破坏的方式等都是很重要的。除此以外，材料也影响着建筑的环境、施工方式等。因此，除了密度、热传导率、膨胀系数等材料性能之外，还需要掌握与材料相适应的连接方法等方面。

木材是从很早以前就开始使用的材料，而钢和混凝土是新材料。事实上，这三种材料都有着悠久的历史。20 世纪初，对于钢和混凝土的计算方法及技术等获得了长足进步。在技术上，木结构的发展有一些迟缓，不过在最近的这 15 年，木结构技术同样获得了飞速的发展。

木材是自古以来一直在使用的材料。很多的独栋住宅都是按照传统的木构方式建造的，木结构被广泛用在这些小规模的建筑中。而近年来，随着木结构计算方法的不断进步，甚至已经出现了高层木结构建筑。

➔ 钢（铁）与混凝土也是历史悠久的材料

钢（铁）的历史非常悠久，正式被用于建筑物要追溯到 19 世纪末。钢的强度高、延展性好，因此常被用于大跨建筑、超高层建筑中。混凝土也是一种历史悠久的材料，与钢结合作为钢筋混凝土使用也已经有约 100 年的历史了。混凝土通过与钢结合的方式得到急速发展，在今天很多集合住宅中被采用。

❶ JIS(Japanese Industrial Standards)，日本工业规格，即日本的国标——译者注。

JIS规格[1]（日本工业标准）与JAS规格（日本标准）

建筑中使用的材料，其强度和品质都要尽可能保证一致。如果材料的品质参差不齐，则设计建筑时，为了确保安全就必须按照材料的下限强度来进行设计，建筑会因此变得很不经济。此外，材料刚度差别太大的情况下，很可能受力会集中到刚度大的构件处。

为此，建筑材料都有着一定的规格。在建筑规范中，钢材需遵循 JIS 规格，木材遵循 JAS 规格。从结构材料的角度来看，这种规格对于保证材料性能的稳定，保证其强度（容许应力）在规定范围之内也是极为重要的。

我们先把作为建筑材料的基础，有关木材、钢材和混凝土的特性来掌握一下吧！

① 木材、钢材、混凝土的特性

通过比较各种数值来掌握材料的特点，是理解结构的第一步。

	木材	钢材	混凝土
	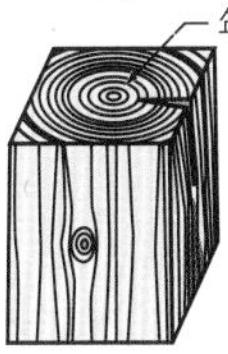 年轮	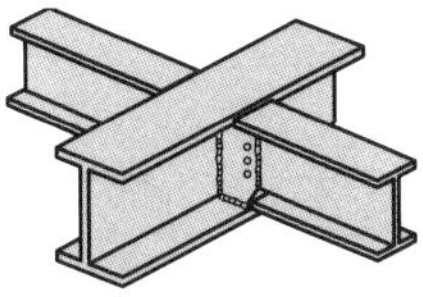	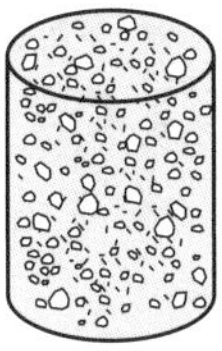
单位重量（比重）	 8.0（kN/m³）（0.8） 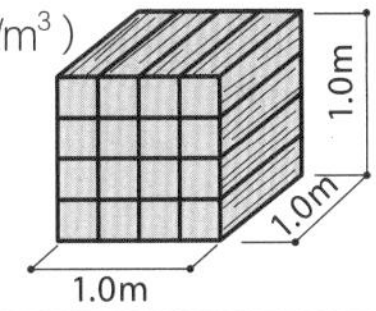	 78.5（kN/m³）（7.85） 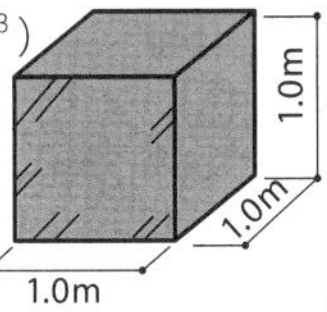	 23（kN/m³）（2.3） 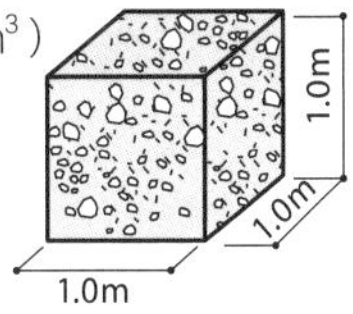
弹性模量*	8 ~ 14×10^3（N/mm²）	2.05×10^5（N/mm²）	2.1×10^4（N/mm²）
泊松比	0.40 ~ 0.62	0.3	0.2
热膨胀系数	0.5×10^{-5}	1.2×10^{-5}	1.0×10^{-5}
极限强度	F_c = 17 ~ 27（N/mm²） F_b = 22 ~ 38（N/mm²）	F_c = 235 ~ 325（N/mm²）	F_c = 16 ~ 40（N/mm²）
长期允许应力值	弯曲 8.0 ~ 14（N/mm²） 张拉 5.0 ~ 9.0（N/mm²） 压缩 6.5 ~ 10.0（N/mm²）	弯曲 157 ~ 217（N/mm²） 张拉 157 ~ 217（N/mm²） 压缩 157 ~ 217（N/mm²）	张拉 0.5 ~ 1.3（N/mm²） 压缩 5.3 ~ 13.3（N/mm²）

* 注：参见本书 75 页。

① 其他建筑结构材料

混凝土砌块

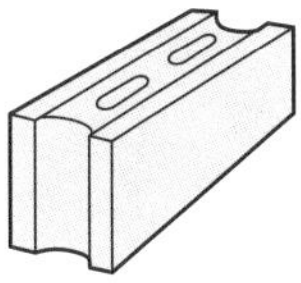

广泛用于墙体。

石材

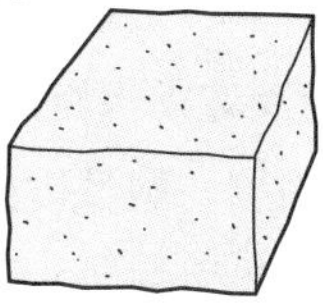

大量存在于欧洲的老建筑中。

不锈钢

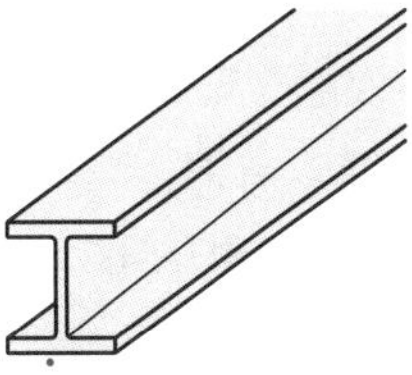

耐久性极高，近年来开始在建筑中使用。

铝

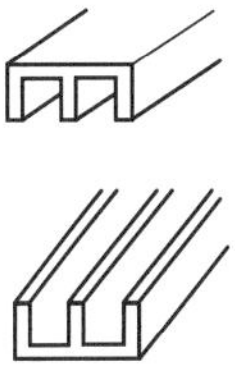

金属材料，轻质、容易加工。

膜

用于大空间的结构。

土（土墙）

土以土墙的形式也能作为建筑材料使用。

05 钢铁的性质

铁与钢不一样吗?

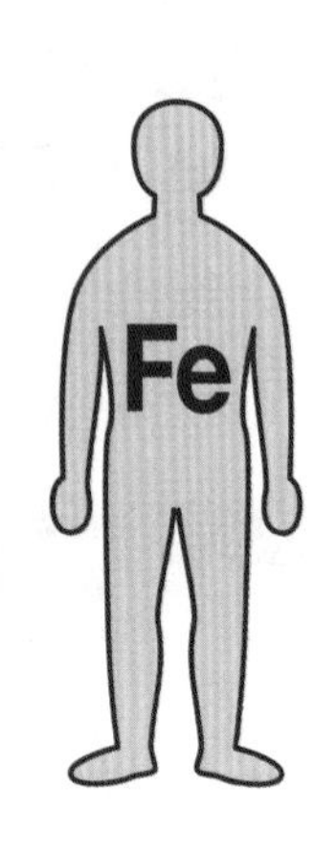

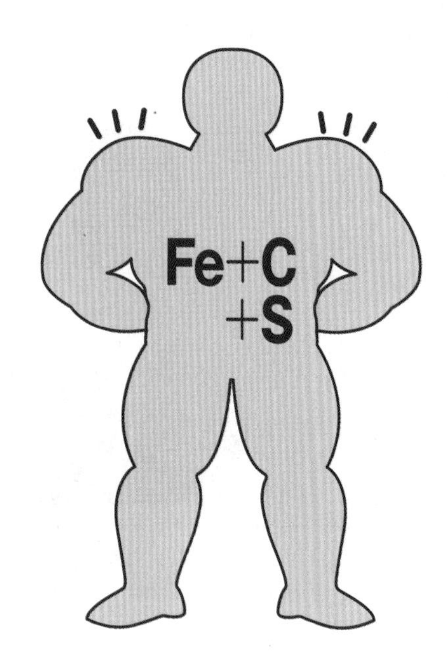

! 钢可以用于大型建筑!

关于铁的悠久历史，可以追溯到一千多年以前。过去被称为“生铁(iron)”，但由于容易脆性破坏并不适用于大型建造物。后来调整了原来铁的成分以后改称为“钢(steel)”。19世纪后半叶，埃菲尔铁塔被建造起来的时候正好是从铁到钢的过渡时期。

➔ 钢的优点和缺点

钢最大的特点毫无疑问是强度,它的受压能力是混凝土的10倍左右。由于强度大，钢在现场加工很困难，因此通常是事先在工厂加工好以后再运送到现场进行组装。与木材、混凝土相比，钢的密度较大，所以并不适宜作为实心构件来使用。为了减轻钢的重量的同时,又确保一定性能,钢构件多采用箱形、工字形截面等。工厂化制作保证了构件的高品质和稳定性。在这些精细化管理的条件下,钢结构的构件精度高是其特征之一。

但是，钢的热传导率高，容易传递热量，在寒冷地区使用时尤其需要注意保温隔热。同时,由于钢不可燃,所以常被认为是耐火材料的一种,但是随着温度上升，钢会软化而无法继续承受荷载，反而变得极其危险。因此，在钢构件的表面，需要有防止温度升高的防火涂层。虽然铁的强度高，且本身的截面可以缩小，但是加上防火涂层、隔热材料等，最终截面大小常与钢筋混凝土构件差不多。

另外,还有一种常见的“铁不会腐烂”的意识,导致对防腐问题的疏漏。铁与水、空气接触后会发生反应而生锈。一旦生锈，表面会像云母一样剥落，导致截面遭受损伤。因此必须对铁暴露在空气中的部分做好防锈措施，或者在设计中预先考虑其遭受损坏后的不利情况。

memo

·TMCP钢 Thermo-Mechanical Control Process的简称。为了提升钢材的强度、韧性而研发、应用的淬火等技术。

·铝(Aluminum) 元素记号是Al。铝暴露在空气中时，表面会被氧化形成氧化铝钝化膜。

·不锈钢 为了使钢不易生锈而在其成分中加入铬和镍的合金。

memo

主要的钢材加工方法包括:

·淬火 通过给钢材加热和冷却，使其变得更硬更强。

·退火 持续给钢材加热，以提高其易加工性并消除其内部残余应力。

钢铁虽然有很多优点，但也有着导热性高和容易生锈等弱点。

① 钢的主要性能

钢的特点如下：

①比木材、混凝土重（比重 7.85。混凝土 2.3、木材 1.0 以下）

②加工困难，工序复杂

③热传导率大，易传热

④强度大

⑤虽不可燃，但是温度上升后会软化

⑥与木材、混凝土相比，材料品质稳定均一

⑦容易生锈（会因水和空气而被氧化）

⑧延展性好（类似橡胶的延展性）

重量（比重大）

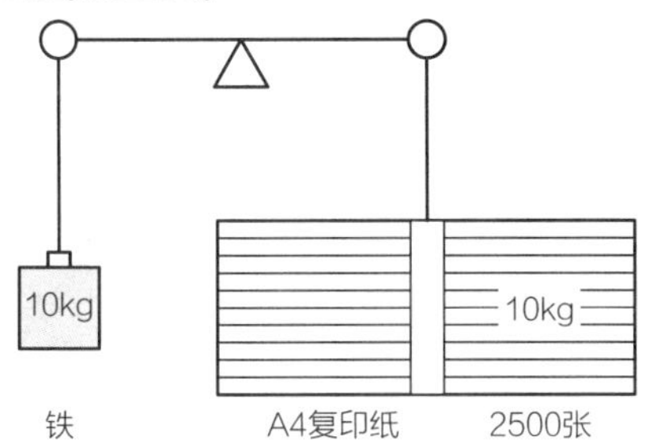

温度上升后会软化

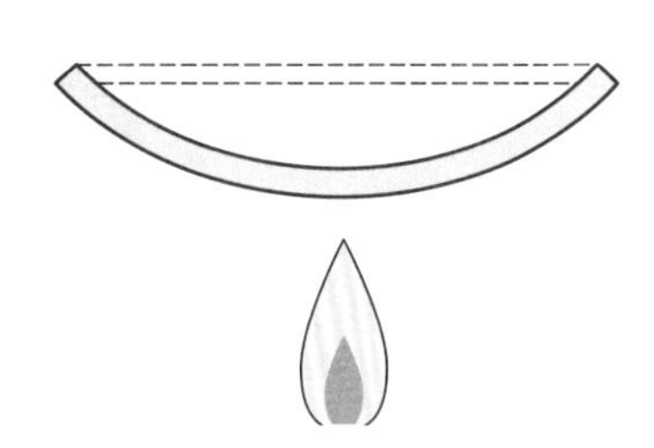

热导率大

生锈

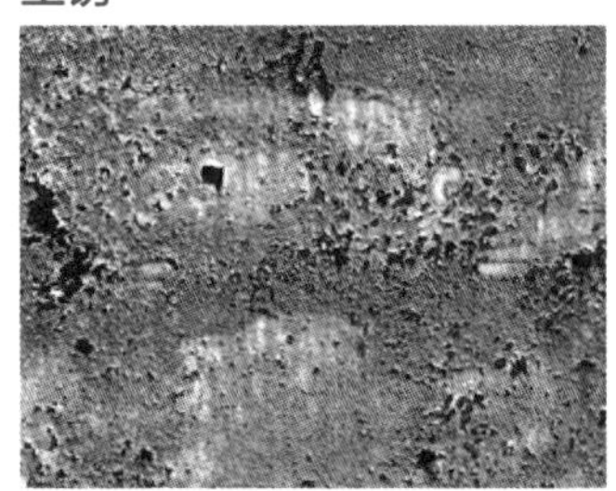

① 人类与铁的历史

一般认为人类使用铁始于约 5000 年前，大约在 1600 年前出现了高纯度的铁柱。

B.C.3000 年
铁质装饰品
（铁片）

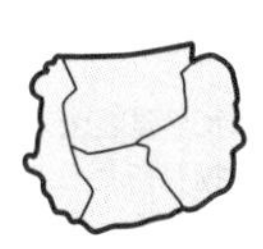

是人类开始自己炼铁以前的铁质物品，被认为是加热陨铁并通过锤击等方式制作出来。

A.C.415 年
德里（Delhi）的铁柱

印度古特伯高塔（The Qutub Minar）中不会生锈的铁柱，纯度高达 99.72% 的铁制品。

1889 年
埃菲尔铁塔

花费两年零两个月，用铸铁建造的塔，用于世博会，建造时高度为 312.3m。

1894 年
秀英舍印刷工厂

日本第一座铁结构建筑，由船舶工程师若山铉吉设计。地上 3 层，地下 1 层，高 36 尺。在 1910 年的火灾中被全部烧毁，后重建，又在 1923 年的关东大地震中倒塌。

06 混凝土的性质

混凝土的特点是什么？

骨料、水泥和水混合搅拌制成的生混凝土固化以后形成混凝土。

混凝土被广泛使用是有原因的！

混凝土有着悠久的历史，在古代被作为金字塔的嵌缝料使用。在欧洲，万神庙的穹顶部分就是有名的混凝土结构。最初混凝土并不是与钢筋结合起来使用的，有时候竹子也被用来代替钢筋。最初钢筋截面形状有矩形、椭圆形，最终变成圆形截面。现在使用的圆截面钢筋的外围多带有螺纹，因此它其实是一种异形截面钢筋。

混凝土的最大特点

混凝土是由砂、碎石和水泥用水混合搅拌制成。水泥由石灰石制成。尽管砂、碎石、水都是自然界的产物，但由于混凝土在建造时容易产生二次污染等原因，对混凝土材料是否是环保的建筑材料这一点始终存有争议。比如，混凝土中常掺有少量化学添加剂以便施工，减少用水量，制成更密实的混凝土。

混凝土的最大特点是能够在工地现场浇筑施工。只要能将模板材料搬入，那么混凝土可以在任何部位进行施工。且由于自重较重，混凝土材料的建筑物隔声性能好，多在集合住宅中采用。但工地现浇施工导致混凝土的品质不易控制。混凝土的调配方法、工地现场到混凝土生产厂的距离、现场的浇筑方式、天气等各种因素都会影响混凝土的品质。混凝土的开裂与单位用水量有关，施工时要尽可能地少用水，但如果用水太少将导致混凝土在模板内不能很好地填充密实，尚未固化的混凝土可以说是名副其实的半成品。

混凝土的种类

·普通混凝土
使用普通骨料（砂、碎石、高炉矿渣）的混凝土。

·早强混凝土
能在早期就具有较高强度的混凝土。

·大体积混凝土
用在水坝等大截面处的混凝土。制作过程中，通过控制水泥的水化热，减少因固化时温度上升造成的有害裂缝。

·耐高温混凝土
可以防止浇筑时因气温升高，导致水分急速蒸发带来的不良影响。

·耐低温混凝土
可以防止浇筑时由于结冻、气温较低使得耐久性变差的问题。

·防水混凝土
可以用在受水压作用处的混凝土。

·高炉水泥混凝土
对氯化物有隔绝性，对碱－骨料的损害耐受性较强，有着优秀的化学耐久性。

① 混凝土的主要性质

混凝土的特点如下：

①由骨料（砂、碎石）、水泥和水制成
②虽然与钢铁相比密度较小，但作为结构，混凝土重量较大（混凝土密度 2.3，钢筋混凝土 2.4，钢铁 7.85）
③不可燃
④能够浇筑成复杂的形状
⑤品质很大程度上取决于现场的施工管理
⑥碳化反应（碱性消失）
⑦抗拉性能差（容易出现裂缝）
⑧比热大（不容易变热变冷）

比重大

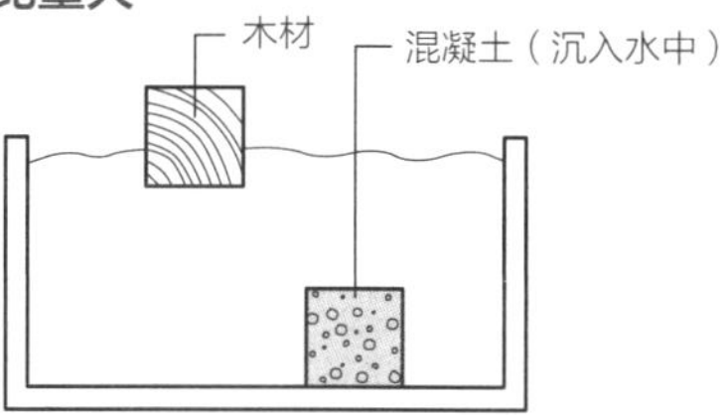

不可燃

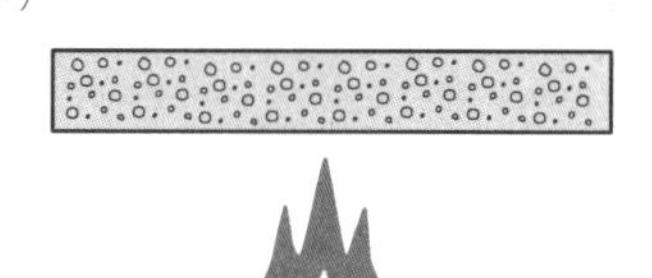

能够制成复杂的形状

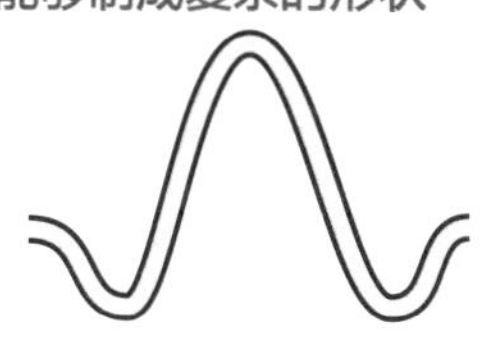

酸碱中和

抗拉性能较弱

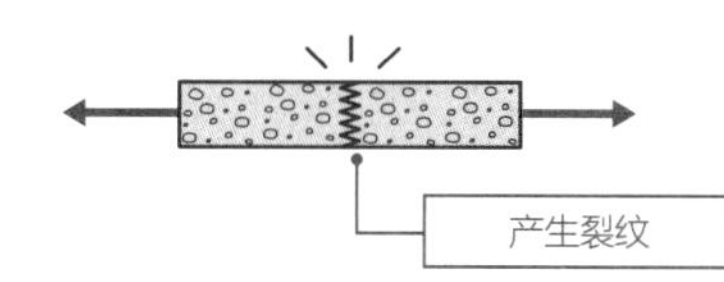

① 混凝土的历史

约 B.C.2589（埃及）
金字塔

嵌缝使用了石灰（混凝土）。

A.C.128（罗马）
万神庙

穹顶采用混凝土建造。

1908 年（1 期工程）
小樽港

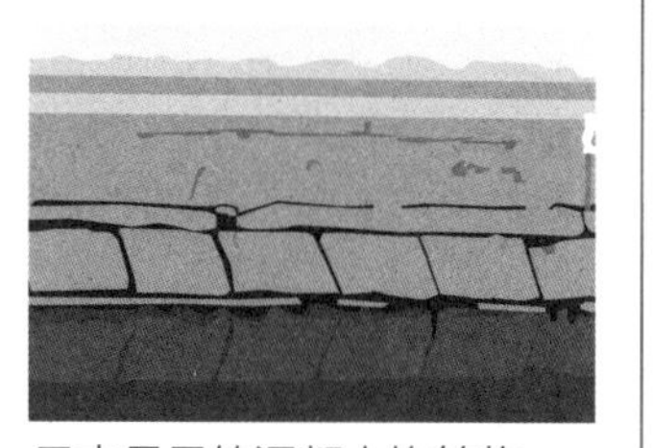

日本最早的混凝土构筑物。

07 钢筋混凝土的性质

钢筋混凝土的特点是什么？

配入钢筋、浇筑混凝土成形的钢筋混凝土。

！钢筋与混凝土互相弥补了对方的缺陷！

日本钢筋混凝土结构的急速发展是在所谓泡沫经济时期，即20世纪80年代后期到90年代初期。在那之前，绝大部分的高层建筑都是钢结构，随着泡沫经济期对高层公寓的需求急剧增长，具有良好隔声性能的钢筋混凝土结构成为高层、超高层建筑的主流。

钢筋混凝土的最大特点

钢筋混凝土的最大特点是："混凝土与钢筋的热膨胀系数基本相同"及"混凝土承受压力，钢筋承受拉力"。事实上，混凝土自身能够承受一定程度的拉力，但由于抗拉能力弱、品质不够稳定，在计算的时候一般都被忽略不计。

混凝土一旦出现裂缝或存在缺陷就容易瞬间断裂，而导致裂缝的拉力在计算中也被忽略，因而裂缝的出现就是理所当然的了。尽管出现细微裂缝在计算上是可以容许的，但会引起漏水等实际使用中的危害，因此在设计中把握混凝土的特点是很重要的。

钢筋混凝土与钢结构的差异

钢筋混凝土结构（RC结构）与钢结构不同，它很难做出固定铰支座的节点。绝大部分情况下，柱和梁是在刚性连接的状态下进行施工的。另外，钢筋混凝土结构与钢结构相比，除了品质不够稳定以外，还伴有收缩等复杂的变形情况。

钢结构具有延展性，这一优点适合于抵抗地震。但钢筋混凝土结构中，一旦构件过短容易发生脆性破坏，设计中必须注意这一点。

混凝土的种类

·现浇混凝土
在建筑物施工现场支模、浇筑混凝土。

·预制混凝土
为了能够在现场组合安装，预先在工厂制作好的混凝土构件，也可以指这些构件的建造方法。

·纤维加强混凝土
加入合成纤维、钢纤维等与混凝土构件形成的构件，简称"FRC"。其中，通过缠绕连续的纤维增加强度的混凝土被称作"连续纤维加强混凝土"；而将切成几毫米到几厘米的短纤维加入混凝土中增加强度的类型则被称为"短纤维加强混凝土"。

memo
细小的裂纹被叫作发状裂纹。

将钢筋加入混凝土中，可以增强抗拉能力。

! 钢筋混凝土的主要性能

虽然与混凝土性能大体相同，但是与钢筋结合在一起后性能有所改变。

①钢筋有很厚的覆盖层来保障耐火性和耐久性

3cm 的保护层可提供 2 小时的耐火性、30 年的耐久性。

②混凝土的碱性可以保护钢筋

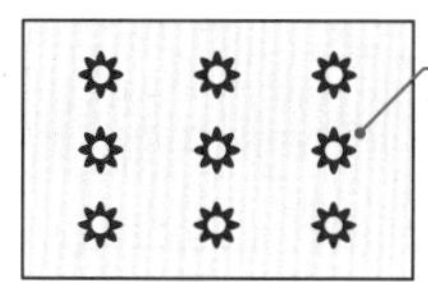

混凝土具碱性，可以在钢筋周围形成稳定的保护膜，防止钢筋被氧化。

③钢筋可以防止混凝土出现裂纹、承担拉力等

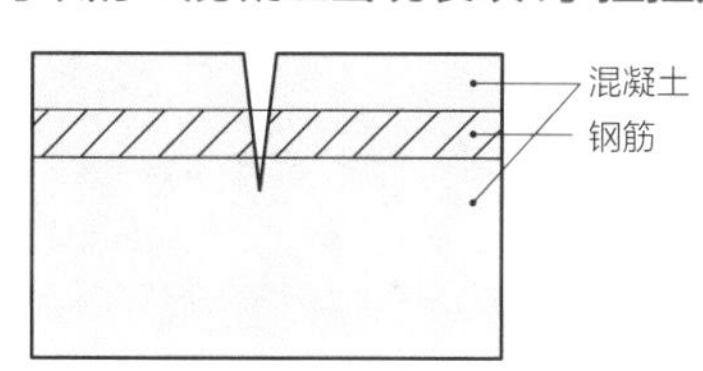

④混凝土和钢筋的热膨胀系数大体一致

! 钢筋混凝土的历史

说到钢筋混凝土，虽然在建筑、桥梁中经常被使用到，但是它最初并不是用在建筑物中的！

钢筋混凝土诞生之前

（1850 年）

约瑟夫·兰伯特（Joseph Lambot）（法）在制船时往组装成船形的铁丝网上涂上砂浆。

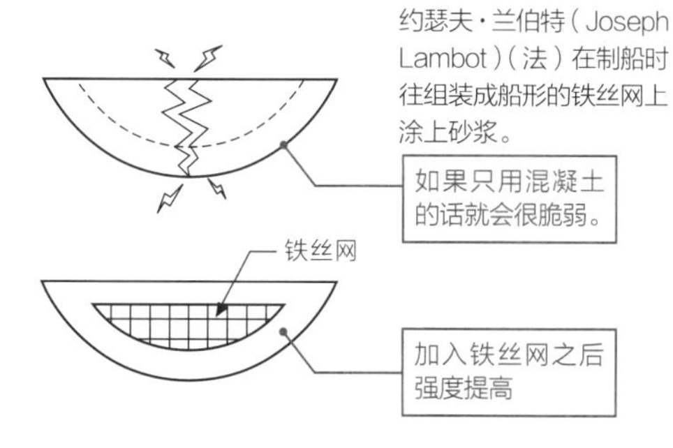

钢筋混凝土的发明

（1867 年）

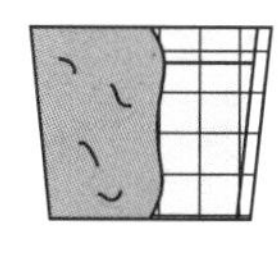

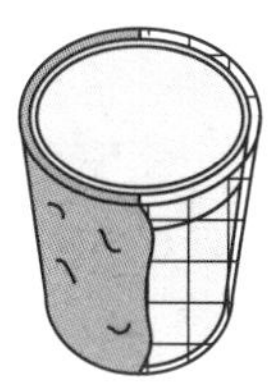

约瑟夫·莫尼耶（Joseph Monier）（法）发明了用铁丝网加强水泥砂浆花盆的方法。

日本的钢筋混凝土建筑物

（1904 年）

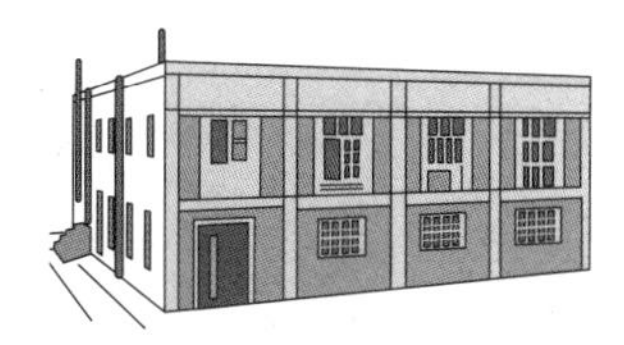

日本最古老的钢筋混凝土建筑物。由真岛健三郎设计的佐世保海军工厂中的泵房。

当代钢筋混凝土结构

（2010 年 1 月 4 日投入使用）

高 828m 的哈利法塔（建造的时候被称为迪拜塔）。其 636m 以下为钢筋混凝土结构（混凝土浇筑高度 636m，160 层），636m 以上为钢结构。

08 木的性质

木材的特征是什么？

法隆寺（据传建于607年），是世界上现存最古老的木结构建筑。

最近的木结构案例。木材被随机堆积起来的新型砌筑结构。

！随着研究的推进，木结构建筑正在被重新认识！

这20年间，关于木结构建筑，木材的收缩性能及其在地震时作为承重墙的作用等问题都得以明晰，对于木结构的定量计算已成为可能。

➔ 从木材的特点看其优点和缺点

木材易于加工，其强度约为铁的1/20。它的接合方法也很简单，通过钉子、粘结剂、螺丝等就可以人工施工。在古代甚至可以不用钉子等金属物连接构件，而是通过榫卯进行建造。

但作为自然材料，因产地、森林状况、树自身的生长环境（如南北朝向）等不同，木材品质也各不相同，木材性质不均一，导致施工后极易出现翘曲、产生扭矩。木材强度很大程度上取决于含水率，刚砍伐的木料含水率高达60%以上，而作为建材的木材含水率要求降到20%以下。如果细胞膜之间的水分全部消失，含水率将下降到12%左右。而如果在平衡含水率的状态下继续进行干燥处理，会因为细胞壁内部水分的释出导致木材强度的下降。

木材最大的缺点是容易腐烂，其耐久性比其他材料差。但木材修复较简单，只要进行合理维护，可保存很长时间。目前对于提高木材耐久性的研究正在不断推进，相信木结构将会逐渐具有与钢结构、钢筋混凝土结构相似的耐久性。

木材的结构力学特征主要有两点。其一是能容许较大变形，由于施工误差、材料间隙比其他结构形式更大，木材可在发生变形后继续维持结构强度。其二是收缩作用，混凝土、钢等结构形式中局部变形影响不大，而木材硬度小，局部变形较明显，造成结构整体的形变。

木结构建筑是新出现的吗？

木结构建筑有着非常悠久的历史，法隆寺中的一部分至今仍保存着千年以前的状态。但是，以工程学视角来研究木结构建筑，则要比钢结构、混凝土结构更晚，也就是从10~20年前才开始的。在此之前，都是通过大量设置斜撑、土墙等抗侧构件，通过保证墙壁数量的方式来设计的。

木材的结构

- **芯材**　木材截面中靠近树芯、带有些许红色的部分。
- **边材**　木材截面中靠近树皮、白色或带有些许黄色且树液丰富的部分。

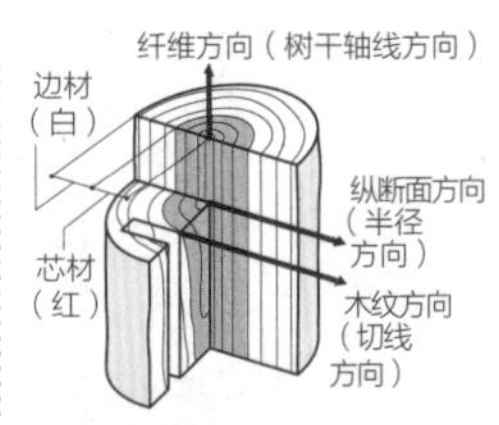

木结构建筑在最近的20年间得到了飞速的发展。让我们来掌握木结构的优点和缺点，去挑战新的木结构建筑吧！

ⓘ 木材的主要性能

木材的特性如下：
①比铁、混凝土等轻（浮在水面。比重在 1.0 以下）
②容易加工（可人工切割，用粘结剂、钉子、木螺栓可以简单接合）
③热传导率小
④接触水、药液等物质容易被腐蚀，易被白蚁等昆虫损害
⑤有许多种类，性质各不相同
⑥随含水率变化，强度会发生变化（水分越少强度越高）
⑦环绕圆形（年轮）生长，因此切割方法的不同导致木材的性质也不同
⑧材料性质参差不齐（与铁、混凝土等相比，材料品质的差异大）
⑨各向异性（长度方向、圆周方向的刚度、强度等不同）

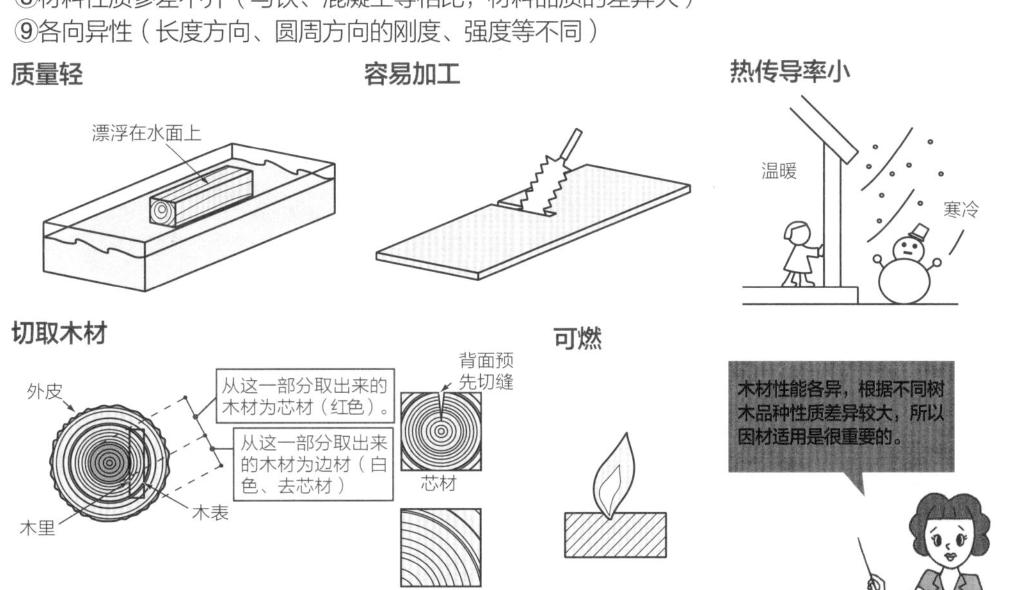

ⓘ 用作结构的主要树种

树的种类极为繁多，大致可以分为针叶树和阔叶树。普通住宅中的结构材料，绝大多数都是以下几种针叶树。

杉树

较为常见，材质柔软易于加工。从古代开始就作为建材被使用。

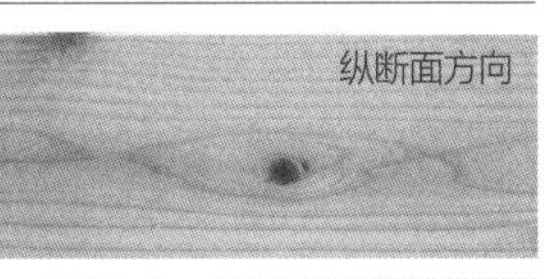

桧木

材质致密而均匀，具有较高的强度和耐久性，易于加工。通常作为高级材料使用。

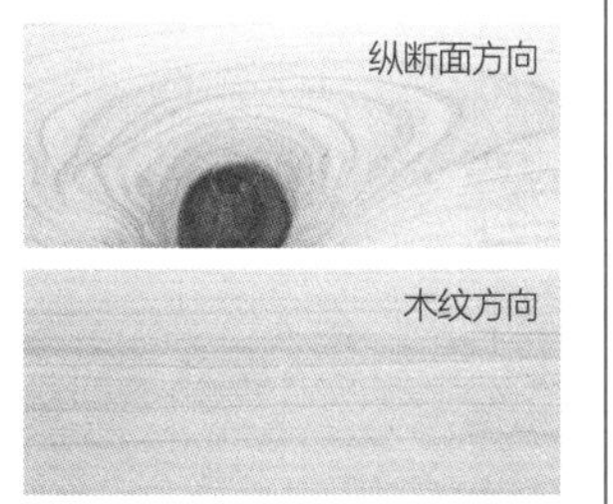

花旗松

强度高，易于加工。因树脂含量高容易长白蚁。

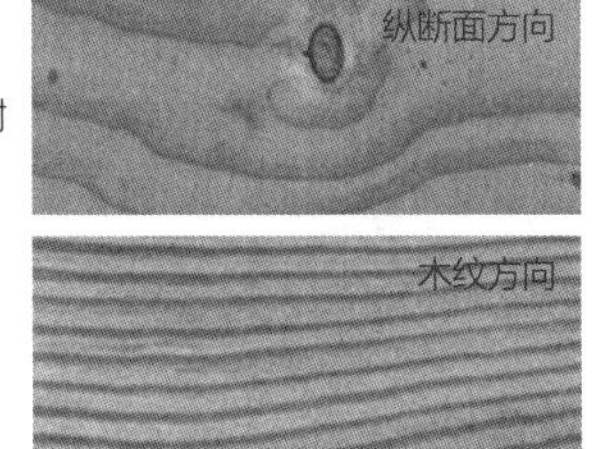

铁杉

强度较低，但耐久性佳。木色较白，钉子的固定力较高。加拿大及美国北部盛产，称北美铁杉。

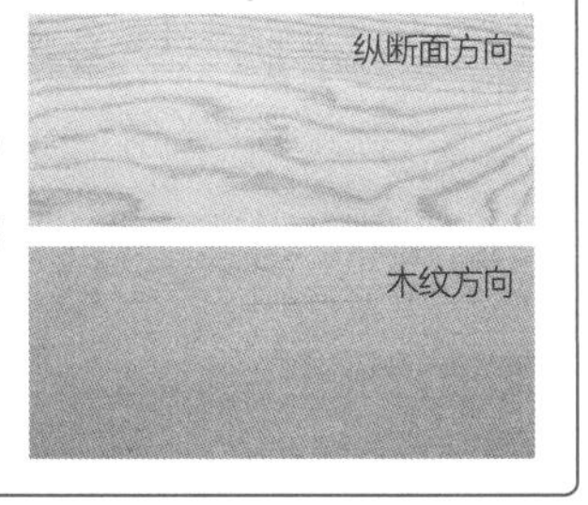

09 特殊材料

现在还能使用土墙吗?

这是在对泥土施加压力，检测其强度。对于这种强度不明的材料，我们需要通过试验来确认。

现在还可以使用土墙、砖块等作为建筑材料吗？尽管尚无定论，竹子也许会成为高效的结构材料。

时代的日新月异，伴随着各种新材料的发展。对于自古存在的材料，人们也需要改变对它们的固有认识，大量材料都可以作为结构材料来使用。即使不能用于建筑的主体结构，结合使用场所的具体特点，也可能作为建材来使用。

具有潜力的特殊材料有哪些呢?

“展品”和“建筑”不同，由于限制少，可以挑战各种各样的结构。在笔者作为结构技术人员参与的项目中，曾使用过 FRP、纸、废弃物的粉末制成的泡沫材料、发泡聚氨酯、聚乙烯、亚克力、竹子、伞等材料制作结构，切身感受到世间可以作为结构的材料之多。亚克力虽然强度大但蠕变也大，切割后切口附近易发白而难以保持透明。聚乙烯抵抗化学附着的能力较强，因此缺乏对其有效的粘合剂。不同材料性质各不相同，因此需要明晰材料的性质后进行设计与建造。

现在，我觉得最可能作为结构的材料是竹子。竹子仅需 1 ~ 2 年即可长成，能快速固定环境中的二氧化碳。虽然还未得到明确认可，但在世界上许多国家，竹子都已被作为建材使用。竹子的种类繁多，美洲中部和南部有瓜多竹 (Guadua amplexifolia)、孟加拉国有 Borak 竹(Bambusa balcooa)，这些竹子已被作为建材。在日本，真竹容易开裂，但孟宗竹等种类则有用作建材使用的可能。

此外，常用材料还有泥土。比如，土坯墙能作为木结构住宅的部分结构，在土块砌筑起来的民居中泥土也作为结构。泥土正在被更积极地利用。

memo
除了新材料和改进后的传统材料，类似砖这种在规范中承认但不推荐使用的材料，也有作为结构材料的可能性。随着结构计算与分析技术的进步，与过去相比，各种材料使用的可能性也在增多。所以，重新审视一下你身边的材料吧!

即使被认为是落后于时代的材料，一旦改变对其的理解，就可能产生新的使用方法。留意身边的日常材料，也许会有新的发现!

ⓘ 各种各样的结构材料

建筑的结构材料以木材、钢筋混凝土、钢等为代表，但各种新材料也正被作为结构材料来试验。

玻璃

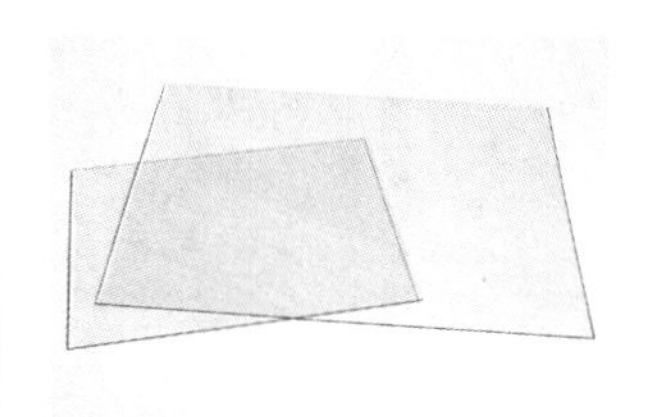

PE（聚乙烯）

土

发泡聚氨酯

FRP（强化玻璃纤维塑料）

竹

竹子存在于世界各地。尽管大多数时间竹子不被认可为建材，但的确在许多国家正在被作为建材使用。

ⓘ 不断扩展的复合材料

土+竹（加强筋）

历史悠久的土墙结构。

ETFE（氟化乙烯树脂）空腔+空气

空腔结构堆积的集聚性结构。空气作为结构的案例。

FRP+蜂窝纸板

蜂窝纸板被 FRP 夹起来做成面板，再组合成折板结构。

发泡聚氨酯+绳索

用绳索做成骨架，再喷涂发泡聚氨酯。

布+圆钢（伞）

将伞组合在一起形成穹顶。

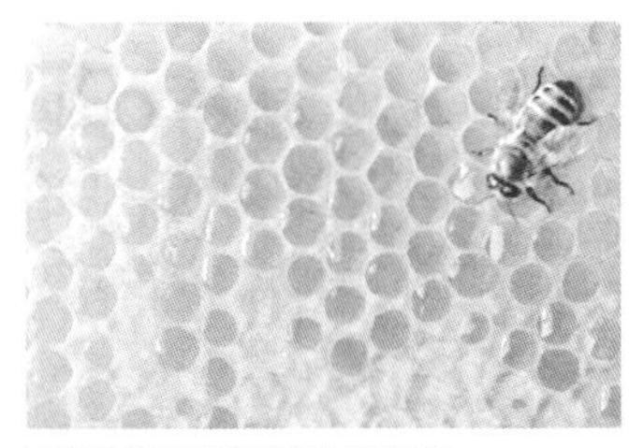

蜜蜂的巢是蜂窝状结构的案例。

10 型钢

钢结构为什么使用H型钢？

！H 型钢强度及刚性大，能减轻用材量！

作为结构材料的钢材通常是 JIS 规格的。主要规格的材料包括：建筑结构用轧制型钢（SN 材）、一般结构用轧制型钢（SS 材）、焊接结构用轧制型钢（SM 材）、建筑结构用碳素钢管（STKN 材）、一般结构用碳素钢管（STK 材）等。材料的标记例如“SS400”，由前面表示种类的字母和后面表示强度的数字组合起来。此外，依据材料种类的不同，有时还会加上表示焊接能力的字母 A、B、C。

钢并不是单纯的铁，其中调和、添加了各种成分，赋予钢材各种不同的性能。因此，根据施工性能等因素选择材料是非常必要的。

➔ 型钢的特征和种类

钢与其他建筑材料相比强度及刚度较大，但仍然是比重非常大的材料。如果钢与木结构、钢筋混凝土结构等一样采用矩形截面构件，其重量会很重，材料造价极其昂贵，吊装也变得困难。因此，由于钢材本身刚度、强度大，常用构件采用滚轧、折叠弯曲制作而成的 H 型钢、角钢等型钢。

钢材的常用构件形状有 H 型钢、I 型钢、角钢、槽型钢、钢管、平钢、钢棒、钢板等，一般采用 JIS 轧制型钢的标准规格产品。轧制型钢并不完全是一块板，有的材料边缘处会变得倾斜，H 型钢的翼缘和腹板相交处有圆形倒角。使用型钢必须事先准确了解型钢的形状。

在使用非 JIS 规格的标准构件时，有时会用钢板或扁钢组合构件。此时需要在标记前加上组装标记 BH（Built-H）表示组装（Built），以区别于普通型钢。

钢材的规格

日本及国际的建筑材料规格如下：

JIS	日本工业规格
ISO	国际标准化组织
BS	英国国家规格
DIN	德国国家规格
ANSI	美国国家规格
ASTM	美国团体规格

H 型钢的尺寸读取方法如下：

$$H-\underset{H}{\underline{00}}\times\underset{B}{\underline{00}}\times\underset{t_1}{\underline{00}}\times\underset{t_2}{\underline{00}}\times\underset{r}{\underline{00}}$$

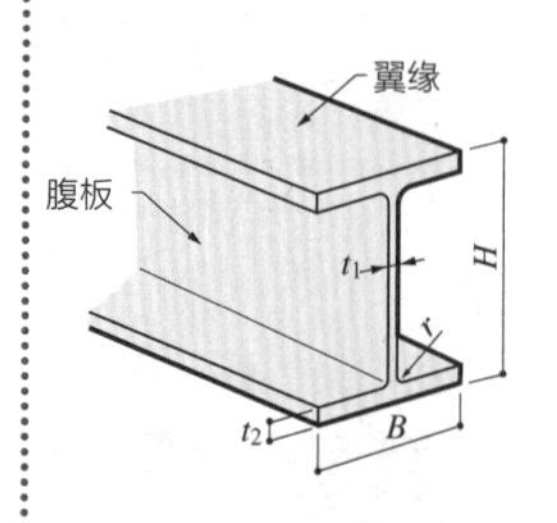

ⓘ 钢材的形状

钢材有各种各样的形状。由于尺寸是依据规格确定的，必须参照《钢材表》进行确认。

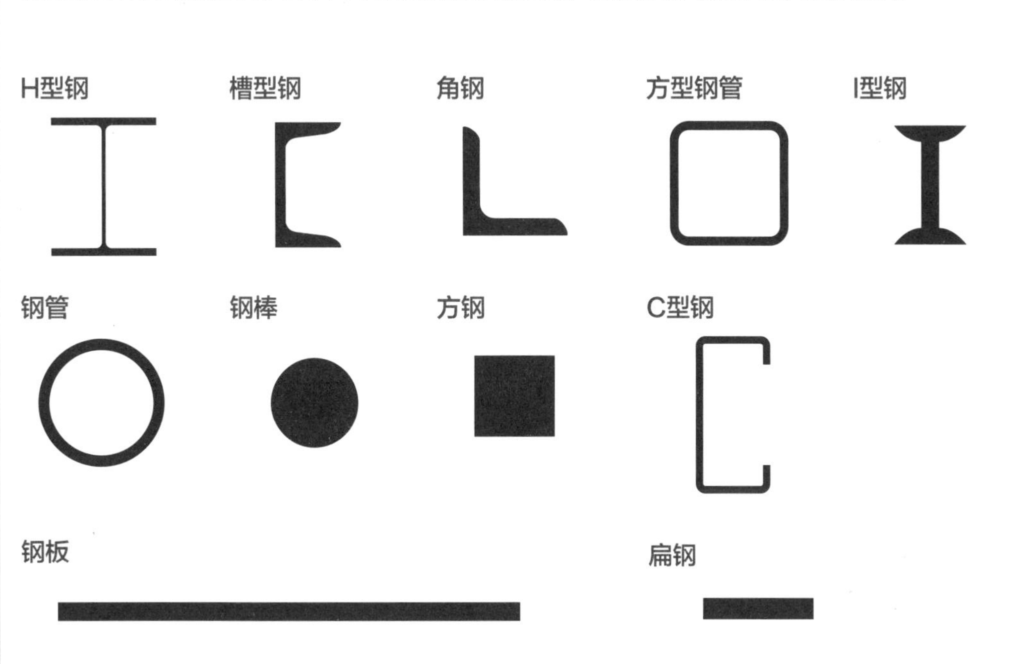

ⓘ 钢材的种类和使用范围

钢材的种类		主要使用范围
建筑结构用轧制型钢	SN400A	用于不要求塑性变形性能的部位或构件，不用于需焊接的结构承重主要部位。
	SN400B SN490B	用于普通的结构部位。
	SN400C SN490C	用于包括焊接加工及板厚方向承受张拉部位的构件。
建筑结构用轧制钢棒	SNR400A SNR400B SNR490B	用于膨胀螺栓、螺丝接头、螺栓等。
一般结构用轧制型钢	SS400	SN 材中没有规格的钢材。
焊接结构用轧制型钢	SM400A SM490A	SN 材的补充材料，用于板厚超过 40mm 的材料。
	SM490B	SN 材的补充材料，用于板厚超过 40mm 的材料。
建筑结构用碳素钢管	STKN400W STKN400B STKN490	用于钢管桁架、钢管铁塔、构筑物、梁贯通孔。
一般结构用碳素钢管	STK400	STKN 的补充材料。
	STK490	作为 STKN 的补充材料，用于应力大的构件。
一般结构用方形钢管	STKR400 STKR490	用于轻型结构的柱子和构筑物。
一般结构用轻型钢	SSC400	用于安装饰面的次级构件或构筑物。

注：依据《建筑钢结构基准及其解说》（建设大臣官房官厅营缮部主编）。

11 截面性质

什么是截面性质?

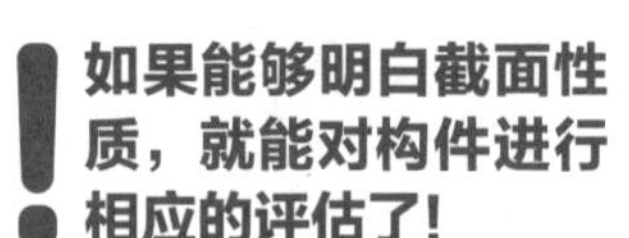

为了确认构件承受的应力以及截面的安全性，有必要将截面性质量化。对建筑物进行结构计算的时候，至少应该掌握的截面性质有：①截面积、②截面惯性矩、③截面模量、④截面回转半径。以及与纵向屈曲相关的⑤宽厚比。这些是结构计算的数据基础，有对应的公式求解。

➔ 求解截面性质的 5 种方法

①截面积（A） 截面积是确定设计轴力与剪力时必不可少的参数。求截面积的时候，必须判断哪一部分截面承受需要计算的力。比如计算 H 型钢的剪应力时，对剪力有效的只是腹板部分，那么截面积计算就不包括翼缘部分。

②截面惯性矩（I） 截面惯性矩是求抗弯刚度的必要参数，I 值越大抗弯刚度就越强。当构件截面形状非常复杂时，可将截面划分成容易计算的几个部分，分别计算出截面惯性矩，再组合算出构件总的截面惯性矩。

③截面模量（Z） 截面模量是计算截面最外缘应力强度时会用到的参数。截面模量越大，截面越强。最外缘应力强度是计算钢结构截面及混凝土开裂时的必要数据。

④截面回转半径（i） 截面回转半径[1]是与纵向弯曲有关的性能，主要用于计算构件长细比（λ）长细比是确认柱子等受压构件稳定的安全性指标。

⑤宽厚比 宽厚比是指受压翼缘等凸出部分的宽度与厚度的比值。是判断局部纵向屈曲的指标，宽厚比越大越容易发生纵向屈曲。主要用于确认 H 型钢翼缘部分的屈曲性能。

截面性质的量化有许多方法和计算公式，需要熟练掌握!

[1] 参见本书 43 小节。

ⓘ 截面性质的公式

有许多求解截面性质的公式，首先必须记住基本公式。

基本公式:

①截面积（A）　$A = B \times H$

②截面模量（Z）　$Z = \frac{1}{6} B \times H^2$

③截面惯性矩（I）　$I = \frac{1}{12} B \times H^3$

④截面回转半径（i）　$i = \frac{h}{\sqrt{12}}$

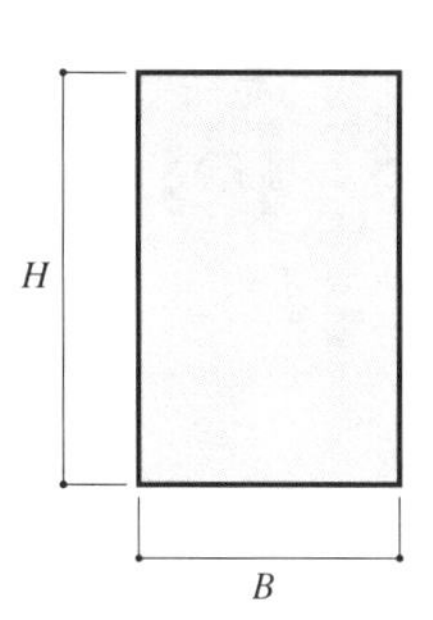

与纵向屈曲相关的宽厚比

宽厚比与纵向屈曲有关，也是决定截面性质的一个指标。

宽厚比＝ $\frac{b}{t}$

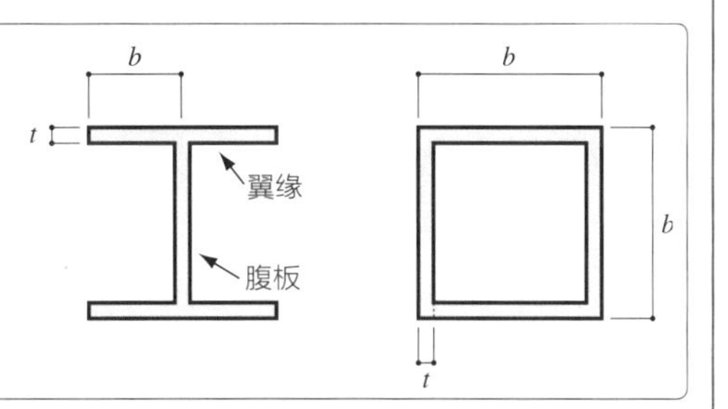

ⓘ 特殊形状的求解方法

截面形状为圆形、H 形时，有关截面性质的计算公式如下：

圆形

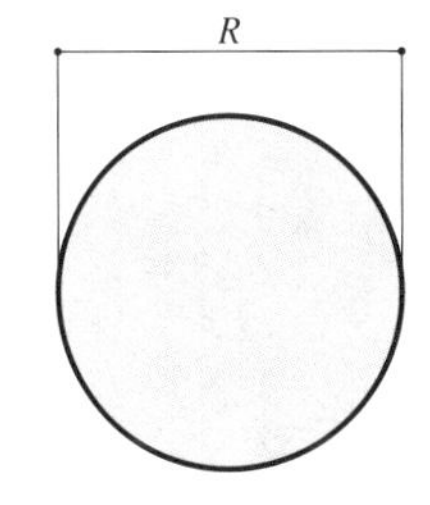

①截面积（A）

$$A = \pi \frac{R^2}{4}$$

②截面模量（Z）

$$Z = \pi \frac{R^3}{32}$$

③截面惯性矩（I）

$$I = \pi \frac{R^4}{64}$$

工字形

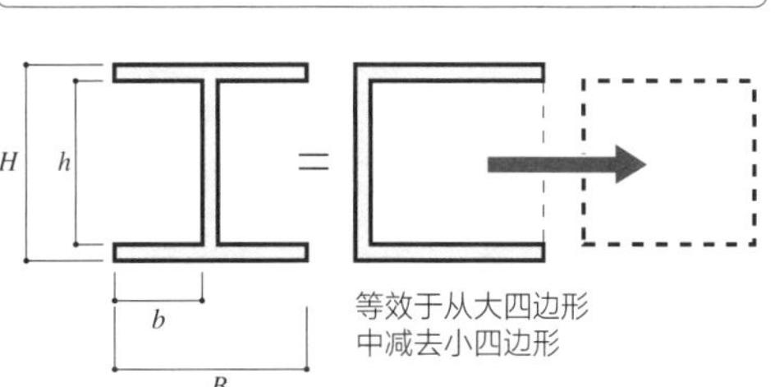

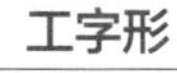

①截面积（A）

$$A = B \times H - 2 \times b \times h$$

②截面模量（Z）

$$Z = \frac{1}{6} B \times H^2 - 2 \times \frac{1}{6} b \times h^2$$

③截面惯性矩（I）

$$I = \frac{1}{12} B \times H^3 - 2 \times \frac{1}{12} b \times h^3$$

12 各种各样的荷载

根据作用的方向与时间，荷载也会不一样！

荷载作用方向可以分为竖向荷载与水平荷载！

建筑物受到各种外力，也被称为荷载。荷载分为沿竖直方向（上下方向）传递的荷载、沿水平方向传递的荷载等，作用方向各不相同。连续作用的荷载、短时间作用的荷载有着不同的作用时间。作用方向主要有竖向荷载和水平荷载；作用时间上主要有长期荷载和短期荷载。必须准确判断不同的荷载，以确保建筑物的安全性。

竖向荷载的种类

竖向荷载有各种类型。地球重力使建筑物在竖直方向（准确说是朝向地球中心的方向）产生荷载，这种荷载在建筑结构领域被称为恒荷载。建筑物建成后会搬入家具，这种可移动的荷载区别于固定荷载，被称为活荷载。北方地区会有积雪，雪荷载也是一种竖直荷载。

水平荷载的种类

水平荷载也有各种类型。在地震较多的地区，很多人都遭遇过建筑物左右摇晃，架子上东西掉落。在遇到比较大规模的地震时，或许会有人亲眼见到超高层建筑大幅度摇晃的场景。横向晃动的荷载是水平力（水平荷载），地震力是其中的一种。台风也是一种水平荷载，当台风登陆时，把手放在窗户上，可以想象窗玻璃因为风引起的变形。此外，屋顶瓦片、广告牌等被风吹走，这种由风产生的荷载称为风荷载（风压）。

荷载的组合

结构计算的时候，考虑恒荷载（G）、活荷载（P）、地震力（K）、风荷载（W）不同荷载的组合作用来进行设计。

一般地区

长期	$G+P$
短期	$G+P+K$
	$G+P+W$

① 典型的竖向荷载与水平荷载

竖向荷载

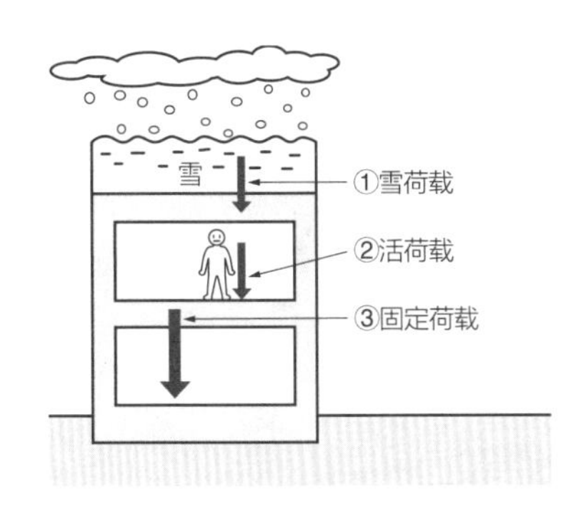

牛顿发现"万有引力"(1665年)

传说牛顿看到苹果从树上落下，这件事是竖直荷载概念产生的契机。

水平荷载(水平力)

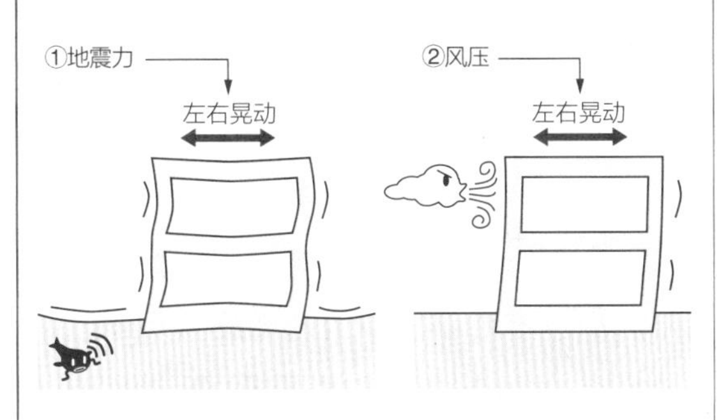

佐野利器发表"房屋抗震结构论"(1915年)

定义建筑物受到的地震水平力 F 为系数(震度)乘以建筑物自重 W。由佐野提出的作为抗震设计法的"震度法"，即水平荷载(地震力)登上了历史舞台。

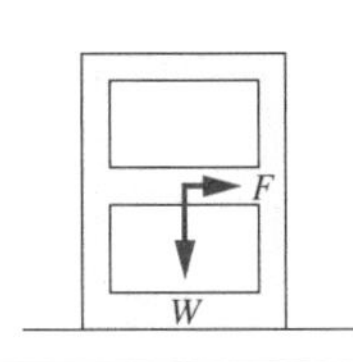

$$F = kW$$

$$k = \frac{\text{地震最大加速度}}{\text{重力加速度}}$$

① 其他外力

施加在建筑上的荷载除了竖向荷载、水平荷载，还有:①地基、地下水施加于基础的土压、水压；②物体撞击、人在室内跳动时所产生的冲击荷载；③日照、温差等因素导致构件膨胀收缩引起的温度应力；④设备机器等移动的振动引起的周期荷载。

土压、水压

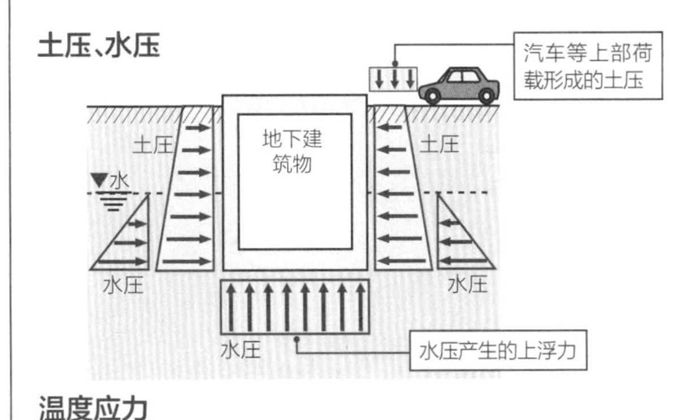

冲击荷载

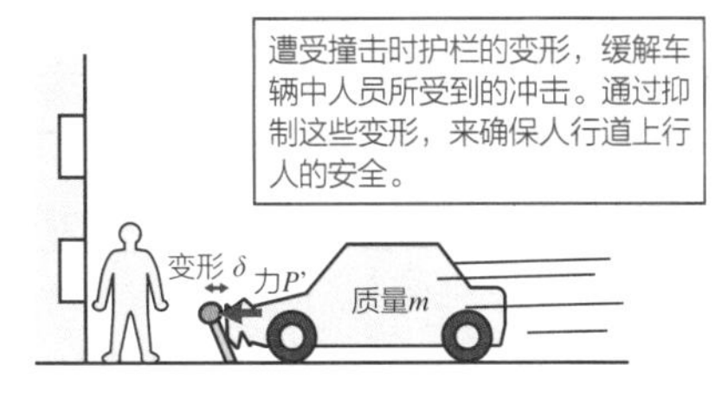

温度应力

雪

建筑物在所有方向上都受到各种外力作用。我们需要不断考虑这些外力作用来设计结构!

13 恒荷载

作为结构计算基础的“恒荷载”是什么？！

！“恒荷载”是不变的，所以是固定荷载吗？！

在建筑结构的计算中，恒荷载是首先需要确定的荷载。由于力的方向和数值保持不变，恒荷载也被叫做“死荷载”（Dead Load，DL）。

➔ 属于恒荷载的物体

恒荷载包括了柱、梁、楼板等主体结构构件，及外墙、地板、顶棚等饰面材料的荷载。设备荷载通常被归为附加荷载（活荷载）中，但是当设备重量特别大时，也会将其归入恒荷载。此外，管道、防火涂层的荷载等也属于恒荷载。

➔ 恒荷载的计算方法

计算恒荷载时要注意构件、饰面材料的单位体积重量（重度）。主要结构材料的重度如下：

木	8 kN/m³
钢	78 kN/m³
混凝土	23 ~ 24 kN/m³
（如果是轻质混凝土，单位体积重量为 17 ~ 21kN/m³）	

建筑结构规范中规定了建筑物各部分单位面积的荷载，其中荷载种类繁多。在实际设计中，为了结构计算时符合实际情况，可参考厂家提供的材料目录等资料，来计算构件的荷载。

在结构计算时荷载是非常重要的。在学会内力分析之前，我们要先理解荷载。

memo

与建筑不同，土木专业将恒荷载称为“死荷载”，附加荷载称为“活荷载”。

建筑	土木	英语
恒荷载	= 死荷载 =	Dead Load
附加荷载	= 活荷载 =	Live Load

在建筑学领域，“恒荷载”“附加荷载”的说法与实际含义近似。而土木领域中“死荷载”“活荷载”的说法则有些偏离人的直观感受了，但这些说法的确让人过目不忘。

掌握对荷载的理解是结构设计基础中的基础！

① 建筑物的恒荷载与屋面、楼板、墙壁的荷载

什么是建筑的恒荷载?

恒荷载是实际使用中构件的荷载。

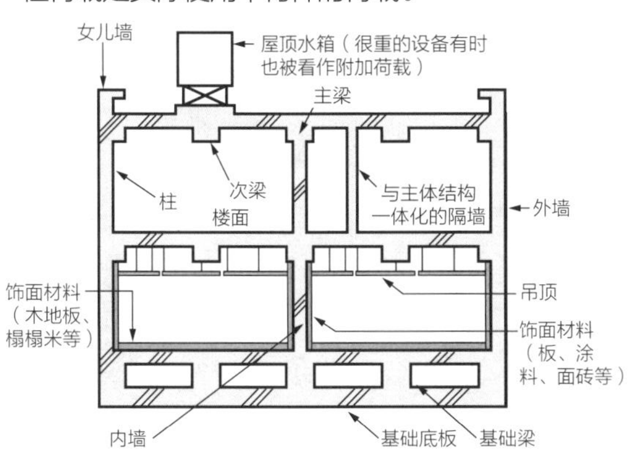

材料的比重

材料名称		比重
石材	花岗岩	2.65
	大理石	2.68
	板岩	2.70
水泥	硅酸盐水泥	3.11
金属	钢	7.85
	铝	2.72
	不锈钢	7.82
木材	柳杉	0.38
	桧木	0.44
	铁杉	0.51

屋顶的单位面积荷载

面层	简图（单位：mm）	屋面 1m² 的重量（N/m²）
卷材防水	2mm厚防水卷材—① 30mm厚找平砂浆—② 30 2	① 40 ② 600 合计 640
镀锌钢板板条屋面	0.6mm厚镀锌钢板-板条-① 油毡—② 15mm厚水泥板—③ 椽子—④ 檩条（轻型钢架）—⑤ *1	① 60 ② 10 ③ 90 ④ 30 ⑤ 70 合计 260
黏土瓦屋面（钩形瓦）	波形瓦—① 屋面板—② 椽子—③ *2	① 790 ② 100 ③ 40 合计 930

*1 注：200N/m²（包含垫层和椽子，不包含檩条）。
*2 注：980N/m²（包含垫层和椽子，不包含檩条）。

楼板单位面积的荷载

面层	简图（单位：mm）	楼板 1m² 的重量（N/m²）
地毯	7mm厚拼块地毯 7	60
榻榻米	55mm厚榻榻米-① 12mm厚上模板-② 木架垫层—③ 60 12 55 *3	① 200 ② 80 ③ 40 合计 320

*3 注：340N/m²（包含地面和地面的龙骨）。

墙壁单位面积的荷载

面层	简图（单位：mm）	墙面 1m² 的重量（N/m²）
石膏抹面	3mm厚石膏抹面—① 20mm厚砂浆—② 20 3	① 60 ② 400 合计 460
防火隔墙（1h）	型钢骨架—① 4块8mm厚硅酸钙板—② 97 *4	① 260 ② 100 合计 360

*4 注：型钢龙骨的重量根据墙壁的高度会有所增减。

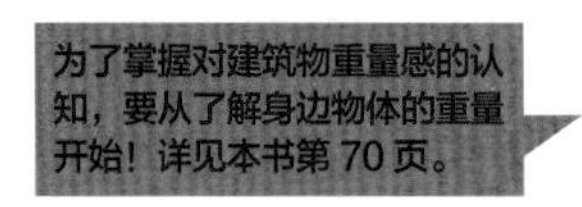
为了掌握对建筑物重量感的认知，要从了解身边物体的重量开始！详见本书第 70 页。

14 附加荷载

牢记“附加荷载”的数值及使用方法

“附加荷载”是活着一般的会变化的荷载！！

附加荷载是建筑物中人、家具等能够移动的物体的荷载。由于附加荷载不同于恒荷载，位置及重量大小有所不同，建筑结构规范依据建筑物的用途和房间的种类，规定了结构计算时各类构件的附加荷载值。

➔ 附加荷载分为三类

附加荷载被设定为三种类别：用于楼板、次梁计算；用于柱、主梁、基础计算（或：用于框架结构）；用于地震力计算。其数值从大到小的顺序为：

楼板＞柱、主梁、基础＞地震

直接搁置在楼板上物体会产生集中作用的附加荷载。次梁比楼板受到集中荷载的概率小，但由于有时我们会将次梁设计得很细，使次梁与楼板有基本相同的受荷条件。承载物体的荷载是从楼板、次梁传递到主梁、柱子的，所以与楼板、次梁相比，主梁和柱子受到的荷载波动和附加荷载值相对较小。在发生地震时，建筑物会整体来抵抗水平力，荷载差异小会受到较小的附加荷载。

要记录下所有与用途相关的附加荷载是很难的，从住宅房间的附加荷载开始记会简单一些。住宅房间的柱、梁、基础的附加荷载是 130N/m^2，也就是在 1m×1m 的范围内，附加两个成年人的荷载。想想我们自己的体重，就比较容易理解这种重量的感觉了吧。

现实中，建筑物有着各种各样的用途，仅有建筑结构规范提供的附加荷载是不够的。规范中标注了各种类型的荷载值，实际都会选择用途相似的规范给出的荷载值进行计算，也有按概率分析计算附加荷载的情况。

长期荷载与短期荷载

对于设备荷载的判断，不同的设计者也会存在差异。有时会将在楼板、墙面等处重量大，且无法移动的固定设备视作恒荷载；将没有被固定、可以移动的设备视作附加荷载。

要注意荷载较大的承载物！！

钢琴、书架等荷载特别大的物体会对建筑物的局部形成较大的集中荷载，因此需要单独计算，对于住宅楼板的附加荷载是 180kg/m^2。在木结构住宅中放置大型钢琴等荷载的情况需要特别注意。

! 建筑结构规范中的附加荷载

建筑物的附加荷载是什么？

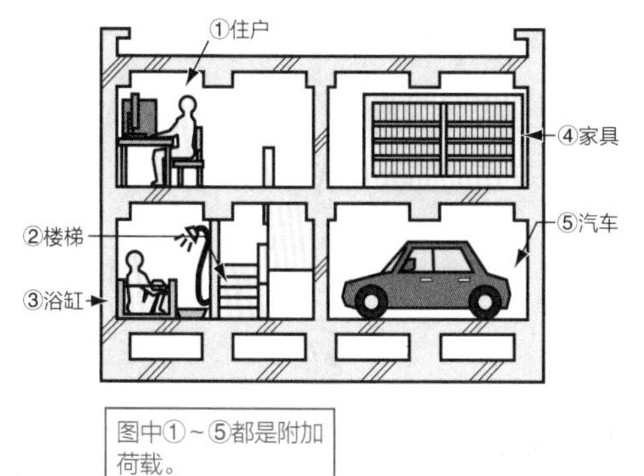

图中①~⑤都是附加荷载。

用于结构计算的附加荷载（施行令第85条）

房间的类别 \ 结构计算的对象			1 楼板、次梁的结构计算（N/m²）	2 主梁、柱以及基础的结构计算（N/m²）	3 地震力的结构计算（N/m²）
（1）	住宅房间，除住宅以外建筑的卧室或病房		1800	1300	600
（2）	办公室		2900	1800	800
（3）	教室		2300	2100	1100
（4）	百货商店及店铺卖场		2900	2400	1300
（5）	剧场、影院、表演场地、观众厅、礼堂、集会场地及其他相似用途建筑的观众席、集会场所	固定座位	2900	2600	1600
		其他情况	3500	3200	2100
（6）	机动车车库及机动车道路		5400	3900	2000
（7）	走廊、玄关或楼梯		连接（3）~（5）的房间时，参照（5）中“其他情况”的数值		
（8）	屋顶广场或阳台		参照（1）的数值。但是，用于学校以及百货商店时，参照（4）的数值		

! 不同国家的建筑结构规范中有关附加荷载的信息

不同国家的建筑结构规范都设定了附加荷载。
由于计算方法不同无法相互比较，但从用途类别等能够看出不同国家的特点。

加拿大的附加荷载 ［单位：kPa（kN/m²）］

Table 4.1.5.3.
Speified Uniformly Distributed Live Loads on an Area of Floor or Roof
Forming Part of Sentence 4.1.5.3.(1)

Assembly Areas	
a) Except for the areas listed under b) and c), assembly areas with or without fixed seats including	
Arenas	
Auditoria	
Churches	
Dance floors	
Dining areas(1)	
Foyers and entrance halls	4.8
Grandstands, reviewing stands and bleachers	
Gymnasia	
Museums	
Kitchens (other than residential)	4.8
Libraries	
Stack rooms	7.2
Reading and study rooms	2.9
Toilet areas	2.4

（British Columbia『The British Columbia Building Code 2006』p.190）

有些规范中因为没有厕所的附加荷载让人感到困惑。我们可以参考加拿大规范中提供的厕所附加荷载。

中国的附加荷载 ［单位：kPa（kN/m²）］

频遇值和准永久值系数

项次	类别	标准值（kN/m²）	组合值系数 ψ_c	频遇值系数 ψ_f	准永久值系数 ψ_q
1	（1）住宅、宿舍、旅馆、办公楼、医院病房、托儿所、幼儿园 （2）教室、试验室、阅览室、会议室、医院门诊室	2.0	0.7	0.5 0.6	0.4 0.5
2	食堂、餐厅、一般资料档案室	2.5	0.7	0.6	0.5
3	（1）礼堂、剧场、影院、有固定座位的看台 （2）公共洗衣房	3.0 3.0	0.7 0.7	0.5 0.6	0.3 0.5
4	（1）商店、展览厅、车站、港口、机场大厅及其旅客等候室 （2）无固定座位的看台	3.5 3.5	0.7 0.7	0.6 0.5	0.5 0.3
5	（1）健身房、演出舞台 （2）舞厅	4.0 4.0	0.7 0.7	0.6 0.6	0.5 0.3
6	（1）书库、档案库、贮藏室 （2）密集柜书库	5.0 12.0	0.9	0.9	0.8
7	通风机房、电梯机房	7.0	0.9	0.9	0.8
8	汽车通道及停车库： （1）单向板楼盖（板跨不小于2m） 客车 消防车 （2）双向板楼盖（板跨不小于6m×6m）和无梁楼盖（柱网尺寸不小于6m×6m） 客车 消防车	 4.0 35.0 2.5 20.0	 0.7 0.7 0.7 0.7	 0.7 0.7 0.7 0.7	 0.6 0.6 0.6 0.6

（《建筑结构荷载规范》GB 50009—2001（2006年版）p.10）

不同国家关注的荷载也不同。

15 地震力

地震力是什么？

! 地震时作用在建筑上的地震层剪切力!

建筑物在地震作用下发生摇晃会产生地震力（水平力）。水平力的评价方式是建筑物的重量转化为水平力的比例指标，即地震层剪切力。水平力是根据由地震层剪切力系数（C_i）乘以建筑物的重量计算得出的。因此，建筑物越重，水平力也就越大。

➔ 地震层剪切力的计算方法

地震层剪切系数由地域系数（Z）、振动特性系数（R_t）、地震层剪切力系数的高度方向分布系数（A_i）、标准剪切力系数（C_o）相乘得出。“地域系数”是根据过去的地震记录确定的折减系数，不同地域的折减系数值在 0.7~1.0 间。“振动特性系数”是由建筑物的固有晃动方式（固有周期）及地基坚固程度确定的折减系数。地基的坚固程度分为三类，如果建筑物的固定周期相同，那么地基越柔软晃动程度越大。“地震层剪切力系数沿高度方向的分布系数”是求导建筑物沿高度方向摇晃幅度的系数，楼层越高摇晃幅度越大，系数也越大。“标准剪切力系数”是重力加速度在地面标高上对建筑物产生水平力的百分比，建筑结构抗震规范明确了它的数值。

结构计算中要确认建筑每一层应对地震力的安全性。计算地震力的建筑物重量必须先求得需要计算地震力的楼层重量（恒荷载与附加荷载）。

以上所述的地震力求导公式仅适用于建筑物的地上部分，地下部分的地震力必须用其他方式计算。在地下，需要考虑地基的横向抵抗力，因而水平力的求导方式是不同的。此外，建筑物屋顶设置的烟囱、水箱等也会产生很大的地震力，它们的水平力计算方法也是不同的。

地下结构地震力的计算方法

地下部分的地震层剪切力 $Q_{地下}$ 计算式如下：

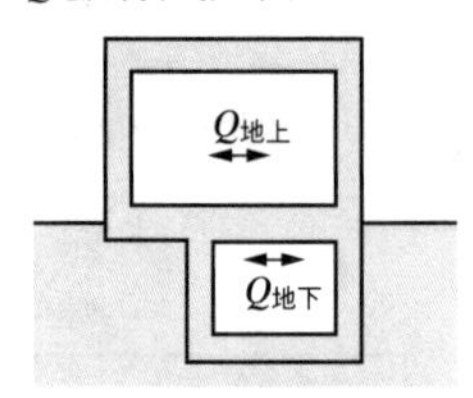

$$Q_{地下}=Q_{地上}+k\times W_{地下}$$

式中 $Q_{地上}$——建筑物地上部分的地震层剪切力；
k——水平震度；
$W_{地下}$——建筑物地下部分的重量。

地下部分的水平震度 k 的计算式如下：

$$k\geqslant 0.1\left(1-\frac{H}{40}\right)Z$$

式中 k——水平震度；
H——建筑物地下各部分距离地面的深度；
Z——地域系数。

① 地震力的计算

地震层剪切力（Q_i）的计算公式

$$Q_i = C_i \times W_i$$

$$C_i = Z \times R_t \times A_i \times C_0$$

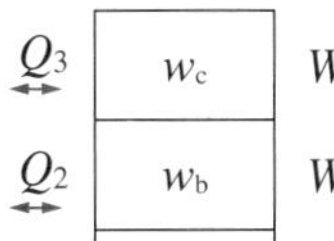

式中 Q_i——作用在i层的地震层剪切力；
C_i——i层的层剪切力系数；
W_i——i层在求地震力时用的重量；
Z——地域系数（0.7~1.0）；
R_t——振动特性系数❶；
A_i——地震层剪切力系数沿高度方向的分布；
C_0——标准剪切力系数（中小地震时C_0=0.2）。

由地基性质、建筑物高度和结构形式等确定的建筑物固有周期。

地震力是用建筑物中任意楼层的地震层剪切力计算的。需要掌握它们的计算方法！

振动特性系数R_t的特征

地基的软硬	硬 ←→ 软	
	小 → 大	
建筑物的高度	高 ←→ 矮	
	小 → 大	
结构类别	S	RC
	小	大

地震层剪切力沿高度方向上的分布图（A_i）

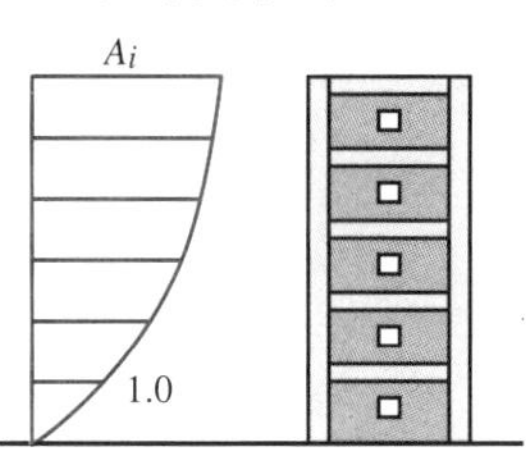

楼层越高，A_i的值越大。

屋顶塔楼等的地震层剪切力（Q）

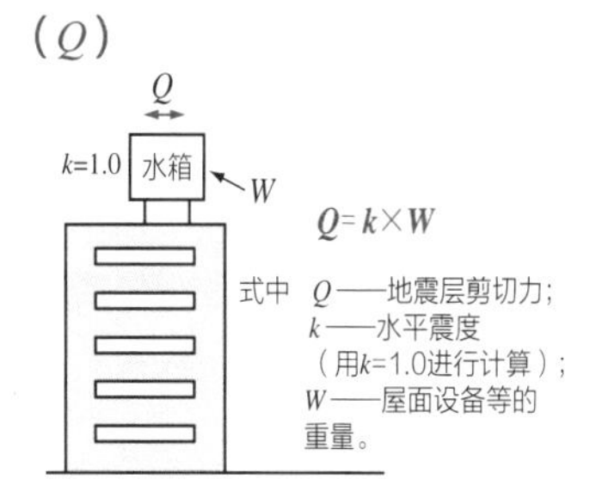

$$Q = k \times W$$

式中 Q——地震层剪切力；
k——水平震度（用k=1.0进行计算）；
W——屋面设备等的重量。

① 地震的机理及日本最近的地震

地震波中包括P波、S波和表面波。地基越坚固，地震波传递越快。地基中横波（剪切波）传递的速度叫作剪切波速度V_s，从V_s大致可以知道地基的坚固程度。

地震发生的机理和地震波的传播方式

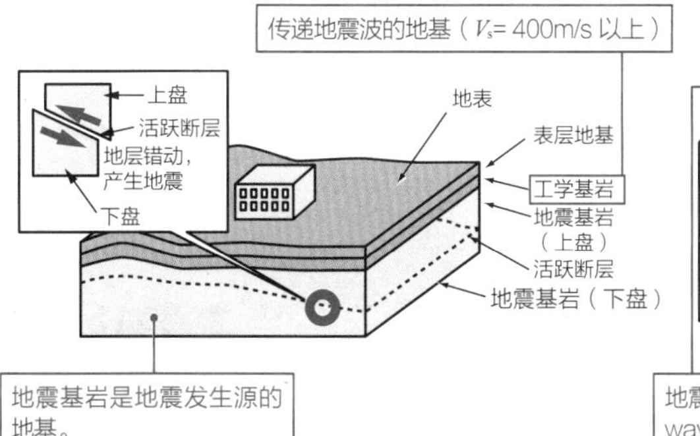

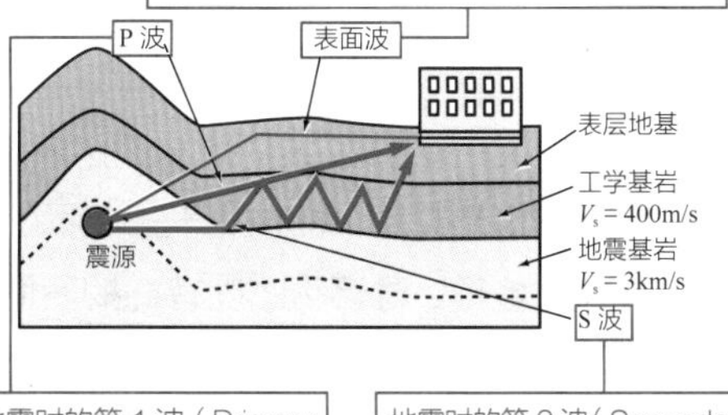

日本发生的主要地震灾害

发生日期	地震名称	震级	最大震度	特征
1923. 9. 1	大正关东地震	7.9	6	砖石结构的西洋式建筑倒塌
1948. 6.28	福井地震	7.1	6	大量战后复兴时期的临时建筑及结构不稳定的建筑发生倒塌
1995. 1.17	兵库县南部地震	7.3	7	墙面数量少的建筑物（底层架空的建筑等）、钢结构的柱脚、钢结构和钢筋混凝土结构的柱梁连接处有明显损坏
2003. 9.26	十胜冲地震	8.0	6弱	发生海啸灾害
2004.10.23	新潟县中越地震	6.8	7	推进了旧有抗震基准的抗震诊断和改造，开始重新评价非结构构件（顶棚等）的抗震性能
2007. 7.16	新潟县中越冲地震	6.8	6强	
2011. 3.11	东北地区太平洋地震	9.0	7	海啸灾害严重

❶ 参见本书第37页。

16 地基种类

知道地震时不同地基的特性吗？

！在不同的地基上，建筑物晃动方式的差异性很大！

地震发生在活跃断层处，通过地基传递到建筑物，在坚固的地基和柔软的地基中地震波的传递方式是不同的。坚固的地基中，地震波的传递速度快，传递至建筑物时几乎保持着最初发生的状态；柔软的地基中，地震波传递速度较慢，但如果柔软的地基层厚度大，地震力会大幅增大。

三种地基的特征及需要注意的地方

在建筑结构抗震规范中，计算地震力需要考虑到上述地基的性质。它们根据地基的坚固程度可以分为三类：固有周期 0.2s 以下的坚固地基（一类地基）、固有周期在 0.2 ~ 0.6s 的中等坚固地基（二类地基）、0.6s 以上的软弱地基（三类地基）。固有周期是建筑物、地基等达到最大响应时的周期。固有周期越短，地基越坚固，建筑物也是一样。

地震力会因地基、建筑物的固有周期不同而发生相应的变化。也就是说，对于坚固地基上的柔性建筑物，及柔性地基上的坚固建筑物等组合，地震力是会发生变化的。振动特性系数 R_t 在不同的情况下可以分为三种（参见下一页）。

基础分为天然基础、桩基础等，要注意考虑地基的类别。对于天然基础，由于地震波从地基传递而来，建筑正下方的地基类别会对其产生主要影响。对于桩基础，通常桩的端部有坚固的地基支撑，因此建筑结构抗震规范规定支撑桩端部的地基作为依据。通常，桩的端部被 N 值为 50 的地基支撑，可以按照一类地基计算地震力，但并不一定能保证基础处于安全范围内（地震力会变大）。在桩与地基的互相干涉下，地震波仍会传递至建筑底部，因此从安全角度考虑，选择二类地基是比较常见的。

memo

地基是依据地基晃动方式分类的，通常根据地基的固有周期区分。抗震设计中一般依据地基类别来设定地震力。

不同地基的优劣

人们经常会说到不同地基优劣，但并非是绝对的。比如对木结构有利的地基，对钢筋混凝土结构来说却不一定是有利的。
考虑地基的时候，需要结合这块地要建造的建筑类型。

如果能够理解地基的类别，就能够掌握地震振动导致的建筑物晃动方式特点。晃动方式也会因为地基和建筑物的特点发生变化！

ⓘ 抗震设计中的地基类别、振动特性系数

抗震设计中的地基种类是在设定地震振动时，根据地基的条件规定的。根据公式计算得出的地基固有周期，地基可分为一类～三类。

抗震设计中的地基种类

地基类别	地基固有周期 T_g（s）	备注
一类（硬质）	$T_g < 0.2$	良好的洪积地基及岩盘
二类（普通）	$0.2 \leqslant T_g < 0.6$	不能归于一类和三类的地基（中等地基）
三类（软质）	$0.6 \leqslant T_g$	包括冲积地基在内的软弱地基

振动特性系数 R_t 与地基类别关联很大

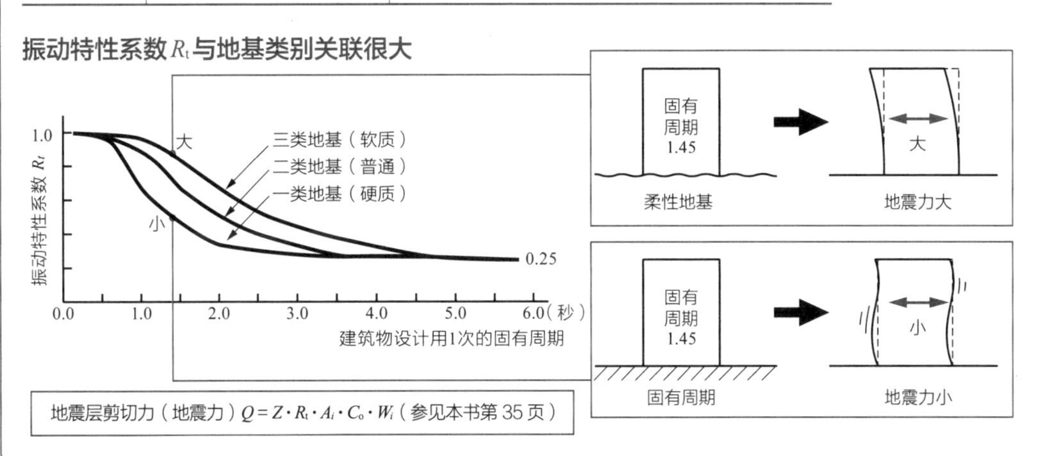

地震层剪切力（地震力）$Q = Z \cdot R_t \cdot A_i \cdot C_o \cdot W_i$（参见本书第 35 页）

ⓘ 振动特性系数 R_t 的求解方法

根据建筑物的固有周期 T 及与承载建筑物相对应的地基类别，建筑物受到的地震力 T_c 值会发生变化。能够了解地基，就能掌握建筑物晃动方式的特点（振动特性）。振动特性系数 R_t 可通过以下方式计算。

$T < T_c$ 时	$R_t = 1$
$T_c \leqslant T < 2T_c$ 时	$R_t = 1 - 0.2\left(\frac{T}{T_c}\right)^2$
$2T_c \leqslant T$ 时	$R_t = \frac{1.6\,T_c}{T}$

T——通过以下公式计算出建筑物设计用 1 次的固有周期（单位：s）：

$$T = h\,(0.02 + 0.01a)$$

h：此建筑物高度（单位：m）；
a：相对于建筑物中柱、梁的大部分都是木结构或钢结构楼层（不包括地下室）的高度合计 h 的比值。

T_c：建筑物基础的底部（使用坚固的支承桩时，此支承桩的顶部）正下方地基类别的对应数值（单位：s）

第一类地基 =0.4；第二类地基 =0.6；第三类地基 =0.8

17 风荷载

风荷载是如何算出来的?

!是由风力系数与速度压相乘计算出来的!

建筑物受风作用时，风在建筑物前面产生压力，后面产生拉力。这种由风在墙面上产生的力称为风压。风压的大小取决于风速的影响，速度越快风压越大，随速度在表面上产生的压力为速度压。

➔ 速度压、风荷载、风压的计算方法

速度压 q 一般会随着建筑高度的增加而增大。当建筑物周围有能遮风的其他建筑物或防风林等情况下，风速会减小，结构计算时速度压可减半。不过，当周边环境可能存在很大变化时，应该慎重考虑。

风压 W 是根据规定的风力系数（C_f）乘以速度压（q）计算出来（参考下一页）的。风力系数随建筑物的形状、迎风面（外表面，受压面）方向等条件的变化，数值也会不同。风吹来的方式十分复杂，在建筑物各部位都有所不同，建筑物的形状也会导致风压发生变化。由形状、风及迎风面计算风力系数的方法是较为常见的（参考第 40 页）。

风压（W）乘以外表面面积（受压面积）可以求出风荷载。由于风压随着高度发生变化，一般来说，风荷载是需要各层分别计算的。二层楼面受到的水平力是由一层与二分之一二层层高的外表面面积之和（参考下一页）乘以风压计算出来的。

建筑物受风作用后，风会沿着外表面流动。此时，建筑角部会比其他部位承受更大的力。为了能计算局部风力，规范也规定了面材的风荷载计算方法，需用相应公式来核算建筑物角部等处的围护结构强度。

外围护结构的风压

建筑结构计算用的风荷载数值必须采用建筑物结构计算用的数值（下一页），并且需要与围护结构安全性计算用的数值（如下）相区分。

$$W=\bar{q}\cdot\hat{C}_f$$

W——风压（N/m²）；
q——平均速度压；
（$q=0.6E_r^2V_0^2$）
E_r——平均风速沿高度方向分布的系数；
V_0——基准风速（m/s）；
C_f——风力系数。根据屋面的形状、部位等在材料性能指标中注明。

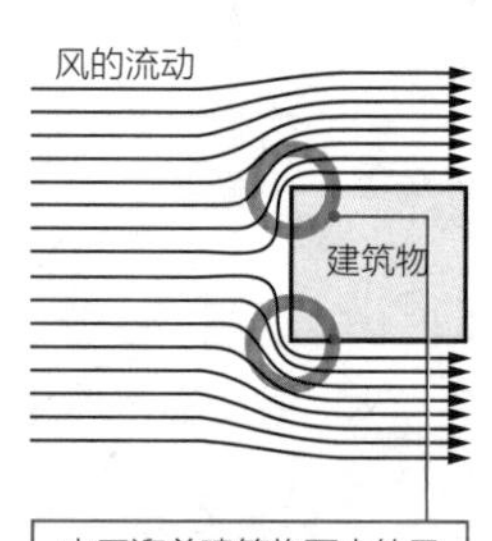

由于迎着建筑物而来的风会沿着建筑物表面流动，风在建筑物的角部聚集起来将形成非常大的风荷载。

ⓘ 速度压、风压、风荷载的计算公式

速度压的计算公式

①计算公式

$$q=0.6\times E\times V_0^2 \qquad E=E_r^2\times G_f$$

q——速度压（N/m^2）；
E——政府部门规定的针对周边状况的计算方法得出的系数；
V_0——基准风速（m/s），规范中对各个地区作了规定（右图）；
E_r——平均风速沿高度方向分布的系数；
G_f——考虑到急风等影响的系数（阵风影响系数）。

②“基准风速分布图”与“风速与风荷载的关系”

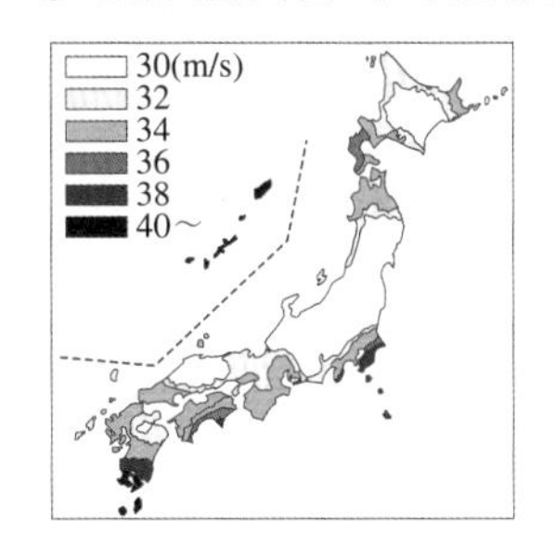

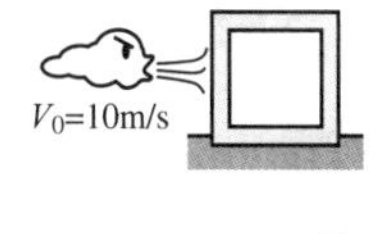

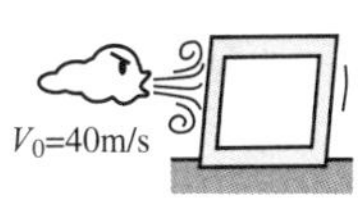

与风荷载和车辆对建筑物的撞击类似，速度越快荷载越大。

③ E_r 值

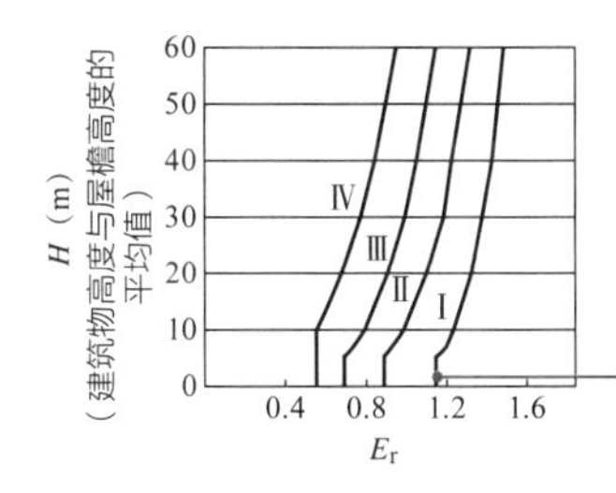

在图表中，低层建筑物的 E_r 值是一样的，在高层建筑物中，高度越大值越大。另外，Ⅰ～Ⅳ是对地表面粗糙度的区分。

④ G_f 值（$H\leqslant 10$m 时）

地表面粗糙度的区分	G_f
Ⅰ（城市规划区域外的沿海区域）	2.0
Ⅱ（田地与住宅散布的区域）	2.2
Ⅲ（普通城镇）	2.5
Ⅳ（大城市）	3.1

H——建筑物高度与屋檐高度的平均值。

风压的计算公式

$$W=C_f\times q$$

W——风压（N/m^2）；
C_f——风力系数（参考第 40 页）；
q——速度压（N/m^2）。

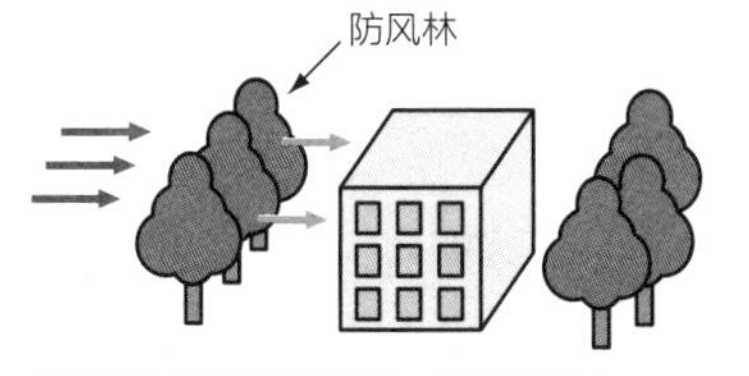

如果有阻挡风的障碍物，风压会变小。

在风力较强的区域，相比地震力更要注意抵抗风压的设计。

风荷载的计算公式

$$P=W\times 外表面面积$$

P——风荷载（N）；
W——风压（N/m^2）。

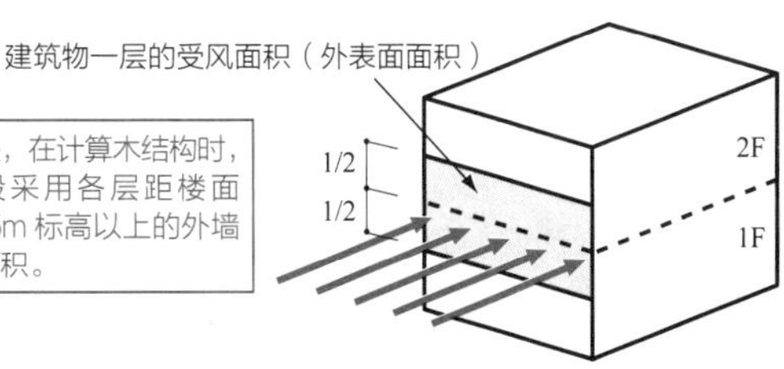

但是，在计算木结构时，一般采用各层距楼面 1.35m 标高以上的外墙表面积。

ⓘ 日本主要的台风灾害

室户台风	1934.9	死亡 2702 人，334 人下落不明，受伤 14994 人
枕崎台风	1945.9	死亡 2473 人，1283 人下落不明，受伤 2452 人
伊势湾台风	1959.9	死亡 4697 人，401 人下落不明，受伤 38921 人，住宅完全损坏 40838 栋，不完全损坏 113052 栋
第 2 室户台风	1961.9	死亡 194 人，8 人下落不明，受伤 4972 人，住宅完全损坏 15238 栋，不完全损坏 46663 栋
第 2 宫古岛台风	1966.9	受伤 41 人，住宅损坏 7765 栋
第 3 宫古岛台风	1968.9	死亡 11 人，受伤 80 人，住宅损坏 5715 栋
冲永良部台风	1977.9	死亡 1 人，受伤 139 人，住宅不完全损坏、冲走 2829 栋

18 风力系数

不同形状的建筑物，受力相同吗？

建筑物的不同面，所受的力也是不同的。

！建筑物形状不同，所受到的风力也不同！

风吹来时，在建筑上产生极其复杂的力。板状与弧面的建筑物正面迎风时，两者产生的影响是完全不同的。即使是同样形状的建筑物，窗、门完全关闭的建筑物与窗、门敞开的建筑物上，风产生的作用力也会有很大的不同。

➔ 采用风力系数计算风的影响

规范采用了因建筑物形状而不同的风力系数，以此计算风的影响。风力系数使得风速求出的风压力有所增减，从而计算出风在建筑物上产生的力（设计中使用的外力）。影响风力系数的主要因素是屋面的坡度，坡度越陡，所承受的风压就越大，同时力的方向也更为复杂。屋面在迎风处会产生向上抬升的荷载；而在背风处，则会产生向下压的荷载；当屋面近乎水平时，风所产生的荷载是向上的。

必须注意的是，由于风的流动非常复杂，会在局部产生非常大的荷载。作用在建筑物整体的荷载与作用在局部的荷载需要区别对待，因此，规范中围护结构采用的风力系数与建筑物所采用的风力系数是不同的。比如，四方形建筑物由于角部的荷载会变得很大，其门框、窗框等防风部件就不能按照统一规格来进行设置。

规范中计算风荷载的时候会考虑地表面的粗糙度（参考第 39 页）。实际上，与相邻建筑物之间的距离是 50m 还是 0.5m，正面有没有其他大型建筑物，以及常年风向等各种因素，都会影响建筑物所受风荷载的变化。尽管根据规范来设计问题不是很大，但有时设计中也需要考虑大型建筑物本身对周边环境的影响，通过风洞实验来计算风荷载。就风荷载而言，设计时连同周边环境一并考虑是非常重要的。

memo
风力系数在建筑物密闭状态下会发生变化，因此需要通过与外压及内压相关的系数组合才能计算出来。

屋面的名称

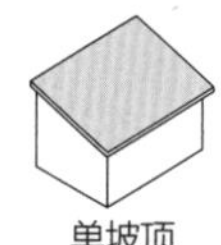
单坡顶

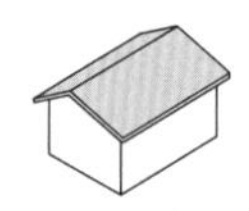
双坡顶

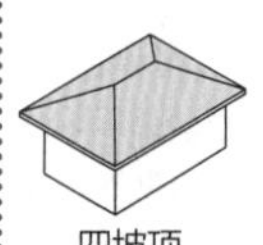
四坡顶

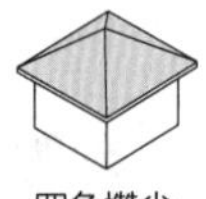
四角攒尖

歇山顶

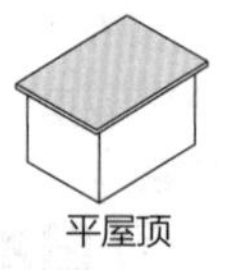
平屋顶

使用风力系数计算建筑物在风荷载作用下产生的力。我们要记住这种计算方法！

① 建筑物风力系数的计算方法

上一章中的风压是由速度压乘以风力系数计算出来的。

$W = q \cdot C_f$　　W——风压（N/m²）；q——速度压（N/m²）；C_f——风力系数（参考第 40 页）。

其中 C_f 是什么呢？

$C_f = C_{pe} - C_{pi}$

要点是 系数 = 外 - 内

C_{pe}——建筑物的外压系数；C_{pi}——建筑物的内压系数。

通过考虑 C_f，能够计算出建筑物各个部位的风压。

外压系数 C_{pe} 与内压系数 C_{pi}

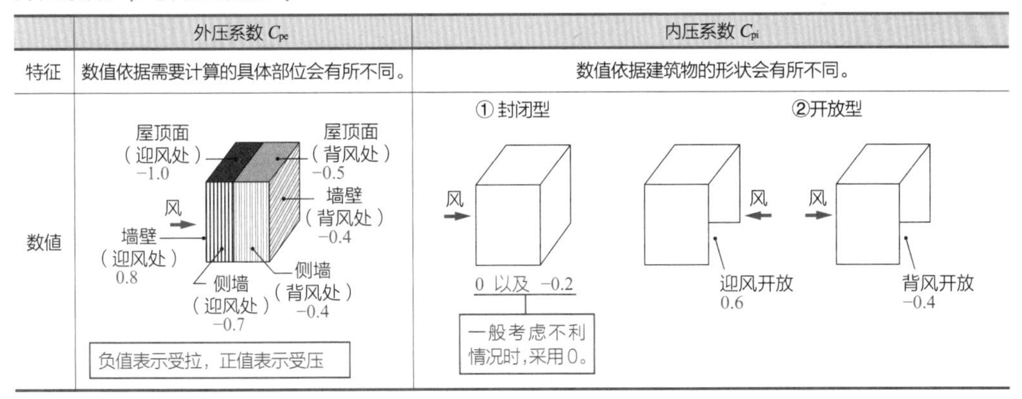

	外压系数 C_{pe}	内压系数 C_{pi}
特征	数值依据需要计算的具体部位会有所不同。	数值依据建筑物的形状会有所不同。
数值	屋顶面（迎风处）−1.0；屋顶面（背风处）−0.5；墙壁（背风处）−0.4；墙壁（迎风处）0.8；侧墙（迎风处）−0.7；侧墙（背风处）−0.4 负值表示受拉，正值表示受压	① 封闭型：0 以及 −0.2（一般考虑不利情况时，采用 0。） ② 开放型：迎风开放 0.6；背风开放 −0.4

注：表中外压系数值表示“封闭型建筑物平屋顶的情况”。

风力系数的计算方法

例题　求右图所示四方形建筑物着色面的风力系数 C_f。

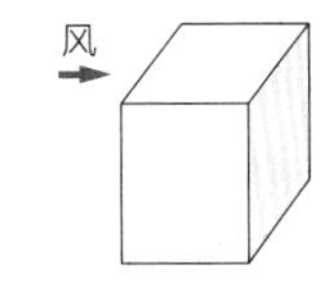

封闭型的建筑物
平屋顶

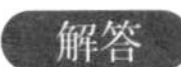

$C_f = C_{pe} - C_{pi}$

据上表，$C_f = -0.4 - 0 = -0.4$

① 外围护结构的风力系数

屋顶面材的风力系数，采用与屋顶形状相对应的值。

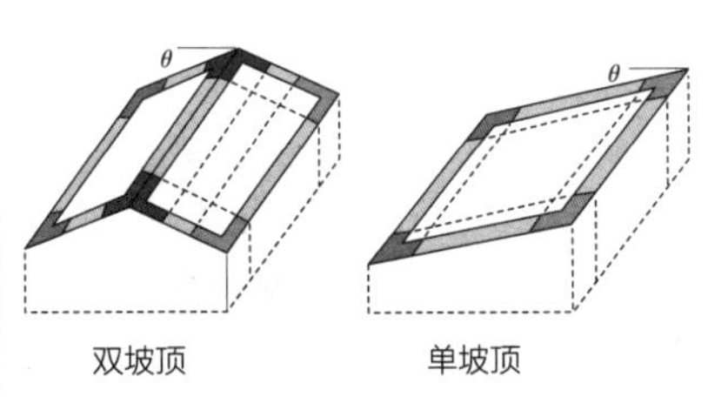

双坡顶、单坡顶的负外压系数 C_{pe}

部位 \ θ	10° 以下	20°	30° 以上
□（白色）的部分	-2.5	-2.5	-2.5
□（浅灰色）的部分	-3.2	-3.2	-3.2
□（深灰色）的部分	-4.3	-3.2	-3.2
■（黑色）的部分	-3.2	-5.4	-3.2

根据《2007 年版建筑物的结构关系技术基准说明书》（全国官报贩卖协同组合）

19 雪荷载

多雪地区的设计有什么不同?

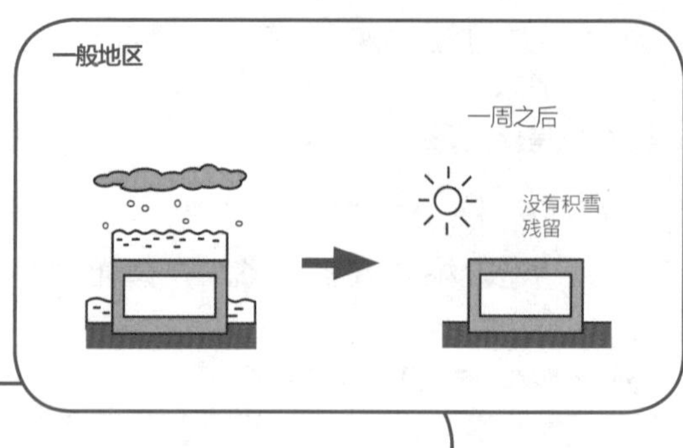

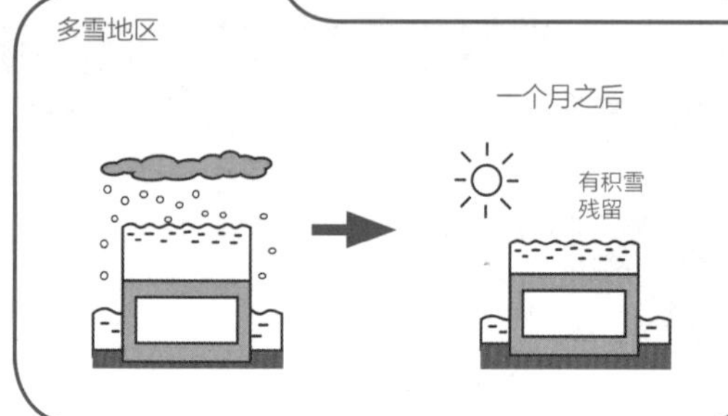

多雪地区与一般地区应对雪荷载的方法是不同的!

雪荷载异常复杂，因此要格外注意。规范中根据积雪深度、积雪时长等对雪荷载进行了区分。垂直积雪量在 1m 以上的地区，及一年中 30 天以上有积雪的地区被称为“多雪地区”。在多雪地区，雪荷载被视为长期荷载，而在一般地区（除多雪地区以外的地区）的雪荷载则被视为短期荷载。

依据规范及相关条例中的积雪量规定进行设计

关于积雪量的计算，依据规范选取 50 年一遇的积雪量（50 年重现期），标高、海（湖）率 [对于任意点，在指定半径范围内的海（湖）所占面积比；是计算垂直积雪量的重要指标] 等。在大多数行政审批中，对于积雪量、是否属于多雪地区几乎都有明文规定。

规范中每 $1m^2$ 的面积上 1cm 厚的雪重 2kg（20N）以上。积雪量越大，雪越密实，其重量也就越大。因此，一般地区（积雪厚度在 1m 以下）每 1cm 厚度重 2kg（20N），1m 以上的部分每 1cm 厚度重 3kg（30N），以此标准来进行设计。条例中对于每 1cm 厚的 $1m^2$ 积雪重量也有具体的规定。

由于屋顶有坡度时积雪易滑落，也可以通过设计将积雪厚度控制在 1m 以下。为了防止积雪滑落产生事故，有时会对坡屋面设置挡雪板（防止积雪滑落的突起）。因为采用这类设计时就不能减少雪荷载，所以将设置有挡雪板的建筑物称为耐雪型建筑。

必须注意，由于特殊形状的屋面容易出现积雪区域，所以不能简单地根据规范规定的积雪厚度来设计。特别是雪荷载并没有像风力系数那样具有细致明确的规定，所以设计中就更有必要结合建筑物的形状来考虑积雪量。

memo

实际上积雪情况相当复杂。比如北海道这种干燥地区的雪是松散的；而新潟由于一直潮湿，积雪会变得很重。此外，屋檐部位的积雪会一直反复融化滑落又凝固，会在屋檐部位形成冰挂而变得非常重。
对积雪进行设计的时候，必须要熟悉该地区积雪的特性。

冰挂，是屋檐端部垂下来的雪不断增长之后，在墙一侧形成的尖锐冰锥。

虽然雪荷载在规范及各地区规定中是明确的，但是必须考虑建筑物屋面等部位的形状。

ⓘ 不同地区的雪荷载

雪荷载在一般地区作为短期荷载，在多雪地区视作长期荷载，不同地区之间有所不同，并且“积雪的单位重量”也不相同。此外，与其他外力（荷载）之间的组合，一般地区与多雪区域也不相同，因此需要格外注意。

雪荷载的计算公式

雪荷载（N/m²）= 积雪的单位重量（N/m²）× 垂直积雪量（cm）× 屋顶形状系数

“积雪的单位重量”是指积雪量（厚度）每 1m² 面积上 1cm 厚的重量，一般地区是 20N/m²，多雪地区是 30N/m²。

荷载组合的不同

	长期（平时、积雪时）		短期（地震时、暴风时、积雪时）	
一般地区	$G+P$		$G+P+K$ $G+P+W$ $G+P+S$	即使有积雪，但是由于会立刻融化，此时雪荷载被作为短期荷载计算。
多雪地区	$G+P$ $G+P+0.7S$	堆积的雪无法立刻融化。因此，雪荷载被视为长期荷载。但是，最大积雪深度要乘以 0.7 进行计算。	$G+P+K$ $G+P+W$ $G+P+K+0.35S$ $G+P+W+0.35S$	由于积雪的同时发生地震的可能性并不高，在进行地震力计算的时候，雪荷载的最大积雪深度要乘以 0.35 以后进行计算。

注：G——恒荷载；P——附加荷载；K——地震力产生的荷载；W——风压产生的荷载；S——积雪产生的荷载。

ⓘ 雪灾

与地震相比，积雪带来的灾害并不多，因此规范中并没有对积雪作出相关的详细规定。不过，至今仍有因积雪量大而发生的住宅房屋倒塌个案。

名称	时期	积雪量及受灾住宅
三八暴雪 （昭和 38 年暴雪）	1963 年 1 月 ~ 2 月	318cm，新潟县长冈市 受灾住宅：完全损坏 753 栋，部分损坏 982 栋
四八暴雪 （昭和 48 年暴雪）	1973 年 11 月 ~ 1974 年 3 月	259cm，秋田县横手市 建筑物倒塌：503 座
五六暴雪 （昭和 56 年暴雪）	1980 年 12 月 ~ 1981 年 3 月	255cm，新潟县长冈市 受灾住宅：完全损坏 165 栋，部分损坏 301 栋
五九暴雪 （昭和 59 年暴雪）	1983 年 12 月 ~ 1984 年 3 月	292cm，新潟县上越市 受灾住宅：完全损坏 61 栋，部分损坏 128 栋
一八暴雪 （昭和 18 年暴雪）	2005 年 12 月 ~ 2006 年 2 月	422cm，新潟县新潟市 受灾住宅：完全损坏 18 栋，部分损坏 28 栋

20 温度应力

建筑物会随气温、季节变化吗?

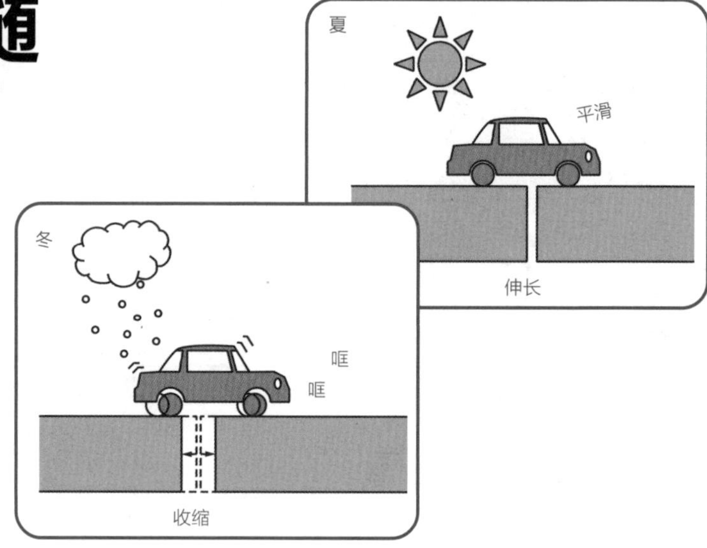

建筑物会因温度荷载发生伸缩!

一年四季，随着季节温度会变化。人也会因为气温的变化而患上感冒、或是由于中暑而身体不适，这是季节的改变给身体状况带来的变化。建筑物虽然看起来不会有明显的变化，但其实也会受到季节改变的影响。极端情况下，夏天平屋面的温度甚至会接近 100℃。

考虑温度荷载的设计方法

物体具有随温度改变发生伸缩的性质，不同材料的伸缩量也会有所不同。但规范中并未对因温度引起的荷载作出特别规定。考虑到地震、风、雪荷载曾经导致的建筑物倒塌事故，在规范中为了确保最低限度的安全性，还是对温度荷载作出了相应规定。只是由于温度荷载导致的倒塌事故极为罕见，因此规范并没有对温度荷载在计算方法上作出明确规定。

然而，如果认真地考虑温度荷载带来的应力，其实际产生的荷载是非常大的。在一般的建筑物中，构件之间的相互缓冲及建筑物的整体变形，使温度应力能得到一定程度的释放，不致影响安全性。但是，当遇到体育馆这类有着大而长的屋面，建造于温差较大地区的建筑物，或是由不同材料组合起来的建筑物时，就必须在设计中考虑温度引起的荷载了。

由于日本规范中没有与温度荷载相关的规定，我们只能参考其他资料中温度的设定来计算。同一建筑物的南北向也有可能出现温差较大的情况，所以设计时还需要分析温度分布情况。

在温差较大的地区，有时会考虑与温度应力相关的冬夏季温差来设计建筑。如果在气温接近平均值的季节里施工，其温度应力就可以减半。也就是说，施工时期也会影响到建筑物所对应的温度荷载。

memo

饰面也会对建筑物的温度荷载产生很大的影响，比如黑色饰面的温度会升高。如果有隔热设计，建筑物自身也能够抵抗外部的气温变化。有面砖的建筑物与素混凝土建筑物相比，素混凝土建筑物受到的温度影响会更大。屋顶有绿化的建筑物虽然重量会增大，但是温度变化却会减小。在混凝土结构中，建筑物能够通过裂缝释放温度应力，所以在温度有巨大变化的部位更容易产生裂缝，以致影响建筑的品质。

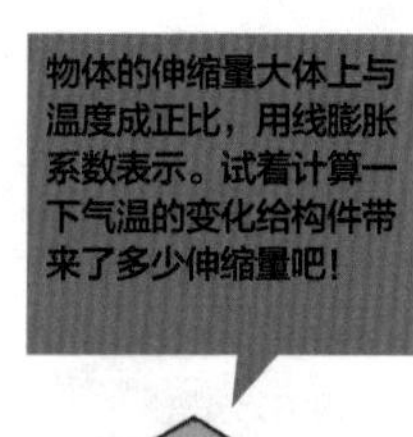

ⓘ 随气温变化的构件变形量

温度上升 1℃时，物体长度变化的比例称为线膨胀系数（线膨胀率，通常用 α 表示）。根据温度的变化与线膨胀系数的乘积，以及原构件的长度，能够计算出随着温度变化的构件伸长量。

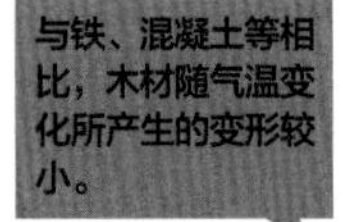

随气温变化的构件变形

①计算公式

温度×线膨胀系数×构件长度=随温度的伸缩量

例如
如果 10m 长的铁，温度上升 10℃，
构件的变形量为：
$10 \times 1 \times 10^{-5} \times 10 = 10^{-3}$ m （即 1mm)

②主要构件的线膨胀系数

构件	线膨胀系数 α（1/℃）
铁	1×10^{-5}
混凝土	1×10^{-5}
木	$3 \sim 6 \times 10^{-6}$（纤维方向） $35 \sim 60 \times 10^{-6}$（垂直于纤维方向）

10m构件随气温变化的变形量

由此可以看出，与铁、混凝土相比，木的变形量相对较小。

	最低气温～最高气温（2010 年）	温差	10m 构件的变形量（最低气温与最高气温）		
			铁	混凝土	木
北海道（札幌）	−12.6℃～34.1℃	46.7℃	4.67mm	4.67mm	2.10mm（纤维方向）
东京	−0.4℃～37.2℃	37.6℃	3.76mm	3.76mm	1.69mm（纤维方向）
冲绳（那霸）	9.1℃～33.1℃	24.0℃	2.40mm	2.40mm	1.08mm（纤维方向）

ⓘ 大规模建筑物的温度应力解析案例

设计大规模建筑物的时候，需要在计算机上进行应力解析、模拟。
在此基础上，绘制夏季温度应力云图和冬季温度应力云图。

①设定等效室外温度

	T_0	a	α_0	J	T_{SAT}
夏季（最高温度）	40.0	0.8	25	1000	72.0
冬季（最低温度）	−11.5	0.8	25	0	−11.5

注：T_0——外部气温；a——日照吸收率；α_0——热传导率；J——日照量；T_{SAT}——等效室外温度。

②设定基准温度

基准气温为当地的年平均气温。
（平均气温 12.85℃→13.0℃）

③确认各个场所的设计用温度变化

	位置	气温	基准温度	温度变化
夏季	范围 1	72.0℃	13.0℃	59.0℃
	范围 2	40.0℃	13.0℃	27.0℃

	位置	气温	基准温度	温度变化
冬季	范围 1	−11.5℃	13.0℃	−24.5℃
	范围 2	−11.5℃	13.0℃	−24.5℃

④制作云图

夏季温度应力（云图）

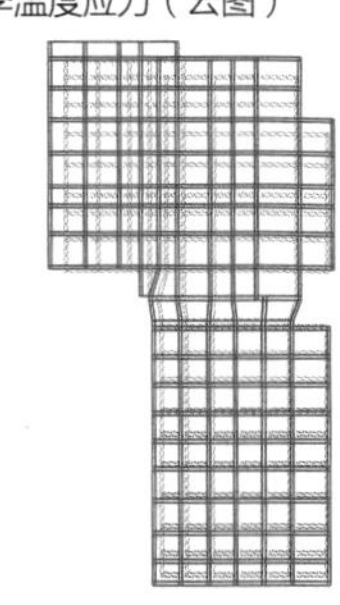

冬季温度应力（云图）

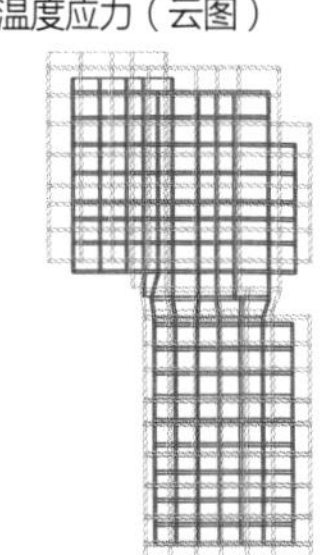

21 结构形式

只依靠柱和梁，真的安全吗？

！只要把骨架牢固地组合起来，就是安全的！

在建筑物中，各类材料制成的构件以多种方式被组合起来。这种组合的方法叫作结构形式。

➔ 需要事先牢记的结构形式

开始学习建筑，最先听到的就是“框架（frame）结构”。它与吃的拉面（译者注：日语发音）是同一个词，所以很容易记住。这是什么样的结构呢？它是由柱和梁组合形成的门形架构。框架结构是现代建筑的代表，除了住宅以外的大部分建筑物都是框架结构，比如高层住宅、办公楼等。对于结构力学的学习，一直会延续到框架结构的计算。

在欧洲林立的古老城市中，有许多由石头、砖块砌筑起来的砌体结构（masonry）建筑。日本的住宅主要是基于木结构，以传统轴组工法为代表的结构形式。基于木材的框架墙工法（也称“2×4 工法”）在日本非常普及，在美国、加拿大等地也是住宅建筑中的主流。集合住宅中，主要的结构形式是将混凝土结构的墙体作为抗震构件，带抗震墙的刚性框架结构，其中有许多称为“剪力墙结构”的无柱墙体结构。

在小学、中学的老式钢结构体育馆有一些大型“X”形结构构件，这种结构形式叫作斜撑。很多体育馆的屋顶是由三角形组合起来的梁（桁架结构）支撑的，这种桁架结构也被广泛应用于桥梁结构。

除此以外，还有许多结构形式无法一一说明。除了薄壳结构、穹顶结构、悬索结构等，最近几年还出现了用机械方式控制力流的隔震结构和减振结构。在实际设计中，要结合建筑物的用途、造价、安全性、美观等各种条件来选择结构形式。

memo

直到不久前，结构形式还被称作“骨架形式”，这种说法会让人联想到动物的骨架，也许为了让人更容易理解吧。但在近来的一些建筑物中，许多结构被暴露在外，并不一定像动物的骨头那样不可见，因此把它们称为结构形式应该更加贴切吧。

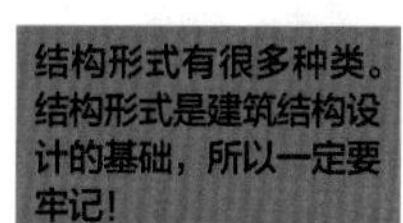

ⓘ 建筑的主要结构形式

从传统结构到新型结构，有各种形式。具有代表性的结构形式有以下这几种。

框架结构

斜撑结构

剪力墙结构

传统轴组工法

主要结构形式

主要结构形式
钢筋混凝土结构（RC 结构） 框架结构 剪力墙结构 框架剪力墙结构
钢结构的主流 框架结构 斜撑结构
木结构的主流 传统轴组工法 框架墙工法（2×4）

ⓘ 其他结构形式

- 薄壳结构
- 木结构
  - 木构框架结构
  - 传统工法
- 砌体结构
- 张拉整体结构
- 桁架结构
- 穹顶结构
- 悬索结构
- 膜结构

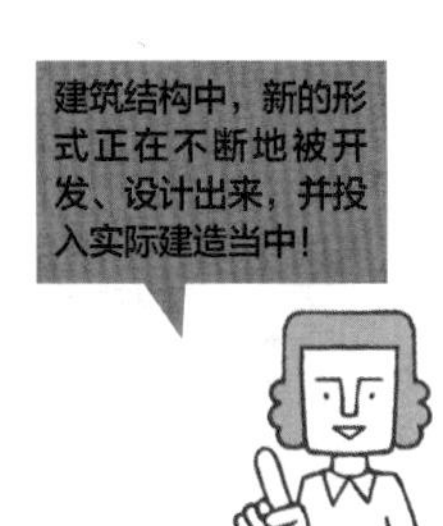

砌体结构

桁架结构

穹顶结构

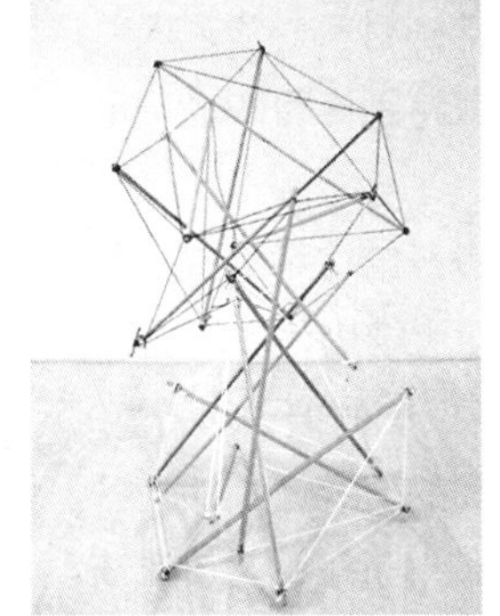

张拉整体结构（tensegrity）

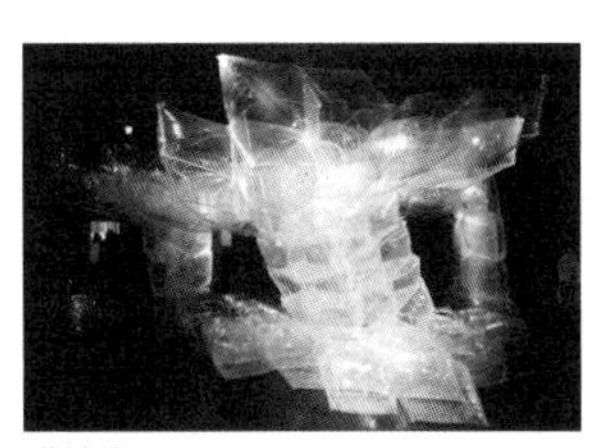

膜结构

22 结构种类

需要事先掌握的结构种类有哪些？

钢结构
木结构
钢筋混凝土结构

! 让我们来了解一下木结构、钢结构、混凝土结构的不同之处吧！

如果依据所使用的主要材料进行分类，结构可分为木结构、钢结构、钢筋混凝土结构三种。因此，我们首先必须了解这三种结构。

➜ 不同的结构种类，其特征及计算方法是不同的！

木结构建筑是主结构由木头搭建的建筑物，主要用于住宅建筑。近年来，也开始用于小学等稍大规模的建筑。由于木结构不适用于大跨建筑，有时梁的一部分会采用钢构件，从而成为木、钢构件混合的结构形式。由于钢的强度大，钢结构常被用于大跨结构、高层建筑等。钢筋混凝土结构则被广泛用于集合住宅。由于它应对火灾的能力强，尤其适用于那些火灾容易蔓延的区域等。

也有将以上结构组合起来的混合结构。在积雪量大的地区，因为木结构被埋在雪下容易腐蚀，所以有很多建筑物的一层采用钢筋混凝土结构，二层三层采用木结构。

除此以外，还有许多其他结构材料。建筑规范认可的结构材料还包括砖、砌块、不锈钢、铝等。在特别许可的情况下，膜也可以作为结构材料使用。

在掌握各自特性的基础上进行结构种类选择是十分必要的。结构计算时，木结构、钢结构、钢筋混凝土结构等各自适用的计算方法是不同的，因此要注意，不能仅仅依据强度的比例关系来简单确定截面的大小。

目前对防火、耐久性等方面的研究还不够充分，且在建筑规范中并没有得到认可，但是纸、FRP、竹子等新材料正在逐渐被作为结构材料尝试着投入使用。随着技术的发展，也许层出不穷的新材料将逐渐成为主流。

筋混凝土结构是混合结构吗?

钢筋混凝土结构是在混凝土构件中配置钢筋（型钢），并不是混合结构。

英文标记的含义

S 结构："Steel" 的缩写，钢结构。
RC 结构："Reinforced Concrete" 的缩写，钢筋混凝土结构。
SRC 结构："Steel Reinforced Concrete" 的缩写，钢骨钢筋混凝土结构。
PC 结构："Prestressed Concrete" 的缩写，预应力混凝土结构。
PCa 结构："Precast Concrete" 的缩写，预制混凝土结构

让我们来掌握不同结构材料的特性吧。不同结构材料的结构计算方法也是不同的！

① 结构种类的比较

对主要的建筑结构形式——木结构、钢结构、钢筋混凝土结构的比较如下。

各结构的比较

①重量（作为建筑物时）

>

>
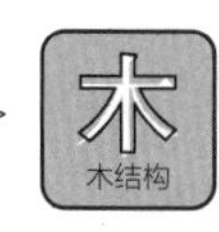

②抗震

≈

≥
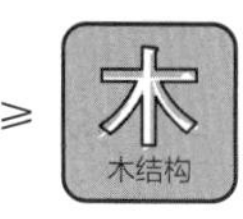

③经济性

>

>

④形态自由度

>

>

注意：以上为一般情况，随着设计条件变化会有很大的不同。

其他结构

①各结构的特征

结构	特征
钢骨钢筋混凝土结构	钢结构与钢筋混凝土结构的合成结构
砖结构、砌体结构	砖、砌块堆叠起来形成的建筑结构（砌筑结构）
膜结构	主要骨架由钢、木材等搭建并附上薄膜结构，也有空气使膜膨胀起来的空气膜结构
特殊结构	正在试验中的纸、FRP、柱子等新的结构形式
混合结构	在主要结构的基础上，一部分构件采用其他结构类型的建筑结构

② SRC 结构的图示

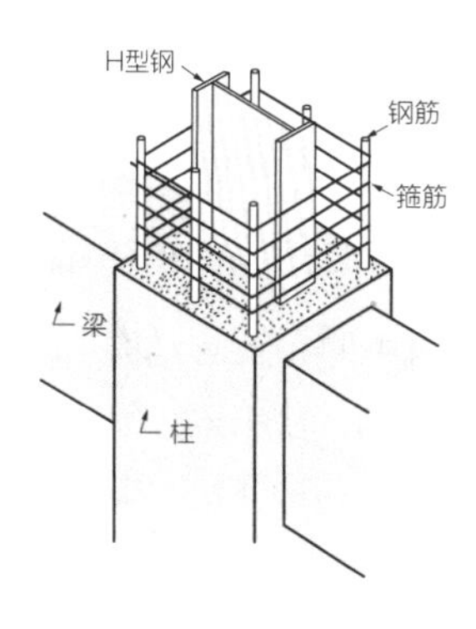

① 不同结构种类的行政审批手续差异

不同结构种类，其结构特性也存在着差异。当房屋高度超过下列相关规定时，需进行专项研究及审批。（不同结构形式的房屋高度限值详见本书附录 A）

木结构

- 2 层木结构建筑面积 500m² 以下的称 4 号建筑物。在建筑确认申请时可以作为审查简化的特例。

钢筋混凝土结构

- 建筑面积超过 200m² 者，确认申请是必要的。
- 高度超过 20m 时必须进行可适性判定。

钢结构

- 建筑面积超过 200m² 者，确认申请必要。
- 地面层数在 4 层以上时，必须时进行可适性判定。

当房屋高度满足上述要求，但结构布置出现较严重的不规则平面或竖向构件时，也需要专项研究及审批。

23 框架结构

“Frame”是什么?

框架结构接合处为刚性连接。

! “Frame”的意思是框架，是由柱和梁刚性连接而成的一体化结构形式!

Frame 是从事建筑结构的人必须要记住的重要用语，其源于德语。

➔ 什么是 frame 结构?

建筑中的 frame 结构（以下称为框架结构），简单说来，就是柱与梁形成的架构。柱和梁必须是刚性连接。如果难以想象刚性，可以想象采用能够转动的轴连接的架构受到水平力作用而倒塌的样子，应该就可以理解了。柱和梁一旦采用刚性连接，就具有了梁受弯的时候柱子也同时受弯的特性。

框架结构种类很多，在下一页中有列举，它们可以对应各种不同的建筑设计，实现灵活的应用。实际工程中，通常采用在框架结构的框架内侧设置剪力墙，形成框架 - 剪力墙结构。以及通过设置斜撑形成的斜撑框架结构等。

➔ 框架结构的特征

由于框架结构是通过柱与梁构成框架形式，因此隔墙可以自由布置。尽管结构构件较大，但可以整面装设玻璃。所以框架结构的特征是建筑设计的自由度较大，同时具有较高的开放性。

结构上的特征是，接合处的设计以及刚性连接节点的施工变得非常重要。由于其骨架结构性能较好且具有延性，因此被广泛应用于高层建筑。需要注意的是钢筋混凝土构件的剪切破坏、黏着割裂，以及钢结构连接处的强度、局部压弯等。近年来，随着高强度剪切加强筋的普及及设计方法的逐步确立，框架结构的性能也在不断地改善。

memo

框架结构在日常生活中随处可见。电线杆等固定在地面上的悬臂结构形式也可以说是一种框架结构。当人水平地托住球体时，身体可以看作柱，手臂可以看作梁，此时肩膀就可以看作是刚性连接的框架结构形式。

① 框架结构的特性和主要种类

框架结构的特性

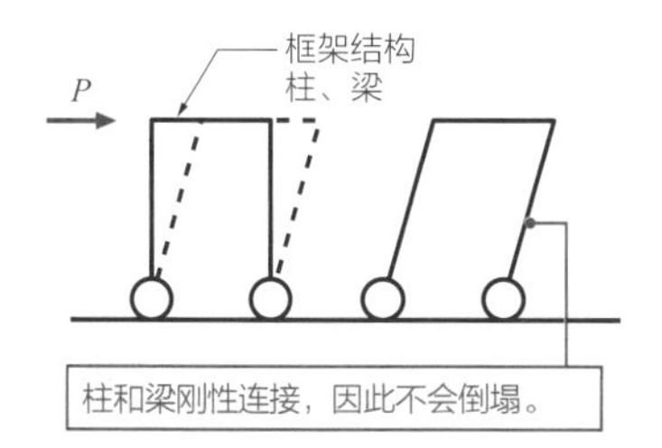

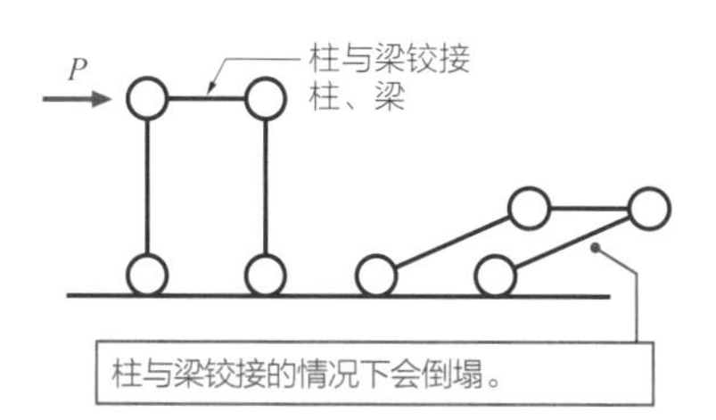

各种框架结构

①门形框架

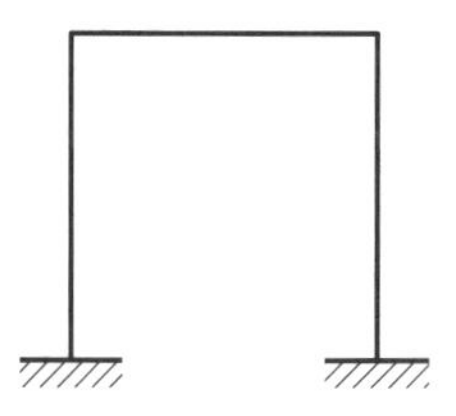

②山形框架

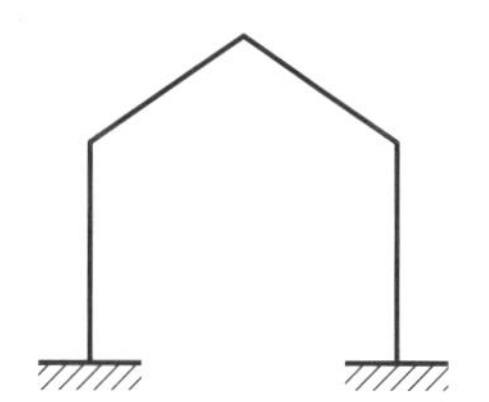

③拱形框架

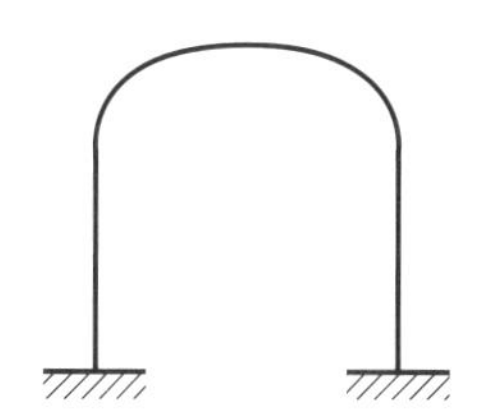

④异形门形框架

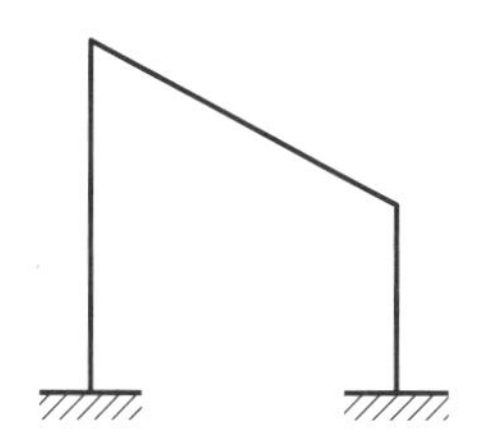

⑤ 3 铰山形框架

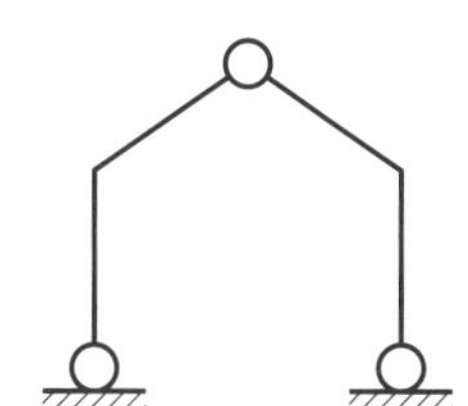

⑥带拉杆山形框架

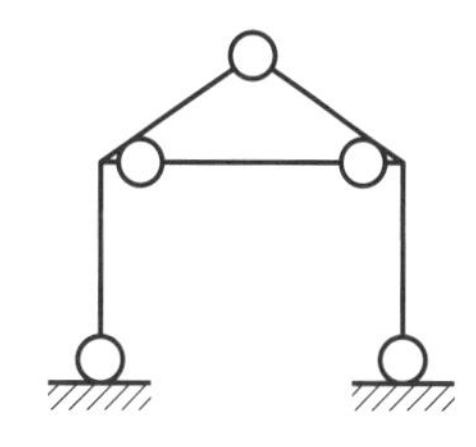

① 框架结构实例

门形框架结构（折板）

在强度及经济性优良的折板结构中组合框架结构。

拱形框架结构

采用拱形钢材的框架结构。

24 斜撑结构

斜撑结构的优点和缺点

采用扁钢的斜撑结构。

尽管施工简便，但是要注意确保安全性！

斜撑结构是将柱、梁、斜撑用铰接方式连接在一起的结构形式，由柱与梁承受垂直荷载，斜撑承受水平荷载。斜撑结构大多应用于钢结构。由于所有构件都可以通过铰接相连，因此施工简便。不过，一旦斜撑断开，架构就会失稳倒塌，设计中应确保斜撑的安全性。为了对容易失稳的局部进行补强，将柱与梁的刚性连接转变为框架结构，将斜撑设置于结构架构之中形成斜撑框架结构是较为普遍的方式。

斜撑结构设计上的要点

斜撑所使用的材料有圆钢、扁钢、角钢、H 型钢等。圆钢与扁钢的斜撑被称为拉力斜撑，由于它们只对拉力有效，因此必须交叉设置。张力斜撑有时会出现松动，所以需要在圆形截面钢的斜撑上附加调节螺栓，将斜撑调整在始终受拉的状态。另一方面，虽然型钢斜撑有可能设计成同时受压和受拉，但有时也会被设置成只对拉力有效。在设计斜撑时，须注意验算压屈。为了提高抗压性能，有时会在斜撑的端部采用与框架结构类似的刚性连接。在斜撑结构中，经常会在端部采用螺栓连接，此时需注意由于螺栓开洞造成的构件强度上的削弱，由于截面削弱造成斜撑截面性能下降的情况也屡见不鲜。

钢筋混凝土结构虽然也有使用斜撑结构的可能，但在抗压与抗拉性能上存在显著差异。考虑到斜撑受拉时由于混凝土开裂引起刚度下降，导致设计上的困难，因此在钢筋混凝土结构中一般很少采用斜撑结构。

memo
钢构件过了屈服点会变得具有延展性。但屈服点之后钢构件的刚度会急速下降，一旦发生脆性变化会变得非常危险。
因此，钢结构用于斜撑时，会刻意选用低屈服点钢材，从而较早地让斜撑到达屈服点，利用斜撑的变形能力来抗震。

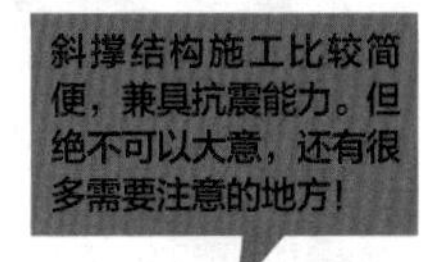

ⓘ 斜撑结构的特征

如右图所示，斜撑结构是各自独立的柱、梁、斜撑，通过连接片与螺栓组合在一起的结构。它有以下两个特性：

①水平力由斜撑承受；

②如果斜撑设置不当，可能出现集中受力的不利情况。

斜撑承受水平力

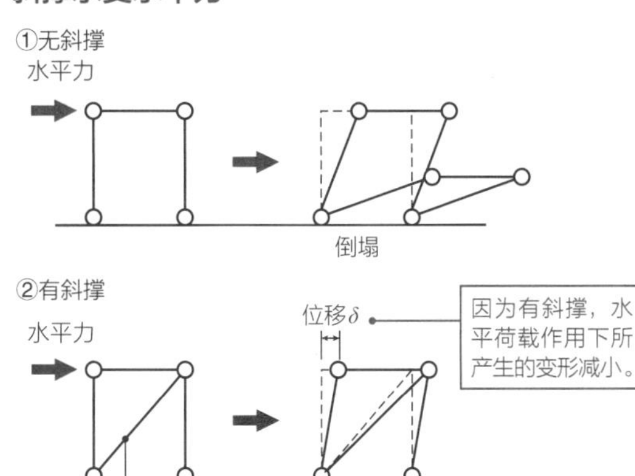

什么是斜撑结构?

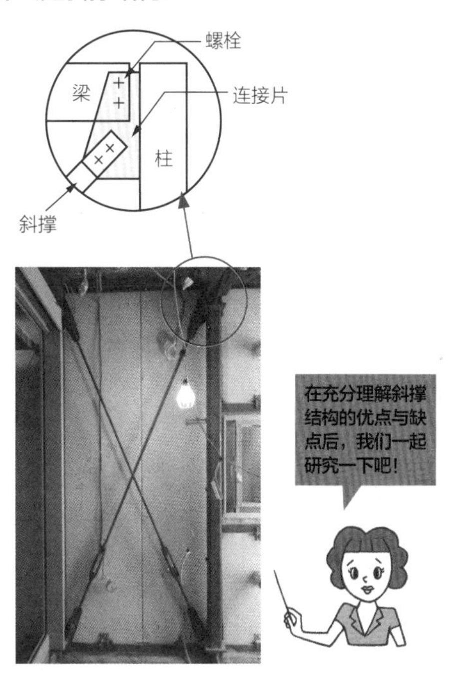

ⓘ 斜撑结构的形式和种类

斜撑结构有各种形式，依据承载能力、用途、施工步骤、经济性等会有所不同。有时会根据建筑开口（窗、门）位置来决定斜撑的形式。

单根斜撑

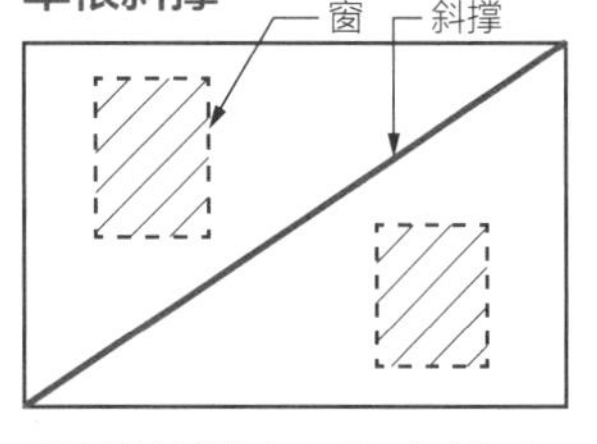

最简单的斜撑。仅设置一根斜杆件，其压弯长度会增大。开口需避开斜撑布置。

X形斜撑

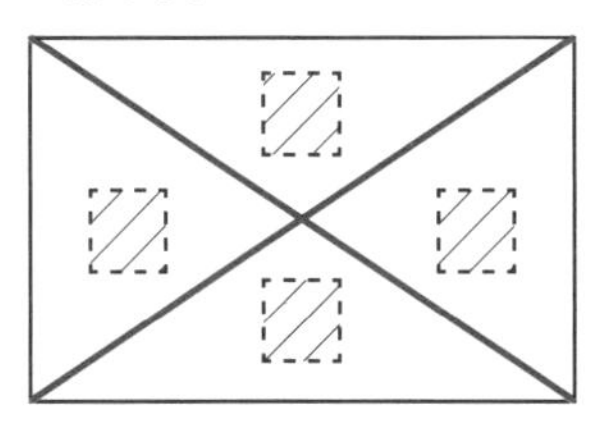

采用圆钢、扁钢，能有效降低墙体厚度。只能布置小的开口。

V形斜撑

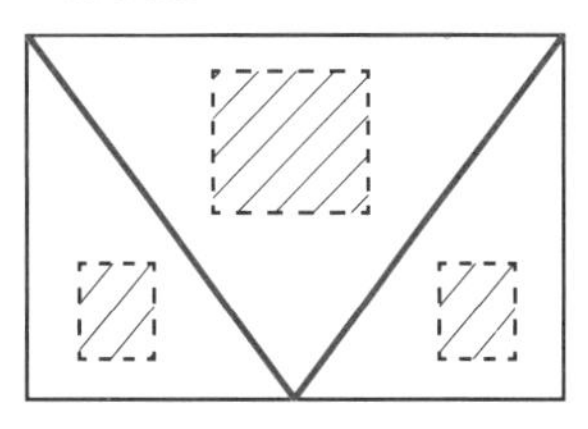

与X形斜撑相比，更容易开口，施工更简便和经济。

K形斜撑

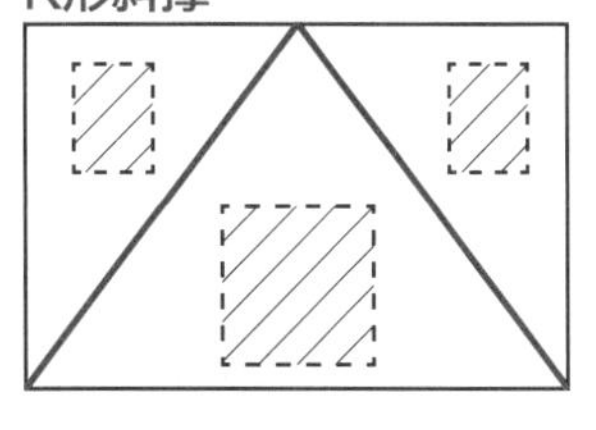

与X形斜撑相比，能够开更大的洞口。

折线斜撑

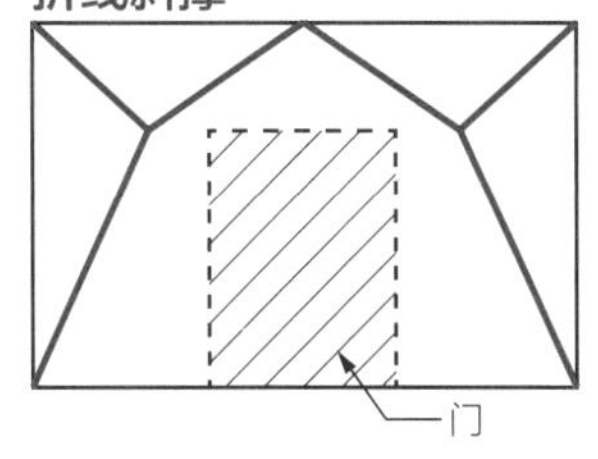

能抵抗弯曲变形，抗震性能较好。与其他斜撑相比造价较高。能够设置门等较大开口。

25 网架结构

三角形为什么稳定?

稚内水族馆
可以看到建筑物的屋顶被分成许多三角形（桁架要素）。
这是桁架在空间中进行组合的案例。

! 桁架结构中作用于构件上的力只有轴向力!

构件以三角形的形式组合起来的结构称为桁架结构，接合处称为节点，它在结构计算中被视作能够自由旋转的铰接点。桁架是随铁路桥技术的进步发展起来的，常被用于大跨结构产生了多种不同的三角形组合形式。

➔ 桁架结构稳定的原因

组成桁架的构件基本上都不承受弯矩或剪力，只在构件之间传递轴力（拉力、压力）。一般来说，钢、木材等材料具有抗弯能力弱而抗轴向力能力强的特点。因此，只受轴力作用的桁架结构构件，与需要承受弯矩的梁构件相比，可以只用较少的材料实现坚固的结构。

采用桁架结构的桁架梁，当被应用于体育馆、厂房等建筑中时，通常是作为大跨屋顶的支撑结构。桁架结构可以进行多种形式的组合，根据三角形构成方式的不同，不仅具有不同的结构强度，这种难以被吊顶隐藏的大跨桁架还兼具美观的效果。

➔ 设计桁架梁必须具备高超的技术!

设计桁架的时候，先要计算在桁架构件中传递的轴力大小，然后确认构件的强度是否大于轴力。为了使压力不致产生压弯，拉力不致产生截面破坏，桁架梁的设计并不那么容易。简单来说，考虑压弯的时候通常需要将连接处视作刚性连接来设计。此外，由于温度应力会带来很大的轴向伸缩，必须充分考虑温度的变化。连接节点、吊装方法等在施工方面的考量也是非常重要的。因此，桁架梁设计者需要具备高超的技术。

memo

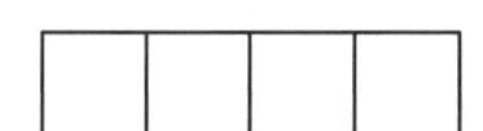

像上图这样的梁，没有倾斜的构件，且连接节点都被视为刚性连接，这样的结构称作“空腹桁架”。空腹桁架是由框架结构细分而来的结构，尽管与桁架梁一样具有一定的强度，但由于其节点都是刚性连接的，严格意义上来说并不能算作是桁架结构。

桁架结构只受到轴向力作用，所以强度会显著增大!

ⓘ 桁架的分类与类别

长方形、梯形桁架

①普拉特氏桁架

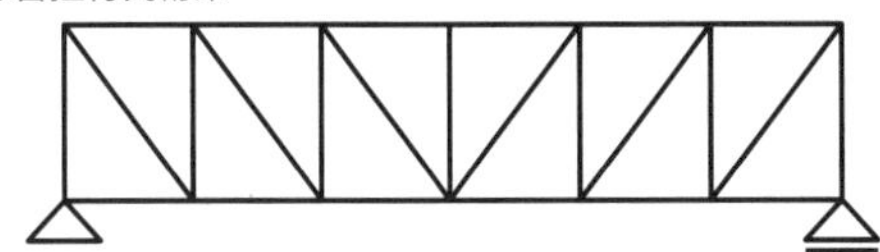

②豪威氏桁架

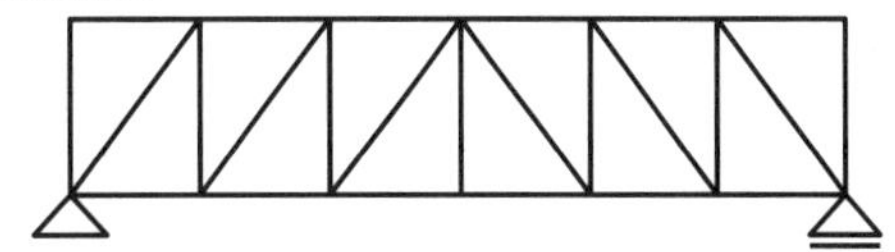

③ K 形桁架

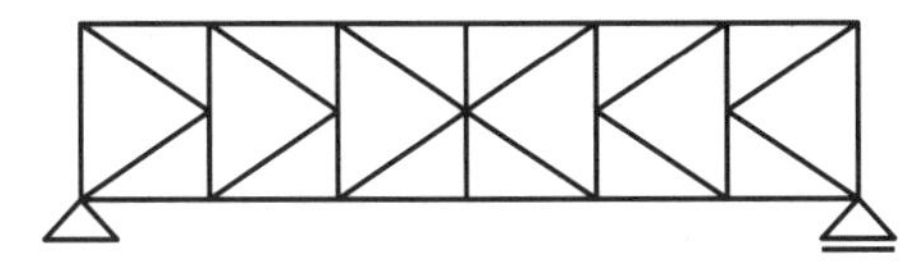

④华伦氏桁架

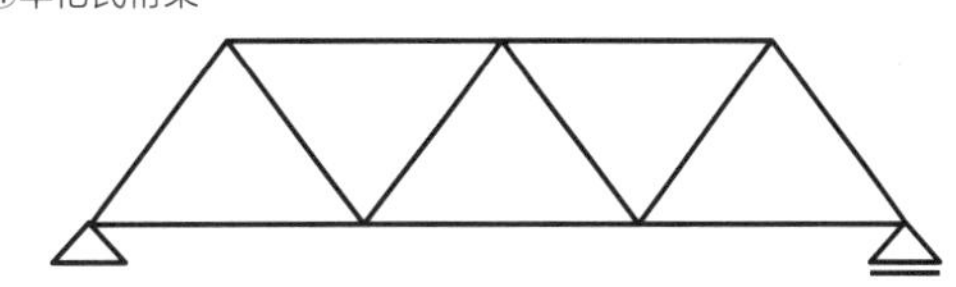

三角形桁架

①主柱桁架

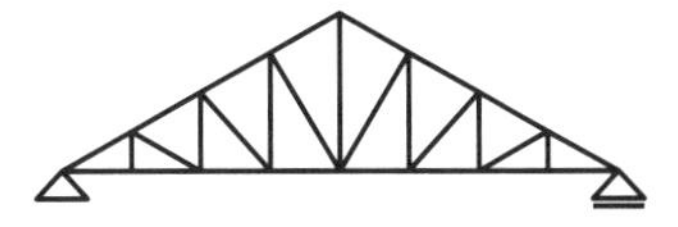

②双柱桁架

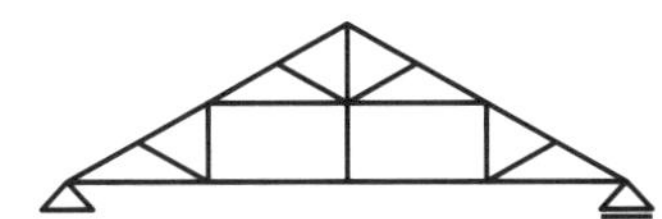

③芬克式桁架

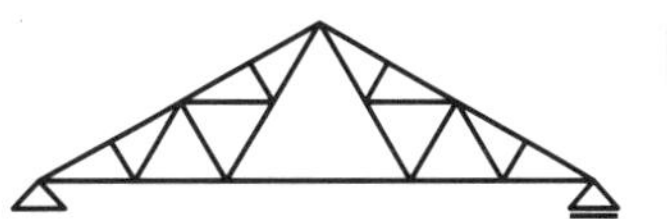

立体桁架

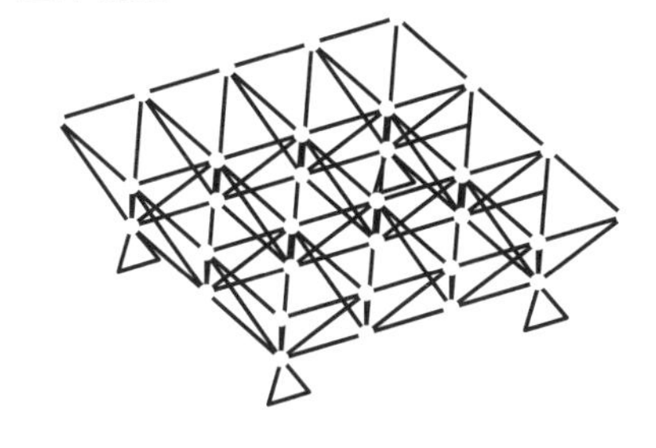

桁架主要有三种类别:
1. 长方形、梯形桁架。多用于桥梁，也在大跨建筑中使用。
2. 三角形桁架。常在工厂等有大构架的屋顶中使用，有时也被称作“洋小屋”（译者注：日本近代明治维新中期引入时，针对日本本土三角屋架的名称）。
3. 立体桁架。桁架立体组合而成。与平面桁架相比，施工更加复杂。

ⓘ 桁架桥梁的发展

早期钢结构与桥梁同步发展。

布列坦尼亚桥

世界上第一座锻铁制成的箱形桁架桥，锻铁产量的增长促使了它的建造。由于当时盛行蒸汽火车，烟尘污染非常严重。

福斯桥

具有两跨以上桁架，桁架间铰接的葛尔培式桥。

照片:《空间·建筑新物语》（斋藤公男著，小社刊）

26 板结构（剪力墙）

设计剪力墙的要点是什么？

由于刚性较大，必须小心布置！

涂色部分的墙体就是剪力墙

剪力墙是能够抵抗水平力（地震力、风力等）的墙。它是由柱、梁一起形成的刚性框架所约束的抗震构件。虽然剪力墙刚性大、强度大，但是却容易出现脆性破坏。为了尽可能确保剪力墙具有的变形能力，柱与梁的截面大小必须要达到至少能够约束剪力墙的能力。

设计剪力墙的要点

由于抗震墙的刚性大，一旦布置时偏于一侧，建筑物会因为立刻偏心而失去平衡，所以剪力墙必须在平面上的各方向均衡布置。在竖向上也最好布置在同一个结构面中，如果连续墙体的下一层没有剪力墙，就会在柱上会产生很大的轴力，甚至有可能出现脆性破坏。

开设大洞口的剪力墙会无法承受剪力，所以需要限制墙上开口的大小。由于洞口周边应力会变大，还需要配置洞口加强筋，洞口加强筋是非常重要的。在洞口处设置电气开关必须谨慎，因为经常出现加强筋与电气设备相互干涉的情况。

直角的墙角处容易因应力集中引起裂缝，有时还需要设置诱导缝。当开口太大不能再作为剪力墙的时候，为了使柱子与主梁上不产生过大的应力，有时会在柱与梁的边侧设置变形缝。开口的尺寸很重要，规范中规定设计图纸中需标注开口尺寸。

框架之外的其他墙体尽管与剪力墙的受力方式有所不同，设计中仍需要加以注意。这些墙体也具有一定的刚性，能够承受一定的地震力，也有可能出现自身被破坏，或是承载它们的次梁和楼板被破坏的情况，因此有时也考虑在这些墙体上设置变形缝。

剪力墙

结构中的斜撑及覆盖结构胶合板的框架，就是所谓的剪力墙。它们与钢筋混凝土结构中的剪力墙相同，是能够抵抗水平力作用的结构构件。其名称的由来无法确定，可能因为木结构对应的较大影响的水平力主要来自地震力、风荷载的共同作用，所以在木结构中它们就被叫作“耐力墙”了。在钢筋混凝土结构中，由于结构自重大，地震力所产生的水平力影响也最大，风荷载基本不太会成为水平力的首要问题，所以在钢筋混凝土结构中它们就被称为“剪力墙”。

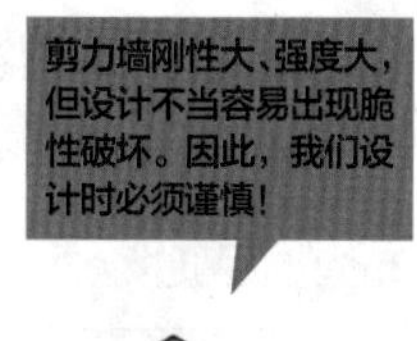

! 剪力墙的特征

剪力墙是能够抵抗水平力（地震力、风力等）的墙体。为了防止建筑物扭曲倒塌，剪力墙不能集中布置在一侧，而是需要平衡地布置。一般说来，如果在建筑物的外围附近布置剪力墙，建筑物抵抗扭转的能力就会更强。

木结构剪力墙的种类

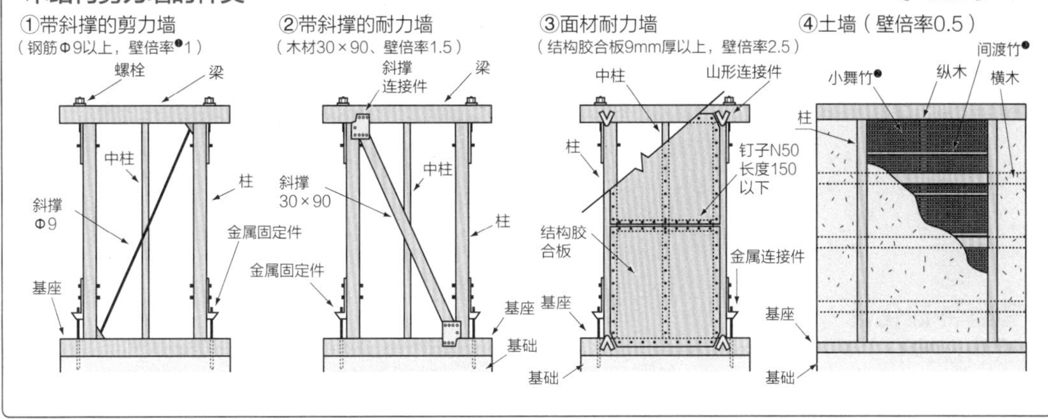

! 剪力墙洞口的尺寸和洞口加强措施

钢筋混凝土结构剪力墙必须遵守洞口周比小于 0.4 的规定，且洞口周围必须用钢筋加强。

剪力墙的洞口尺寸规定

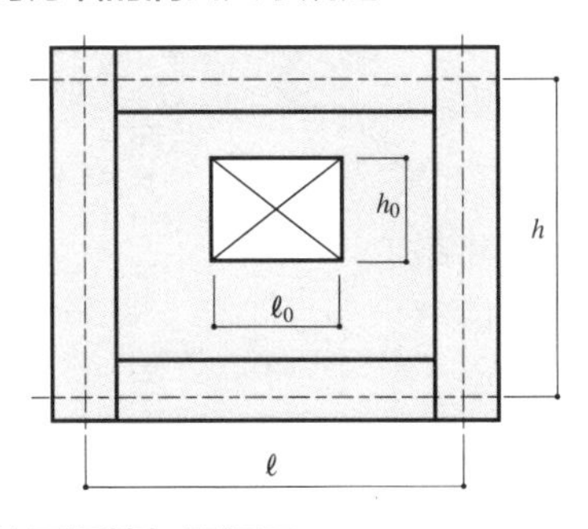

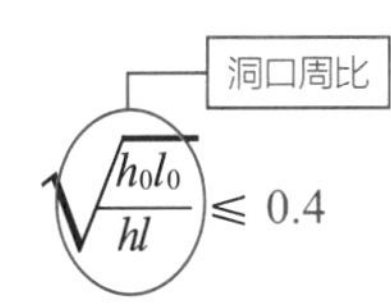

$$\sqrt{\frac{h_0 l_0}{hl}} \leqslant 0.4$$

$$\frac{l_0}{l} \leqslant 0.05$$

$$\frac{h_0}{h} \leqslant 0.05$$

剪力墙上的洞口

使用钢筋加强洞口

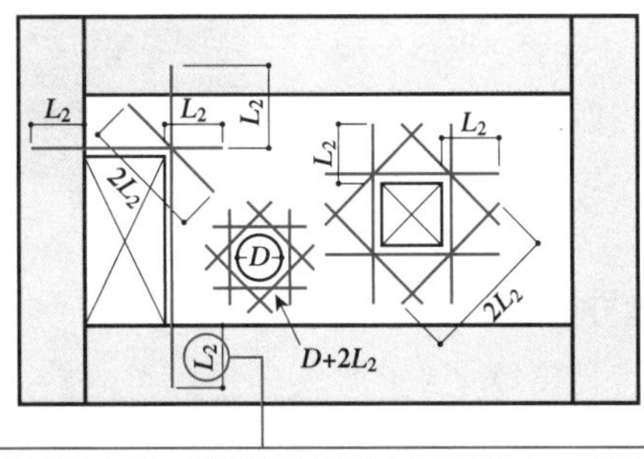

L_2 表示锚固长度。锚固长度由混凝土的强度决定，一般的混凝土强度中，锚固长度取值 30 倍钢筋直径。

洞口加强实例

❶ 壁倍率：与水平力作用下墙体变形位移有关的系数，墙体刚度越大数值越大。——译者注
❷ 用竹子编成的网格称为“小舞竹”——译者注
❸ 柱子之间固定小舞竹的横条。——译者注

27 剪力墙结构

剪力墙结构的设计要点是什么？

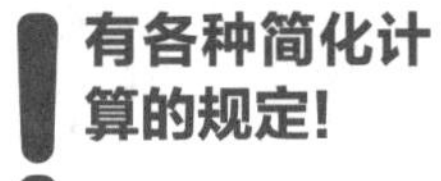

剪力墙结构中墙的纵横配筋。剪力墙结构的特点是没有柱子，它对洞口的大小有限制，从照片上也能发现洞口相对较小。

剪力墙结构虽然属于钢筋混凝土结构，但它的历史并不悠久，20 世纪“二战”以后才开始普及。这种结构最初是为了缓解战后的住宅紧缺。由于可以使用与木结构相同的、确定墙壁数量的计算方法来简单确认结构的安全性，所以修建了大量剪力墙结构的集合住宅。

剪力墙结构的优点和缺点

剪力墙结构需要确保墙体的数量。由于会有很多剪力墙，它抵抗地震的能力很强，据说在迄今为止的地震中，几乎从来没有出现过剪力墙结构损坏的案例（译者注：此据日本本土统计的结果）。剪力墙结构与框架剪力墙结构的不同之处在于，它们有不同的承受垂直荷载的方式：框架剪力墙结构由框架承受垂直荷载，而剪力墙结构则由墙体来承受垂直荷载。

墙体承重结构的优点是没有柱子，所以房间的角落也能被有效利用。剪力墙结构由于没有梁和柱，混凝土模板的设置也比较简单，比框架结构更经济。它的缺点是限制了墙体上洞口的设置方式。由于需要在墙宽范围内设置梁，配筋变得很困难。同时，墙体过薄也会导致电气线缆敷设困难。

设计上必须遵守的规定

剪力墙结构设计时，为简化运算，有许多必须遵守的规定。例如，梁高需满足 450mm 以上，层高需限制在 3.4m 以下，墙角必须呈 T 形或 L 形等。无法满足这些规定的时候，就需要进行抗剪验算，并采取能够充分确保抗剪的措施。剪力墙结构是低层建筑中采用的结构形式，应用到中高层建筑时，有时会沿着横梁方向加厚墙体形成墙式框架结构，或者将梁设计成板状的中部扁梁平板结构。

memo

壁式预制钢筋混凝土结构也属于剪力墙结构。这种结构先在工厂中配筋，制作成墙壁面板，再将墙板运送至工地组装搭建。由于现场的施工工期短，壁式预制钢筋混凝土结构很适合大量生产。近年来钢筋工的技术能力有所下降，人数也在不断减少，这种结构形式也许未来会更普及。

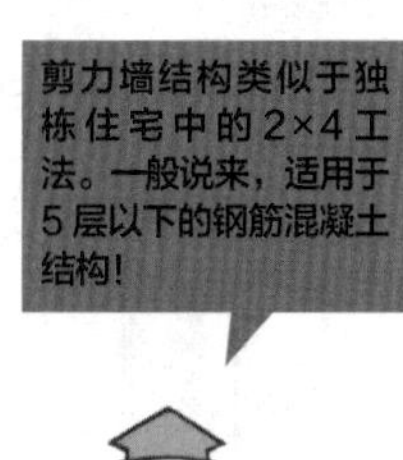

① 混凝土剪力墙结构的名称

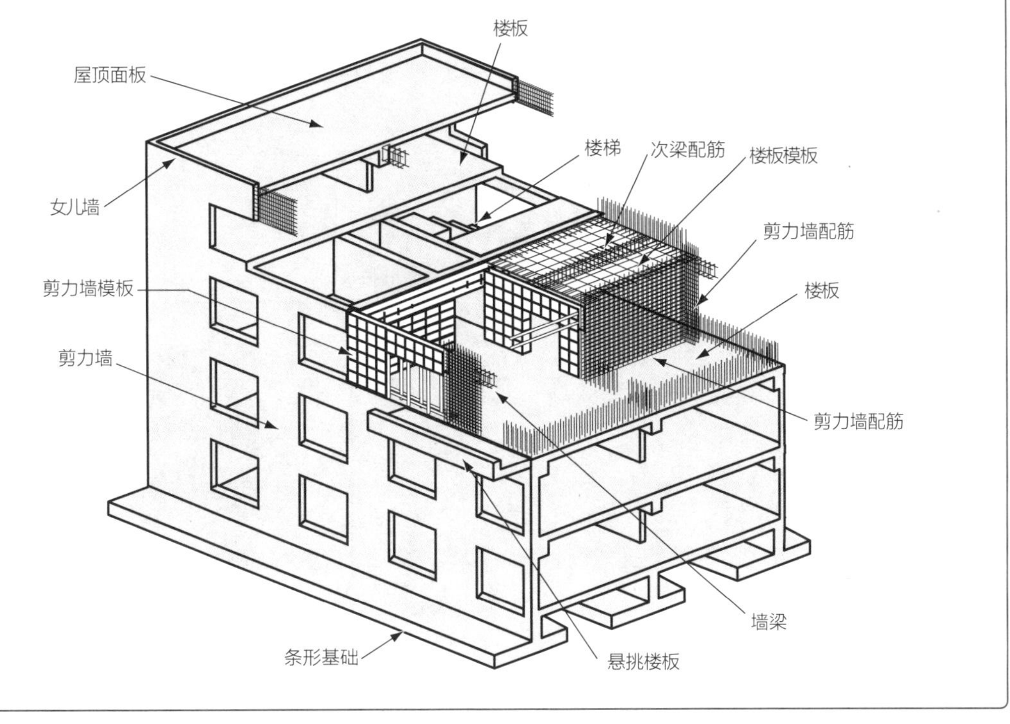

① 类似于剪力墙结构的结构

类似于剪力墙结构的结构有许多，代表性的有以下几种。

剪力墙结构

X 方向、Y 方向的力都由墙体承受。

墙承重式框架结构

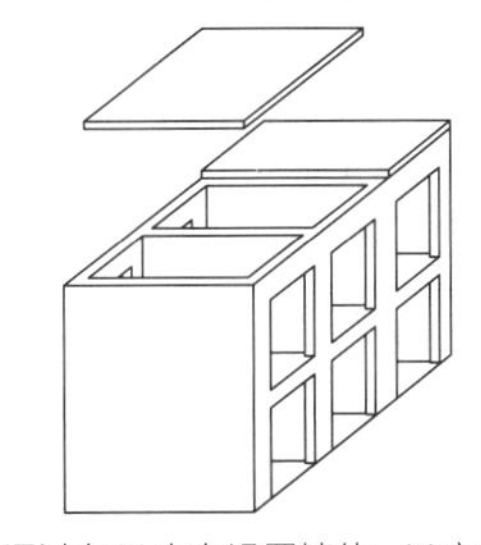

通过在 X 方向设置墙体，Y 方向设置扁柱和梁，形成在一个方向上可以看作框架结构的结构。

框架墙结构

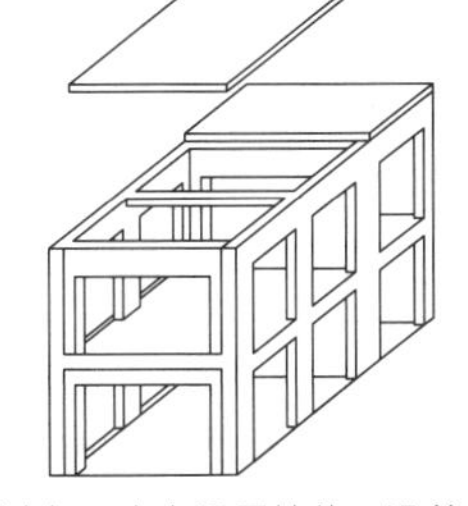

通过在 X 方向设置墙体，沿着 Y 方向设置扁柱和扁梁，形成在两个方向上都可以看作框架结构的结构。

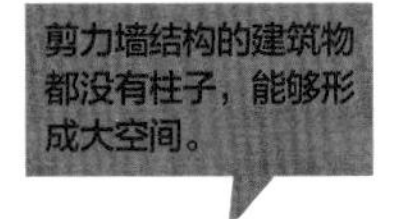

厚板结构（薄板框架结构）

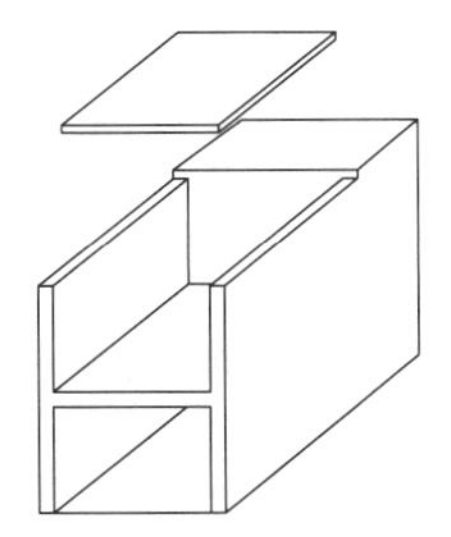

可以看作水平构件（楼板、屋顶）与垂直构件（墙体）形成的框架结构。

中部扁梁平板结构

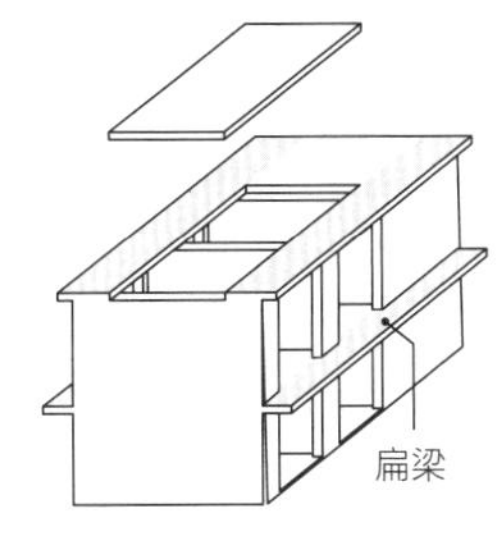

在 X 方向配置墙体，在 Y 方向配置扁柱，水平方向上配置扁梁。水平力 由扁梁承受。

厚板结构（薄板框架结构）的建筑物，同时具有墙承重结构和框架结构的特点，能形成大空间和大开口。（PRIME 建筑都市研究所，前桥的家新建项目）

28 薄壳结构

什么是薄壳结构?

贝壳、鸡蛋就是身边的薄壳结构。

! 它是薄曲面板结构，也能够成为大跨结构!

薄壳结构是由厚度较薄的曲面板形成的，也被叫作曲面板结构、贝壳结构。这种结构形式多采用适合曲面形态的钢筋混凝土，如果对力的传递设计得当，就能够作为少柱薄板的大跨结构。

薄壳结构的设计要点

薄壳结构（薄壁壳体）通过均匀的曲面承受垂直荷载，将荷载以张力、压力的形式传递至地基。但由于壁薄，一旦荷载集中作用于局部将可能导致结构如同蛋壳破裂一样崩塌，因此必须加强开口等部位。为了抵抗这样的集中荷载，仅仅考虑曲面的内力是不够的，有时要考虑到壳厚度方向的力增加壳厚（厚壁壳体）。

以上主要针对以钢筋混凝土结构方式建造的薄壳结构，也有以钢结构方式建造的情况。在钢结构中，虽然有将铁板弯成曲面的结构，但一般来说，都采用由细杆件制成桁架或拱等组合形成的曲面网架薄壳。壳体有采用构件立体组合形成的多层网架，也有厚度小的单层网壳。由钢结构加工形成的曲面与钢筋混凝土薄壳一样，能形成各种形状的曲面。许多带有穹顶的球场采用了网架薄壳结构。

尽管钢结构强度大，但是相对其跨度，高度（网架）越高结构越安全。由于其多用于大跨，所以必须尽可能地降低网架的高度，在设计时需要注意结构自身的压弯。

薄壳在受力均匀时强度很大，而一旦应力集中于局部又极易被破坏。所以必须注意检查导致变化的受力情况，如积雪等偏于一侧分布的荷载、温度产生的荷载，以及施工过程产生的荷载等。

memo
从前，很多机械仓库都采用薄壳结构。由于当时钢筋紧缺，用竹子来代替钢筋制成的竹筋混凝土结构也曾被广泛使用。

薄壳结构的压弯
薄壳结构的压弯与线形构件的压弯不同，组成曲面的材料会局部出现凹陷变形。

薄壳结构适合自由曲面，常采用钢筋混凝土结构，也可以使用钢结构!

① 薄壳结构的种类以及应力的传递

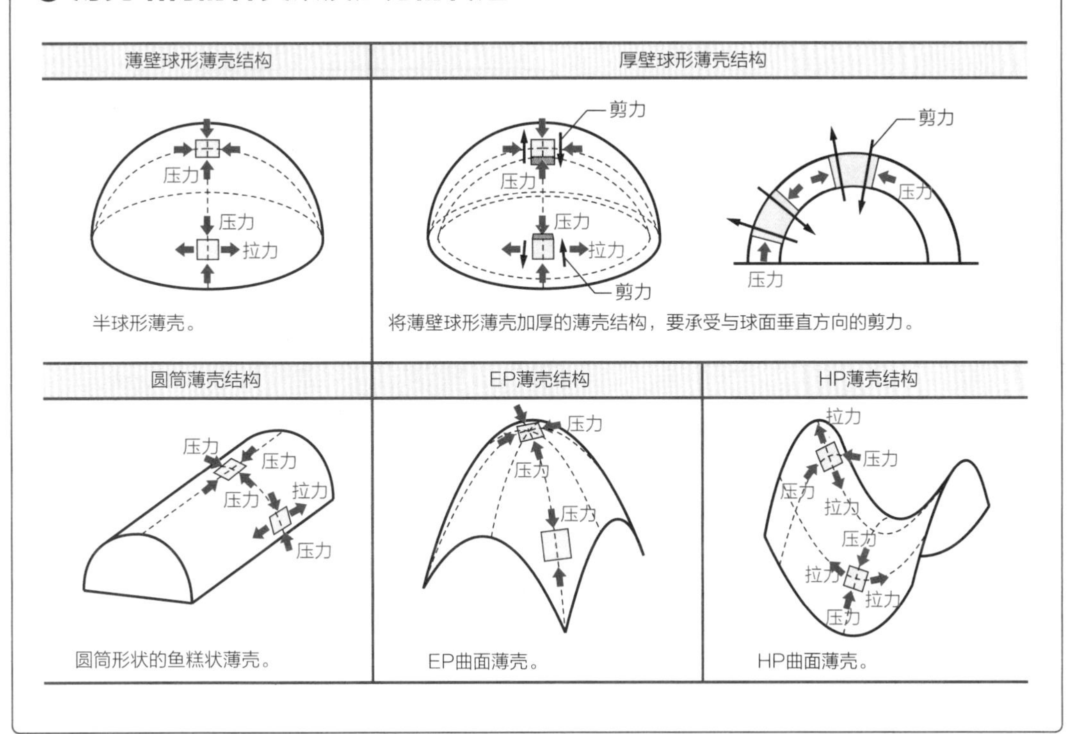

① 薄壳结构的实例

埃德瓦多·特罗哈（Eduardo Torroja）、费利克斯·坎德拉（Félix Candela）和坪井善胜等结构工程师设计了许多极具艺术感的作品。

东京圣玛利亚大教堂（设计：丹下健三；结构：坪井善胜）：钢筋混凝土结构、HP 薄壳结构。

罗斯马南泰阿斯餐厅（设计、结构：费利克斯·坎德拉）：钢筋混凝土结构、HP 薄壳结构。

名古屋体育馆（设计：竹中工务店）：钢结构、半球薄壳结构。

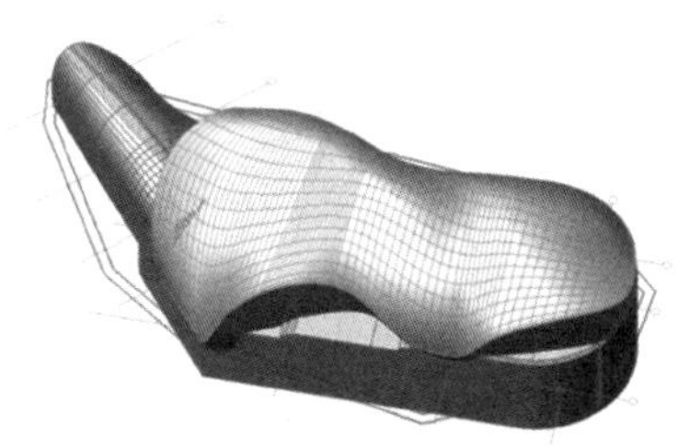

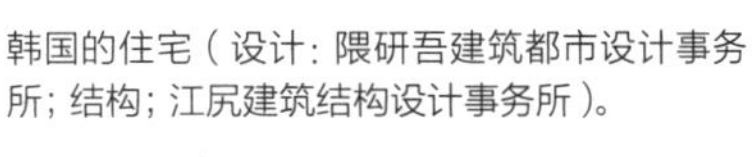

韩国的住宅（设计：隈研吾建筑都市设计事务所；结构：江尻建筑结构设计事务所）。

照片（上左、上右）：《空间·建筑新物语》（斋藤公男著，小社刊）

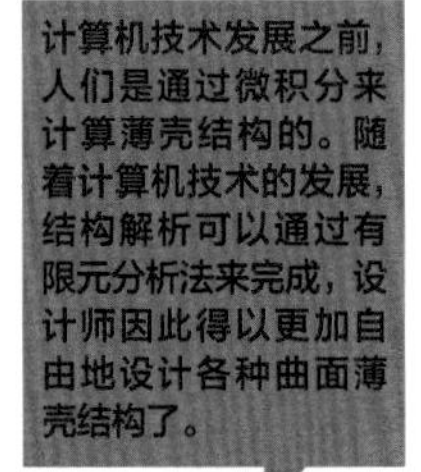

29 膜结构

东京巨蛋体育馆是什么结构？

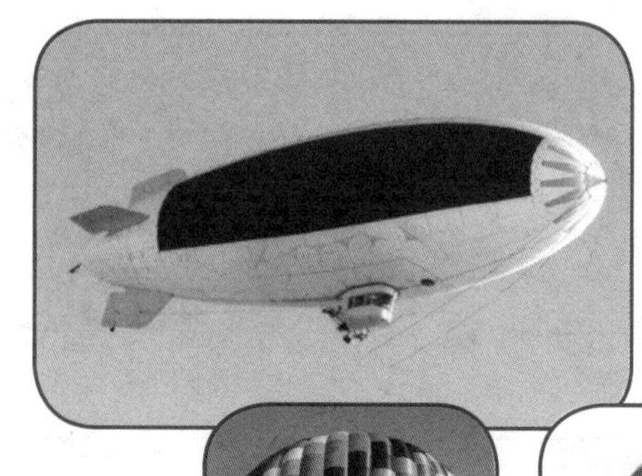

身边的空气膜实例。这种结构通过膜内外的气压差和膜的张力保持形态稳定。

！它是膜结构的一种，充气式膜结构！

膜结构使用膜这种张拉专用材料制作而成，虽然统称为膜结构，但它有许多不同的结构形式。作为一种特殊结构，从体育馆这样具有标志性的大空间，到帐篷那样的临时建筑，膜结构都被广泛地使用。

膜结构的种类和特征

将膜自身或者绳缆材料悬吊起来的悬索结构，叫作张拉膜结构，这种结构通过对绳缆或膜材料施加很大的张力形成。露营时使用的三角形帐篷就是一种悬索膜结构。此外，也有用套索环绕的悬吊张拉方式，以及仅使用膜材料作为结构的方式。

东京巨蛋体育馆通过提高建筑物内部的气压，使屋顶膜材料膨胀起来，这种结构叫作充气式膜结构（单层膜结构）。设置两层膜材料，在两层膜之间送入空气增大压力形成的结构叫作双层膜结构。在膜结构中，膜必须在空气压力的作用下整体形成张力。当受到局部荷载时，局部的膜材料可能因失去张力导致结构失效，因此采用膜结构时必须设想各种各样的荷载工况来进行设计。

膜结构中也有相对简单的骨架式膜结构。这种结构用钢等材料制成框架，然后在框架上附上膜材料，基本上是由框架来承受水平力与垂直力。

膜材料及其特征

在膜材料中，PTFE 材料使用较广泛。PTFE 材料的特点是具有透光性，能够创造出开敞而明亮的空间。近来也有尝试将完全透明的 ETFE 材料用于膜结构的案例。

身边的膜结构

比如夏天炎热的时候小朋友嬉戏的水池，通过在圆形气囊内送入空气来抵抗水的侧压力。塑料温室和敞篷汽车的顶棚是简单的骨架式膜结构。商场墙面上悬挂下来的布制广告是悬吊膜结构，上下的绳子产生张力，使其能够抵抗风力保持形状不变。

膜结构的特点是质量轻、能够随意创造出敞亮空间。如果附近有膜结构的建筑物的话，一定要去看一看哟！

① 膜结构的主要形式

提出膜结构作为结构形式的人是弗莱·奥托（Frei Paul Otto）。膜结构是由具有张力的膜材料与其他压缩构件组合起来的，主要形式有以下三种：

尽管世界各地都有膜状构件被张拉或被框架支撑起来的帐篷、顶棚，但它出现在结构力学中是20世纪以后的事情。

①悬索结构（张拉膜结构）

1985年筑波世博会中央站雨篷，结构由绳索和膜组合而成，由绳索施加张力控制雨篷的形状。（照片：《空间·建筑新物语》，斋藤公男著，小社刊）

②骨架式膜结构

Umbrella屋（2008，意大利米兰，建筑师：KKAAl-ocation）。由伞骨架（框架）与膜组合形成的结构。

③充气式膜结构

东京巨蛋体育馆的结构是充气式膜结构（单层膜结构）。（照片：《空间·建筑新物语》，斋藤公男著，小社刊）

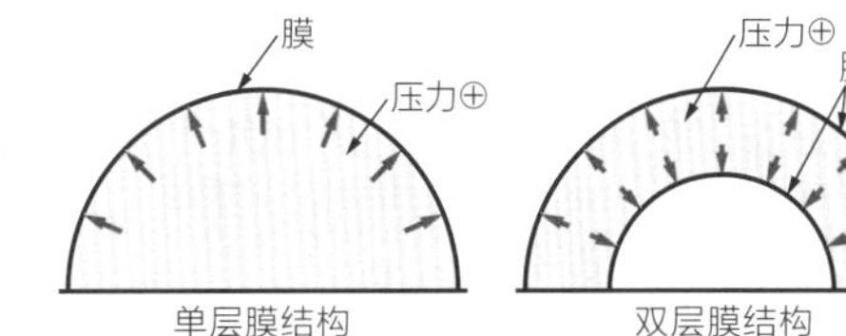

在充气式膜结构中，向膜所覆盖的空间中输送空气形成内部气压较大的空气膜，以此来抵抗自重和外力。膜结构可分为单层膜结构和双层膜结构，双层膜结构通过往两层粘合在一起的膜之间输送空气形成空气膜，产生刚度较大的板状物体，可作为一个整体抵抗挠曲。

① 新奇的膜结构

膜结构能够自由设计且透光性好，自重轻，具有经济性、抗震性好的优点。新的膜结构建筑正不断被创造出来。

上海美术馆的展示装置。将ETFE（乙烯－四氟乙烯聚合物：Ethylene-Tetrafluoroethyene copolymer）先以箱体的形式粘合起来，在其间送入空气形成块状材料再组合起来，这种结构由砌筑结构和充气式膜结构混合而成。

30 悬索结构

什么是悬索结构?

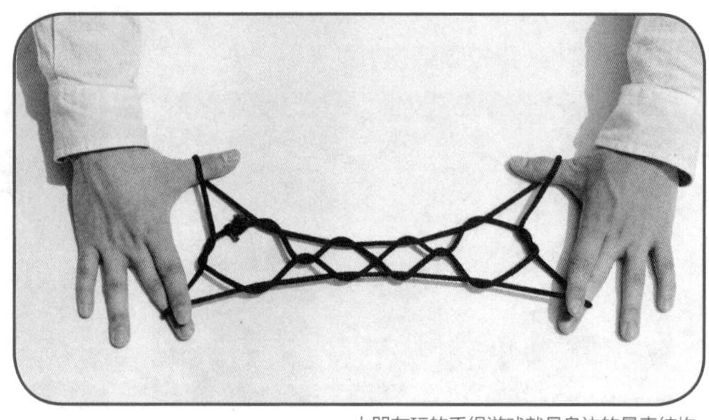
小朋友玩的手绳游戏就是身边的悬索结构。

! 线材构成的悬索结构也能在建筑中应用!

悬索结构是由缆绳、钢缆等张拉专用的线材构成的。它是一种适合创造大空间的结构形式，在许多桥梁中采用。纤细的材料能够实现很大的跨度，便于通过张拉绳缆的方式创造出具有标志性的空间。

➔ 悬索结构的计算要点

在悬索结构中，有时会使用钢棒，但绝大部分悬索是由叫作钢绞线的细线编织而成，粗的绳缆则是由钢绞线进一步组合形成的，它也常见于永久的结构中。桥梁这类构筑物中使用的绳缆需要很强的耐久性，需要在绳缆表面施加覆盖涂层。建筑物中经常使用的悬索结构是张弦梁结构：上弦使用钢材、木材等具有刚性的材料，通过将上弦的材料与下弦的绳索在支柱处连接起来，以减小上弦构件材料的大小；下弦则使用绳缆材料，使空间显得非常轻快。

悬索结构的计算有些特别之处。通常在钢结构、钢筋混凝土结构这类建筑物的计算中只考虑微小的变形，基本上是按忽略微小变形作为计算前提的。但在悬索结构的计算中，由于会发生很大的变形，如果采用微小变形的理论来设计是很危险的。所以悬索结构中，通常是以显著变形（大变形）的方式来计算（叫作“几何非线性解析”）。相对于其他大跨结构而言，悬索结构由于刚度小，受风的影响会很大，比较著名的事件是美国塔克马（Tacoma）桥在横风作用下发生了坍塌。悬索结构由于刚度小、变形大，必须对偏于一侧分布的荷载、以及风荷载或温度应力进行验算。同时，施工时张力导入的顺序也会对其形态产生很大影响，因此也必须研究施工步骤。

memo

吊床是能用身体感知的悬索结构。电线杆之间的电线虽然只受到重力作用（偶尔有小鸟停在电线上），但它也是悬索结构。

电线也是一种悬索结构。

著名的悬索结构建筑物如国立代代木体育馆。悬索结构最早应用于桥梁中，之后逐渐被应用到建筑中了。

ⓘ 悬索结构的原理

悬索结构与膜结构一样，是一种张力结构，它依靠张力而成立。这种结构最初应用于桥梁，之后在建筑中也被应用。

悬索结构与杠杆类似

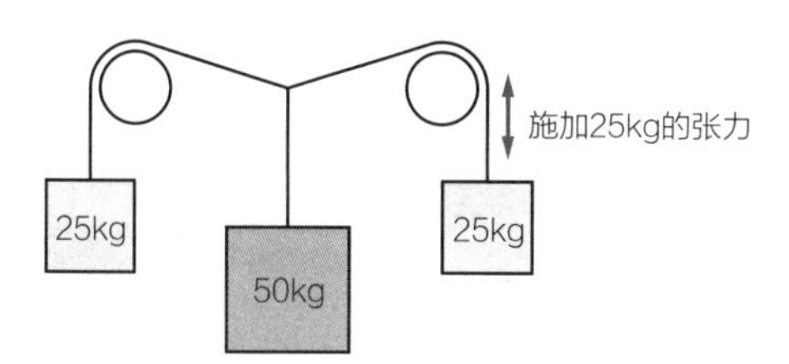

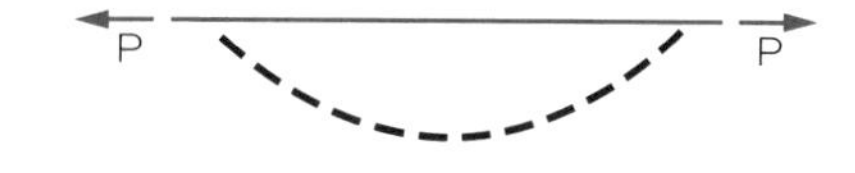

与杠杆的原理类似，达到平衡。

弯曲的物体被施加张力后会变成水平

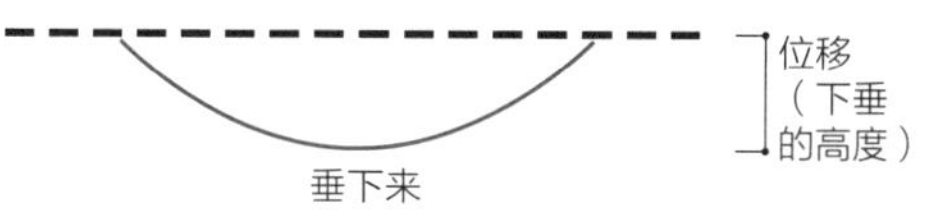

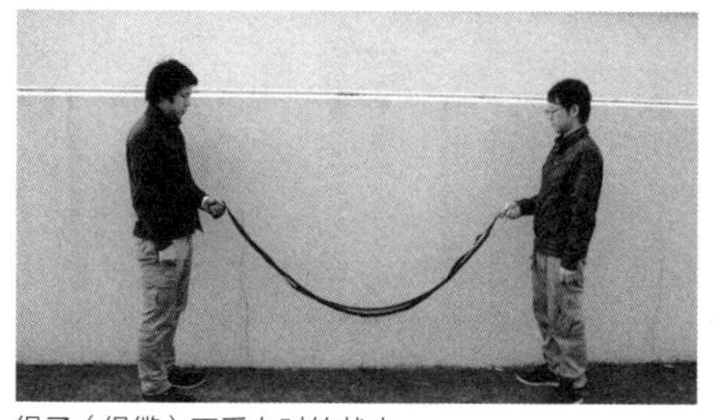

绳子（绳缆）不受力时的状态

绳子（绳缆）从两侧施加张力，力在绳子中达到了平衡。

绳缆的材料

①钢缆（左：1×19；右：7×19）

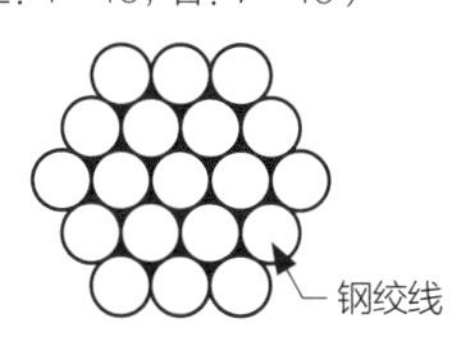

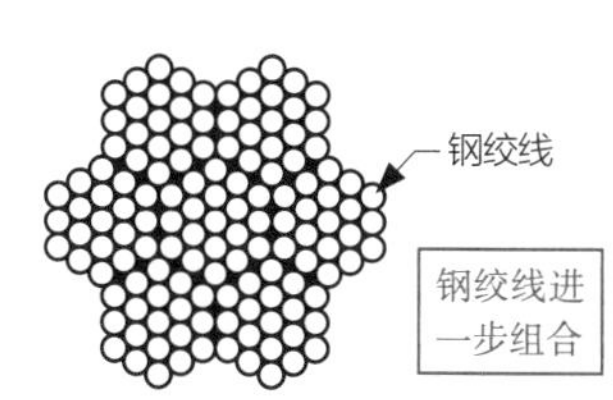

②钢棒

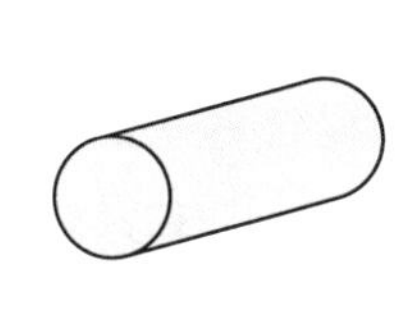

ⓘ 什么是张拉整体结构？

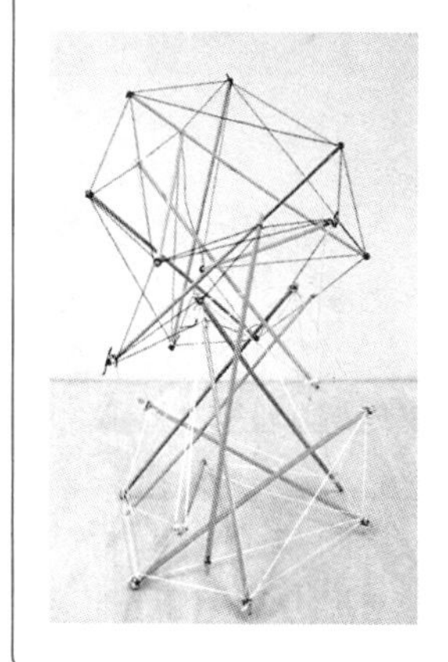

张拉整体结构是用缆线支撑压缩构件的结构，可认为它是一种悬索结构。压缩构件彼此分离，通过张力构件之间的平衡形成不可思议的结构。

张拉整体结构（tensegrity），是 Tension（张力）与 Integrity（整体）的合成词。

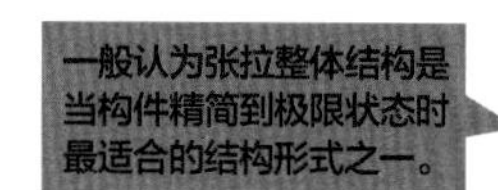

31 砌体结构

将砖块堆积起来是什么结构？

卡萨尔格兰德（Casalgrande）的陶瓷·云。它是由格子状布置的陶瓷片堆叠起来的结构，荷载由陶瓷片承受。

福冈制丝厂。可以看到在木框架间的砖墙。

！它是自古就有的结构形式，叫作砌体结构！

一般规范中规定，除了砖、石头、混凝土块以外，还有其他材料可以作为砌体结构的材料，然而并没有资料指出这些材料具体还有哪些。在规范中规定了砌体材料的粘合剂全部使用砂浆，因此可以认为砌体材料是具有一定坚固程度的材料。

➔ 砌体结构的材料有哪些？

规范中没有明确说明，一般砌体结构被定义为堆砌具有一定大小的材料所形成的结构形式。只要堆砌起来之后具有强度，什么样的材料都能视作砌体材料，世界上有将土坯、砖、石头、木材、冰等材料堆积砌筑起来的案例。木材的砌筑方式，有圆木组工法❶和校仓造❷等。

➔ 砌体结构在地震区应用不广泛的原因

砌体结构是非常古老的结构形式，金字塔就是其中的典型。虽然施工方法比较简单，但是因为砌筑材料重带来很多困难。即使这样，一般人也能照着样子学着搭建。如果将砖稍加凸起进行平面砌筑，就能够按照拱的形式砌筑出楼面（如加泰罗尼亚拱）。

遗憾的是，在地震地区，一些大的地震发生时，许多砖砌建筑物都倒塌了。因此，砖砌建筑普遍被视作危险的建筑，不作为可以普及的建造方法。砌体结构与墙承重结构相同，都是通过确保墙壁数量来抵抗水平力的结构。因此，只要确保适当的墙壁数量，就能够设计出安全的建筑物。

❶ 圆木组工法：将圆木堆积起来的搭建方法。
❷ 校仓造：将截面为三角形的木条堆积起来，保证木条内面在同一平面上的搭建方法。多见于日本古代的仓库。

memo

在日本的砌筑文化中，典型案例是护城河的城池。其中有将自然界的石头随机堆积起来的石墙，井井有条堆砌起来的石墙，还有沿着曲线曲折向上渐渐收分的石墙。如今虽然有的部分出现了损坏，但很多城池都在漫长的岁月中抵抗住了地震。

砌体结构抵抗水平力的能力很弱，所以有将钢筋铺设在砌块中加强结构的方法。但缺点是难以在结构中设置大的开口，以及难以应用于高层建筑！

① 砌体结构的特点

在砌体结构中，先将建材堆积起来形成墙壁，再用墙壁支撑屋顶、天花板等上部建造物。在中东等难以找到建筑用木材的地区，多使用泥土、土坯、石材等搭建建筑物。在欧洲，虽然木结构建筑是主流，但是从东方引进了优秀的石砌技术以后，出于防火等目的，采用石材砌筑的建筑也变得更为普遍了。

砌体结构基本上是墙体承重结构。当砌体结构具有抵抗水平力的强度时，就可以具有多种可能性！

典型的砌体结构建筑物

用石灰岩堆砌起来的埃及金字塔。

加泰罗尼亚拱

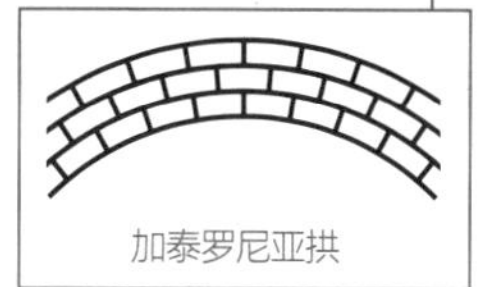

加泰罗尼亚拱

加泰罗尼亚拱是通过将砖沿着曲面多层砌筑，形成屋顶、楼板的工法，在西班牙加泰罗尼亚地区的建筑物中可以见到。

通过使用加泰罗尼亚拱，不需要梁，仅用砖块也能够建造出屋顶和楼面。

① 各种类型的砌体结构

砌体结构是自古以来就有的结构，不仅古代建筑会采用，新的砌体结构也会将古代的形式运用于当代。砌体结构也就产生了不同的建筑物形式。

使用木材的砌体结构建筑物

①

②

木砌体结构中，有将四边形截面的木材按“井”字形组合，堆叠起来形成墙体的正仓院宝库的校仓造（照片①）、当代的原木小屋（照片②）等。

使用木材的砌体结构新建筑

③

④

照片③是笔者自己参与的项目，咖啡店（Creon）（富山）。由通常用作柱子的四边形截面木材堆积起来建成（设计：隈研吾建筑都市设计事务所）。

照片④是施工过程中的照片，可以看到是仅用四边形截面的木材堆积起来的结构。

32 砌块结构

砌块也能够建造建筑物吗？

混凝土砌块。这种砌块可以通过层层砌筑的方式来建造建筑物。

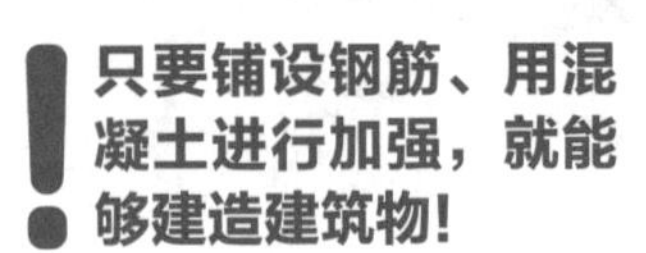

只要铺设钢筋、用混凝土进行加强，就能够建造建筑物！

砌块结构是砌体结构中的一种，它将带孔的长方体混凝土砌块堆砌起来建造建筑物。砌块便宜，且由于比实心的混凝土轻，人力就可以搬运。虽然多用于垃圾场、自行车停车处等简易构筑物中，但由于砌块结构体积小、易于搬运，所以也广泛应用于高层建筑的分隔墙中。砌块结构在独栋住宅的围墙中应用最多。由于施工简单、人力就能搬运，所以无论在多么狭小的地方都可以施工。

砌块结构的特点和设计方法

虽然叫作砌块结构，但由于单独砌块易倒塌，所以要在砌块孔内配置贯通钢筋并用混凝土灌注。结构各部分在混凝土灌注后保持水平，也使砌块水平之间紧密连接。在楼板处，需要设置钢筋混凝土圈梁支撑楼板，将垂直和水平荷载传递到砖墙上。

这样的建筑物确切来说应该叫作加强混凝土砌块结构。还有比这种结构抗震性能更好的模板混凝土砌块结构。

它的设计方法基本与墙承重式钢筋混凝土结构相同，通过足够的墙壁数量确保承受垂直荷载和抗震的能力，在这里就不做具体说明了。

砌块的种类分为 A ~ C 类，A 类砌块重量轻、强度小，C 类砌块重量大、强度也大。

混凝土砌块结构的墙体非常多，在各种实例中都有表现。过去，由于砌块结构可能会在不严格的规范下施工，建造了很多无配筋的混凝土砌块围墙，这是需要注意的。

memo

混凝土砌块结构是砌体结构中的一种。除了砌块以外还有砖、石头等砌体材料。作为砌体结构的延伸，也有采用冰或土建造的砌块住宅等实例。

砖砌体结构

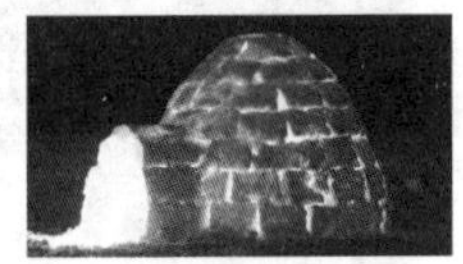

冰砌体结构

土（土坯）砌体结构

① 主要的砌块结构

砌块结构的主要特点有：
①工厂生产混凝土砌块，然后在施工现场砌筑；
②布置钢筋加强并砌筑。

混凝土砌块结构

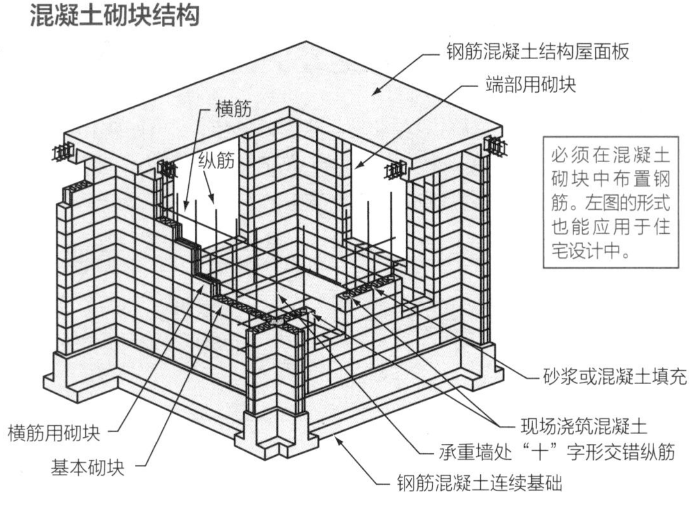

必须在混凝土砌块中布置钢筋。左图的形式也能应用于住宅设计中。

规范中规定，用砌块砌筑围墙时，高度必须在2.2m以下，且间隔一定距离要设置墙垛。

模板砌体结构

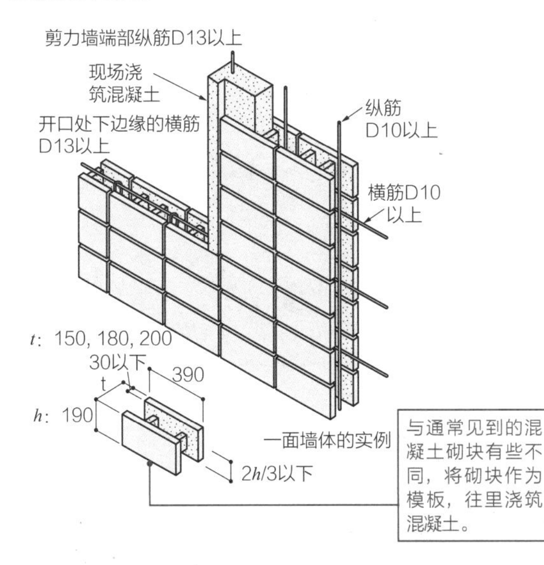

与通常见到的混凝土砌块有些不同，将砌块作为模板，往里浇筑混凝土。

（来源:《结构用教材（1995版）》，日本建筑学会）

混凝土砌块墙（围墙）

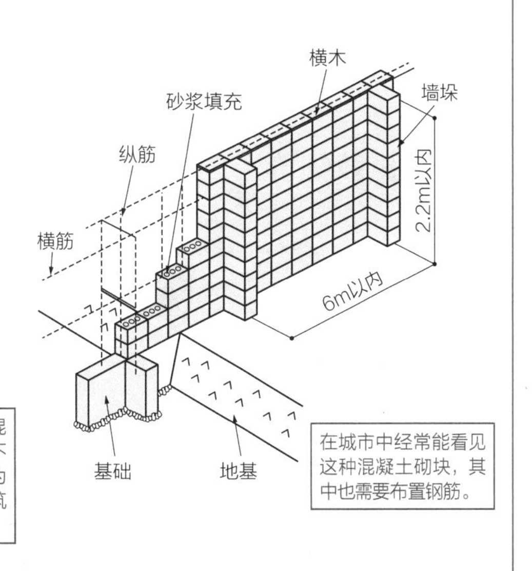

在城市中经常能看见这种混凝土砌块，其中也需要布置钢筋。

（来源:《结构用教材（1995版）》，日本建筑学会）

① 砌块结构的平头接合与错缝接合

平头接合

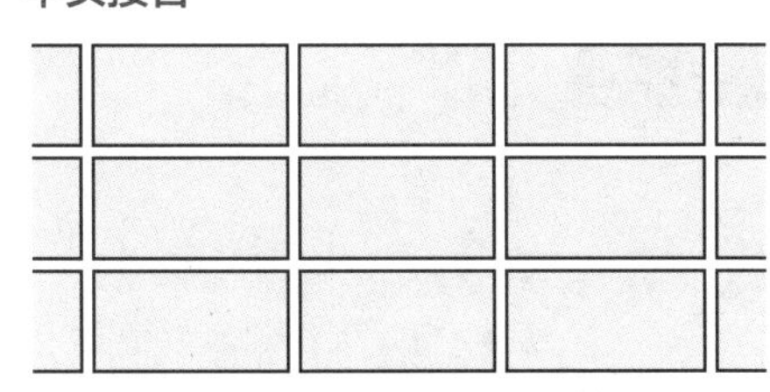

通常用于混凝土砌块孔中铺设贯通钢筋的情况，纵、横接缝都必须成直线。

错缝接合

钢筋不能贯通的砌块结构中采用错缝接合，这样刚度、强度都有所加强。

column 01

身边的物体与建筑物的重量

计算重量（荷载）是确认结构安全性的第一步，了解重量也是培养结构感觉的第一步。首先让我们了解一下身边物体的重量，然后通过比较去认识建筑物承受的荷载。

$$1(\mathrm{kgf})=9.8(\mathrm{N})$$

质量 × 加速度 = 力

也就是说，质量 1（kg）的物体的重力为

1（kg）×9.8（m/s^2）= 9.8（$kg \cdot m/s^2$）= 9.8（N）

身边的重量

			国际单位制
成人体重		60（kgf）→	588（N）
1辆汽车		1（tf）/1000（kgf）→	9800（N）
踏板摩托车		100（kgf）→	980（N）
10升水		10（kgf）→	98（N）

住宅中身边的重量

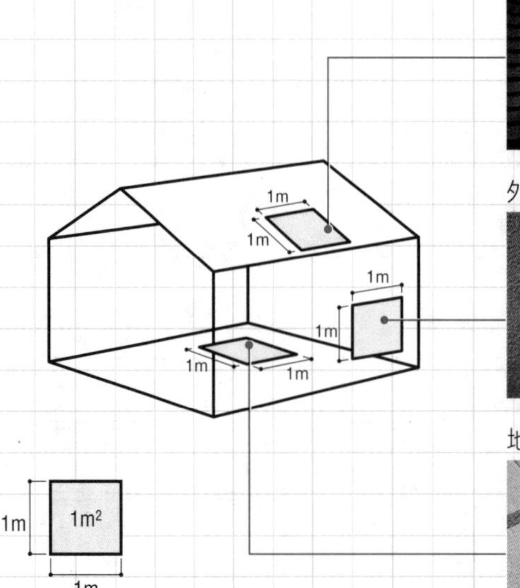

屋顶

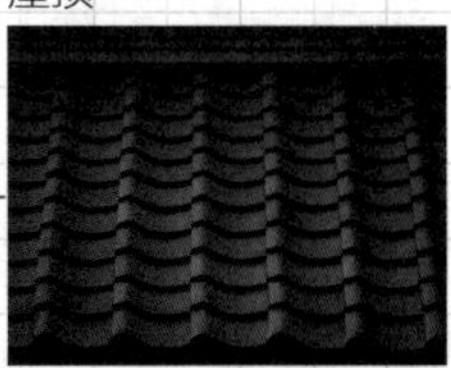

100（kgf/m^2）

→ 980（N/m^2）

瓦屋顶（瓦下垫有土）

（依据“建筑基准法施行令84条”）

外墙

65.3（kgf/m^2）

→ 640（N/m^2）

金属网砂浆（包括打底层、不包括骨架）

（依据“建筑基准法施行令84条”）

地面

34.7（kgf/m^2）

→ 340（N/m^2）

榻榻米

（依据“建筑基准法施行令84条”）

chapter
2
结构力学

33 建筑的单位

建筑中使用的SI单位制是什么？

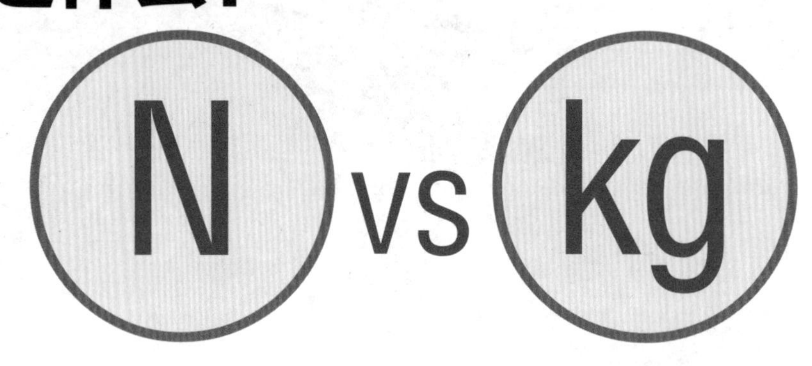

SI 单位制是世界通用的基本计量单位规则！

不久以前，结构计算使用的还是工学单位（mks 单位）和 cgs 单位。这种计算单位并不严谨，因为处理架构应力使用的是 t、m 作为单位，而处理构件截面时又在使用 kg、cm 作为单位。于是，在 1991 年的 JIS Z 8203（国际单位制（SI）及其使用方法）中做出了相应规定，从那时起开始转用 SI 作为计量单位体系。

1999 年转换过渡期结束，现在的规范中全部使用 SI 单位制，在确认申请的手续中也必须使用。

建筑中必不可少的单位——SI 单位制与尺贯法[1]

SI 单位制中，使用 mm、N 作为应力的单位。N（牛顿）是以 1kg 质量的物体以 1m/s^2 的加速度产生的力定义的。日常中表示人的体重等使用的单位 kgf 与 N 的关系是：1kgf=9.80665N，记作 1kgf ≈ 10N 更简单。SI 单位中也会使用 kg，但是 kg 是表示质量的单位。要注意 kgf 与 kg 是不同的，kgf 是在重力作用下的重量单位。

日本过去使用的是尺贯法。在结构计算中虽不使用，但在设计住宅或是进行传统建筑研究等情况，依然会采用尺贯法记录尺寸，所以有必要了解这种方法。在木结构住宅中，虽然图纸用 mm 作为单位，但是窗户、柱跨等现在也常用尺贯法的单位作为模数。

“坪单价”在结构设计中不使用，但在进行建筑估算、评估建筑造价时按照惯例会使用。因此表示面积的“帖”、“坪”也是建筑学必不可少的单位。

SI单位制带来的问题

虽然现在使用 SI 单位制，但也产生了很多问题。体重通常使用 kgf 单位，但由于结构计算中使用 N 作为单位，从直觉上说比以前更难把握荷载的大小了。由于挠曲应力这类应力使用 N/mm^2 这种非常小的单位，在处理几十吨、几百吨这种非常大的结构荷载计算时，就会变成计算超出现实感受的纯数字。

[1] 日本传统的尺寸度量衡。——译者注

! 建筑中使用的单位

建筑中使用的单位如下表，也许首先会疑惑“质量”与“重量”有什么不同。质量与重量的关系是（重量 = 质量 × 重力加速度），重量会随着重力加速度而改变。重力加速度是 $9.80665m/s^2$，因此

$$1kg \times 9.80665m/s^2 = 1kgf（千克力）= 9.80665N$$

实际上用 1kgf ≈ 9.8N 或者 1kgf ≈ 10N 进行计算。

国际单位制（SI）（基本单位）

分类	单位	备注
长度	m	米 meter
质量	kg	千克 kilogram
重量	kgf	千克力 kilogram-force
力	N	牛顿 newton
时间	s	秒 second

与结构力学有关的单位

分类	单位	相关用于
面积矩	cm^3, mm^3	重心
惯性矩	cm^4, mm^4	挠曲、刚度
截面模量	cm^3, mm^3	挠曲强度
挠曲应力	N/mm^2（kg/cm^2, t/m^2）	截面模量
弹性模量	N/mm^2（kg/m^2, t/m^2）	挠曲、挠曲刚度等
刚度	cm^3, mm^3	刚度比、惯性矩

! 需要事先了解的传统单位

除了传统建筑，在住宅建筑中使用传统单位的情况也不少。不仅在建筑施工现场，许多建材也是依据“尺贯法”的尺寸体系制造出来的，所以需要熟悉一下这些传统单位。

建筑中使用的传统单位（尺贯法等）

分类	单位	备注
长度	间	6 尺 = 1.818m
	尺	1 尺 = 0.303m
	寸	1 寸 = 0.1 尺 = 0.0303m
	分	1 分 = 0.1 寸 = 0.00303m
面积	坪	1 坪 = $3.305m^2$
	叠、帖	1 帖 = 0.5 坪 = $1.6525m^2$
细长物体	束	用于被捆扎的物品
	丁	用于木质的细长物体
	本	用于柱、梁等
其他	石	用来表示木材的体积
	组	用于门、隔扇等构件

34 胡克定理

建筑物产生变形的原理是什么？

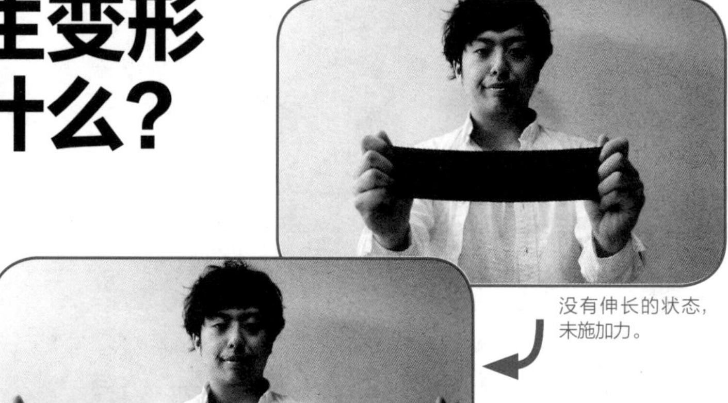

没有伸长的状态，未施加力。

伸长的状态，已施加力。

！建筑与弹簧一样也会产生伸缩！

在结构计算中，胡克定理非常重要。它与高中物理中所学的弹簧的公式 F=kx 的基本原理是相同的。建筑结构中，从微小单位面积的受力（应力）与位移（变形）入手进行比较，就能够明白是同样的公式。

$\sigma = E\varepsilon$ （σ：应力、E：弹性系数、ε：变形）胡克定理

➔ 将截面视作不变来进行计算

首先，在结构计算中必须要记住一个规定，无论是哪种材料，一般来说受拉截面积会缩小，受压截面积会增大。

在建筑领域，由于材料具有一定的硬度，这种增大与缩小带来的影响很小，因此采用“平截面假定”的概念，即使材料会伸缩也视作截面不变来计算。这种假设，不仅仅应用于受轴向力的情况，在受剪切力、弯矩等情况下也是一样的，在建筑结构领域中这种假设对所有的应力是通用的。

➔ 同样的材料长度越大变形量越大

由于截面一直不变，将单位长度的变形量在长度方向上相加，由此得出材料整体的伸缩量，数学上用微积分来表示。直观来说，材料受力相同的情况下，长度越大其变形就越大。

表示材料伸缩性质的弹性模量 E 也叫作杨氏模量，在建筑材料中，钢是最大的，为 $2.05\times105\text{N/mm}^2$，混凝土大概是它的十分之一，木材大概是它的 20~30 分之一。

memo

弹簧公式

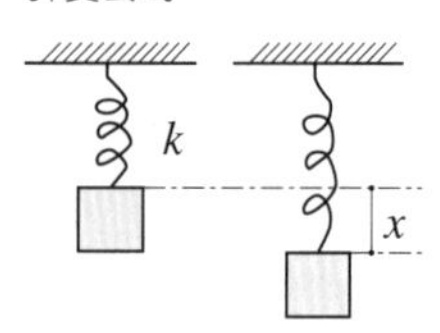

$F = kx$
F：力
k：弹性系数
x：变形

建筑中使用的胡克定理与弹簧公式相同。

胡克定理

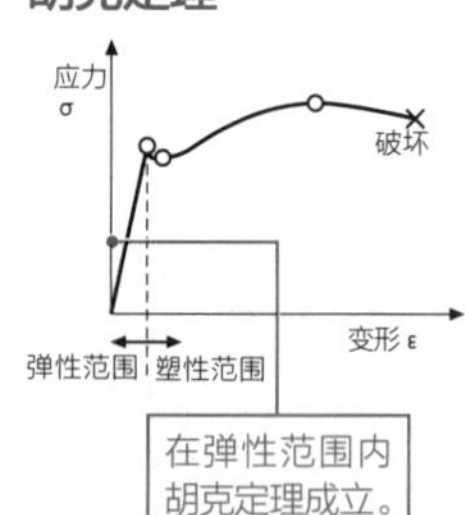

在弹性范围内胡克定理成立。

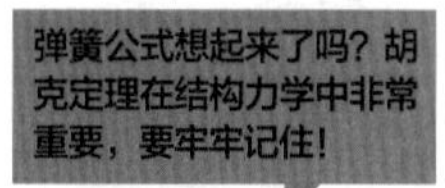

① 什么是胡克定理？

罗伯特·胡克（Robert Hooke）1678 年从弹簧的伸缩与荷载有关的试验中发现“在弹性范围内，应力与变形成正比”。这种关系表达出来就是：

$$\frac{\text{应力}}{\text{变形}}=\text{比例定值（弹性模量）——胡克定理}$$

这个公式中的比例定值叫作弹性模量，是材料的固有值。

罗伯特·胡克
（Robert Hooke）
（1635 ~ 1703）

最早测出弹性模量的是托马斯·杨（Thomas Young），弹性模量也叫做杨氏模量。通常使用 E 表示杨氏模量。刚才的公式也可以写作：

$$E=\frac{\sigma}{\varepsilon} \quad （E：杨氏模量、\sigma：应力、\varepsilon：变形）$$

主要结构材料的弹性模量如下。

木材	$E = 8 \sim 14\times10^3\ (\text{N/mm}^2)$
钢	$E = 2.05\times10^5\ (\text{N/mm}^2)$
混凝土	$E = 2.1\times10^4\ (\text{N/mm}^2)$

托马斯·杨
（Thomas Young）
（1773 ~ 1829）

胡克定理也可以说是变形乘以弹性模量等于应力，其中存在着比例关系。

① 构件内部产生的应力与变形

一旦对构件施加荷载（外力），构件的内部就会产生应力发生变形。
对于相同的构件，长度越大变形越大。

对构件施加荷载

①拉力

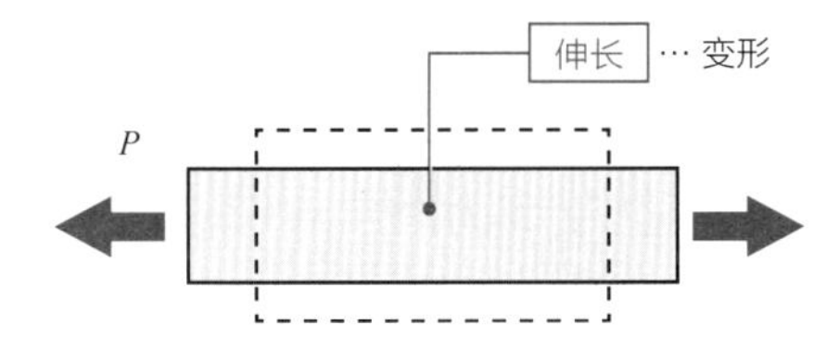

②压力

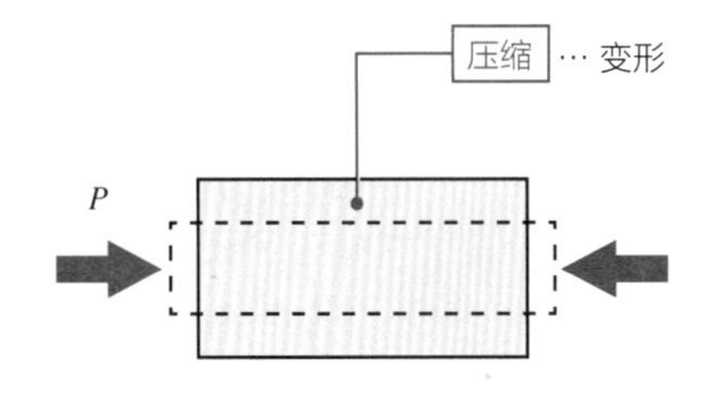

构件中产生的变形量计算

①单位面积的应力 σ

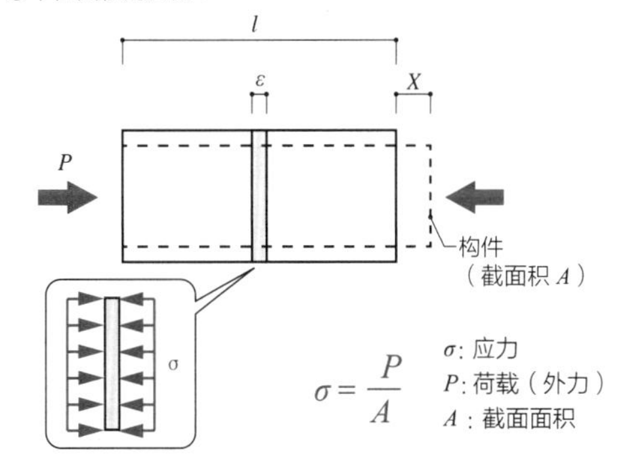

$$\sigma=\frac{P}{A}$$

σ: 应力
P: 荷载（外力）
A：截面面积

②变形量 X 的计算公式

$$X=\int_0^l \varepsilon dx$$

X: 变形量
l: 构件长度
ε: 变形

35 力的平衡

力平衡计算时，什么是必要的？

同样的力作用在绳索上，绳索不移动。

距离支点远的一个人，与距离支点近的两个人达到了平衡。

！达到力平衡时，各种力的合力为 0！

为了使建筑物保持稳定，作用力和反作用力必须达到平衡。在进行结构计算时，可以使用平衡方程式确认作用力与反作用力是否达到平衡。

➔ 理解平衡方程式

平衡方程式是用来确认在所有方向（垂直、水平、旋转方向）上作用力与反作用力相加是否为 0 的计算公式。

> 平衡方程式的原理：
> 所有方向上的作用力 + 反作用力 =0

一旦力不平衡，物体就会运动起来。由于不能让建筑物发生移动，因此必须保证作用力与反作用力达到平衡。

对于共线的平衡力，作用力与反力在水平与垂直方向的分解力均为大小相等方向相反。

对于使固定支点产生弯矩平衡的力，作用力乘以其到支点距离的数值与反力乘以其到支点距离的数值大小相等方向相反。

➔ 结构计算中需要确认的要点

在实际的结构计算中，最需要确认的就是长期垂直荷载。由于恒荷载、活荷载能够简单地通过建筑物的总重计算出来，因此需要确认的是支点垂直方向的反作用力的合力与建筑物总重量是否一致。

什么是弯矩？

它是让物体发生旋转的力。弯矩的大小可以表示为作用力与旋转中心距力作用点距离的乘积。另外，一对互相平行、大小相等、方向相反的力作用时产生弯矩，这样的两个力叫作力偶。

① 力的平衡公式

$$\Sigma X = 0$$
$$\Sigma Y = 0$$
$$(\Sigma Z = 0)$$

所有方向（X、Y、Z）上的合力为 0。（三维立体情况下考虑 Z）。

$$\Sigma M = 0$$

任何点的弯矩（M）合计为 0。

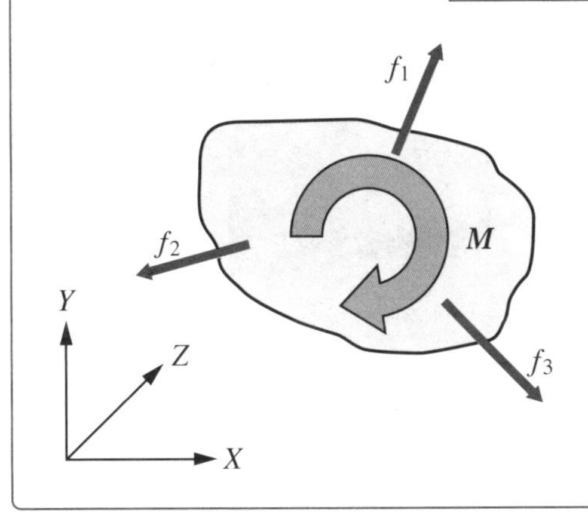

力的计算是通过坐标进行的。这种计算的数学公式通常会让人感觉很高深，但其实只是单纯地表示静止物体在各个方向上力的平衡。

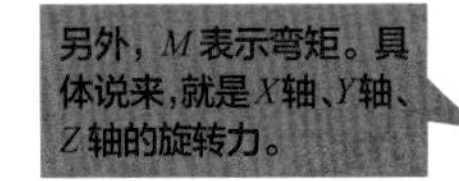

① 自古以来就有对力平衡的探索

力的平衡作为结构力学的入门，早在公元前就开始被研究了。

阿基米德证明的“杠杆原理”

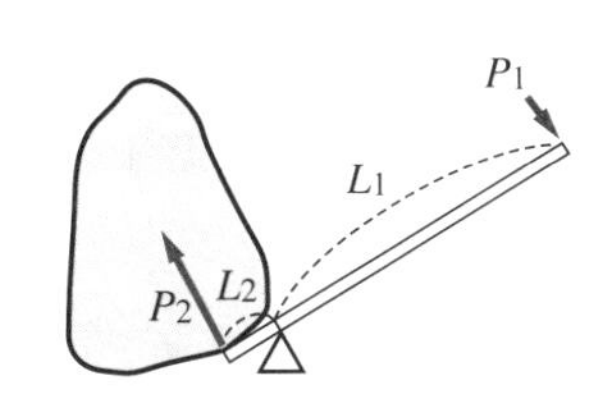

作用在距离支点远的 L_1 上较小的力 P_1，与作用在距离支点远的 L_2 上的较大的力 P_2 达到平衡。（杠杆原理）

按照杠杆原理，用很小的力就能够挪动重物了。

达·芬奇对杠杆原理的应用

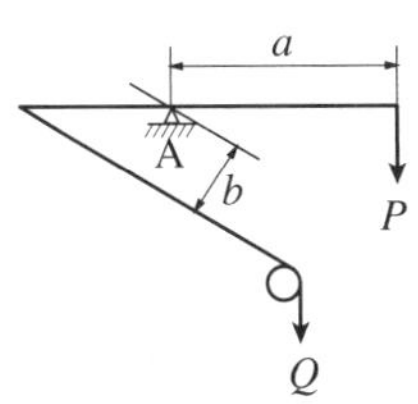

达·芬奇对复杂杠杆的思考。

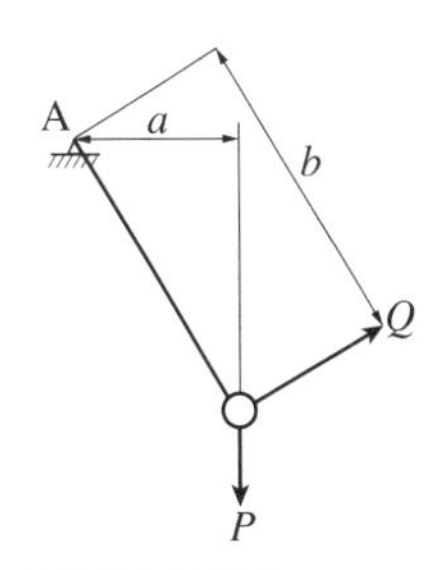

这就是向量问题。

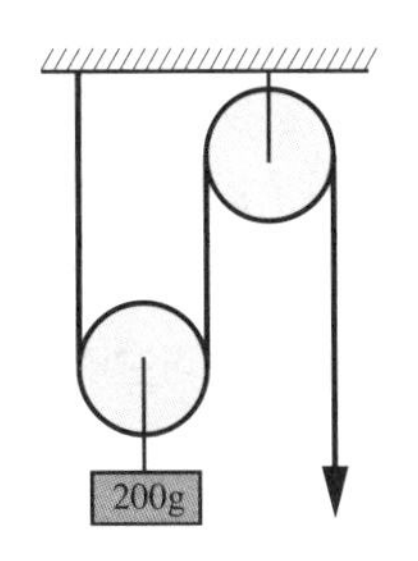

滑轮的问题，用很小的力提起重物。

36 力的矢量与力的合成

三个人拉弹簧测力计会怎样？

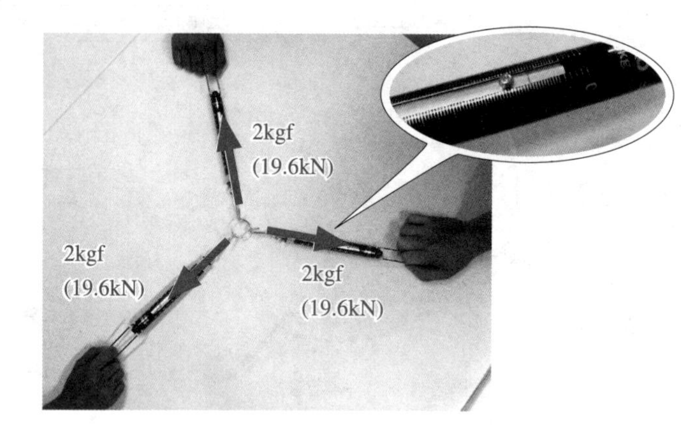

！力的方向与大小是通过向量来计算的！

在力的结构计算中，不仅需要计算力的大小（量），也必须计算力作用的方向。在考虑力的方向与大小的时候，需要用到向量这一概念。建筑物受到各种向量的作用，在结构计算中，需要对这些向量进行合成、分解，以确认构件的安全性。

➔ 力向量的计算方法

向量使用箭头进行表达，箭头的长度表示力的大小，箭头的方向表示力作用的方向。但是，并没有规定用多少厘米的向量长度来表示10kN，因此可以自由选择长度单位。

向量的一个重要性质是可以进行合成。多个向量作用在同一条线上的时候，力的大小之和（或者差）就是合成之后的力（合力）。比如，在正在推树的大人的背后，小朋友沿着同样的方向对大人施加力。由于大人推树产生较大的力，与小朋友推大人较小的力作用于同一直线上，于是力合成之后的量就是作用于树上的向量（力）总量。如果小朋友与大人在相反的方向上推树，那么树上产生的向量就是小朋友与大人间力的差值。

当多个向量不作用在同一条直线上的情况时，如果只有两个力，将两个向量作为边画出平行四边形的对角线长度就是合成向量的量，它的方向就是合成向量的方向。（平行四边形法则）

在对两个以上的力进行合成的情况下，首先以任意两个向量为边画出平行四边形，求出向量的方向及大小。然后，以对角线向量与剩下的向量为边画出平行四边形，求出对角线。重复这一过程，最终的对角线长度和方向就是所有向量合成力的大小和方向。

memo

桌球是比较容易用来理解向量的例子。

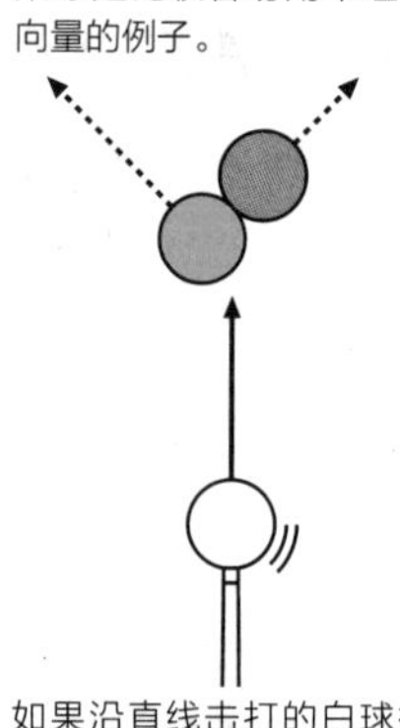

如果沿直线击打的白球撞向呈角度摆放的红球与黑球，力就被分解了。

平行四边形法则

两个力合成起来的力，是将这两个力作为平行四边形的两边时，其对角线的长度与方向。

① 什么是向量?

向量是具有大小和方向的量，用箭头表示。箭头的方向就是作用力的方向,箭头的长度就是作用力的大小(箭头的长度 = 力的大小，可以任意决定)。

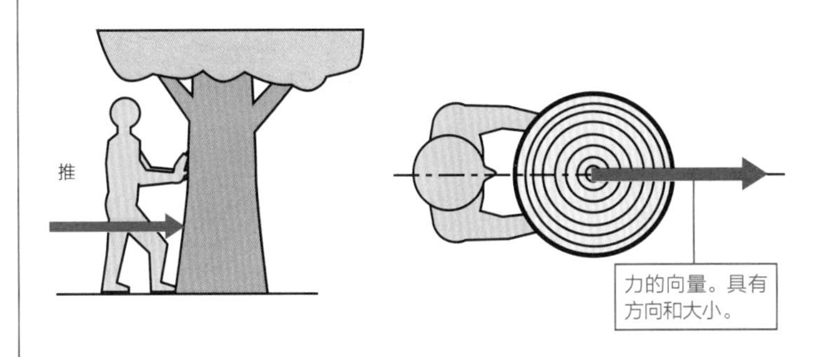

约西亚·威拉德·吉布斯

(Josiah Willard Gibbs)
(1839~1903)

美国的物理学者吉布斯对向量解析理论的研究做出了贡献。

① 各种力的合成

具有方向与大小的力可以用向量表示。两个以上的力进行合成的时候，可以使用以下这种用向量计算的方法。

同一方向上作用的两个力的合成

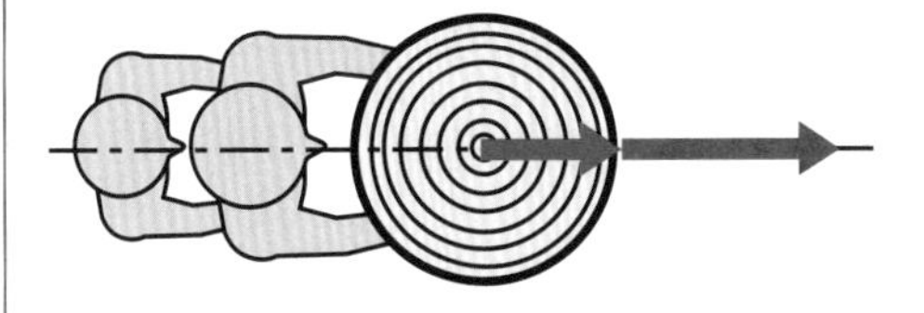

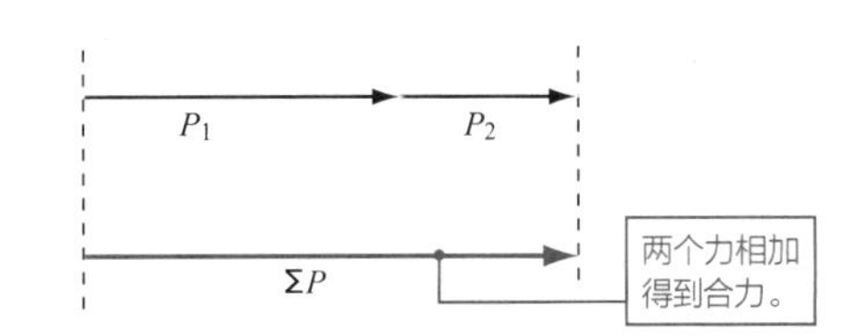

作用于1点的两个力的合成

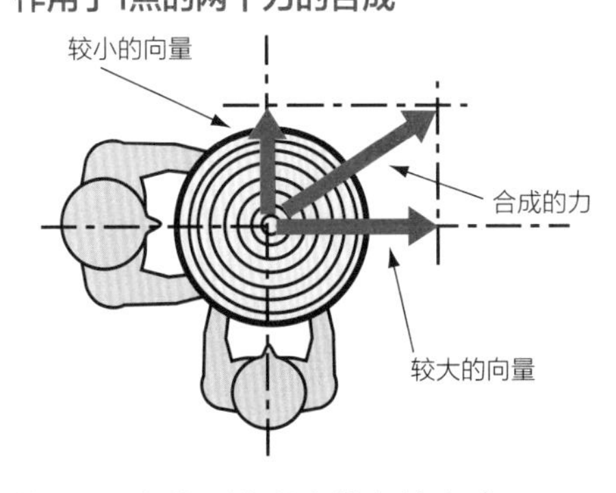

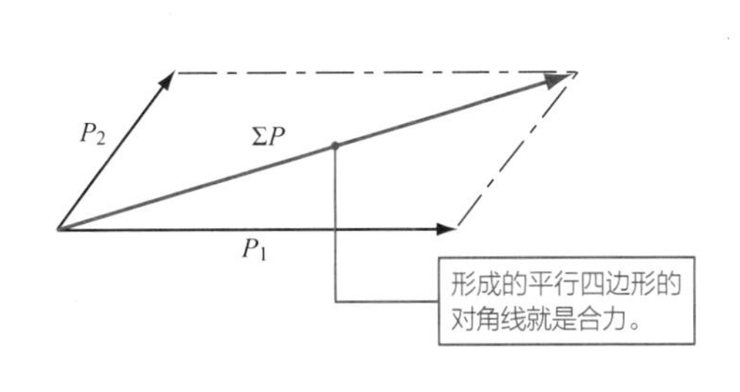

作用于1点的三个以上的力的合成

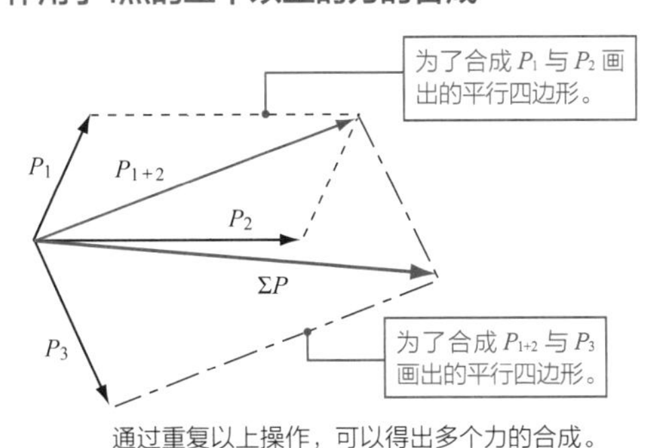

通过重复以上操作，可以得出多个力的合成。

平行方向力的合成

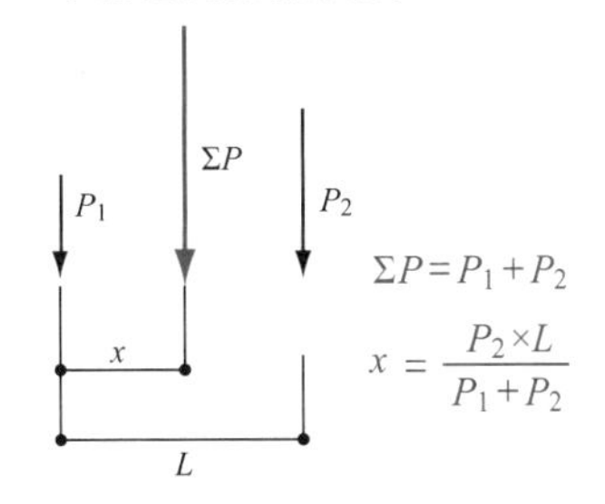

$$\Sigma P = P_1 + P_2$$

$$x = \frac{P_2 \times L}{P_1 + P_2}$$

37 支点反力

哪一种连接是铰接?

旱冰鞋

OR

圆规

OR

电线杆

要看清是哪一种支点!

对物体施加某一方向的力时，如果那个物体没有移动，那么一定产生了与这个力方向相反的，大小相同的力，这个力叫做反作用力。比如，把书放在桌子上，在重力作用下，产生了朝向桌子下方的力。由于桌子抵抗重力支撑着书，因此在书上产生了与重力反向的力（反作用力）。

➔ 求出支点处产生的反作用力

根据力作用的方向，分为垂直反作用力、水平反作用力、旋转反作用力 3 种。虽然力可以在任意方向自由分解，但是在实际的建筑设计中，为了方便起见将力分解成这三类。

反作用力发生在支点处，支点有简支、铰接、固定端等种类。依据支点种类的不同，发生的反作用力也不同。在铰接的情况下，由于能够自由旋转所以不会产生旋转方向的反作用力（弯矩），而在水平和垂直方向上受到了约束，因此可在任意方向上产生反作用力。在简支（铰接、滑轮支点）的情况下，由于在水平方向上能够自由移动，而垂直方向上的移动受到了限制，因此只会产生垂直向的反作用力。

固定端由于在垂直、水平、旋转方向上都不能移动，所以在所有的方向上都会产生反作用力。

在求反作用力的时候，只要物体不发生移动，就可以利用力在各方向合力为 0 的平衡条件进行计算。

力的平衡公式：$\sum X=0$（水平方向上合力为 0）
$\sum Y=0$（垂直方向上合力为 0）
$\sum M=0$（支点上产生的旋转反作用力合力为 0）

memo

垂直反作用力用 V 表示、水平反作用力用 H 表示、旋转反作用力用 M 表示。尽管用什么样的符号来表示都可以，还是会约定俗成的采用以上这种表示方法。
V: vertical reaction
H: horizontal reaction
M: moment of reaction
使用英文单词的首字母表示。在结构中，像这样惯用的表示方法还有很多。
L: length
P: power
T: tension
例如以上都是这一类的。

① 什么是支点的反作用力?

支点中具有代表性的有简支、铰接和固定端。简支只产生垂直反作用力，铰接产生垂直反作用力和水平反作用力，固定端则产生垂直、水平、旋转三种反作用力。

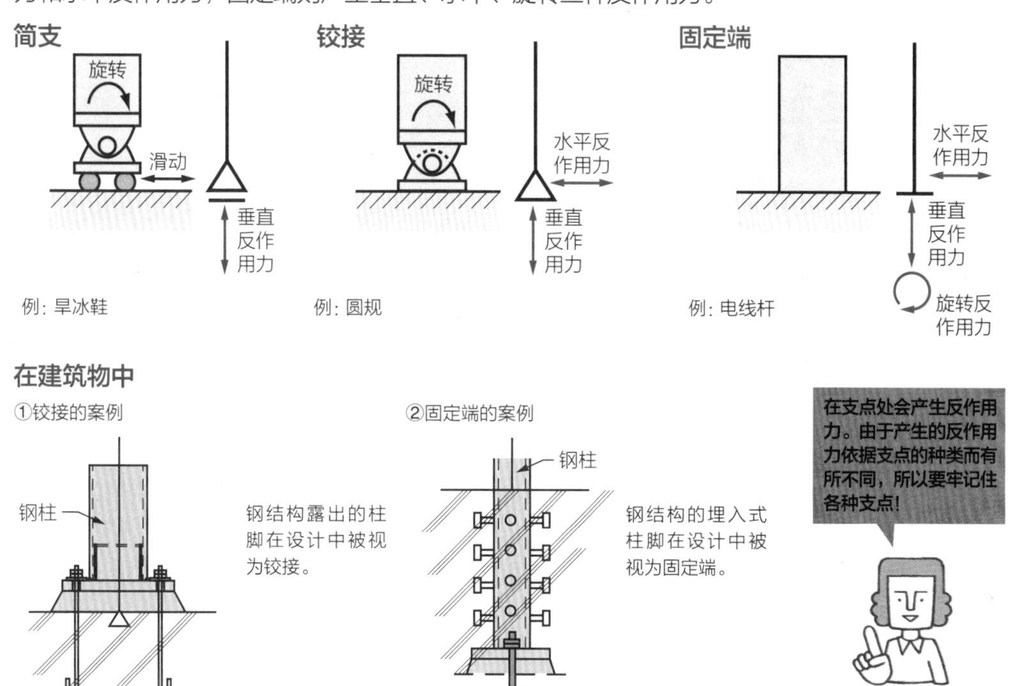

① 反作用力的求解方法

只有梁的情况

①垂直方向上力的反作用力

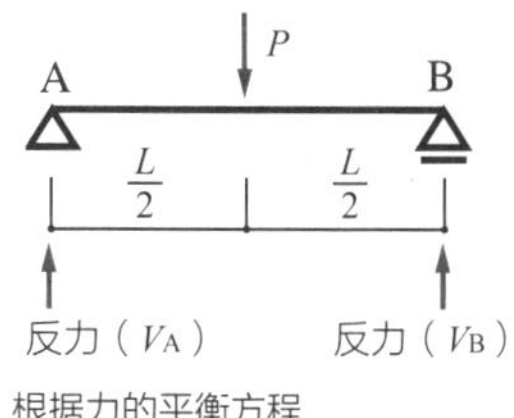

根据力的平衡方程

$$\begin{cases} V_A + V_B - P = 0 \\ \frac{L}{2}P - L \times V_B = 0 \end{cases}$$

从以上式子求出 V_A、V_B

②弯矩作用在中间处时的反作用力

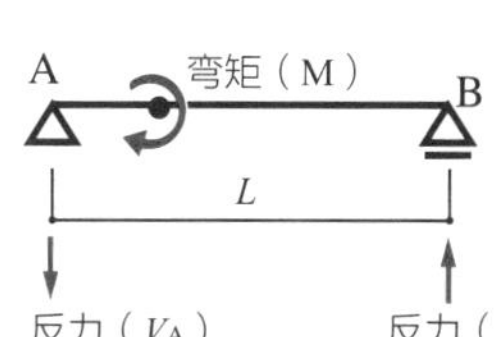

根据力的平衡方程

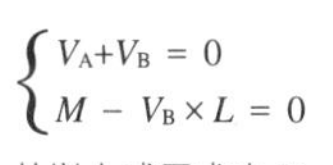

$$\begin{cases} V_A + V_B = 0 \\ M - V_B \times L = 0 \end{cases}$$

从以上式子求出 V_A、V_B

③斜向力的反作用力

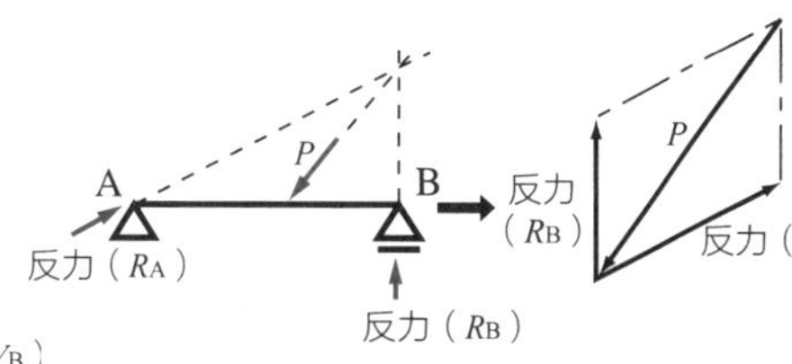

如左图那样，在求支点 A、B 处产生的反作用力 R_A、R_B 的时候，画出平行四边形，将外力 P 沿着 R_A、R_B 方向分解。

框架结构的情况

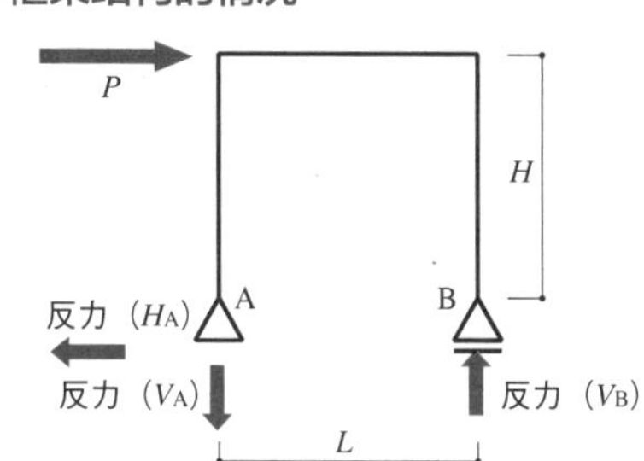

根据力的平衡方程

$$\begin{cases} V_A + V_B = 0 \\ P + H_A = 0 \\ M_A = P \times H - V_B \times L = 0 \end{cases}$$

从以上式子求出 V_A、V_B、H_A

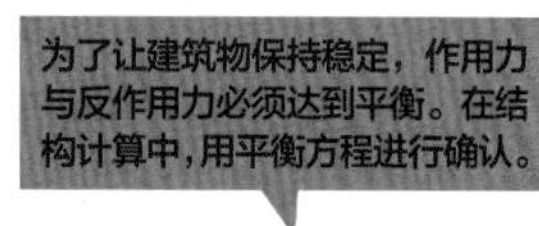

38 力与应力

承受荷载的梁受到了怎样的力？

荷载越大构件受到的力也就越大！

一旦对构件施加荷载（外力），在构件内部就会产生平衡外力的力，这种力叫做内力。在外力的作用下产生的内力基本上可以分为“轴力（N）”、“弯矩（M）”、“剪力（Q）”这三种。实际上“扭转力（T）”也存在，但为了便于理解这里先省略了。

在内力中有轴力、弯矩和剪力

轴力是沿材料轴向作用的力，有拉力和压力两种。拉力是材料受拉时产生的内力；压力是材料受压时产生的内力。在结构计算中，将轴力视作均匀作用在构件截面上的力。

弯矩是构件被弯折时受到的力，它在构件截面上不是均匀分布的，发生凹变的一侧受压，凸变的一侧受拉。

与轴力、弯矩相比，剪力不太容易理解。剪力是使材料在构件轴向上发生错动而需要施加的力。剪刀便是应用剪力的工具，两片刀片在纸的上下方向上移动剪切时产生的力就是剪力。一旦产生剪力，构件就会变形为平行四边形。这里需要注意的是，轴力是可以独立存在的，但是剪力的大小与弯矩的大小有着紧密的联系（参见 86 页）。

弯矩、剪力不会独立发生。比如，梁受到荷载的时候，在梁和支撑它的柱上弯矩和轴向力同时发生。在确认构件结构的安全性时，必须综合考虑轴力、弯矩和剪力来进行结构计算。

表示应力的符号

通常弯矩、剪力、轴力分别用 M、Q、N 表示，起初可能会有点不适应。弯矩来自于 moment 这个词，因此还算能够理解，剩下的两个感觉就很难理解了。剪力、轴力是引用自以下的德语词汇。

剪力 Q: Querkraft（德）
轴力 N: Normalkraft（德）
扭力 T: Torsion（英）

memo

弯矩的压力与拉力的分界线叫做“中性轴”（具体见 84 页）。

如果不能理解内力，就无法进行结构计算。因此，这 3 种内力要牢牢掌握！

! 应力（轴力、剪力、弯矩）是什么？

轴力（N）

①拉力作用的情况

②压力作用的情况

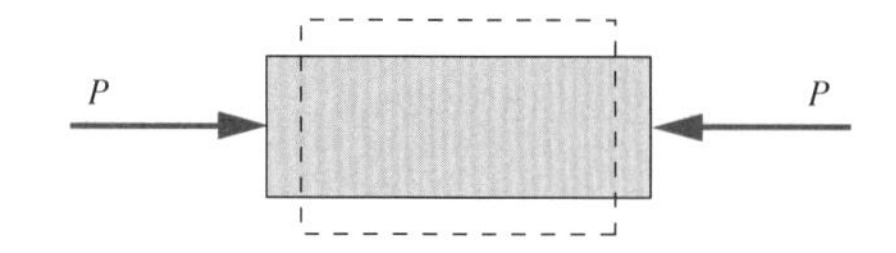

物体受拉、受压时产生的力。

弯矩（M）

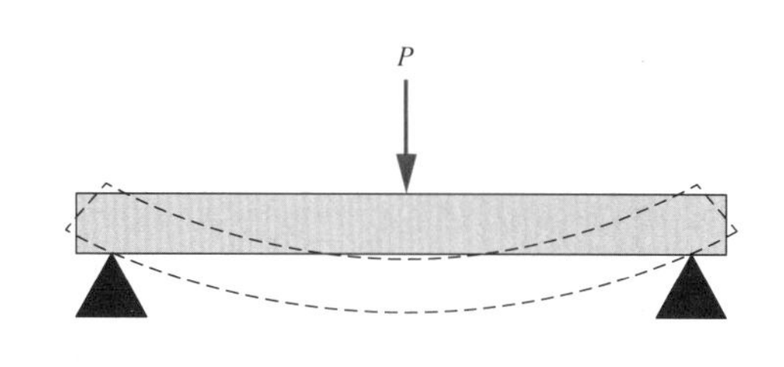

物体弯曲时产生的力。

剪力（Q）

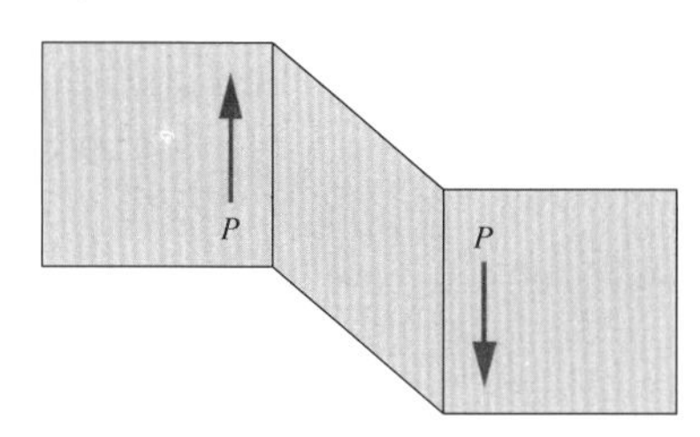

变形成平行四边形产生的力。

扭力（T）

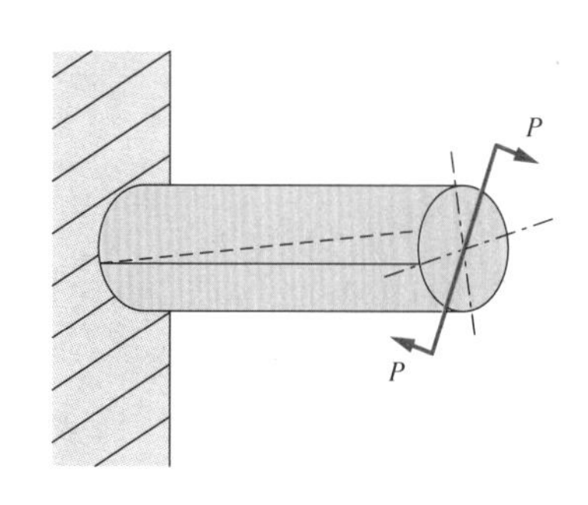

像拧抹布那样，扭转的时候产生的力。

! 库尔曼（Carl Culmann）的悬臂梁应力轨迹

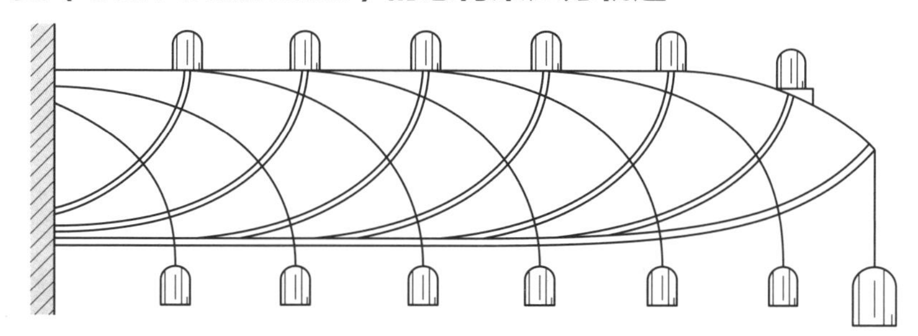

上图为库尔曼研究得出的应力轨迹图。作为应力图（图解静力图）不容易理解，但是可以尝试把它当作力的传递图去理解。

库尔曼

（1821~1881）

运用图解法尝试对所有种类的结构进行解析，因对铁路桥的解析而出名。

39 弯矩

弯矩是什么？

厚板就算挂上重物也不发生显著的弯曲。

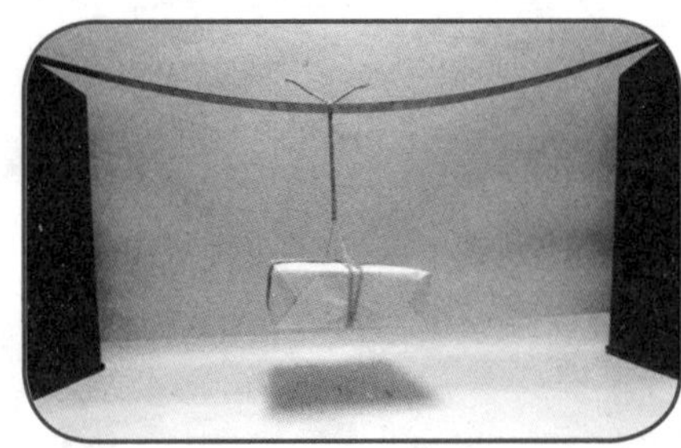
薄板一旦挂上重物就会发生明显的弯曲。

因为弯矩，构件才会弯曲？！

弯矩是使构件弯曲的内力，承受弯矩的构件会弯曲。很多人可能都会有站在薄板上导致薄板发生弯曲的体验吧。梁越长弯矩就会越大。

掌握弯矩的分布！

弯矩产生的应力与轴力、剪力等不同，构件截面受力并不均等。发生凹变的一侧产生压力，凸变的一侧产生拉力，压力与拉力的分界处称为“中性轴”。

在实际的结构设计中，首先要设计承受弯矩的构件。即使在考虑建筑物被破坏的情况时，也是尽可能地按照构件最终被弯矩破坏的形态来设计。把钢结构的拼接节点、钢筋的接头等节点布置在弯矩小的部位比较安全。建筑物各部分的弯曲（变形）也很大程度地受到了弯矩的影响，掌握弯矩的分布是结构设计的最基本要求。

弯矩图的画法

弯矩图一般是在受拉的一侧画凸状图形。比如两端铰接的简支梁，由于在中部下方受拉，所以在下方画凸出的图形。受均布荷载作用的框架结构中的梁，由于端部上侧、中部下侧受拉，所以画在端部上侧和中部下侧。

另外，从正面看顺时针回转的力与逆时针回转的力分别用“+”、“－”表示。

掌握弯矩的分布非常重要，内力图也要能够画出来！

① 弯矩是什么？

把悬臂梁作为想象对象会比较容易理解弯矩。
构件的根部是直的，越往端部就弯得越厉害。

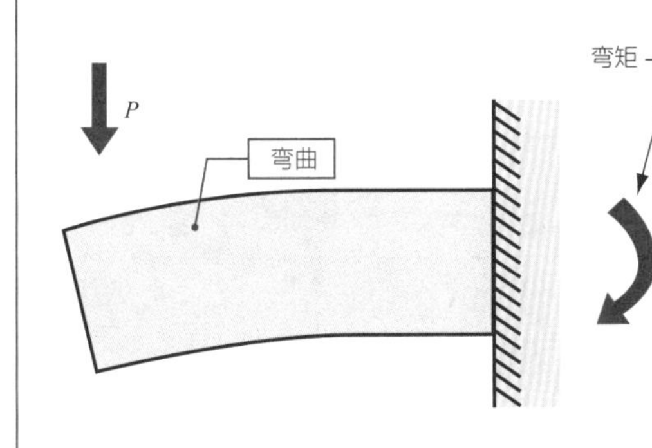

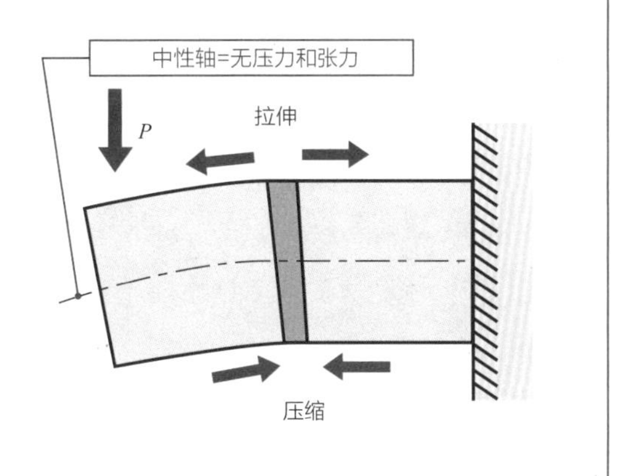

① 弯矩的内力图

弯矩图在表现内力大小的同时，从正面看顺时针回转的力用“+”表示（拉力），逆时针回转的力用“-”表示（压力）。弯矩图就是将弯矩发生变化的点（支点、节点、自由端、施加荷载处）用线连起来，从而画出内力分布图。

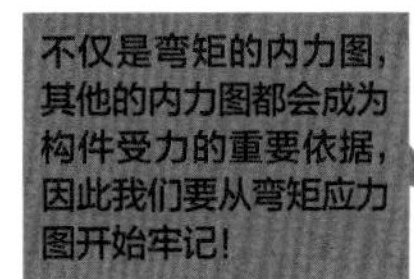

两端铰接的简支梁

①均布荷载

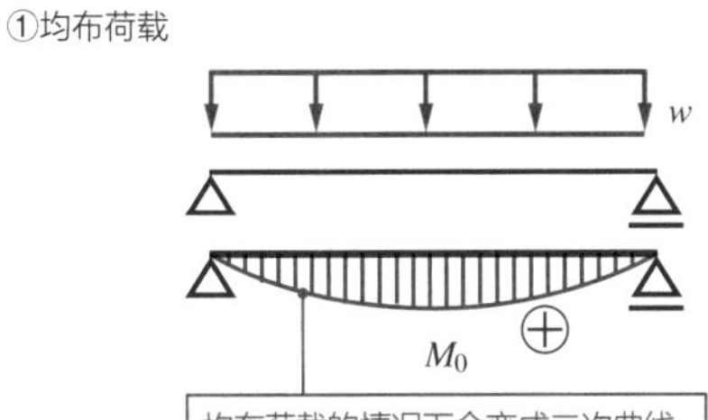

②集中荷载

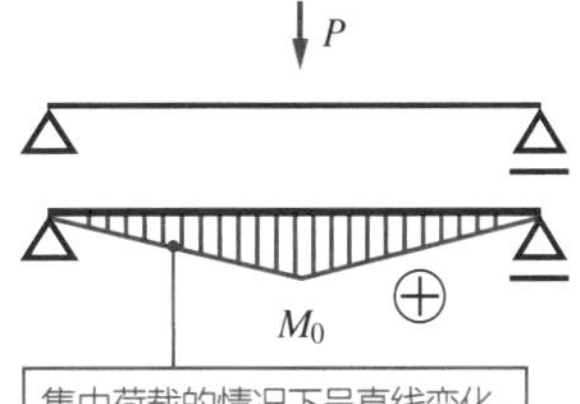

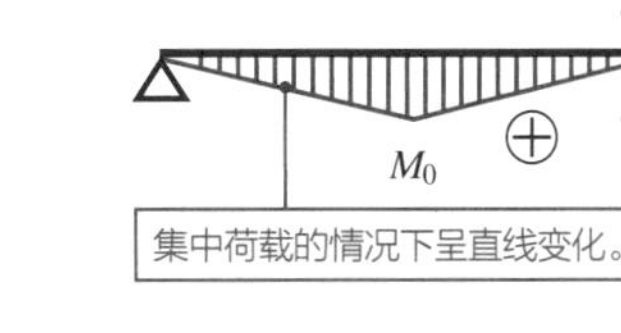

框架结构

①均布荷载

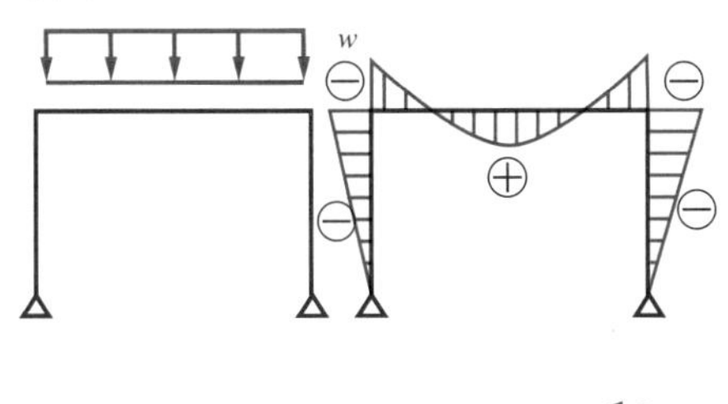

②集中荷载

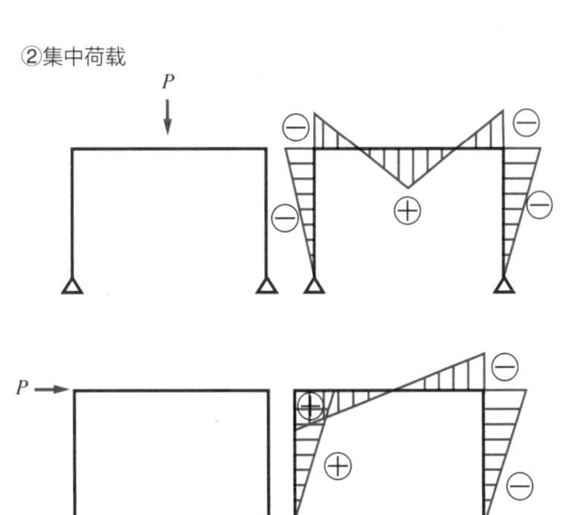

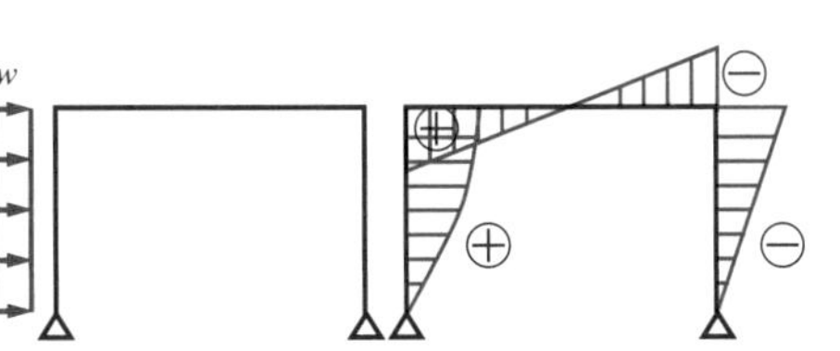

40 剪力

剪力是什么？

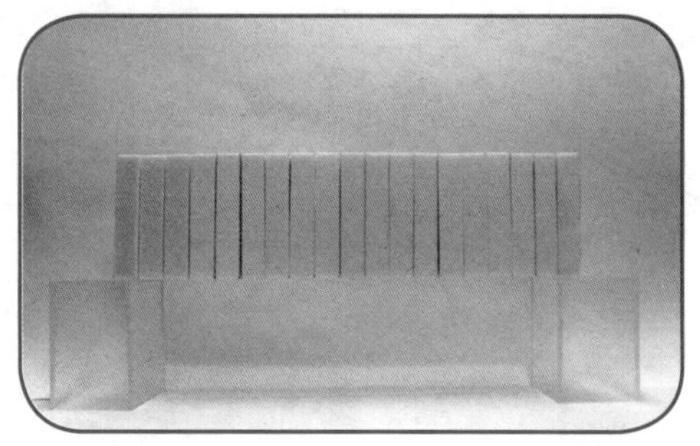

无荷载状态。

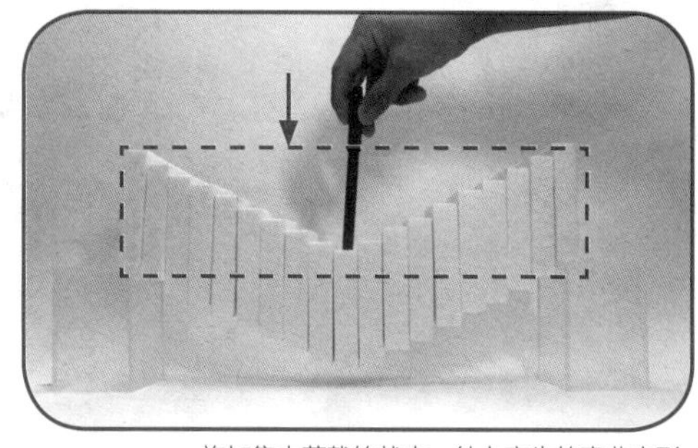

施加集中荷载的状态。外力产生的弯曲变形。

！在构件中引起错动的力就是剪力！

与轴力和弯矩相比剪力不太容易理解，所以容易让人对它敬而远之，但是理解剪力非常重要。柱、梁等即使发生弯矩破坏，建筑物也不会立刻倒塌。而构件一旦发生剪切破坏，就极容易诱发建筑物的倒塌或构件的掉落。因此，设计建筑物时要尽量避免剪切破坏。

剪力＝变形成平行四边形时所产生的力

剪力可以认为是材料在与轴向相垂直的方向发生错动（剪切）时产生的力。理解剪力我们经常会以剪刀为例。剪刀通过两个刀片在纸片的上下方错动来剪切纸片，剪切时在纸张上产生的力就是剪力。

如果观察材料的微小部分，就会发现一旦产生剪切力，材料就会变形为平行四边形。因此，剪力可以理解为构件发生平行四边形变形时产生的力。

在大地震后的照片中，大家一定看见过墙体、柱子上斜着的裂纹和裂缝吧。这是由于四边形的物体在被迫发生倾斜变形时，沿对角线方向会产生很大的力，从而导致斜向的裂纹。

梁剪切内力的画法

绘制梁的剪力图的时候，构件承受的剪力需要分成上下两部分来进行绘制，一部分凸出于构件的上方，另一部分凸出于构件的下方。比如，在简支梁上施加集中荷载的时候，以荷载作用点为中心，上下等分地画出应力图。想象平行四边形，顺时针方向作用的力标记为“+”，逆时针方向作用的力标记为“－”。一般说来梁的上方、柱的左侧标记为“+”。

memo

弯矩与剪力有着很深的关联。

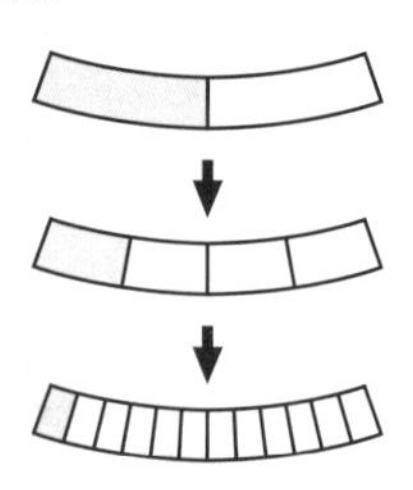

如果把它看作是由微小的平行四边形聚集而成，就变成弯矩产生的变形。

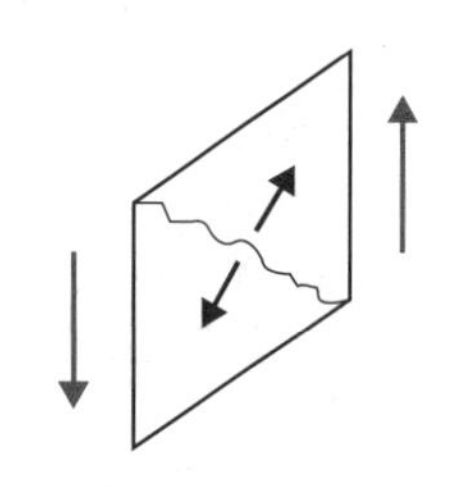

一旦发生斜向变形，沿对角线方向会产生很大的力。

对于建筑设计而言必须理解剪力！好好的理解吧！

! 什么是剪力?

剪力是物体发生平行四边形的变形时所产生的力。

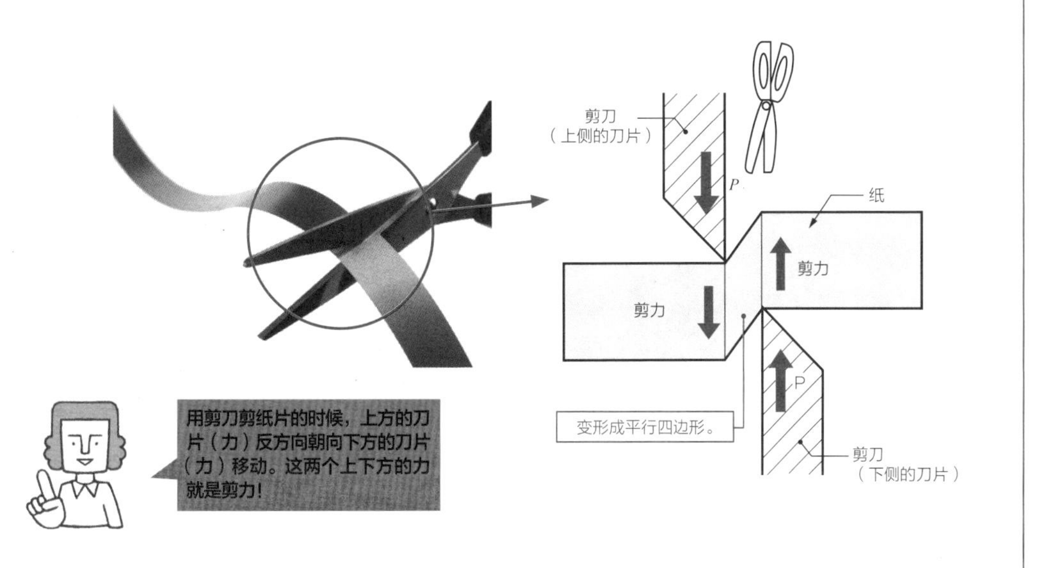

! 剪力图

内力用“内力图”表示。在画剪力内力图时，为了方便理解构件上产生的应力及大小，会加上符号（+、-）。均布荷载、集中荷载的应力图是不同的。

简支梁

①均布荷载

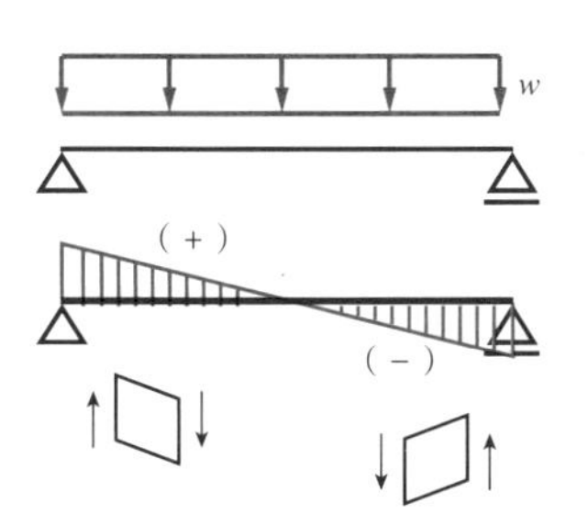

②集中荷载

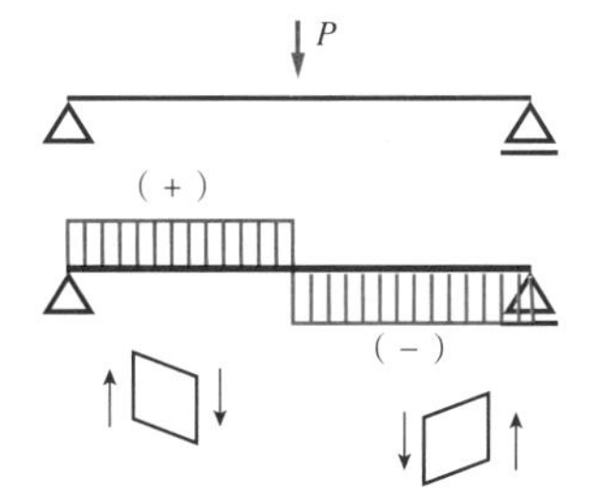

三铰框架

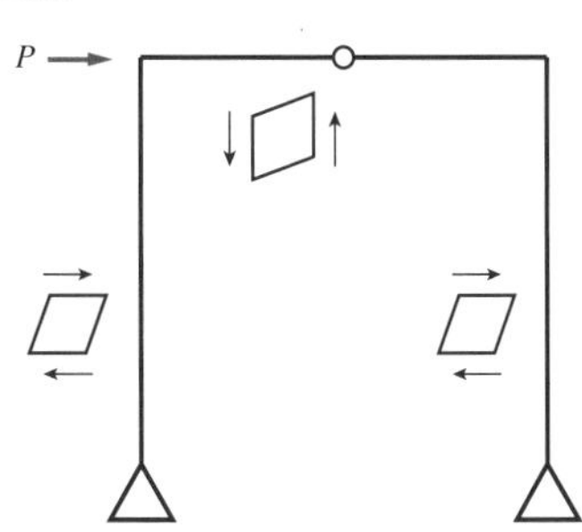

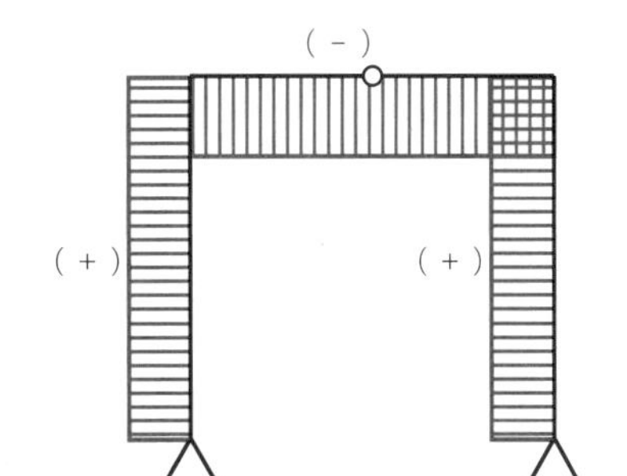

41 轴力

轴力是什么?

沿轴向受压的情况。

沿轴向受拉的情况。

! 轴力有压力和拉力两种!

轴力是沿轴向作用的力，有拉力和压力两种。拉力和压力分别是拉伸和挤压材料时在材料内部所产生的力。轴力在构件截面内均匀作用。事实上，当受到挤压时，材料的中部就会膨胀，拉伸的时候中部便会缩小。不过在结构计算中，一般还是将材料中间部分的截面视作不变。

➔ 轴力的内力图画法

轴力的内力图绘制的是沿着构件作用的力。之前我们曾经提到过内力的画法是将压力画在内侧，张力画在外侧。不过对于梁、柱来说，无论是画在柱子的左右还是梁的上下，只要不把压力与拉力混淆在一起就没关系。

但是，无论在什么书籍中，受压侧都是统一用（-）表示，受拉侧都是用（+）表示，以此区分。

➔ 综合考虑轴力、弯矩、剪力

轴力、弯矩、剪力不可能各自独立产生。

比如，对框架结构施加荷载时，梁以及支撑它的柱中弯矩与轴力会同时产生。虽然轴力易被忽视，但在确认结构安全性时，必须综合考虑轴力、弯矩和剪力来计算。

此外，还要注意压力在构件很长的情况下会产生“屈曲”的现象（参见 92 页）。

桁架只受到轴力?

桁架构件只有通过轴力抵抗。但是，当把桁架作为整体看待时，它则是通过弯矩来进行抵抗的。

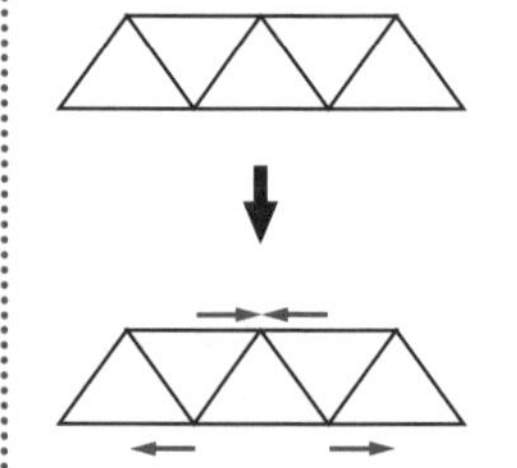

ⓘ 什么是轴力?

轴力为0的构件

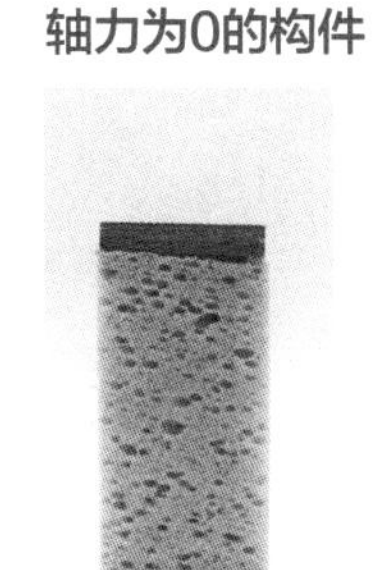

挤压后产生压力

受拉后产生拉力

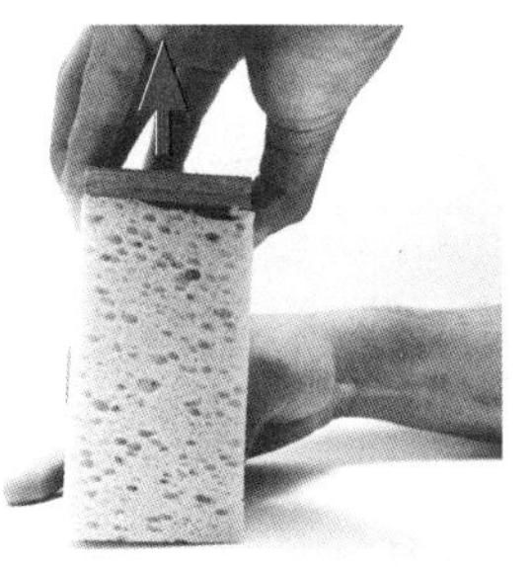

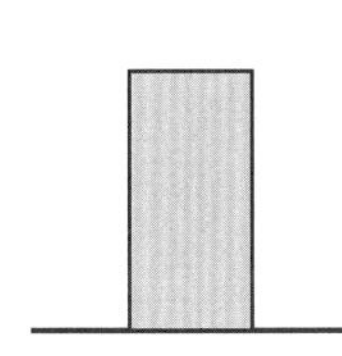

没有施加轴力的状态。

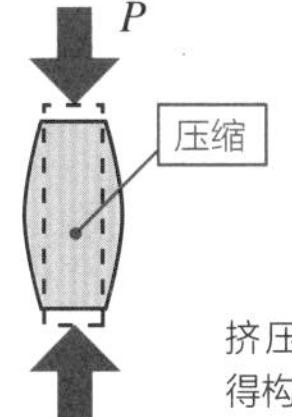

压力

挤压构件的压力使得构件的中部收缩。

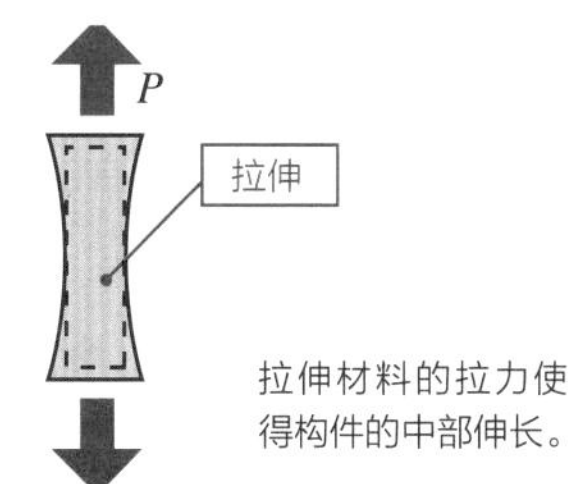

拉力

拉伸材料的拉力使得构件的中部伸长。

同样的拉力,构件越长伸长量越大!

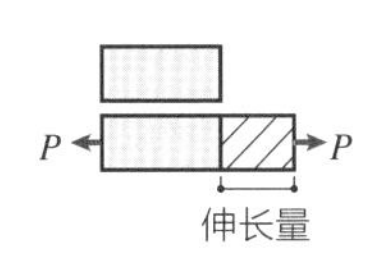

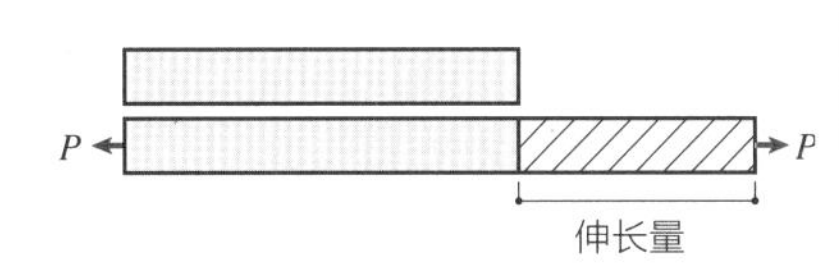

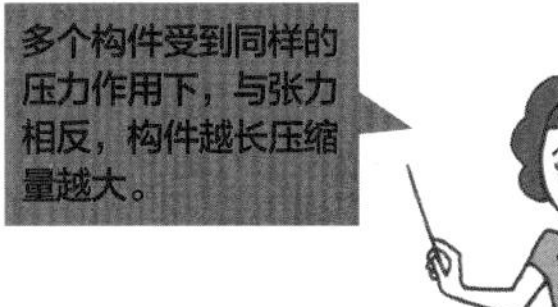

ⓘ 轴力图

用图表示构件的内力就是内力图,不要忘了加上内力的符号(+、-)。轴向力中,用(-)表示压力,(+)表示拉力。

垂直方向均布荷载

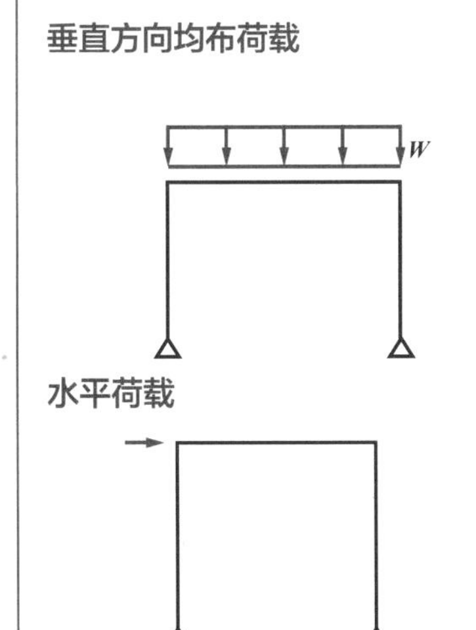

水平荷载

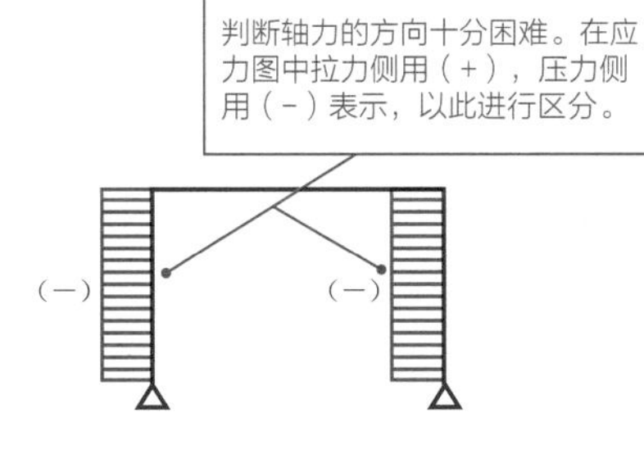

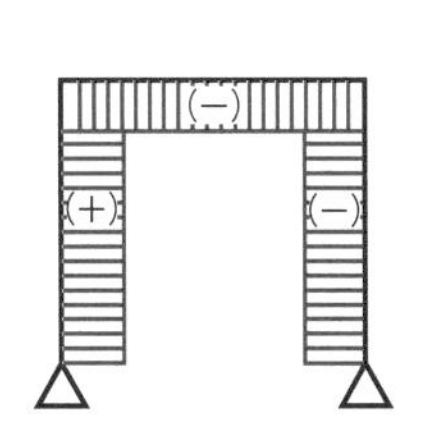

在轴力图中,需要注意内力的方向与符号!

42 扭力

扭力是什么？

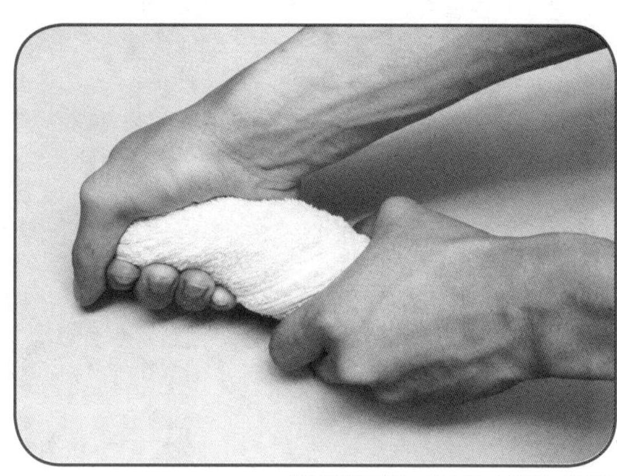
拧抹布的时候，在毛巾上施加了扭矩。

！像拧抹布时那样，导致变形的力就是扭力！

扭矩是像拧抹布时，使得布料沿旋转轴旋转的力。对于圆筒状的材料，扭矩与剪力相同，都会引起平行四边形的变形。扭矩本质上是与剪力具有相同性质的力。

➔ 扭矩的实例

带有悬挑楼板的梁，在面板上产生使其旋转的反作用力。道路上的交通信号灯与悬挑楼板一样都是承受扭矩的实例，受风荷载作用容易发生扭转。刮台风的时候，其端部会发生很大的回转。

➔ 扭矩的计算方法

想象圆棒被扭转时的状态，就会比较容易理解扭矩了。发生扭转的时候，从圆棒的中心开始，可以认为在相同半径的部位发生均匀一致的变化。虽然，沿着旋转轴的方向也会发生变形，但由于变形非常小可忽略不计。

圆周上会发生如下一页所示的平行四边形变形，可使用剪切变形的公式来计算。旋转变形角度记作 φ，剪切变形 γ 的计算公式可写作下一页的公式（1），剪切应力的计算公式可写作下一页的公式（2）。θ 是长度方向单位长度的扭转角。从这些公式可以推导出剪切应力与扭矩的关系公式（3）。

此处，I_p 是截面的面积惯性矩，在这里就不详述了。用简单的公式表达就是强轴方向与弱轴方向截面的二次力矩相加所得到的值。

➔ 钢筋混凝土结构梁的扭矩承担方式稍有些特别，需要用纵向钢筋和箍筋来抵抗。

memo

钢筋混凝土结构梁的扭转。

$$T \leqslant \frac{4b_T^2 D_T f_s}{3}$$

T: 设计用扭矩
b_T: 梁宽
D_T: 梁高
f_s: 容许剪力

抵抗扭矩必须使用环状封闭的箍筋，每根箍筋的截面积 a_1 的计算公式如下。

$$a_1 = \frac{T_X}{2\,{}_wf_t A_0}$$

T: 设计用扭矩
x: 环状箍筋的间距
${}_wf_t$: 用于抗剪加强箍筋的容许拉力
A_0: 环状箍筋包裹的混凝土核的截面面积

抵抗扭矩必须使用纵向布置的钢筋，钢筋的总截面积 a_s 的计算公式如下。

$$a_s = \frac{T\phi_0}{2\,{}_sf_t A_0}$$

T: 设计用扭矩
φ_0: 环状箍筋包裹的混凝土核的截面周长
${}_sf_t$: 轴向钢筋的容许拉力
A_0: 环状箍筋内部的混凝土核的截面面积

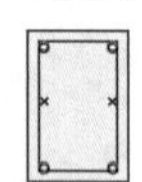
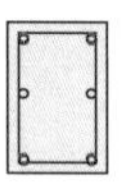

① 出现扭转变形的构造

什么是扭转变形?

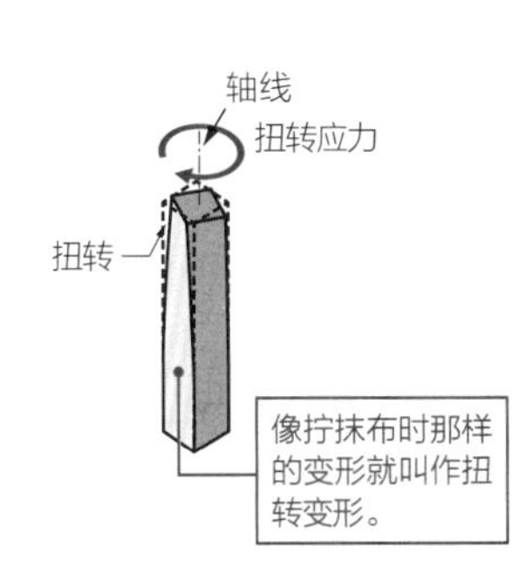

钢筋混凝土梁承受扭矩

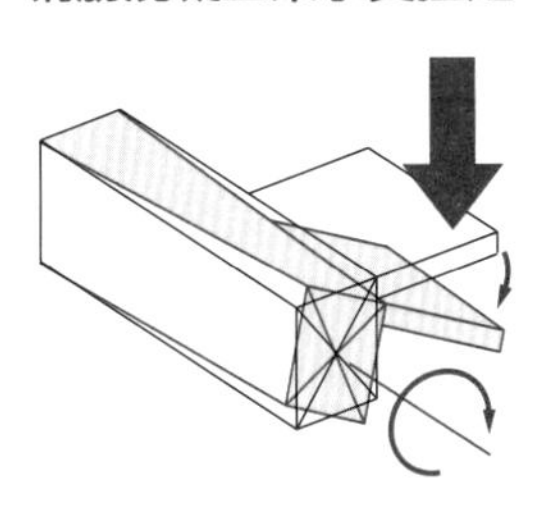

钢筋混凝土梁的一侧悬挑出面板，如果在这个悬挑面板上施加力，梁上就会产生扭矩。

钢结构梁承受扭矩

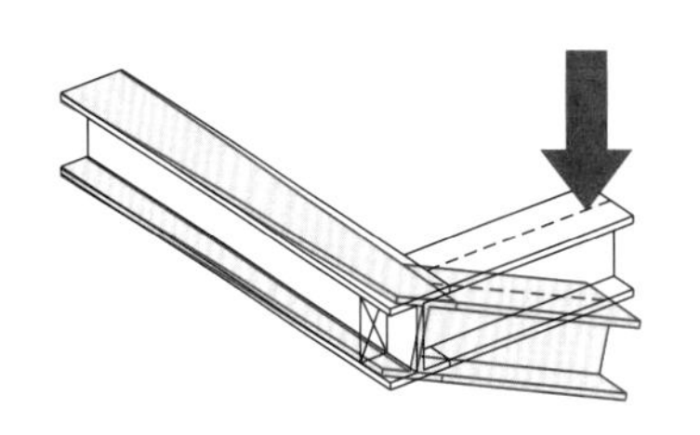

钢结构端部的悬臂梁上会产生扭矩。当构件会发生这样的变形时，就必须考虑扭矩。

① 扭矩的计算方法

扭矩,基本上就是使物体旋转的力(内力)。根据截面内部的旋转(扭矩)可求剪切应力。一般应力是以正方形单元来考虑的，但是扭矩考虑的是圆周上的单元。

作用于圆棒扭转以后微小面积 dA 上的剪切应力 τ

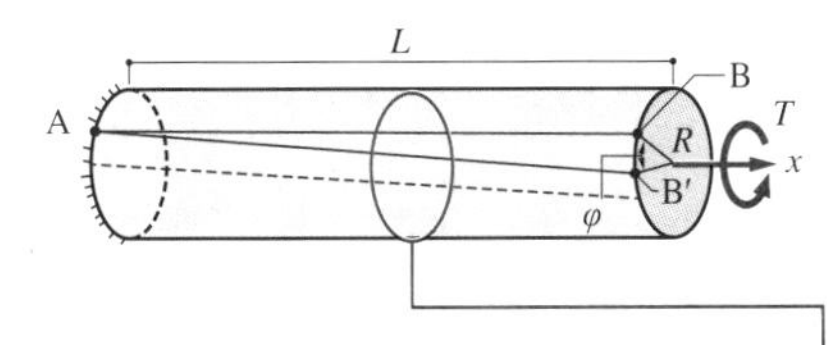

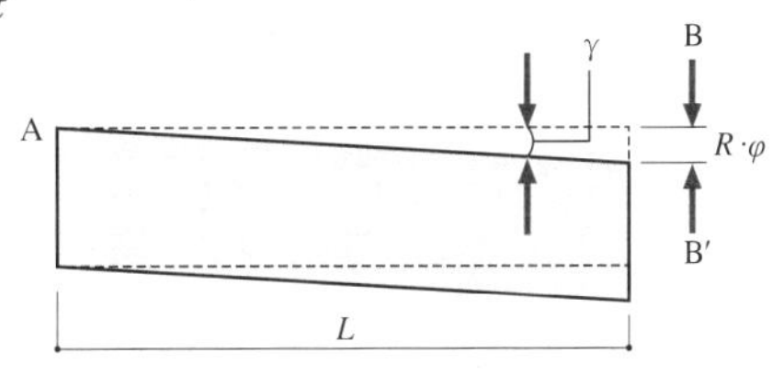

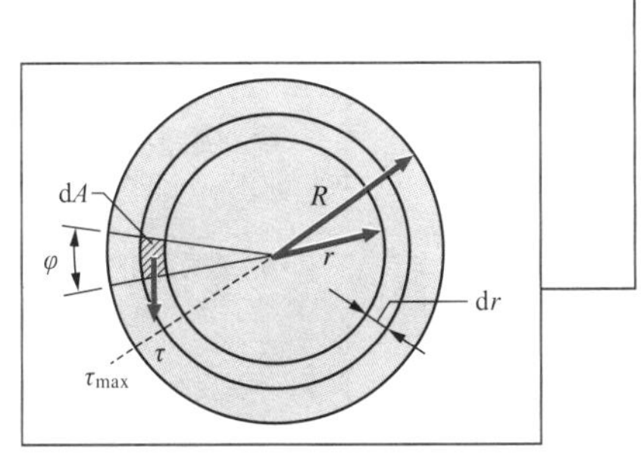

$$\gamma = \frac{R \cdot \phi}{L} = R \cdot \theta \quad \cdots\cdots (1) \qquad \frac{\phi}{L} = \theta$$

$$\tau_{max} = G \cdot \gamma = G \cdot R \cdot \theta \quad \cdots\cdots (2) \qquad \tau = G \cdot r \cdot \theta$$

$$\mathrm{d}M_t = \tau \mathrm{d}A \cdot r = G\theta r^2 \mathrm{d}A$$

剪力合起来就是扭矩。

$$T = G \cdot \theta \cdot I_p \quad \cdots\cdots (3)$$

$$\tau = \frac{T}{I_p} r$$

$$I_p = \int_A r^2 \,\mathrm{d}A = I_x + I_y$$

I_p : 截面积惯性矩

G : 剪切刚度

T : 扭矩

圆棒的截面面积惯性矩的计算公式:

$$I_p = \frac{\pi d^4}{32}$$

微小面积的思考方法

在思考扭矩的时候，必须要注意极小面积的思考方法。

①弯曲应力

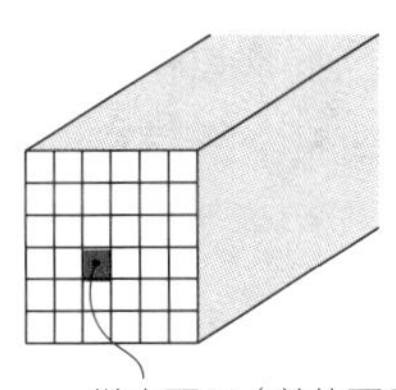

微小面积 (单位面积)

②扭转应力

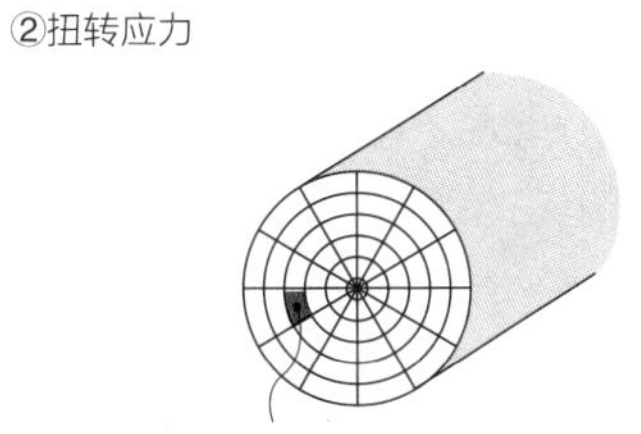

微小面积

43 屈曲

屈曲是什么？

空罐子被踢了之后，它的侧面（圆筒部分）会发生弯曲。这种现象叫作屈曲。

！试试在空罐子上方施加很大的力！

如果在垂直放置的杆件轴方向上施加荷载，就会产生压力。如果杆件的长度达到了宽度 4 倍以上，那么就不仅仅会产生压力，在杆件中段还会发生弯曲，比材料极限耐压强度小的力也能使杆件发生弯曲，这样的现象叫做屈曲。

➔ 屈曲荷载与抗弯强度的计算方法

在各种地方都会出现屈曲。比如，板受压会像海草那样变成波浪形，罐子则会变成皱皱巴巴的扁状，一定有人压扁过空的铝罐子取乐吧！平常的生活中有着各种各样的屈曲现象。

在计算屈曲的时候，欧伊拉方程是最基础的公式（参见下一页）。屈曲非常特别，它与材料强度不成正比，而与刚性成正比。由于杆件的屈曲与杆件是否容易发生弯曲有关，杆件的刚性对屈曲有很大影响。杆件端部的约束条件也与是否容易弯曲有关，因此它对屈曲荷载也有着很大影响。

钢结构构件强度虽大，但由于是以型钢的形式使用的，屈曲荷载对它会有很大影响。在工字钢钢梁中，如右图所示，在弱轴方向上容易发生弯曲，因此可通过增加横向刚度，设置翼缘板来抵抗屈曲。至于柱，则对它的细长比有所规定，构件的长度与截面回转半径的比值（细长比）在设计中要求必须小于 200。

虽然在钢筋混凝土结构构件中问题还没有那么严重，但为了防止屈曲，规定柱的宽度与高度（支点间的距离）的比值必须大于 1/15。另外，由于梁与柱的抗剪加强筋能在混凝土出现裂缝时，防止纵筋外露，因此也具有抵抗屈曲的作用。

memo

莱昂哈德·欧伊拉
（Leonhard Euler）
（1707~1783）
身为数学家的欧伊拉对物体的变形十分感兴趣，这使得他在物理学的领域也有很多成就。推进了挠曲曲线研究的欧拉，也推导出了今天仍被视作基础的屈曲荷载计算公式。

决定抗弯强度的条件

①柱端部约束条件
②柱材料（弹性模量）
③柱长
④以截面惯性矩较小的方向上的中性轴为中心发生

memo

H 型钢如右图所示，具有在弱轴方向上容易发生弯曲的特点。

ⓘ 不同形状的屈曲差异

屈曲产生的变形，随着物体的形状而有所不同。平时对身边的物体施加一点力试试看，让我们好好掌握屈曲变形吧。

圆筒的屈曲　方筒的屈曲　十字形的屈曲　钢筋的屈曲

有箍筋　没有箍筋

箍筋能够约束屈曲（不发生变形）。

ⓘ 屈曲荷载与屈曲长度的求导方法

发生屈曲的临界荷载叫作屈曲荷载，它需要使用下列公式通过长细比等求导出来。长细比是为防止柱子发生屈曲而设定的与柱子的粗细、长度有关的设计参数。屈曲现象与材料端部的支撑条件也有很大关系。

屈曲荷载的求导公式

$$N_k = \frac{\pi^2 EI}{l_k^2}$$

N_k：屈曲荷载
I：截面惯性矩
E：弹性模量
π：圆周率
l_k：屈曲长度

长细比λ的求导公式

$$\lambda = \frac{l_k}{i}$$

λ：长细比
l_k：屈曲长度
i：截面回转半径

截面回转半径的求导公式

$$i = \sqrt{\frac{I}{A}}$$

i：截面回转半径
I：截面惯性矩
A：截面积

随着材料端部支撑情况而变化的屈曲长度 l_k

支撑情况	固定端—固定端	铰接—固定端	铰接—铰接	固定端（水平移动）—固定端	铰接（水平移动）—固定端	自由端（水平移动）—固定端
屈曲情况						
屈曲长度 l_k	$0.5l$	$0.7l$	l	l	$2l$	$2l$

44 应力的公式

内力计算公式中最重要的是哪些?

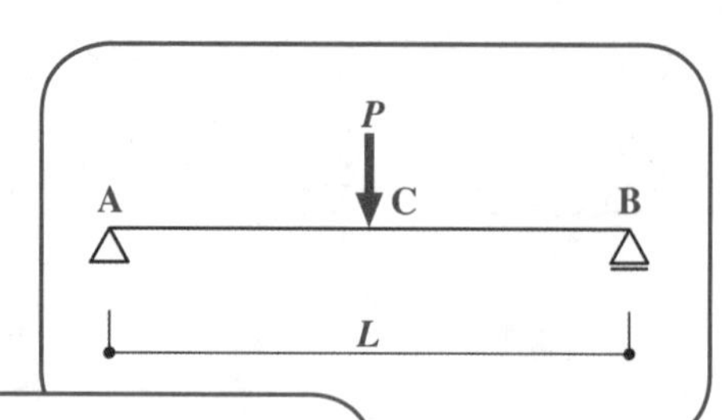

$$M_C = \frac{PL}{\square}$$

$$Q_A = \frac{P}{\square}$$

$$\delta_c = \frac{PL^3}{\square EI}$$

! 当然是简支梁与两端固定梁的计算公式!

在决定梁的截面时，必须要知道梁受到荷载作用后产生了多大的力（弯矩、剪力）。在下一页中介绍了梁的内力（M、Q）和挠曲量（δ）的计算公式。根据梁端部固定方法的不同，计算公式也不同。如果能记住简支梁和两端固定梁的计算公式，就基本能计算出梁的内力了。梁的端部情况除了固定和简支以外还有连续梁，但由于连续梁根据相邻梁的刚度不同，内力会发生复杂变化，通常是要运用计算机来计算的，此处就不作详述了。

➔ 内力公式的运用方法

①简支梁的计算公式

简支梁是梁两端各有一个支点支撑的静定结构。它的一端是可以自由旋转的旋转端（铰接），另一端是可旋转且水平方向上能自由移动的移动端，梁中部的弯矩最大。在计算端部难以固定的木结构梁及钢筋混凝土结构和钢结构的次梁时，可以使用简支梁公式。

②两端固定梁的计算公式

两端固定梁是两端刚性连接的梁，但在现实中柱和梁的连接处难以达到完全固定，实际上可以看作是处于铰接与刚接之间的状态。在当柱子刚性很高或者梁连续等情况下，可以使用两端固定梁的计算公式。

③如何确定作用在梁上的荷载

在计算内力时，依据对荷载的处理方式，所选用的公式也会有所不同。在计算梁的自重、梁上楼板的荷载产生的内力时，通常需要将其视作均布荷载来进行应力计算。在次梁架设于主梁上部时，从次梁传递来的荷载要视作集中荷载来进行应力计算。

memo

虽然楼板的荷载需要按照均匀分布来表达，但实际上荷载的分布会根据楼板短边和长边的比例发生变化。楼板的荷载一般按照三角形、梯形分布，但在实际操作中，长边与短边的比值超过 2 的时候，就会按照均布荷载来进行计算。

①三角形分布荷载（正方形楼板）

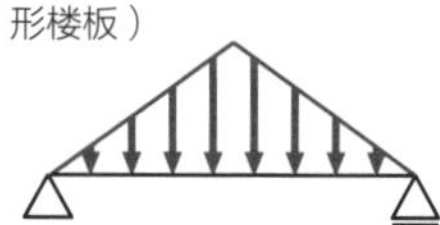

②梯形分布荷载（长方形楼板）

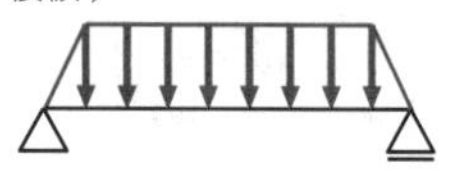

③均布荷载（长边与短边的比大于 2）

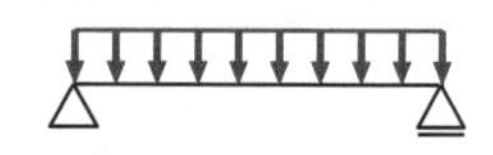

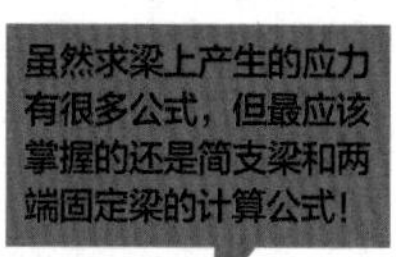

① 荷载的状态

	图例	例	内容
①集中荷载	P A C B	施加在楼板上的荷载	荷载集中作用于构件一点 （例）人施加在楼板上的荷载
②均布荷载	w A B	雪 施加在屋顶上的荷载	均匀作用于构件的荷载 （例）作用于屋顶的雪荷载
③均变荷载	w	地下 施加在墙壁上的荷载	按一定比例变化的荷载 （例）施加于地下室墙壁的土压
④三角形分布荷载	w	施加在这段梁上的荷载	三角形分布的荷载 （例）作用在梁上的楼板的荷载
⑤梯形分布荷载	w	施加在这段梁上的楼板的荷载	梯形分布的荷载 （例）作用在梁上的楼板的荷载

① 集中荷载的计算公式（简支梁）

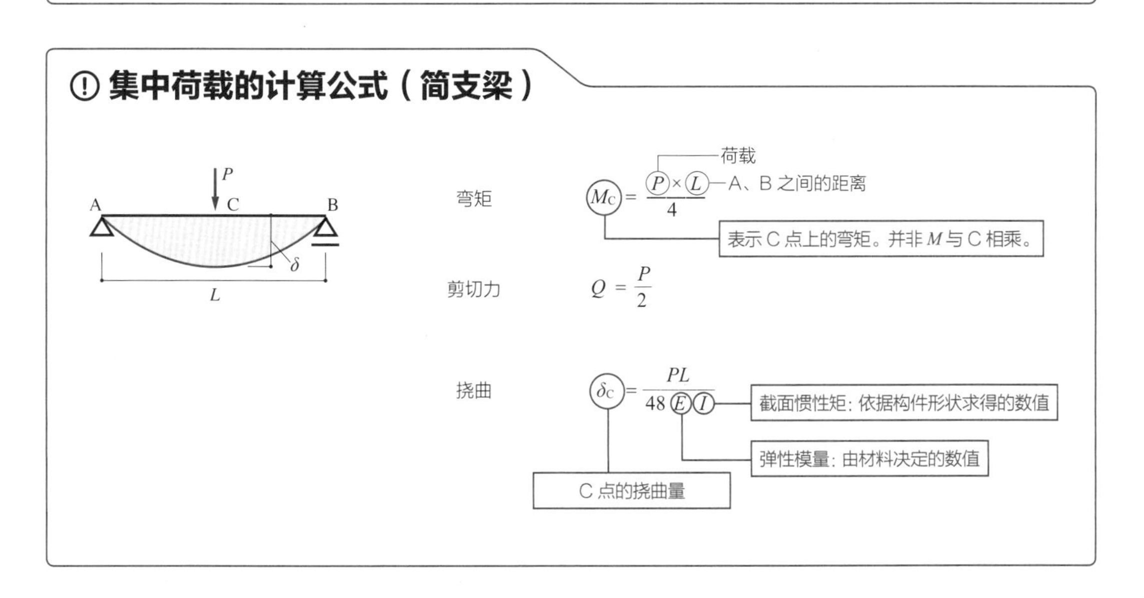

45 简支梁

简支梁是什么？

可以看到施加荷载后，梁的下侧发生了延展变形。

！仅由两端支点支撑的梁，如果对它施加荷载会怎样？

所谓简支梁，就是梁仅由两端支点支撑的静定结构。确切说来，简支梁的一端是可以自由旋转的支点（铰接），另一端是可自由旋转且还能够在水平方向上移动的移动端。但是，在结构力学的初级阶段中，照片中那样两端铰接的梁也被当作与简支梁具有同样的挠曲和应力。

➜ 均布荷载与集中荷载的计算要点

如下一页所示，对简支梁施加均布荷载时的弯矩图是以中部为拐点（剪力为0的点）的抛物线，弯矩在梁的中间达到最大值。在剪力的分布中，从中间到两端荷载呈比例增大，因此剪力以中点（剪切力为0）为中心，两侧对称呈三角形分布。

在中间施加集中荷载时，弯矩呈三角形分布。剪力从中间向两端传递，从中央到支点以1/2P的大小均匀分布。

在挠曲公式中，均布荷载作用时，挠曲与跨度的4次方成正比；集中荷载作用时，虽然系数会随着荷载状态的不同有所变化，但是它始终与荷载的3次方成正比。无论是均布荷载还是集中荷载，挠度与弹性模量E与截面惯性矩I始终呈反比。

➜ 为什么简支梁的计算在实际工作中那么重要？

简支梁的计算在实际工作中必不可少。在木结构的住宅中，梁的两端难以固定而呈铰接状态，所以要使用简支梁的计算公式对内力、挠度进行设计。钢结构和钢筋混凝土结构的次梁也同样按照简支梁设计。此外，挠度与楼板是否容易发生摇晃、是否能够保持水平密切相关，所以它非常重要。

memo

简支梁的弯矩如下图所示，可以从悬臂梁的公式中推导出来。

悬臂梁

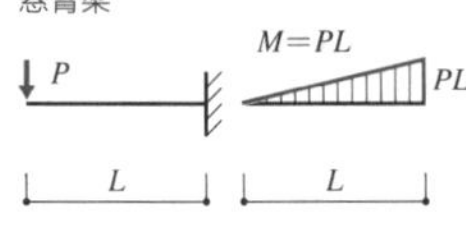

简支梁

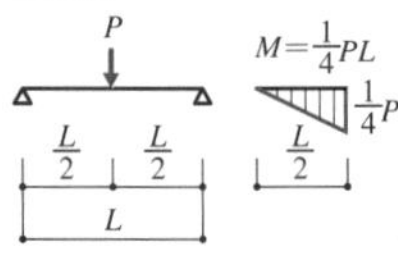

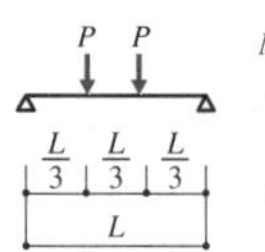

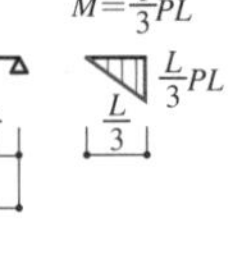

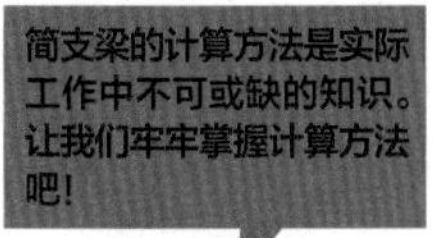

① 简支梁的计算公式

荷载状态图	弯矩图	最大弯矩 M	最大剪力 Q	最大挠曲 δ
①均布荷载		$M=\frac{wL^2}{8}$	$Q=\frac{wL}{2}$	$\delta=\frac{5wL^4}{384EI}$
② 1 点集中荷载		$M=\frac{PL}{4}$	$Q=\frac{P}{2}$	$\delta=\frac{PL^3}{48EI}$
③ 2 点集中荷载		$M=\frac{PL}{3}$	$Q=P$	$\delta=\frac{23PL^3}{648EI}$
④ 3 点集中荷载		$M=\frac{PL}{2}$	$Q=\frac{3}{2}P$	$\delta=\frac{19PL^3}{384EI}$

w：单位长度的荷载；P：荷载；E：弹性模量；L：梁的长度；I：截面惯性矩。

① 挑战一下简支梁的计算吧！

例题 如右图所示，2kN/m 的均布荷载作用在长 6m 的简支梁上，求梁的最大弯矩、剪力和挠曲（$E=2.05\times10^5$（N/mm^2）、$I=2.35\times10^8$（mm^4））。

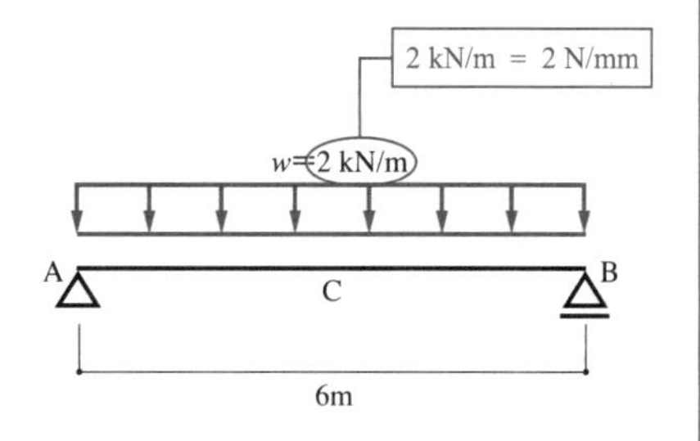

解答

①求 C 点的弯矩

$$M_C=\frac{wL^2}{8}=\frac{2\times6^2}{8}=9\ \text{kN}\cdot\text{m}$$

②求梁 AB 的最大剪力

$$Q=\frac{wL}{2}=\frac{2\times6}{2}=6\ \text{kN}$$

③求 C 点的挠曲

$$\delta=\frac{5wL^4}{384EI}=\frac{5\times2\times\left(6\times10^3\right)^4}{384\times2.05\times10^5\times2.35\times10^8}=0.70\ \text{mm}$$

46 两端固定梁

两端固定梁的计算公式

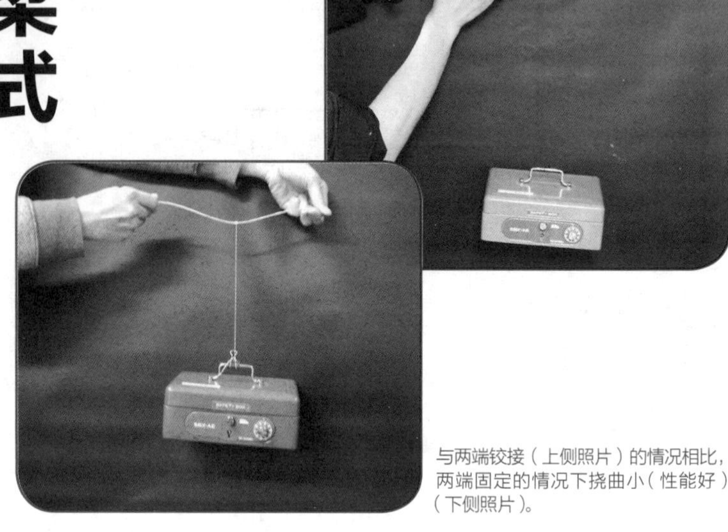

与两端铰接（上侧照片）的情况相比，两端固定的情况下挠曲小（性能好）（下侧照片）。

均布荷载与集中荷载作用时计算公式是不一样的！

两端固定梁是在两端使用强度非常高的构件刚性连接起来的梁。在结构力学中，两端固定梁的计算公式与简支梁一样，都是最基本的计算公式。

两端固定梁比简支梁性能好

两端固定梁因为两端不会弯曲，所以挠曲小。与简支梁（参见96页）相比，在均布荷载作用时，挠曲只有简支梁的1/5，最大弯矩也只有简支梁的2/3，因此性能非常好。在集中荷载作用时，挠曲是简支梁的1/4，弯矩是简支梁的1/2。

它的均布荷载弯矩图与简支梁一样，都呈抛物线形状。但是，简支梁端部为0（与构件线的端点一致），而两端固定梁的端部会产生弯矩（如下一页所示），因此抛物线的终点在构件线的上部，其弯矩的曲线画在构件线上产生张力的一侧。此外，由于两端固定梁的剪切力与简支梁相同，都是在两端对称产生的，因此其剪力的分布与简支梁是相同的。

集中荷载的弯矩图如下一页所示，与简支梁相同都呈三角形分布。但由于与均布荷载一样端部会产生荷载，因此两端固定梁集中荷载的弯矩是在构件线的端部上方（拉力作用的方向）画线。与均布荷载一样，其剪力的分布也与简支梁相同。

考虑到实际的构件连接，我们就会发现完全固定的状态是难以实现的，实际上梁的两端可以认为是处于铰接和刚接之间的状态。因此，出于安全性的考虑，计算中很少会使用两端固定梁的公式。只有在刚性非常大的柱子上加上连续梁这种状况时，两端才会近似于固定，这时候才能使用两端固定梁的公式来计算。

什么是半刚性？

处于铰接和刚接之间的构件端部叫做半刚性连接。

画图时，在端部画上如上图所示的旋涡。设计次梁时，虽然两端按照铰接设计的情况很多，但实际上并不是完全铰接的。为了满足即使端部产生弯矩也能确保安全，计算时留有余地是非常必要的。

① 两端固定梁的计算公式

荷载状态图	弯矩图	弯矩 M（中央 M_c、端部 M_E）	最大剪力 Q	最大挠曲 δ
①均布荷载		$M_C=\frac{wL^2}{24}$ $M_E=-\frac{wL^2}{12}$	$Q=\frac{wL}{2}$	$\delta=\frac{wL^4}{384EI}$
② 1 点集中荷载		$M_C=\frac{PL}{8}$ $M_E=-\frac{PL}{8}$	$Q=\frac{P}{2}$	$\delta=\frac{PL^3}{192EI}$
③ 2 点集中荷载		$M_C=\frac{PL}{9}$ $M_E=-\frac{2PL}{9}$	$Q=P$	$\delta=\frac{5PL^3}{648EI}$
④ 2 点集中荷载		$M_C=\frac{3PL}{16}$ $M_E=-\frac{5PL}{16}$	$Q=\frac{3}{2}P$	$\delta=\frac{PL^3}{96EI}$

w: 单位长度的荷载；P: 荷载；E: 弹性模量；L: 梁的长度；I: 截面惯性矩。
注：M_c 中的 C 是中间（Center）的简写，M_E 的 E 是端部（End）的简写。

① 挑战一下两端固定梁的计算吧

例题 如右图所示，2kN/m 的均布荷载作用在长 6m 的两端固定梁上，求梁上产生的最大弯矩、剪力和挠曲（E=2.05×10^5（N/mm^2）、I=2.35×10^8（mm^4））。

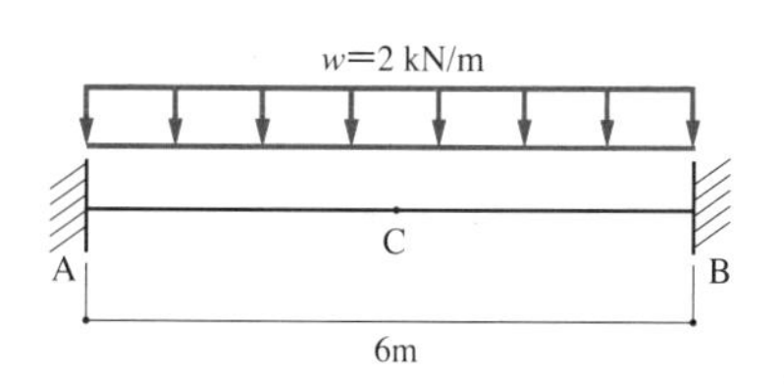

解答

①求 C 点的弯矩

$$M_C=\frac{1}{24}wL^2=\frac{1}{24}\times2\times6^2=3\ \text{kN}\cdot\text{m}$$

且 $M_A=M_B=-\frac{1}{12}wL^2=-\frac{1}{12}\ 2\times6^2=-6\ \text{kN}\cdot\text{m}$

②求梁 AB 的最大剪力

$$Q=\frac{wL}{2}=\frac{2\times6}{2}=6\ \text{kN}$$

③求 C 点的挠曲

$$\delta=\frac{wL^4}{384EI}=\frac{2\times(6\times10^3)^4}{384\times2.05\times10^5\times2.35\times10^8}=0.14\ \text{mm}$$

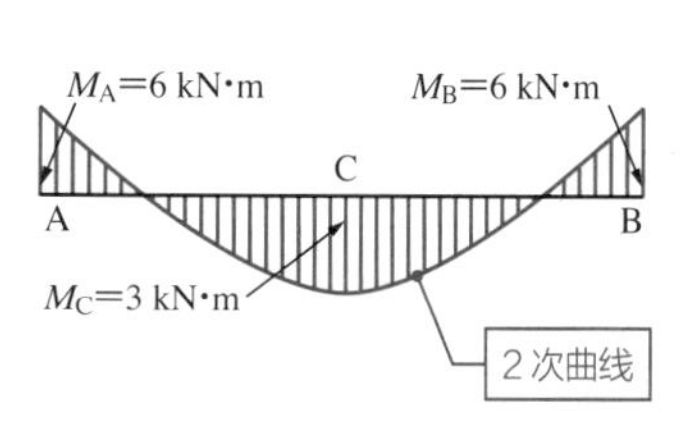

结构基础
结构力学
结构计算
结构设计
抗震设计

47 悬臂梁

设计悬臂梁

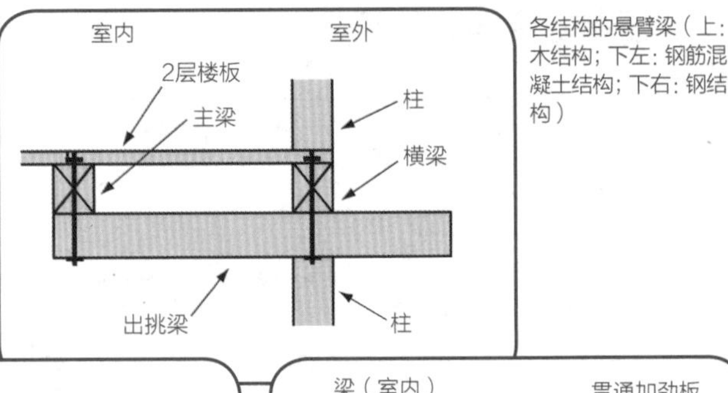

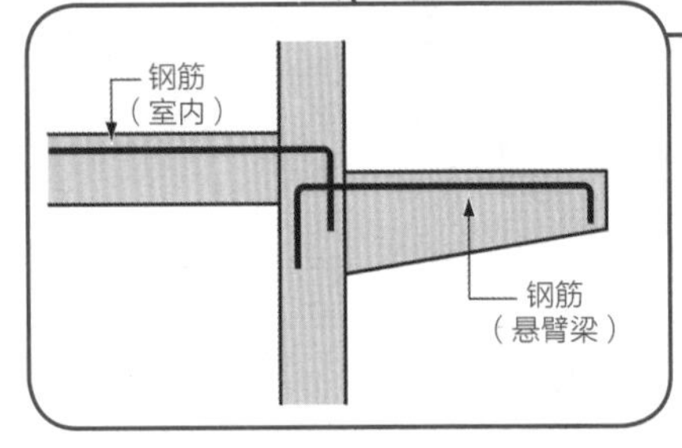

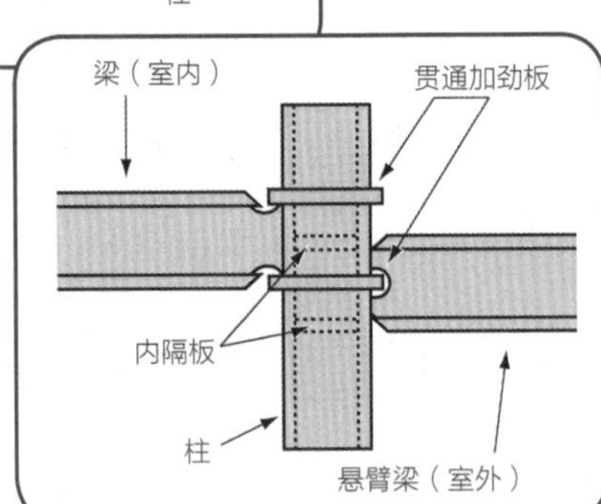

各结构的悬臂梁（上：木结构；下左：钢筋混凝土结构；下右：钢结构）

! 悬臂梁的设计要注意与整体结构的连接!

悬臂梁是一端由柱或者其他的梁固定，而另一端没有支撑物的梁。悬臂梁的端部很容易发生挠曲，一旦出现弯曲，就会影响建筑物的整体印象，木结构屋顶的挠曲可能会导致漏雨。因此与简支梁相比，悬臂梁在设计时应更重视挠曲。在钢结构悬臂梁的设计中，其挠曲与外挑距离的比值必须小于 1/250。在钢筋混凝土结构的悬臂楼板中，为了控制挠曲，楼板的厚度与外挑距离的比值建议确保在 1/10 以上。

➔ 木结构、钢筋混凝土结构、钢结构的悬臂梁

同样是悬臂梁，但是依据结构的类别，梁的规格也有所不同。

在木结构中，悬臂部分与整体结构的连接处十分重要。通常，从内部经过横梁下部挑出的梁，悬臂梁与横梁的结合处需要设置金属构件。有时也会将斜撑与金属连接件组合起来支撑悬臂梁。

在钢筋混凝土结构中要注意配筋方式。悬臂梁中产生的拉力通过钢筋经过梁传递到柱。当悬臂梁与建筑物主梁的高度不同时，悬臂梁的钢筋固定在柱内，此时需要将悬臂梁的钢筋锚固在柱上另一侧主筋的附近。当悬臂梁与建筑物主梁处于相同高度且彼此连续时，由于悬臂梁中产生的应力是依据柱与主梁的刚度分配的，所以必须要根据刚度来决定各锚固钢筋的数量。

相比木结构和钢筋混凝土结构，钢结构更容易连接，因此可以采用大型的悬臂梁。但由于悬臂梁容易发生振动，因此需要提高刚度，尽可能地减小挠度。当悬臂梁与主梁间有高差时，节点加劲板的布置会很困难，所以需要将高差控制在 200mm 以内。

memo

悬臂梁是只有一侧有支撑物的不稳定结构。虽然是一种结构构件，但由于附着于外侧，悬臂梁也成为了建筑外观上重要的构件。

机翼是悬臂梁吗？!

如上图所示，机翼就是一种悬臂梁结构。浮力对机翼施加了向上的力。

设计悬臂梁的时候，与整体结构的连接部位非常重要。要注意结构类型带来的差异!

! 悬臂梁的计算公式

荷载状态图	弯矩图	最大弯矩 M	最大剪力 Q	最大挠度 δ
①均布荷载		$M=-\dfrac{wL^2}{2}$	$Q=-wL$	$\delta=\dfrac{wL^4}{8EI}$
② 1 点集中荷载		$M=-PL$	$Q=-P$	$\delta=\dfrac{PL^3}{3EI}$
③ 1 点集中荷载（非端部施加）		$M=-Pb$	$Q=-P$	$\delta=\dfrac{PL^3}{3EI}\left(1+\dfrac{3a}{2b}\right)$

w：单位长度的荷载；P：荷载；E：弹性模量；L：梁的长度；I：截面惯性矩。

! 挑战一下悬臂梁的计算吧！

例题 如右图所示，在长 6m 的悬臂梁上施加 2kN/m 的均布荷载，求梁的最大弯矩、剪力与挠度（$E=2.05\times10^5$（N/mm^2）、$I=2.35\times10^8$（mm^4））。

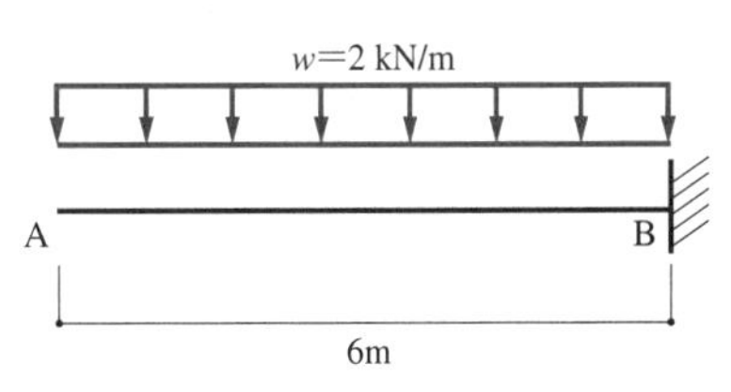

解答

①求 B 点的弯矩

$$M_B=-\frac{wL^2}{2}=-\frac{2\times6^2}{2}=-36\ \text{kN}\cdot\text{m}$$

②求梁 AB 的最大剪力

$$Q=-wL=-2\times6=-12\ \text{kN}$$

③求 A 点的挠曲

$$\delta=\frac{wL^4}{8EI}=\frac{2\times(6\times10^3)^4}{8\times2.05\times10^5\times2.35\times10^8}=6.73\ \text{mm}$$

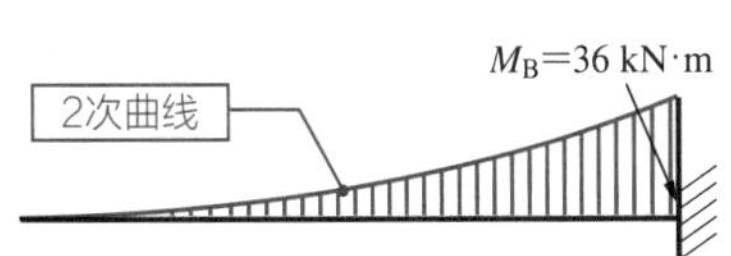

48 应力

应力是什么？

！是作用在单位面积上的力的数值，主要有 3 种类型！

应力是对材料施加力的时候，材料单位面积产生的力。由于建筑物中的构件有多种大小和材料，为了能够定量地确保安全性，需要通过比较应力这种单位面积产生的力。

➔ 什么是轴向应力、弯曲应力和剪切应力？

应力基本上可以划分为轴向应力、弯曲应力和剪切应力三种，各种应力的施加方式是不同的。施加力以后材料会发生变形，但并不会采用变形后的截面来计算，而是采用变形前的截面。

轴向应力，是构件在轴向受压或者受拉时产生的应力强度，受压状态单位面积产生的力叫作压应力，受拉时则叫作拉应力。轴向应力的计算方法非常简单，由力除以截面面积计算出来。

弯曲应力则比较复杂，由均质材料制作成的构件受弯以后，应力的分布如下一页的弯曲应力图所示。受压侧与受拉侧产生的力方向不同，应力的分布可以表示成两个同样大小的三角形。受压侧与受拉侧间数值为 0 的部分叫作中性轴。弯曲应力并不是均一的，构件外边缘的应力大，此处的应力叫作最大弯曲应力或者边缘应力，计算方法是用弯矩除以截面模量。

剪切应力与轴向应力及弯曲应力都不同，它并不是轴向产生的应力，而是由剪切面上产生的。通常，剪切力伴随弯矩一同产生，只有剪切力的情况下，叫作纯剪切应力，其值等于剪切力除以截面面积。

应力强度的基础

应力是对材料施加力的时候，“单位面积产生的力”。可以通过以下公式求出来。

$$\text{应力}(\sigma)=\frac{\text{力}(N)}{\text{截面面积}(A)}(\mathrm{N/mm^2})$$

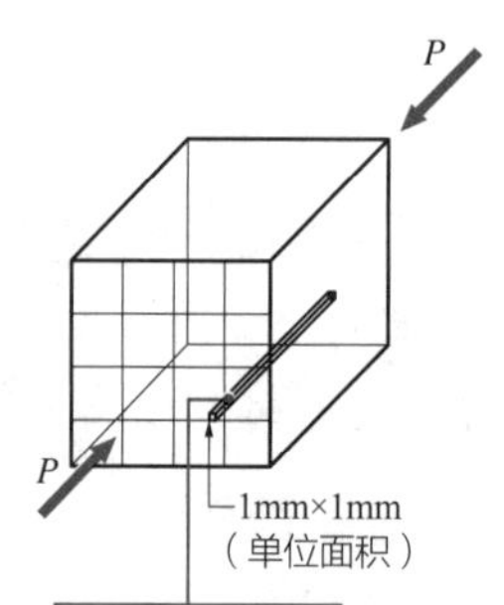

① 应力的种类和求导方法

轴向应力（σ）的计算公式

①拉应力（σ_t）
拉应力 σ_t 中的 t 是 tension（拉力）的缩写。

$$\sigma_t = \frac{\text{拉力}(N)}{\text{截面面积}(A)} \ (\mathrm{N/mm^2})$$

②压应力（σ_c）
压应力 σ_c 中的 c 是 compression（压缩）的缩写。

$$\sigma_c = \frac{\text{压力}(N)}{\text{截面面积}(A)} \ (\mathrm{N/mm^2})$$

膨胀
收缩
压力的图示。

弯曲应力（σ_b）的计算公式

最大弯曲应力（σ_b）中的 b 是 bending 的缩写。

$$\sigma_b = \frac{\text{弯矩}(M)}{\text{截面模量}(Z)} \ (\mathrm{N/mm^2})$$

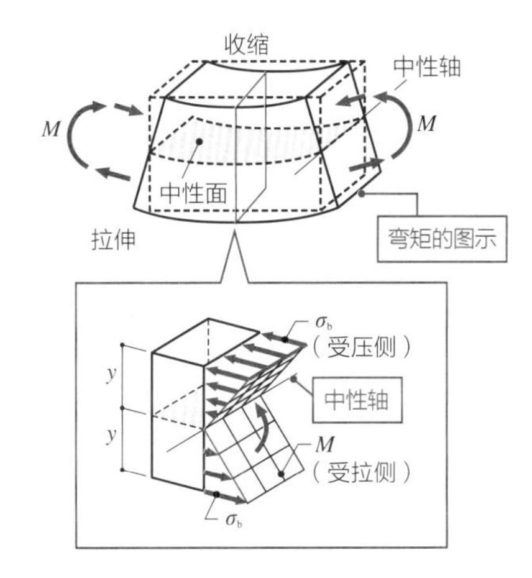

剪应力（τ）的计算公式

最大剪应力（τ）的计算公式如下。

$$\tau = \frac{\text{剪力}(Q)}{\text{构件的截面面积}(A)} \ (\mathrm{N/mm^2})$$

一旦施加剪力，构件就会如右图所示变形为平行四边形。

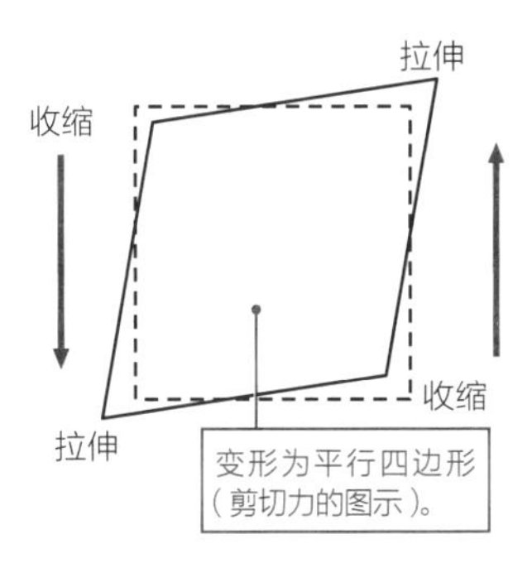

变形为平行四边形（剪切力的图示）。

梁材料的剪切应力

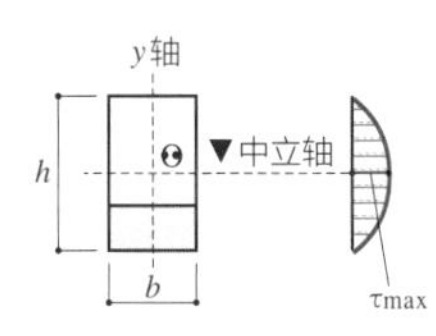

$$\tau_{max} = k \times \frac{\text{剪切力}}{\text{构件的截面积}}$$

k：由截面形状决定的系数
k=1.5（截面是长方形）
k=4/3（截面是圆形）

梁在受到剪切力的同时也受到弯矩的作用。因此，梁截面的剪切应力（伴随弯矩的剪切应力）与单纯剪切应力的分布不同，它的分布为上图所示那样的抛物线。一般的截面情况下，可以使用以上公式求最大剪切应力强度。

49 摩尔应力圆

摩尔应力圆是什么?

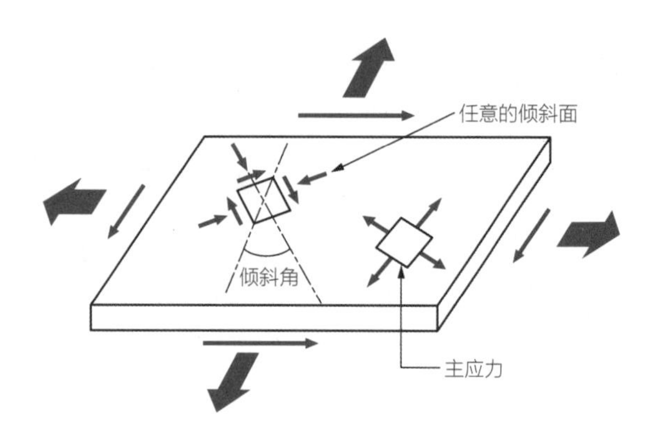

纵轴表示剪切力，横轴表示轴向力的图，这样会画出一个圆形!

摩尔应力圆是以图来表示任意点、任意方向应力状态的方式，它经常在确认地基的应力状态时使用。除地基以外也可以通过摩尔应力圆来考虑整个结构中所有的应力状态。我们固然可以通过有限元法的解析计算出平板的应力，但其内部应力状态还是需要遵守摩尔应力圆原理。

摩尔应力圆的构成

很多人觉得摩尔应力圆很难。理解的第一步是用身体去感受“应力随着观察者所处方位与视角而发生着变化”。比如，在河水中放入一块木板，当木板与水流垂直放入时，就会产生很大的力，但是当木板被平行于水流放入时，像这般很大的力就会消失。即便是同一条河流，随着木板角度不同的放入，抵抗水流的阻力也会发生变化，应力便是如此。

承受荷载的物体如果处于保持不动的平衡状态，那么其内部的应力在任意一点、任意角度（任意倾斜截面）上都必然是彼此平衡的，摩尔应力圆利用的就是这一性质。在作图时，纵轴画剪切应力，横轴画轴向应力（张拉方向）。

如果使截面的倾斜角度连续变化，取中心点坐标为（($\sigma_x+\sigma_y$) /2.0），那么就会形成一个半径为 r 的圆形（下一页的公式（1））。

如果旋转倾斜角度，存在着剪力为 0 的角度，在这一倾斜角状态下的应力强度叫作主应力强度。圆的顶部剪切应力最大，此时的应力角度与主应力截面成 45°，这个圆形可以表达为下一页的公式（2）。

在特殊的平面应力状态中存在着单纯剪切的状态，可以称为单纯剪切状态下的摩尔应力圆，它是以 τ=0、σ=0 为原点的圆。

memo
可以通过有限元法解析，得出平板的应力状态，进行截面计算。但是，必须确认有限元法解析的应力状态中，应力是在怎样的倾斜角状态下得出的。一般来说大多是通过单元的直角坐标求出的。为了能够理解摩尔应力圆，需要检查最大值的主应力方向。

① 摩尔应力圆的表示方法

基本的应力状态

$$r=\sqrt{\left(\frac{\sigma_x-\sigma_y}{2}\right)^2+\tau_{xy}^2} \quad \cdots(1)$$

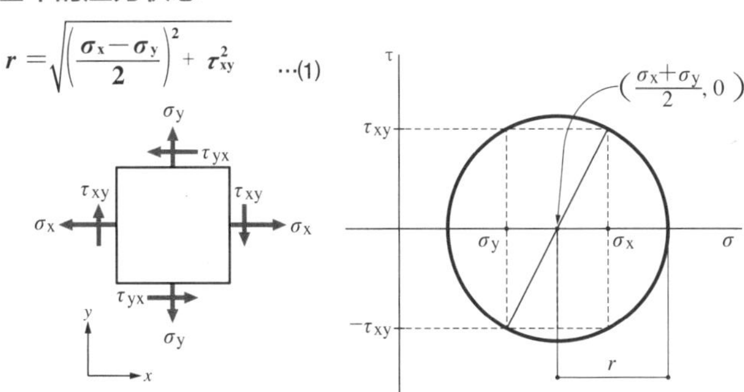

如果连续变化截面的倾斜角度，那么会形成中心坐标为（（$\sigma_x+\sigma_y$）/2.0），半径为 r 的圆。

主应力截面的应力状态

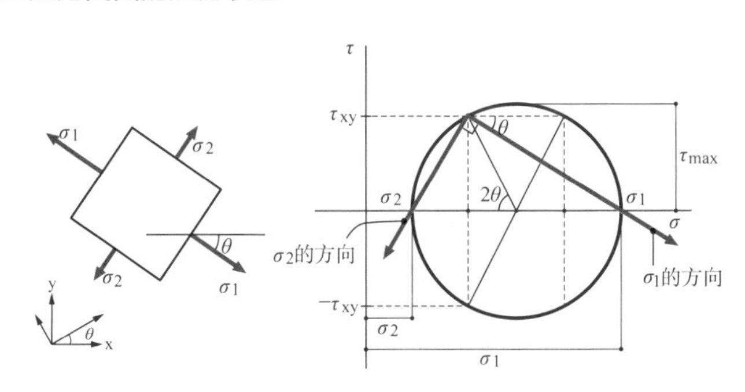

主应力状态是处于剪切应力 τ 为 0，轴向应力 σ 最大（或最小）的角度时的应力状态。σ 的最大值（最小值）处于摩尔应力圆中 τ 轴为 0 的位置，这个时候的角度如左图所示。

任意倾斜截面的应力状态

$$\left(\sigma_v-\frac{\sigma_x+\sigma_y}{2}\right)+\tau_{uv}^2=\left(\frac{\sigma_x-\sigma_y}{2}\right)+\tau_{xy}^2 \quad \cdots(2)$$

任意角度的应力状态都能简单地计算。虽然左边计算公式非常复杂，但可以依据图形简单地计算出来。

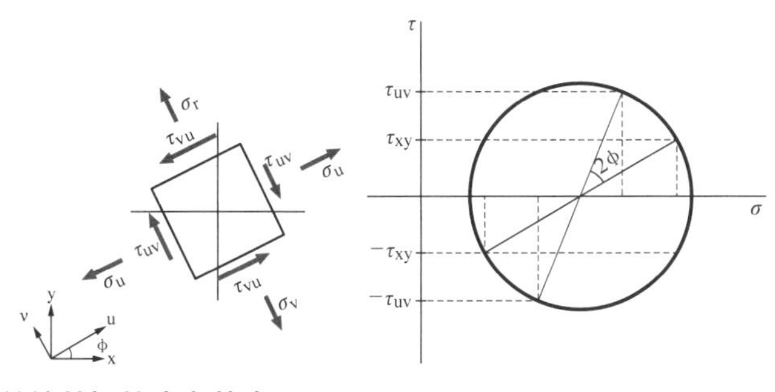

单纯剪切的应力状态

在特殊情况下，有时会仅仅产生剪力。此时，在 $\sigma_1=-\sigma_2$ 时，它们互相呈 45° 倾斜角。摩尔应力圆如左图所示。

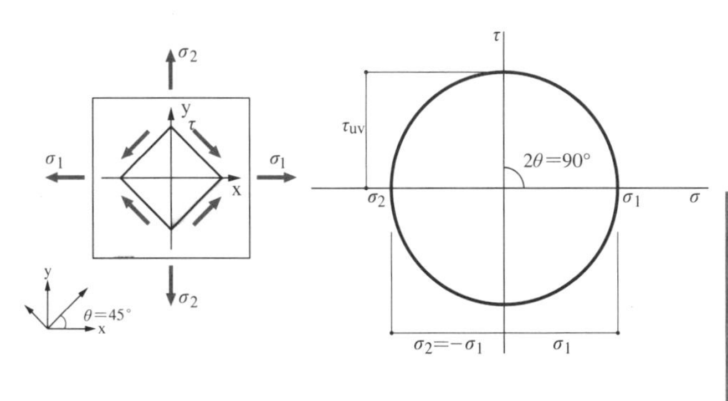

正如这张图中的圆所呈现的，主应力的一个方向是张拉方向的应力，与其垂直的方向上则是与张拉应力大小相同的压缩应力。而单纯剪切的应力状态则出现在截面与主应力方向成 45° 倾斜的时候。

50 麦克斯韦·贝迪位移互等定理

麦克斯韦·贝迪位移互等定理是什么?

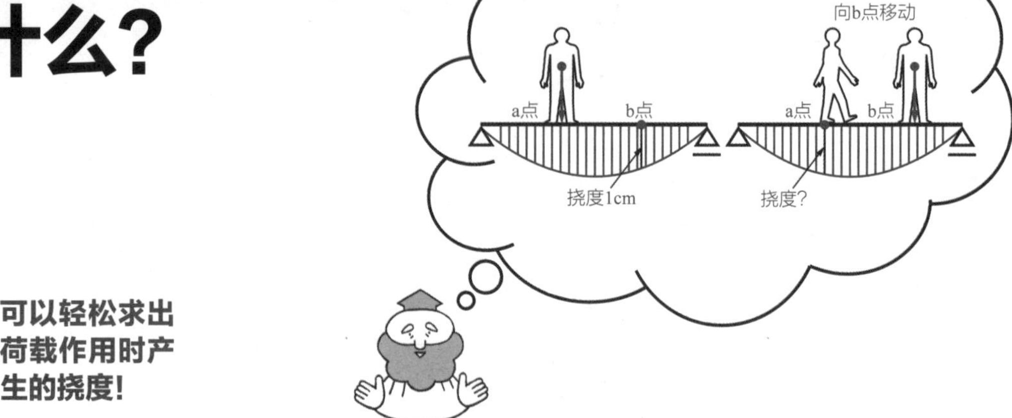

! 可以轻松求出荷载作用时产生的挠度!

什么是麦克斯韦位移互等定理?

在结构力学中，会使用各种定理来计算。麦克斯韦·贝迪的互等定理（位移互等定理）是著名定理之一。

麦克斯韦·贝迪位移互等定理，准确说来是麦克斯韦位移互等定理和贝迪位移互等定理。麦克斯韦位移互等定理表达的是荷载与位移的关系，贝迪位移互等定理表达的是多重荷载与位移的关系。

麦克斯韦·贝迪位移互等定理的使用方法

麦克斯韦·贝迪的位移互等定理并没有那么难。通常是用简支梁为模型来说明的，所以本书也采用简支梁作为例子。

如下一页上图所示，如果在简支梁上的 a 点施加 P_a 荷载时，b 点的位移用 σ_b 表示。随后，在 b 点施加荷载 P_b 时，a 点的位移用 σ_a 表示。那么，$P_a \cdot \delta_b = P_b \cdot \delta_a$ 成立。此时 $P_a = P_b$，那么 $\delta_a = \delta_b$。这种现象叫作麦克斯韦·贝迪的位移互等定理。这一定理对于具有弹性的结构构件是必然成立的，即便是在悬臂梁中，也可以得出相同的结论。

具体该如何使用呢？很多书中都介绍了它可以用于画出荷载 P 移动时挠曲的影响线，但在建筑设计中很少考虑影响线。在实际工作中，能够直观理解荷载与位移之间的关系就很好了。下一页列举了几个便于直观理解的例题解法，可以作为参考。

memo

除此之外还有卡思第安诺定理。在受荷载作用的构件内部积蓄起来的全部形变能量 V 以荷载 P 进行微积分，等于力作用方向上产生的位移 δ。

$$\delta_i = \frac{\delta V}{\delta P_i}$$

$$V = \frac{1}{2}\int \frac{M^2}{EI} dx$$

E: 弹性模量
I: 截面惯性矩
M: 弯矩

可用于计算挠度。

ⓘ 麦克斯韦·贝迪的位移互等定理

在只有一个荷载的情况下

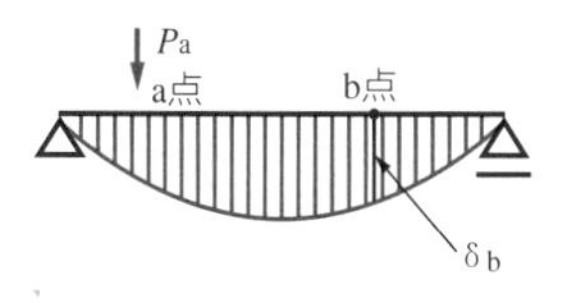

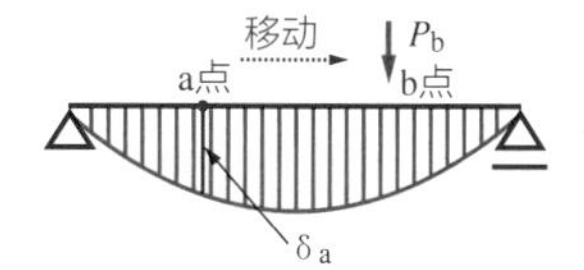

$P_a \cdot \delta_b = P_b \cdot \delta_a$

如果 $P_a=P_b=P$，那么在 a 点施加的力 P 移动到 b 点时，下列关系成立。

$\delta_{ba} = \delta_{ab}$

δ_{ba}：a 点施加 P 时，b 点的挠度

δ_{ab}：b 点施加 P 时，a 点的挠度

（例 1）

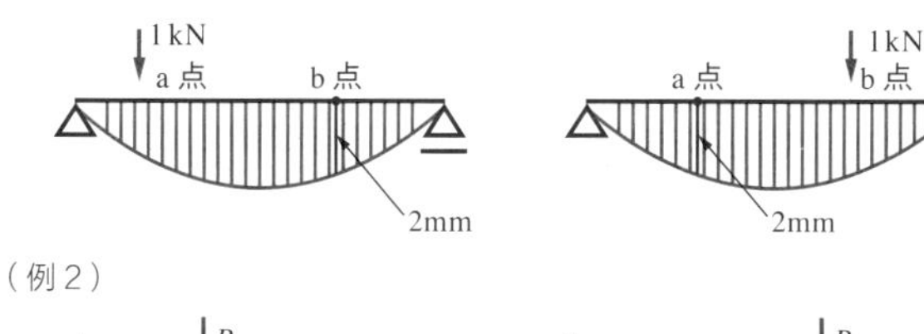

（例 2）

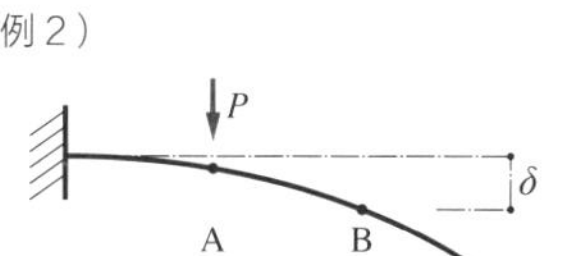

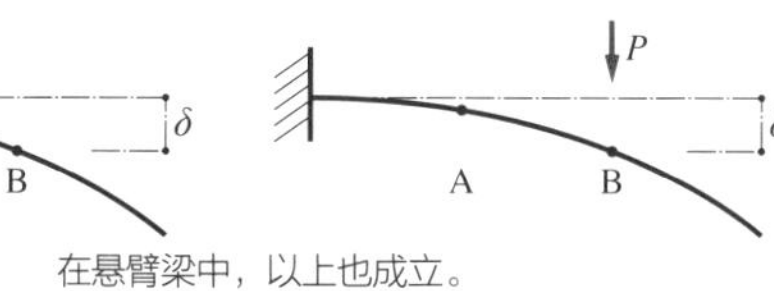

在悬臂梁中，以上也成立。

在多个荷载的情况下

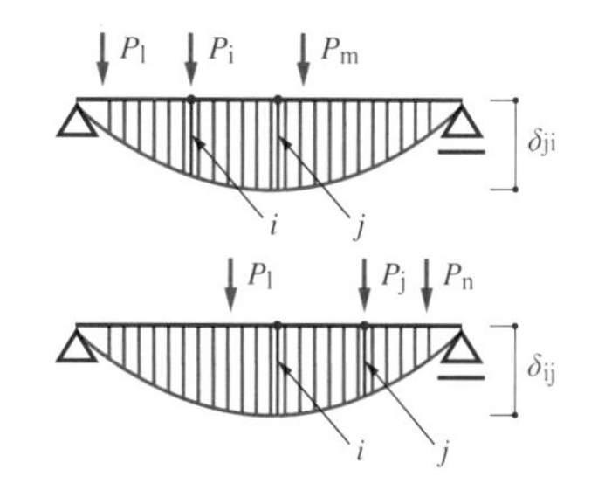

多个外力的情况下，以下关系成立。

$$\sum_{i=1}^{m} P_i \delta_{ij} = \sum_{j=1}^{n} P_j \delta_{ji}$$

ⓘ 让我们尝试使用麦克斯韦·贝迪的位移互等定理进行解答吧!

例题 如果在 b 点施加 P，可以测出如下图所示的挠度。

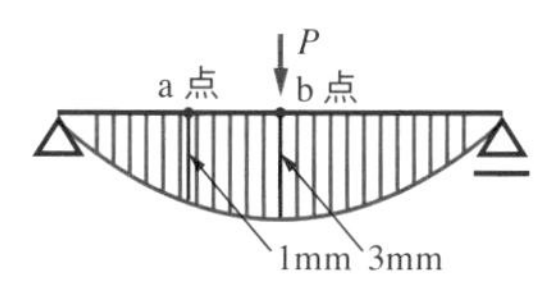

那么，若施加如下图所示的力，求 b 点的挠度。

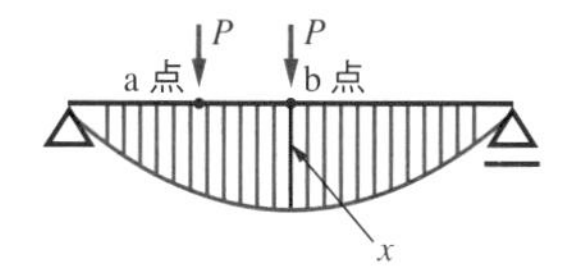

解答

首先，在 b 点施加 P 时，a 点测出位移了 1mm。然后根据，麦克斯韦 · 贝迪的位移互等定理，P 移动至 a 点时，b 点上也会产生同样的 1mm 挠度。

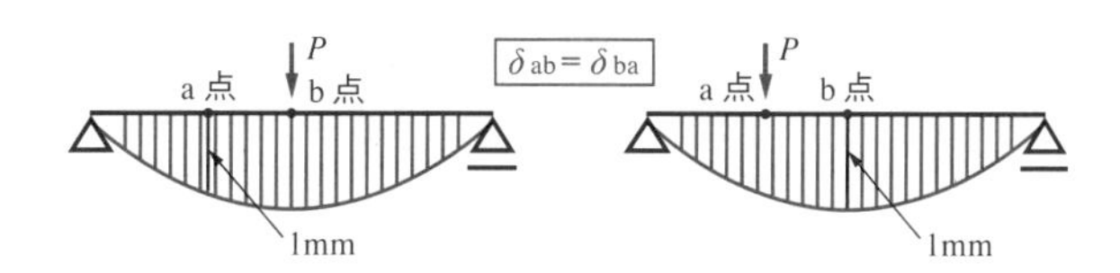

因此，在 a 点、b 点施加 P 的时候，依据相同的原理，b 点的挠度为 4mm。

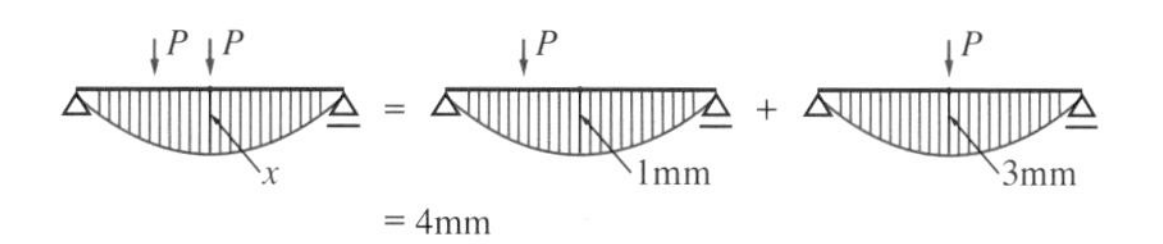

51 静定与超静定

哪一种更稳定？

! 可变与超静定，有什么不同！？

如果作用于结构中任意构件的力与反力均相平衡，结构将会静止不动并保持形状不变。反过来说，如果荷载与反力不相平衡，结构将会倾覆或变形。在结构力学上，前者的状态称为“稳定”，后者称为“可变”。“稳定”又能被分为静定与超静定两种状态。

超静定更“稳定”

刚性支座或节点的破坏被称为“铰接出现”。

➔ 超静定次数的大小是关键！

静定是指，支点或节点的任何一处破坏，结构整体就会破坏的状态。超静定是指，即使一处支点或节点破坏，结构也不会整体破坏的状态。在超静定结构中，节点一处接一处受破坏，直至结构最终变为可变结构为止，受损坏的节点的数量（次数）被称为超静定次数（下文公式）。刚接接合部数，是指对于一个部件，与其刚接连接的部件数量。

超静定次数 = 支座反力数 + 构件数 + 刚接接合部数 − 节点数 × 2

超静定次数越高，建筑在结构上越安全。两栋建筑相比较时，即使在结构计算上，建筑物的强度（承载力力）相同，超静定次数不同，其实际的结构安全性也会不同。比如，钢框架结构与构件均为栓接（铰接）的钢斜撑结构相比，即使在结构计算中被设计为相同强度，由于框架结构的超静定次数较多，其比超静定次数较小的斜撑结构安全性能更高。

当采用容许应力比来确认建筑物的安全性时，由于以构件不会全部破坏为条件，超静定次数并没有那么重要。另一方面当通过计算保有水平强度来确认结构安全极限时，计算过程中部件的刚接连接节点逐一破坏，随着铰接节点的数量变多，当结构由稳定结构变为可变结构时的测算值即为建筑物的保有水平强度。对于强烈地震时的结构安全性，静定·超静定是非常重要的概念。

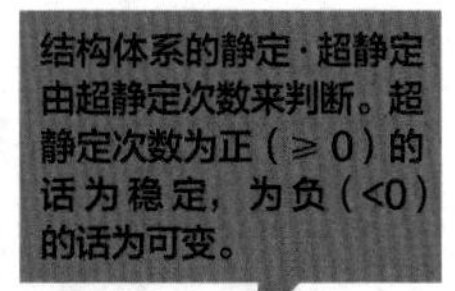

ⓘ 稳定（静定·超静定）与可变的不同

结构分为稳定与可变，稳定又分为静定与超静定。可变与稳定（静定）·稳定（超静定）的图示如下。

可变

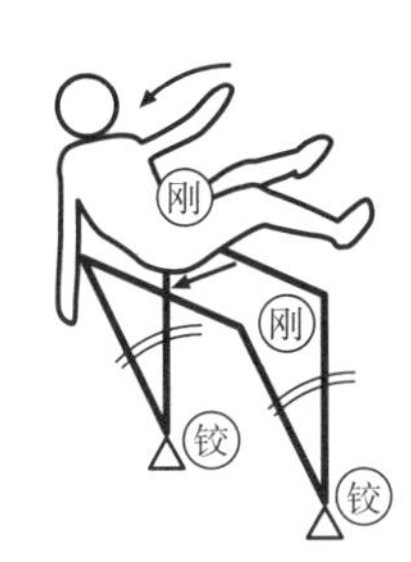

只有两只脚，会倾倒。

稳定（静定）

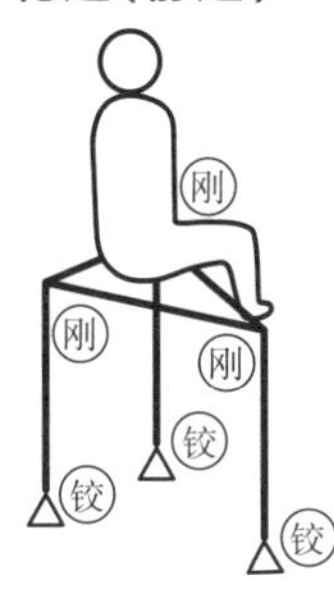

有三只脚，稳定且静定

稳定（超静定）

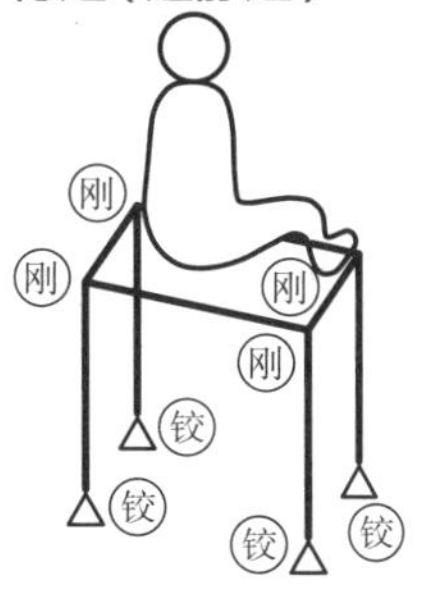

有四只脚，即使去掉一只脚也稳定。

ⓘ 稳定·可变的辨别

判断建筑稳定或可变，求出超静定次数 m，$m \geqslant 0$ 的话则稳定，$m<0$ 的话则可变。

稳定·可变的判别

$$m = n + s + r - 2k \geqslant 0 \quad \cdots\cdots \text{稳定}$$
$$m = n + s + r - 2k < 0 \quad \cdots\cdots \text{可变}$$

m：超静定次数
n：支座反力数
s：构件数
r：刚接结合部数（右图）
k：节点数

刚接结合部数r的判断方法

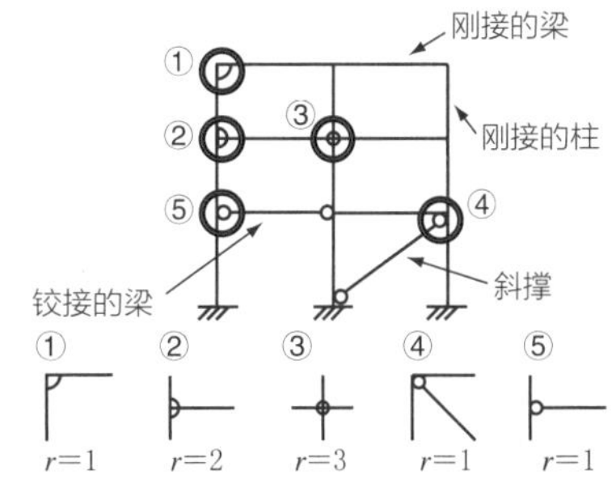

辨别稳定·可变的示例

	特征	辨别示例
可变	可变作为结构无法自立 可变 →	P 作用力 反作用力 反作用力 反作用力 $n=3 \quad s=4 \quad r=0 \quad k=4$ 将以上代入辨别公式 $m=3+4+0-2\times4=-1<0$ ∴可变
稳定（静定）	静定结构只要一处节点变为铰接则无法自立。 静定 一处变为铰接 → 可变 P	P 作用力 反作用力 反作用力 反作用力 反作用力 $n=4 \quad s=3 \quad r=1 \quad k=4$ 将以上代入辨别公式 $m=4+3+1-2\times4=0$ ∴稳定（静定）
稳定（超静定）	超静定结构即使一处节点变为铰接也可以自立 不静定 一处变为铰接 → 静定 P	P 作用力 反作用力 反作用力 反作用力 反作用力 $n=4 \quad s=3 \quad r=2 \quad k=4$ 将以上代入辨别公式 $m=4+3+2-2\times4=1>0$ ∴稳定（超静定）

52 弯矩分配法

计算应力的简易方法

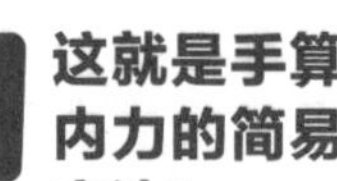

结构内力的求解，现在基本上通过计算机求解的矩阵位移法进行计算，但若能够掌握手算的方法，便能领会力在结构中的传递过程。

通过弯矩分配法手算

手算内力时，首先要计算出连接于同一节点上各构件的线刚度，将作用于节点的力矩按各构件的线刚度比例进行分配。为了简化计算，通常根据标准线刚度将结果标准化为线刚度比。此外，构件的线刚度随其远端的连接条件改变而改变。如果定义远端固定时算出的线刚度比为 1 的话，则远端铰接时的线刚度比为 0.75。

被分配的弯矩向其他相邻端点传递时，各端点的固定状态不同，传递得到的弯矩也不同（到达率）。端点为固定时（柱与梁的刚接节点，被认为是固定端点），一半的弯矩被传递。如果认为此处的端点为铰接支座，则认为支座的刚性为无限大，传递来的弯矩全部由支座负担。在柱与梁的节点处，传递得来的弯矩进一步根据线刚度比被分配并向其他节点继续传递，这种计算方法被称为弯矩分配法。

线刚度 · 线刚度比的求法

线刚度 K 与线刚度比 k 用下面公式求得

线刚度 K　$K = \frac{I}{L}$　I：剖面惯性矩　L：构件长度

线刚度比 k　$k = \frac{K}{K_0}$　K：线刚度　K_0：标准线刚度

有效线刚度比

远端固定：有效线刚度比 $k_a=k$
到达率（传递系数）=0.5

远端铰接：有效线刚度比 $k_a=0.75k$
到达率（传递系数）=0

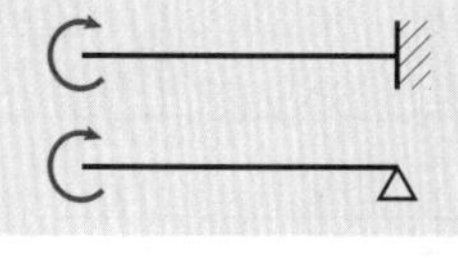

memo

手算内力（弹性范围内）的计算方法，除了弯曲角法（也被称为挠角法），还有 D 值法。在以前的计算中，主要采用弯矩分配法计算竖向荷载作用下的结构内力，用 D 值法计算水平力作用下的结构内力。此外，对于计算保有水平耐力，还有节点分解法，虚功法等方法。

memo

下一页的例题中，虽然被传递的弯矩分配可以一直进行，但由于被传递的弯矩每次减半，经过 1~2 次的反复即达到精度要求，即可结束计算。

有效线刚度比　$k_a = \frac{EI}{L}$

① 采用弯矩分配法求弯矩

例题

弯矩分配法是指：首先将全部节点转换为固定端求各构件内的弯矩，然后按节点上各构件的线刚度比对节点不平衡弯矩进行分配与传递，重复上述过程，从而求出超静定框架结构的全部弯矩。

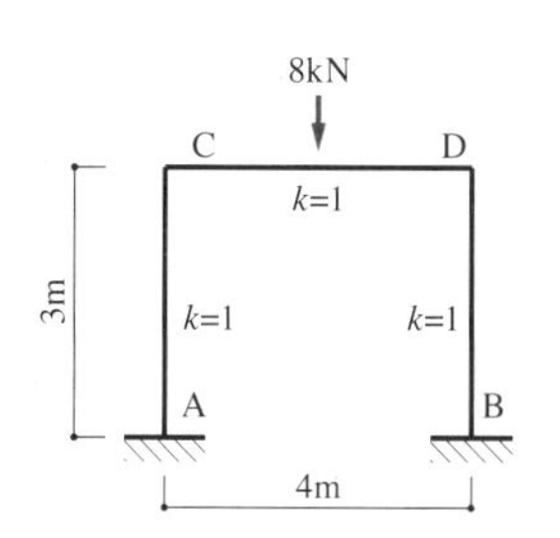

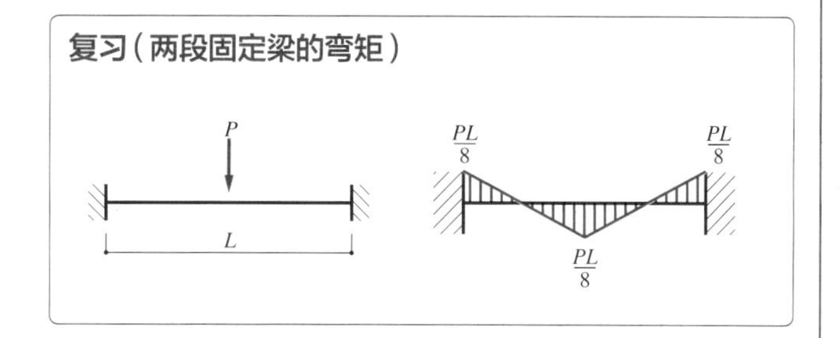

解答

①将梁 CD 两端节点转换为固定端，求其弯矩。

$$M_C = \frac{PL}{8}$$
$$= 4\ \text{kN}\cdot\text{m}$$ ← 这是节点不平衡弯矩

8kN

C　　D

②由于分解弯矩（节点不平衡弯矩）的 1/2 成为到达弯矩，将在①中求得的不平衡弯矩的符号改变，作为释放弯矩，根据线刚度比求出分配弯矩。

$$4\ \text{kN}\cdot\text{m}\times\frac{1}{①+①} = 2\ \text{kN}\cdot\text{m}$$ ← 分解弯矩（① + ①：线刚度比）

$$2\ \text{kN}\cdot\text{m}\times\frac{1}{2} = 1\ \text{kN}\cdot\text{m}$$ ← 分解弯矩

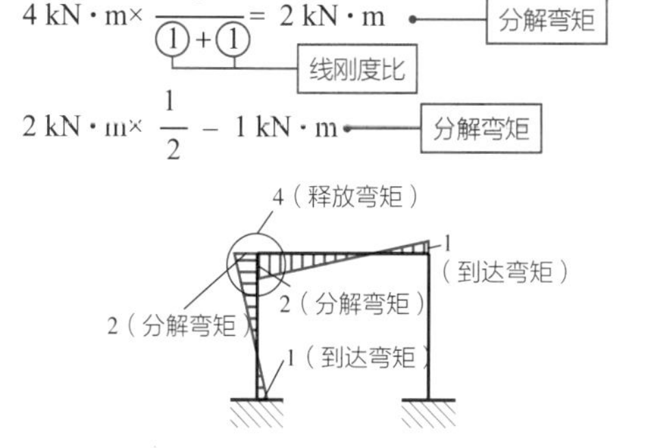

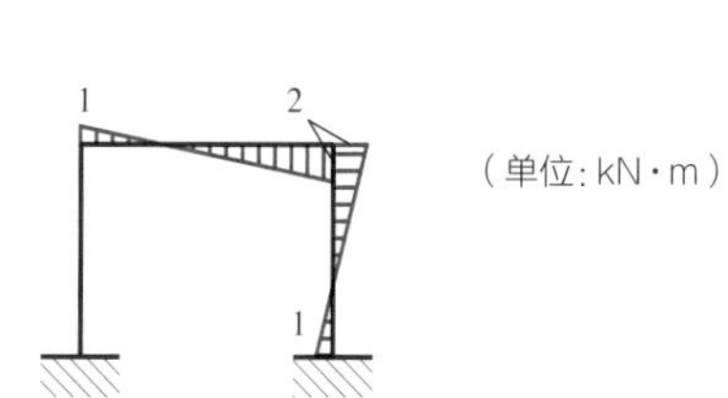

（单位：kN·m）

③将在②中产生的不平衡力矩修正为释放力矩，并分解。

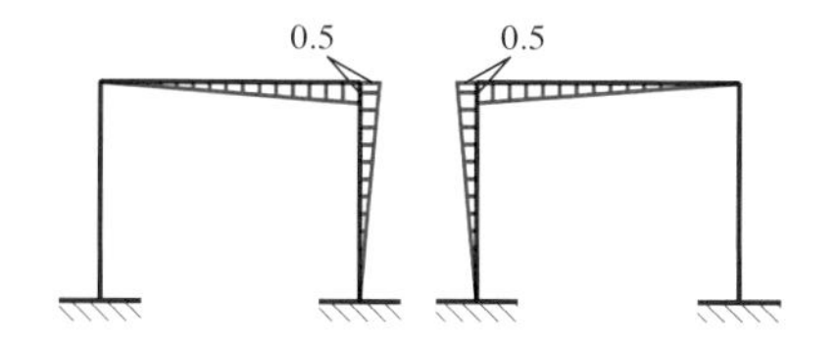

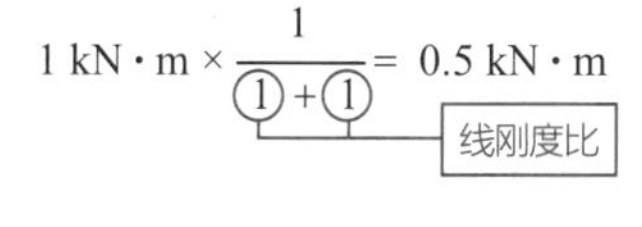

④将在①、②、③中求得的弯矩相加。

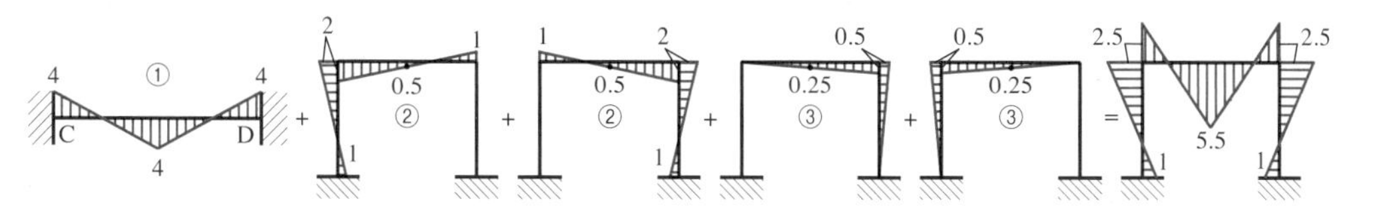

D值法是什么?

水平力由抗侧刚度大的一方负担。D 值为其负担的比率。

! 手算水平荷载产生内力的好方法!

直到 20 年前，垂直荷载的内力采用弯矩分配法，水平荷载的内力采用 D 值法来计算。

各个柱子根据其刚度来负担水平力产生的剪切力。D 值法是指根据柱的抗侧刚度分配剪切力，从而算出各柱以及框架内力的方法。D 值是指剪切力的分配系数。

➔ D 值法的计算要点。

以下是 D 值法的简单的计算顺序（详细可参照下一页）

1）将剪力根据公式$Q_n=\dfrac{D_n}{\sum D_n}\times Q$分解到本层的各柱和墙。各柱的 D 值，由各柱的抗侧刚度乘以修正系数 a 求得，修正系数由与柱相连的梁和柱脚的条件决定。

2）通过考虑以下因素求出反弯点高度比（y）: 柱在楼层中的位置，上下层梁的线刚度比率，以及上下层的高度比。上述反弯点高度比虽然可以通过计算求得，但通常通过查表得出。

3）根据柱的反曲点高度比以及各柱的负担剪力，画出柱的弯矩。

4）根据上下柱的弯矩，以及梁的线刚度比例，画出梁的弯矩。

剪力根据柱和剪力墙的抗侧刚度来分配。由于这种剪力，在柱子中产生的弯矩，然后，根据柱的上下的刚性，弯矩分配到柱头 / 柱脚。可作极端假设：假如上部梁的刚性为 0，则与一端支撑的状态相同，剪力产生的弯矩全部由柱脚负担。反过来说，假如柱脚为铰接，则柱头负担全部弯矩。

memo

D 值法，由武藤清博士开发，1947 年在建筑学会发表普及，在没有计算机的时代是种非常有效的手段，在计算由水平力产生的内力时较多被采用。D 值法，也可以用于计算水平方向的变位量。即使在当今，计算机分析成为主流，为了能更好的感觉与理解力的流向，D 值法也是非常好的计算方法。

memo

层剪力分配于此层的各柱・墙的公式的各记号为:

Q_n: 柱或墙负担的剪力

D_n: 柱或墙的剪力分配系数（D 值）

ΣD_n: 此层的剪力分配系数（D 值）的总和

Q: 此层的总剪力

ⓘ 用 D 值法求水平荷载产生的应力

例题 用 D 值法求框架结构负担的弯矩及剪力。

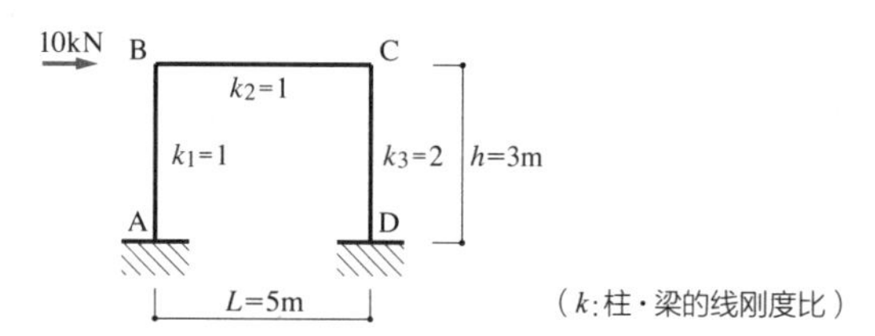

（k: 柱・梁的线刚度比）

解答

①求各柱的D值（剪力分配系数）

$D = ak$

D: 柱的剪力分配系数（D 值）
a: 由 $\bar{k}$ 决定的刚性系数
$\bar{k}$: 相对于柱，梁的平均线刚度比
k: 柱的线刚度比

a 与 $\bar{k}$ 通过下表求得。

	一般层	最下层（固定）
形状（k 为柱线刚度刚比）	k_1 k_2 / k_c / k_3 k_4	k_1 k_2 / k_c
$\bar{k}$ 平均线刚度刚比	$\bar{k} = \dfrac{k_1+k_2+k_3+k_4}{2k_c}$	$\bar{k} = \dfrac{k_1+k_2}{k_c}$
a 刚性系数	$a = \dfrac{\bar{k}}{2+\bar{k}}$	$a = \dfrac{0.5+\bar{k}}{2+\bar{k}}$

从各处最底层的柱开始

（1） 关于柱 AB

$$\bar{k} = \frac{k_2}{k_1} = 1$$

$$a = \frac{0.5+\bar{k}}{2+\bar{k}} = 0.5$$

因此、$D = ak_1 = 0.5$

（2） 同样关于柱 CD

$$\bar{k} = \frac{k_2}{k_3} = 0.5$$

$$a = \frac{0.5+\bar{k}}{2+\bar{k}} = 0.4$$

因此、$D = ak_3 = 0.8$

②求各柱的剪力

（1） 关于柱AB

$$Q_1 = \Sigma Q \times \frac{D}{\Sigma D}$$

通过这个公式求各柱的剪力。
ΣQ: 层的总剪力
ΣD: 层的柱的 D 值总和

$$= \textcircled{10} \times \frac{0.5}{0.5+0.8} = 3.85\text{kN}$$

层的总剪力与施加于各层的水平力的关系如下。

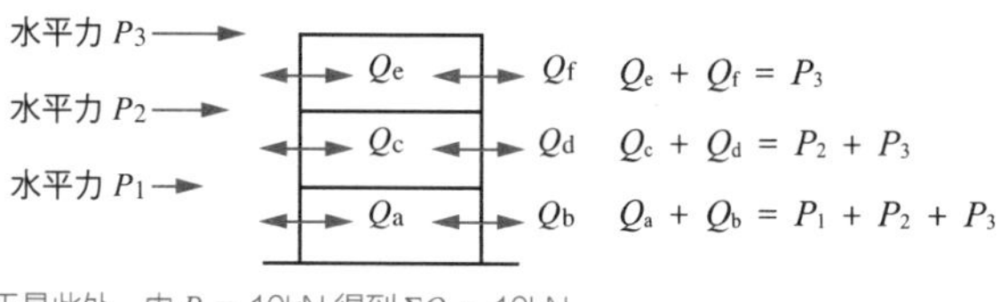

于是此处，由 P = 10kN 得到 ΣQ = 10kN

（2） 关于柱CD

$$Q_2 = \Sigma Q \times \frac{D}{\Sigma D}$$

$$= 10 \times \frac{0.8}{0.5+0.8} = 6.15\text{ kN}$$

③求柱的反弯点高度比

$y = y_0 + y_1 + y_2 + y_3$

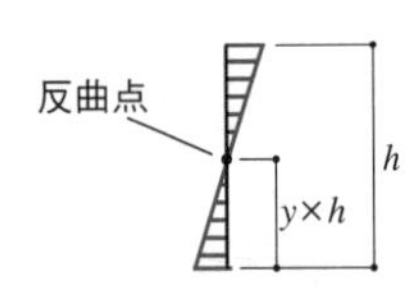

y_0: 标准反弯点高度比
y_1: 由于上下梁的线刚度比变化产生的修正值
y_2: 上层的层高变化产生的修正值
y_3: 下层的层高变化产生的修正值

从下一项的表中选择

弯矩方向改变使弯矩为 0 的点称为反弯点。反弯点高度比 y 乘以柱高 h，可以得到实际反弯点的高。

（1）关于柱 AB，根据下一页的表（□标志）
$y=y_0=0.55$
（2）关于柱 CD，根据下一页的表（○标志）
$y=y_0=0.65$

对于单层结构而言没有上层，故 $y_1=0$，$y_2=0$，$y_3=0$

④求各柱的弯矩

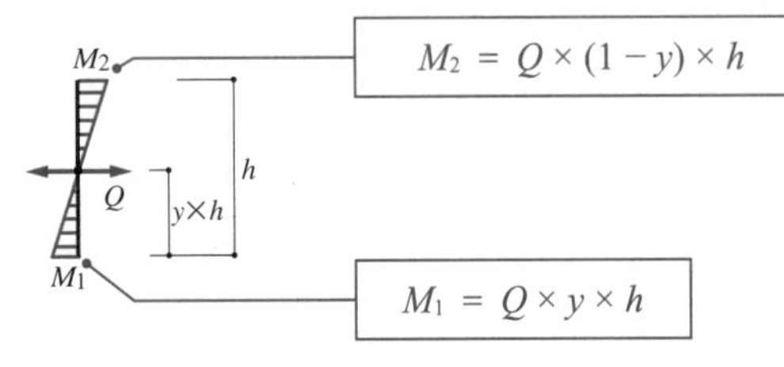

$$M_2 = Q \times (1-y) \times h$$

$$M_1 = Q \times y \times h$$

Q: 柱的剪力
y: 反弯点高度比
h: 柱高

（1）关于柱 AB

$$M_{AB} = Q_1 \times y \times h = 3.85 \times 0.55 \times 3 = 6.35\ \text{kN} \cdot \text{m}$$

$$M_{BA} = Q_1(1-y)h = 3.85 \times (1-0.55) \times 3 = 5.19\ \text{kN} \cdot \text{m}$$

（2）关于柱 CD

$$M_{DC} = Q_2 \times y \times h = 6.15 \times 0.65 \times 3 = 11.99\ \text{kN} \cdot \text{m}$$

$$M_{CD} = Q_2 \times (1-y) \times h = 6.15 \times (1-0.65) \times 3 = 6.46\ \text{kN} \cdot \text{m}$$

⑤求梁的弯矩和剪力

通过节点的弯矩平衡关系，求梁的弯矩

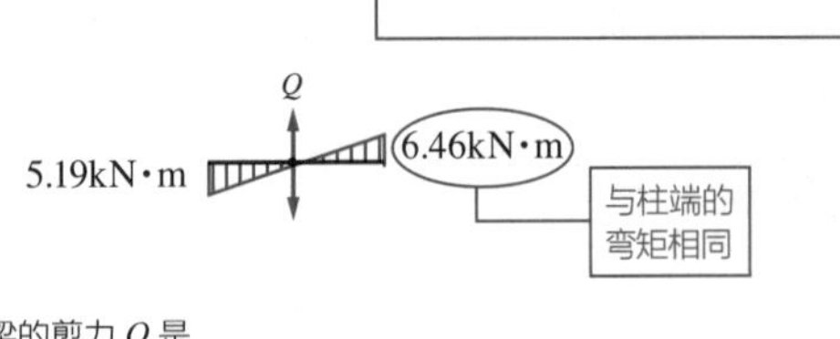

在梁中，与柱端大小相同、方向相反的力矩在起作用。

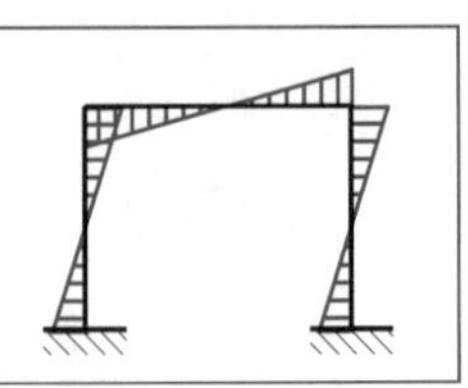

梁的剪力 Q 是

$$Q = \frac{M_3 + M_4}{L} = \frac{5.19 + 6.46}{5} = 2.33\ \text{kN}$$

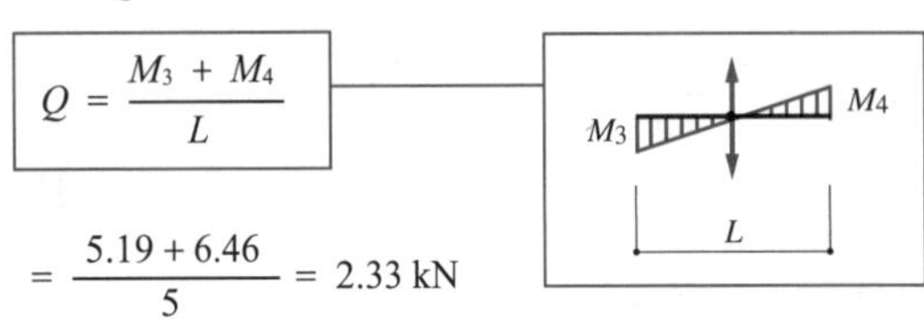

⑥总结

通过①～⑤像右图那样求出弯矩与剪力。

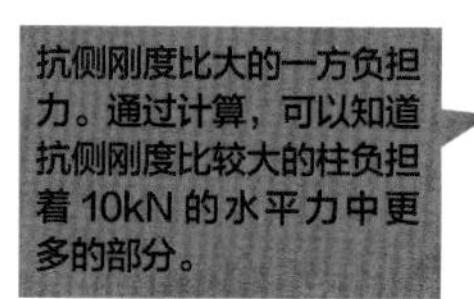

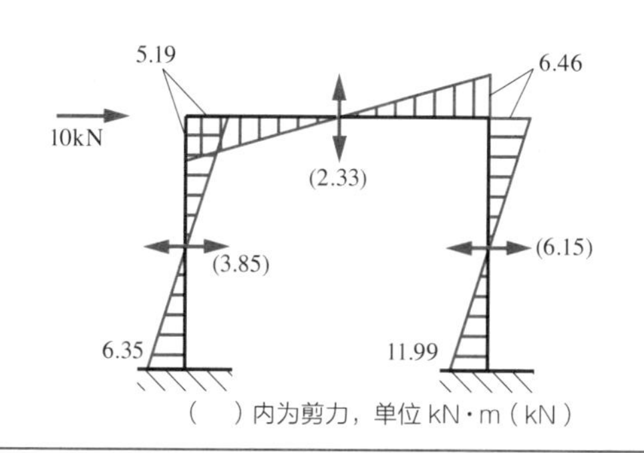

（　）内为剪力，单位 kN·m（kN）

! 求反弯点高度比的 y_0、y_1、y_2、y_3

标准反弯点高度比 y_0（均布荷载）

层数	层位置	$\bar{k}$ 0.1	0.2	0.3	0.4	0.5	0.6	0.7	0.8	0.9	1.0	2.0	3.0	4.0	5.0
1	1	0.80	0.75	0.70	0.65	0.65	0.60	0.60	0.60	0.60	0.55	0.55	0.55	0.55	0.55
2	2	0.45	0.40	0.35	0.35	0.35	0.35	0.40	0.40	0.40	0.40	0.45	0.45	0.45	0.45
	1	0.95	0.80	0.75	0.70	0.65	0.65	0.65	0.60	0.60	0.60	0.55	0.55	0.55	0.50

由于上下梁的线刚度比变化产生的修正值 y_1

a1 \ k	0.1	0.2	0.3	0.4	0.5	0.6	0.7	0.8	0.9	1.0	2.0	3.0	4.0	5.0
0.4	0.55	0.40	0.30	0.25	0.20	0.20	0.20	0.15	0.15	0.15	0.05	0.05	0.05	0.05
0.5	0.45	0.30	0.20	0.20	0.15	0.15	0.05	0.10	0.10	0.10	0.05	0.05	0.05	0.05
0.6	0.30	0.20	0.15	0.15	0.10	0.10	0.10	0.10	0.05	0.05	0.05	0.05	0.0	0.0
0.7	0.20	0.15	0.10	0.10	0.10	0.05	0.05	0.05	0.05	0.05	0.05	0.0	0.0	0.0
0.8	0.15	0.10	0.05	0.05	0.05	0.05	0.05	0.05	0.05	0.0	0.0	0.0	0.0	0.0
0.9	0.05	0.05	0.05	0.05	0.0	0.0	0.0	0.0	0.0	0.0	0.0	0.0	0.0	0.0

k_{B1}　k_{B2}
k_{B3}　k_{B4}

k_B 上 $= k_{B1} + k_{B2}$
$\alpha_1 = k_B$ 上 $/ k_{B2}$ 下
k_B 下 $= k_{B3} + k_{B4}$

α_1: 不用考虑最下层
上部梁的线刚度比大于下部梁的时候，可取其倒数，即 $\alpha_1=k_{B下}/k_{B2上}$求 y_2，并对查表结果取负值（－）。

由于上下层高的变化产生的修正值 y_2、y_3

α_2 上	α_3 下 \ $\bar{k}$	0.1	0.2	0.3	0.4	0.5	0.6	0.7	0.8	0.9	1.0	2.0	3.0	4.0	5.0
1.6	0.4	0.15	0.10	0.10	0.05	0.05	0.05	0.05	0.05	0.05	0.05	0.0	0.0	0.0	0.0
1.4	0.6	0.10	0.05	0.05	0.05	0.05	0.05	0.05	0.05	0.05	0.0	0.0	0.0	0.0	0.0
1.2	0.8	0.05	0.05	0.05	0.0	0.0	0.0	0.0	0.0	0.0	0.0	0.0	0.0	0.0	0.0
1.0	1.0	0.0	0.0	0.0	0.0	0.0	0.0	0.0	0.0	0.0	0.0	0.0	0.0	0.0	0.0
0.8	1.2	-0.05	-0.05	-0.05	0.0	0.0	0.0	0.0	0.0	0.0	0.0	0.0	0.0	0.0	0.0
0.6	1.4	-0.10	-0.05	-0.05	-0.05	-0.05	-0.05	-0.05	-0.05	-0.05	0.0	0.0	0.0	0.0	0.0
0.4	1.6	-0.15	-0.10	-0.10	-0.05	-0.05	-0.05	-0.05	-0.05	-0.05	-0.05	0.0	0.0	0.0	0.0

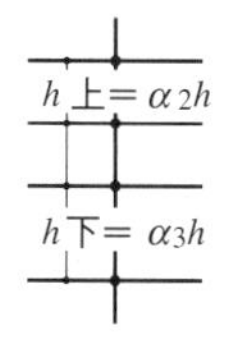

y_2: 通过 $\alpha_2=h_上$、h 求出
上层高的时候为正
y_3: 通过 $\alpha_3=h_下$、h 求出
但是，最上层的 y_2，最下层的 y_3 不用考虑

54 里特尔切段法

桁架的计算方法有哪些?

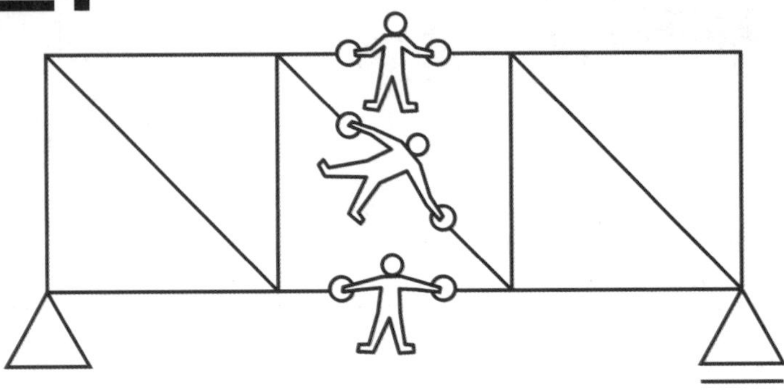

! 说到桁架的内力计算方法，有切断法与节点法!

设计桁架构件的内力解析方法有很多种。虽然最近基本上用计算机进行计算，但在没有计算机的时代是用手算的。由于桁架只产生轴力，通过考虑其内力的平衡，人们研究出了几种简算法，代表性的简算法有切断法与节点法。

➔ 切断法与节点法计算的方式

切断法是指，只要桁架自身保持静止，桁架各处的力均为平衡状态，利用此性质，通过平衡公式算出内力的方法。同样，只要桁架保持静止，节点处的力也必定平衡，通过节点处力的平衡可以算出内力，这种方法叫做节点法。

在使用切段法时，假定在桁架的任意（想算出内力的构件）位置切断。在切段位置处，由于沿构件轴方向产生内力，所以沿构件轴方向画出箭头。由于在任意节点，对任意方向，力均为平衡，列出平衡方程式，算出各部件的轴力。在下一页上图的例子中，由于 3 个构件中 2 个构件产生的力恰好在 A 点相交，可根据结构相对于 A 点的弯矩平衡，算出剩下的一个构件的轴力。

在使用节点法时，在示力图中沿顺时针方向，画出节点周边的部材和反力的箭头（矢量）来表示力的流向，从而算出内力。实际上虽然并没有必要沿顺时针方向，但在熟练掌握之前，按顺时针依次考虑比较容易理解。首先，在任意点给被构件或反力隔断的部分标上编号（各领域的边界上存在反力或构件）。跨越领域的时候，画出其作用线。连接各处交点的矢量是各部件产生的应力。

memo
19 世纪后半期是“桁架力学”的发展期。1862 年，里特尔在其著作中提到了里特尔切段法。顺便一提，华伦式桁架专利的取得在 1846 年，有名的苏格兰的格柏梁桥的建成是在 1890 年。以结构力学为基础设计桥梁的正式的开始是在 19 世纪。

memo
反复进行节点法的操作，将桁架全体用一张示力图来表达的方法被称为克雷莫纳法。

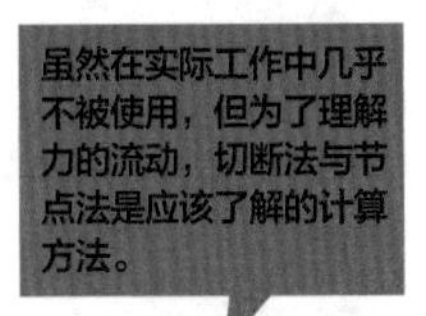

① 用切段法来计算

例题 利用桁架任意一处的力均处于平衡状态的性质，通过平衡公式算出一部分构件轴力的方法叫做切断法。试求 出下图中上弦杆件 A 的轴力 N_1。

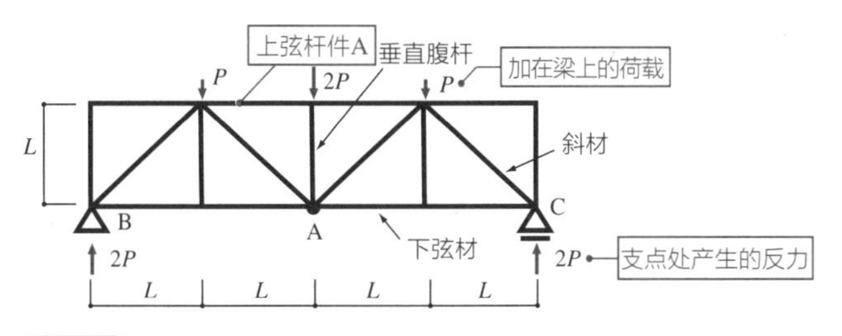

在桁架中平衡公式也成立

$$\begin{cases}\Sigma X = 0\\ \Sigma Y = 0\\ \Sigma M = 0\end{cases}$$

解答

在任意一处切断，由于假想的一组力（含支座反力）对于 A 点的弯矩和为 0，所以…

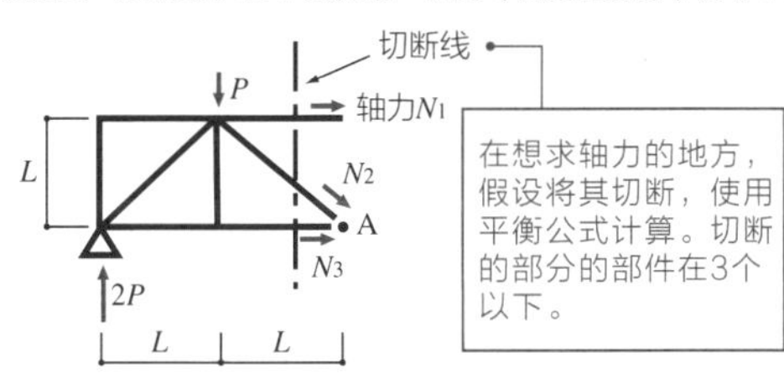

在想求轴力的地方，假设将其切断，使用平衡公式计算。切断的部分的部件在3个以下。

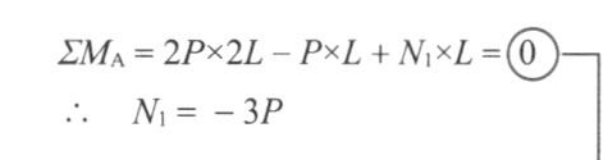

$$\Sigma M_A = 2P\times 2L - P\times L + N_1\times L = 0$$

$$\therefore\quad N_1 = -3P$$

因为 N_2 与 N_3 为朝向 A 点的矢量，所以力矩为 0。

① 用节点法计算（使用示力图的图式法）

例题 节点法是考虑节点处力的平衡，从而算出内力的方法。选择两个以下的轴力未知的节点，通过画示力图求得。在这里求图中 AC 和 AB 杆的轴力。

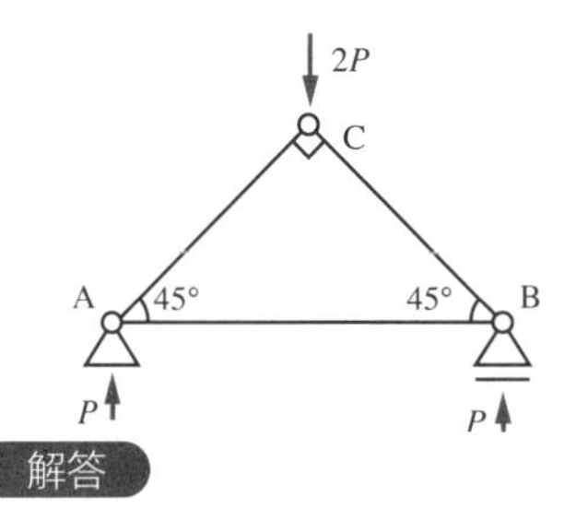

桁架节点的前提条件

将桁架节点取出来看的话，作用于节点的力是平衡的（左图）。此时三个箭头必定封闭。

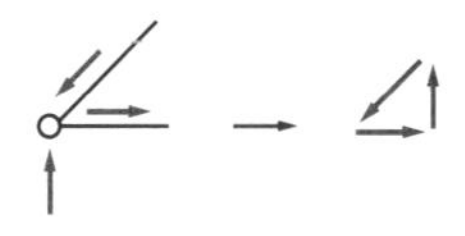

解答

①画出示力图

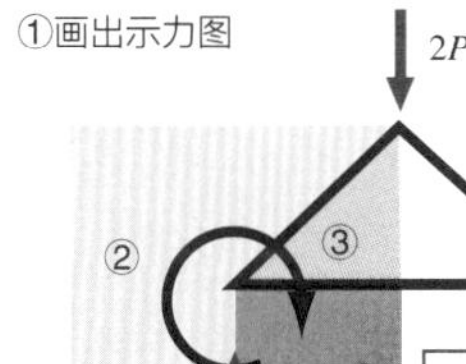

画出各节点的示意图，就能够知道各构件的内力。

Ⅱ画出跨越②→③的领域的作用线

Ⅰ画出跨越①→②的领域的P

Ⅲ画出跨越③→①的领域的作用线

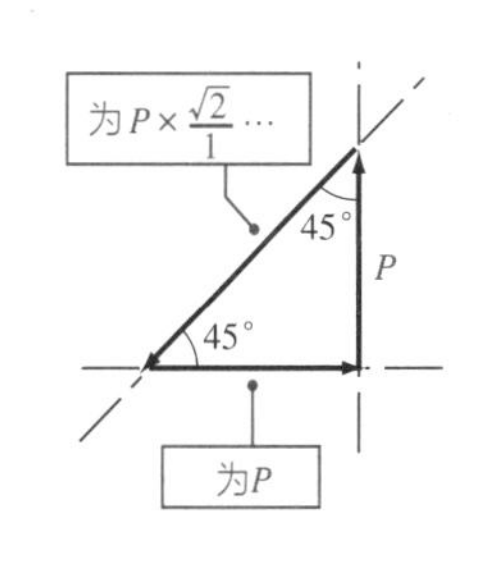

②求轴力

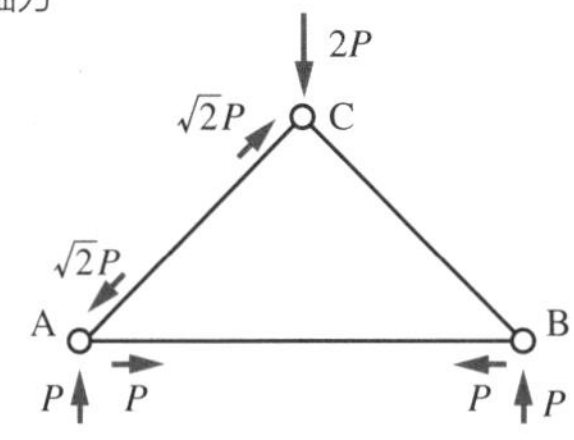

$AC = \sqrt{2}P$（压缩）

$AB = P$　（拉伸）

因为想知道的是 AC 和 AB 杆的轴力，所以考虑节点 A 就可以了！

结构基础
结构力学
结构计算
结构设计
抗震设计

55 弹塑性

构件屈服后会怎样?

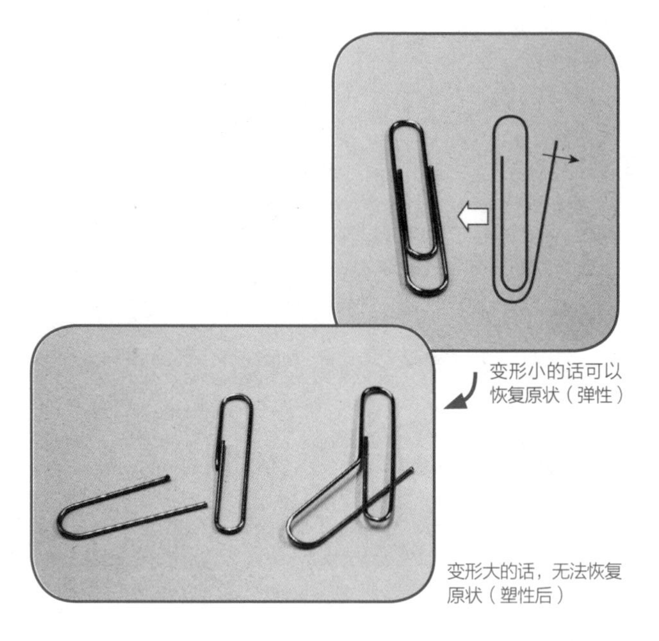
变形小的话可以恢复原状（弹性）

变形大的话，无法恢复原状（塑性后）

! 塑性变形最终会导致破损。

应该有很多人听说过弹性这一词语（参照 74 页的胡克法则）。物体变形后能回到原来形状的性质是弹性。与可以返回原形的性质相反，无法返回原形的性质被称为塑性。

➔ 弹性范围与塑性范围

钢铁的塑性状态很容易理解（下页上部的图）。对钢材进行拉伸，最初拉力与变形成正比。随后，超过屈服点时，材料之中开始产生大的褶皱，当拉力达到一定程度，变形过大，材料破损。拉力与变形成正比的区间是弹性范围（弹性域）。另外，拉力在基本维持不变的状态下，但变形持续增加的区间被称为塑性范围（塑性域）。通常被称为杨氏模量的常数是弹性范围的荷载与变形的比例关系。相同的材料有着相同的数值。

➔ 材料的脆性 / 延性的不同

超过屈服点，物体几乎没有变形而直接破坏的性质是脆性。超过屈服点，变形还继续进行的性质被称为延性（或韧性）。在确保建筑安全性上来说，材料的延展能力是很重要的。即使在同样的荷载下屈服（破坏），延展能力强的材料，可以继续通过变形来抵抗外力。这种能力（吸收能量的能力），可以通过图表（荷载 - 变形曲线图）上的面积计算得知。

在下页下方的图中可以看到，混凝土与钢铁不同，即使在屈服域中也是山形曲线，之后会被破坏。木材则几乎没有屈服域就被破坏。像这样，由于材料不同，其性质也不同，充分了解材料的特性非常重要。

memo
本项中，虽然全部采用“力”与“变形”这种用语，但施加外力的话，构件的内部会产生应力。这里单位面积上的内力被称为应力（－），发生的单位变形被称为应变。

memo
在部件屈服的过程中，建筑物整体也有着近似的弹塑性表现。

! 钢铁部件的变形与弹塑性

对于钢材而言，给构件施加拉力，在弹性域中，随拉力变大，变形也成比例变大（其倾斜度被称为弹性率）。超过弹性域后，应力不再上升，应变增大，这个临界点叫做屈服点（上屈服点）。超过屈服点，应力先暂且下降，之后，应力基本处于一定的状态，应变持续增大，最终构件被破坏。

钢材的荷载-变形曲线图

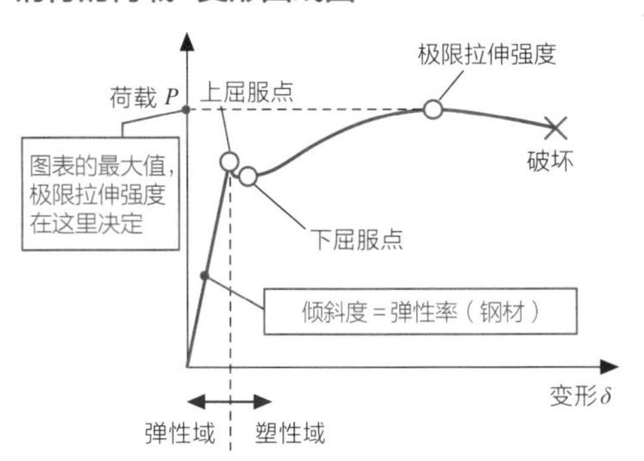

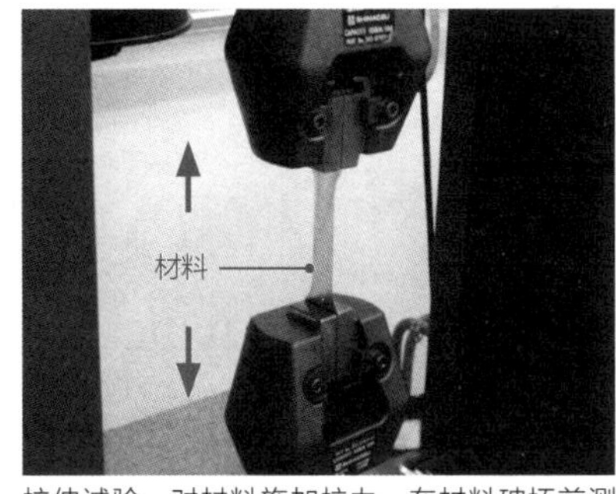

拉伸试验。对材料施加拉力，在材料破坏前测定其弹塑性。通过类似左边的荷载－变形曲线图可以知道拉伸强度、屈服点、延性、脆性等性质。

延展能力的重要性

①延展能力高（延性）的材料

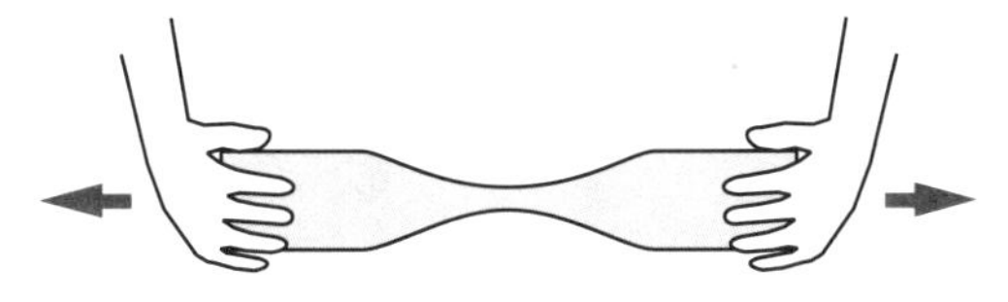

即使超过屈服点也会继续延展（延性）

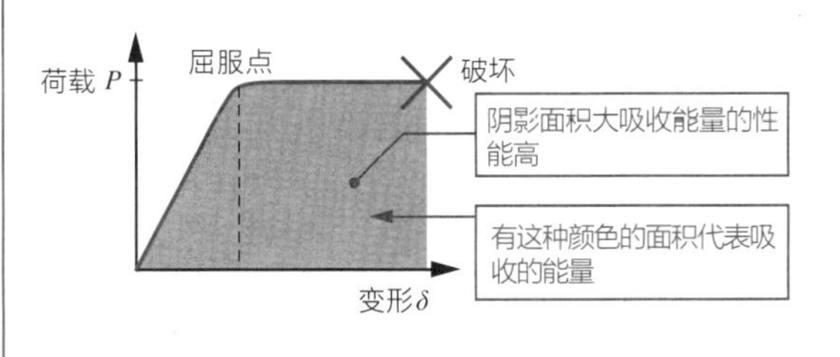

②延展能力低（脆性）的材料

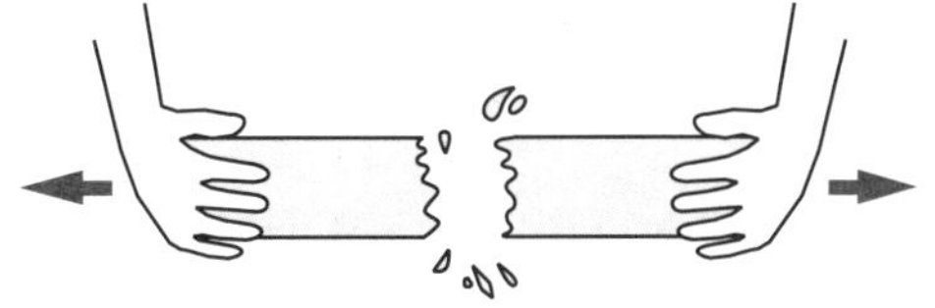

超过屈服点后，几乎不再变形，而直接破坏（脆性）

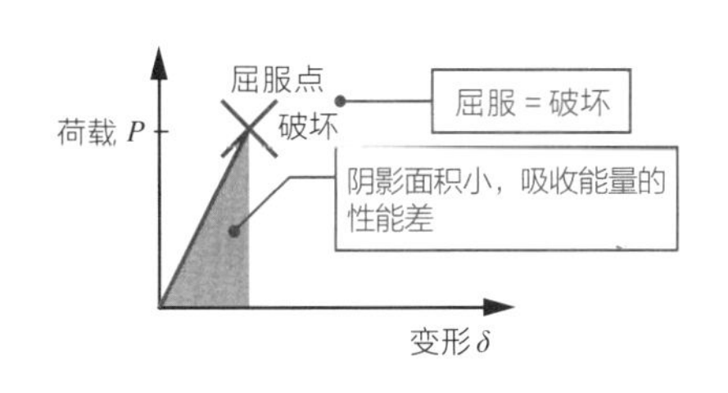

! 材料弹塑性的差异

与铁、钢等金属材料相比，混凝土、木材的塑性域不同，弯曲强度非常小，塑性域几乎没有，这是其特征。

①钢材

塑性域

破坏

P

钢材的屈服

δ

②钢筋混凝土

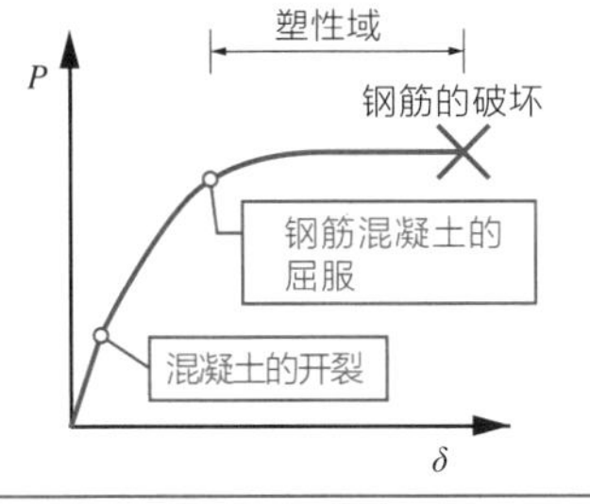

③木材

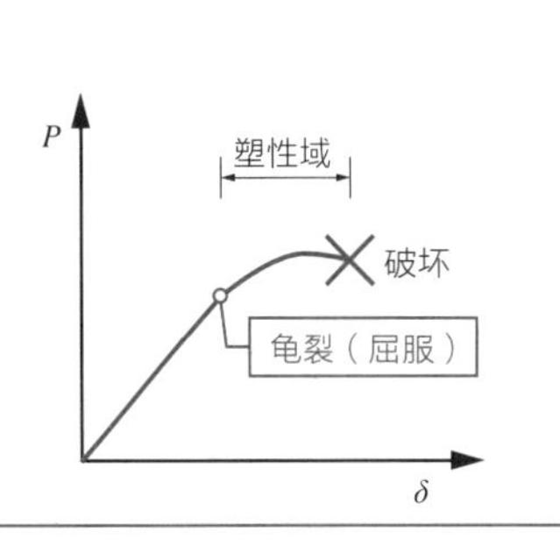

56 极限水平承载力、设计极限水平承载力

极限水平承载力是什么?

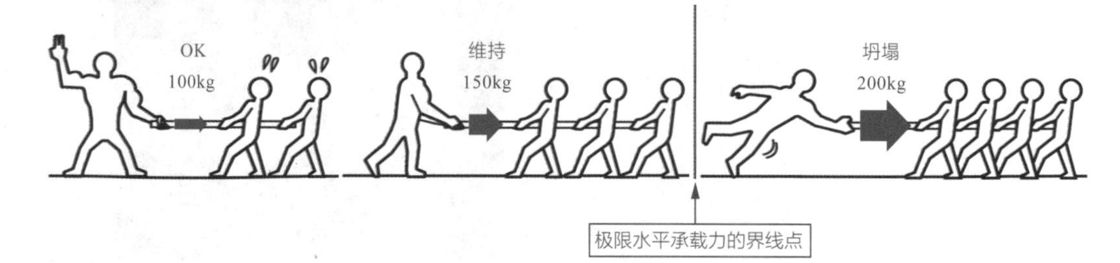

能够承受多少水平方向的力!

通过计算来确保建筑物的极限水平承载力大于设计极限水平承载力,是一种保障建筑物安全性的设计方法。

➔ 极限水平承载力与设计极限水平承载力

建筑物承受巨大的水平力时会发生坍塌,其坍塌前一刻所能承受的水平力被称为极限水平承载力。计算建筑物的柱、梁、剪力墙等各部分的承载力,再结合各部分的损坏方式可以算出建筑物的极限水平承载力。计算方法有节点分配法、虚功法、极限解析法、荷载增量法等。其中荷载增量法现在最为常用,这是一种逐步增加水平力,观察结构构件损坏顺序的方法。

另一方面,建筑物所需要的极限水平承载力被称为设计极限水平承载力。计算设计极限水平承载力,需要算出部件的**结构特性系数**(D_s)。通过计算地震时建筑物通过承载强度(塑性变形能力)及裂缝等方式耗散地震能量,可得出其结构特性系数。塑性变形能力越强,其结构特性系数越小,这样可以通过结构特性系数得出设计极限水平承载力。此外,也可以通过实际计算构件屈服后的塑性变形来确认其极限水平承载力。

实际的工作中,会进行允许应力计算(1次设计)与极限水平承载力计算(2次设计)。高层建筑会要求计算极限水平承载力,低层建筑通常只计算允许应力。

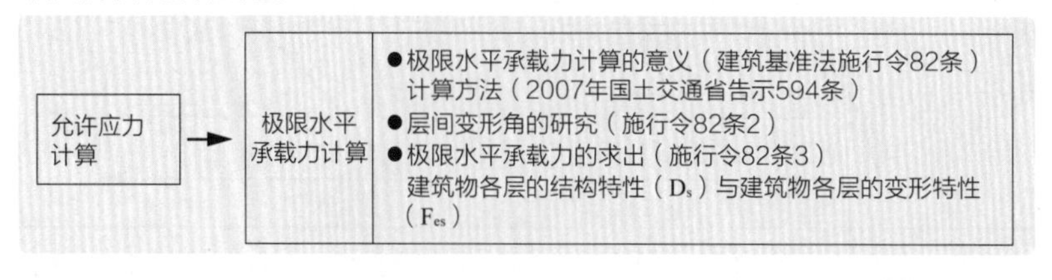

memo

计算极限水平承载力,早先常用的简算方法有节点分配法、虚功法、极限解析法等,现在基本都采用荷载增量法。

荷载增量法的图示

荷载增量法的图示,基本都呈光滑曲线状。柱与梁已经损坏了,为什么还会呈光滑曲线呢?也许会有人持有这样的疑问吧。构件即使损坏,只要有延展性,就能够继续承受其所负担的力。如果其完全断裂,则无法继续受力。为了提高构件的极限承载力,在设计中提高其延展性,确保不会完全断裂,是很重要的。

① 什么是极限水平承载力？

极限水平承载力，是指建筑在倒塌前能够承受的最大的水平力。

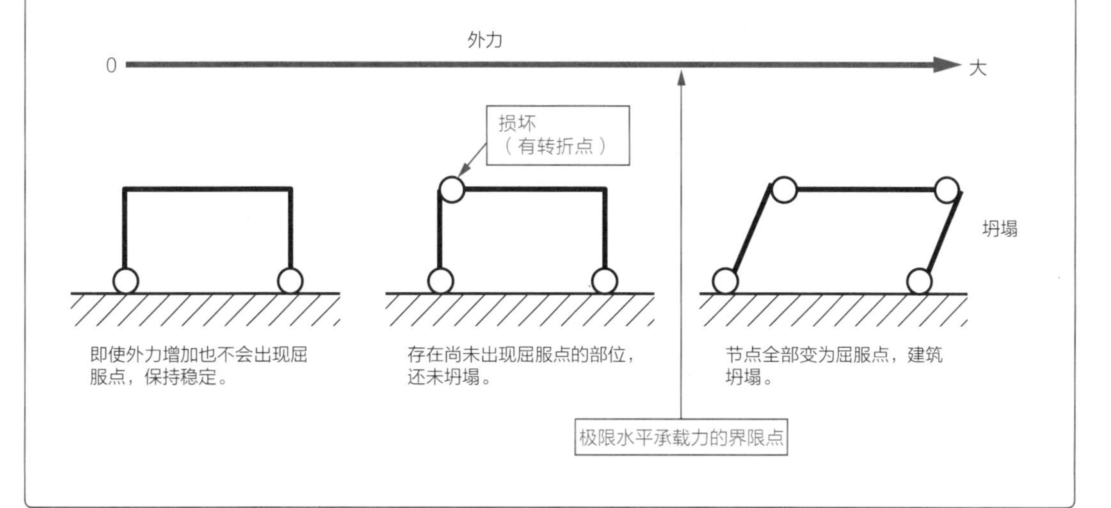

① 设计极限水平承载力的计算顺序

为计算设计极限水平承载力，需要计算部件的结构特性系数（D_s）。

结构特性系数（D_s）的概念表

结构的性状 \ 结构的形式		框架结构	墙与强支撑的结构
（1）	塑性变形能力特别高的结构	0.3	0.35
（2）	塑性变形能力高的结构	0.35	0.4
（3）	耐力不会急剧降低的结构	0.4	0.45
（4）	（1）~（3）以外的结构	0.45	0.5

注：极限水平承载力计算类似于国内规范中的推覆（push-over）分析法，是大地震分析的必要方法。

建筑物吸收能量概念图

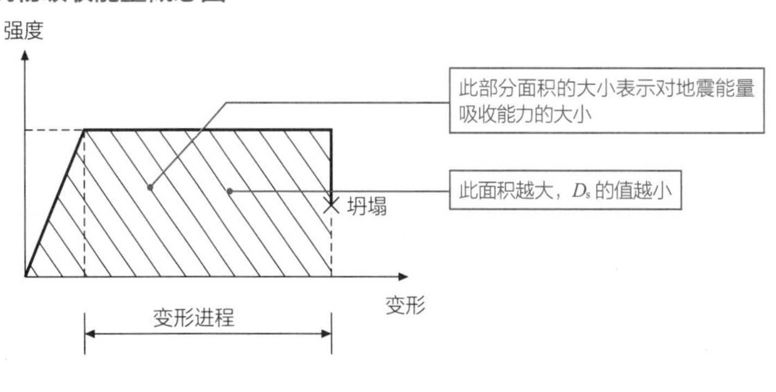

57 节点分配法

极限水平承载力如何计算?

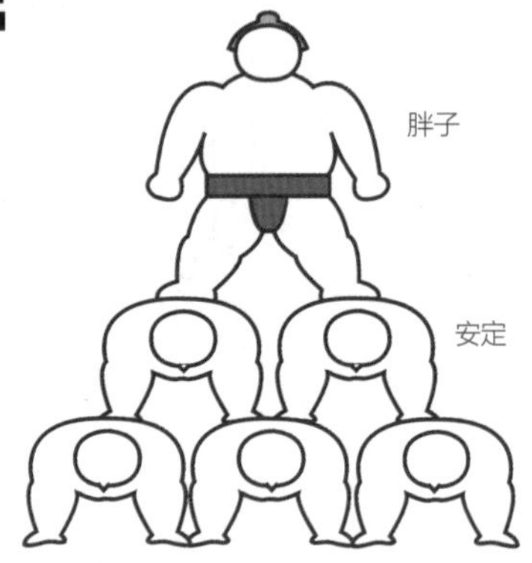

!用计算器就能完成计算的节点分配法是基础!

节点分配法，是计算极限水平承载力的一种方法。由于计算机技术的进步，荷载增量法成为主流，而节点分配法现在基本不再被使用了。虽说如此，由于这种方法是以构件的耐力为基础，来计算极限水平承载力的简便方法，且容易理解建筑物如何损坏，因此对于初学者来说，是很值得学习的。

memo
两端固定的梁，中部由于 M_p 的作用受损而局部屈服，屈服后其荷载向两端传递，便能够算出极限承载力。

➔ 通过节点分配法计算极限水平承载力的方法

首先算出构件的承载，接着将结构模型化，假想其破坏时屈服点的位置及力矩分布。各构件损坏成为屈服点的部分，无法承受大于其耐力的弯矩，通过其弯矩分布便能够反算出荷载（保有耐力）P。

下页上图中为受中央集中荷载的两端固定梁。关于屈服点的位置可以有多种组合，在这里考虑以下两种情况:

首先，在荷载位置产生屈服点（下页上图中①）。假定弯矩分布与简支梁的分布形式相同。中央的弯矩 M_c 为 $M_c=P_1L/2$。由于中央力矩造成部件损坏，部件的弯曲耐力 M_p 为，$M_p=M_c$，荷载（保有耐力）P_1 为 $P_1=2M_p/L$。

其次，屈服点不在荷载位置，而在梁的两端产生的情况。弯矩分布见下页上图中②。中央与端部力矩相同，所以同时损坏。部件在其弯曲耐力 M_p 作用时损坏，与之前所述相同，由于 $M_c=M_e=M_p$，于是 $P_2=4M_p/L$。

比较两种极限水平承载力，后者的值比前者大，真正的破坏荷载应为后者。对于前者，即使中央成为屈服点，但由于其还未成为可变结构，依然有承载余地，所以数值较小。

① 用节点分配法求两端固定梁的极限承载力

例题 如下图所示，求受中央集中荷载 P_1 的两端固定梁的破坏荷载 P。

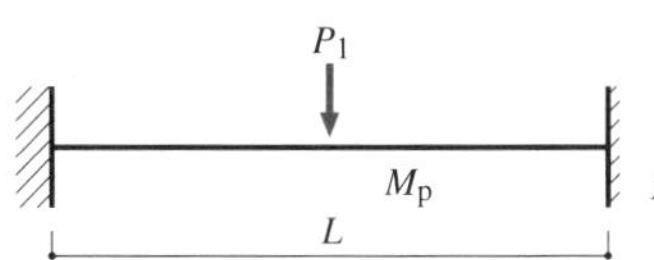

M_p：部件的弯曲耐力

解答

①假定转折点在中部时

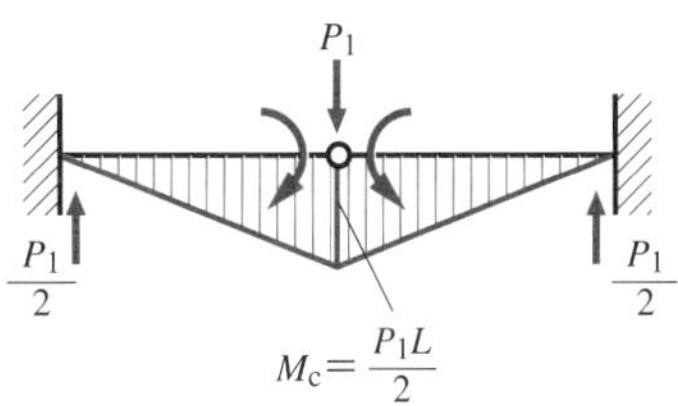

$M_c=\frac{P_1L}{2}$

$M_c=M_p$

$P_1=\frac{2M_p}{L}$ …保有耐力

②假定转折点在端部及中部时

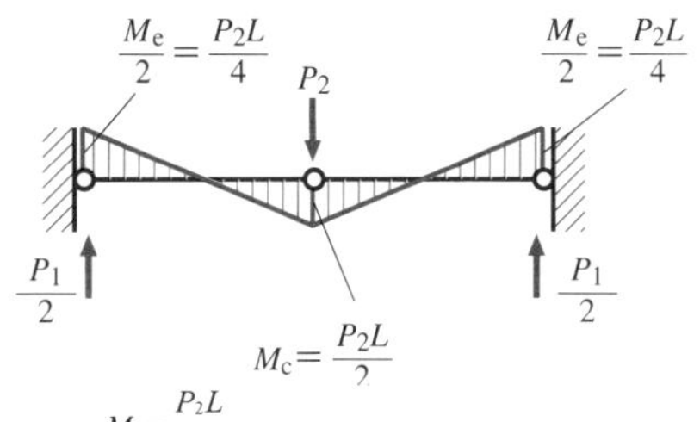

$M_c=\frac{P_2L}{2}$

$M_c=M_e=M_p$

$P_2=\frac{4M_p}{L}$ …保有耐力

①相较于①中得到的极限承载力 P_1，P_2 的值较大，所以 P_2 是真正的破坏荷载。

① 用节点分配法求框架结构的极限水平承载力

例题 求下图中水平荷载作用下的框架结构的极限水平承载力 P。

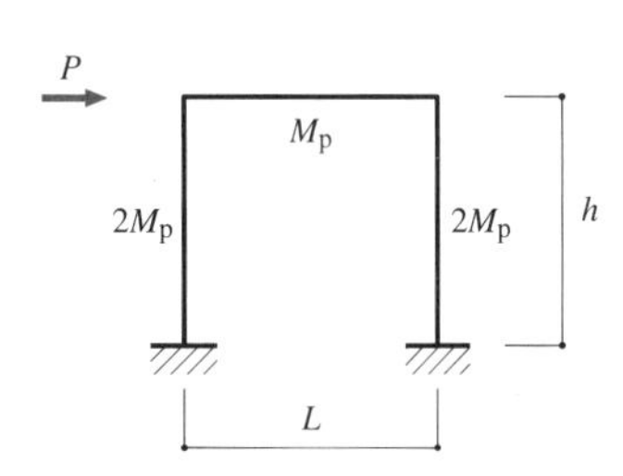

M_p：构件的弯曲耐力

解答

①确定塑性屈服点

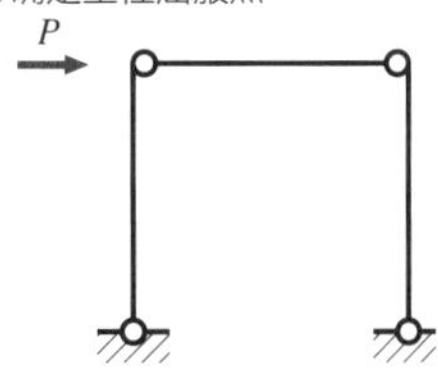

比较柱与梁的抗弯能力，由于在抗弯能力较小的一方会产生屈服点，这种情况下，屈服点产生在梁中。

②求出梁与柱的弯矩

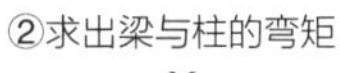
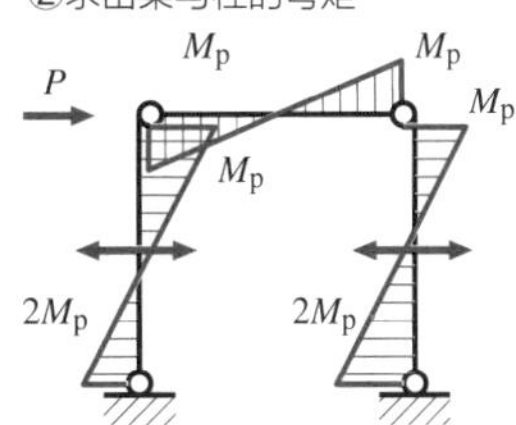

通过弯矩求剪力。

$$Q_p=\frac{M_p+2M_p}{h}=\frac{3M_p}{h}$$

$$P=2Q_p=\frac{6M_p}{h}$$

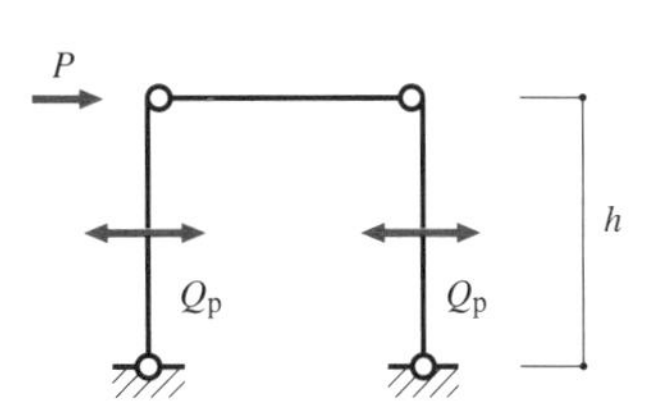

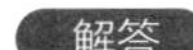

58 虚功法

虚功法是什么？

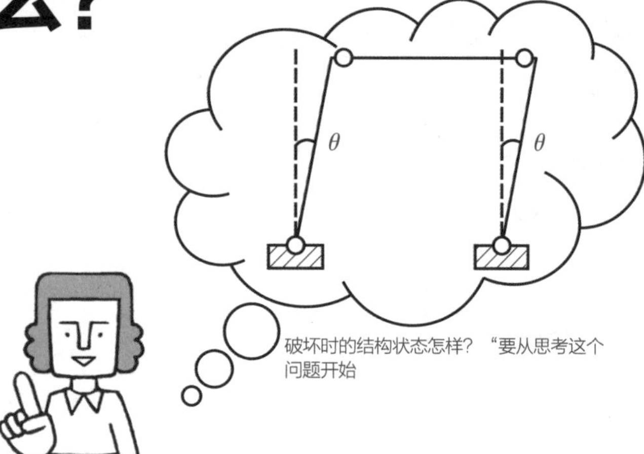

! 利用外力与内力的功大小相同来进行计算

虚功法是计算结构体最终能够应对多大外力的方法之一。虽然在计算机技术发达的现在，荷载增量法为主流，但自己边想象着破坏方式，边进行计算的虚功法也是很有效的。

➔ 虚功法的计算方法

利用外力 W 的功与内力 U 的功相等来进行计算的方法即为虚功法。学习过高中物理的人应该学到过，功为“力 × 位移”。弯矩的情况下也相同，为“弯矩 M× 变形角 θ”。只要记住这一点，就能够算出最终（坍塌）时的外力。

来看下页上图中简单的两端固定的梁。两端固定梁的破坏，需要出现三处转折点。请设想两端固定的弯矩图，由于端部与中部的弯矩变大，在感觉上应该能够理解这几处会成为转动铰点。那么，想象这三处成为铰点的情况。

由于转折点间为直线关系，假如两端部的回转角为 θ，则中央部为 2θ。于是，加载于梁中部的外力使得梁产生 σ 形变。在这里，假定 σ 为微小的形变，则 σ 与 $L\times\theta$ 相同。

外力施加的功，表示为下页①式。作为普通梁，其两端与中央的最终弯矩相同，内力施加的功，表示为下页②式。由于内力与外力的功相同，通过①式与②式就可以算出坍塌荷载。

虚功法未必能够算出坍塌荷载的正确值。这种方法被称为下限定理，需注意其算出的结果低于真正的数值。

memo
在计算机能够计算极限水平承载力之前，人们常用虚功法与节点分配法来计算极限水平承载力。框架部分用节点分配法，剪力墙部分用虚功法，将计算结果相结合，来计算框架剪力墙结构的极限水平承载力。

ⓘ 用虚功法求坍塌荷载（两端固定梁）

①采用虚功法时，首先假设塑性铰点的位置

在下图中，梁的全塑性力矩为 M_p。由于此梁为 2 次超静定结构，出现三处塑性铰点即会坍塌。由右图，可知塑性铰点可能出现在 A，B，C 三处。

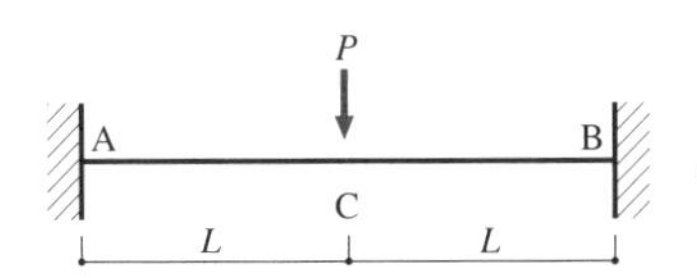

下图为两端固定的弯矩图（圆圈处为可能出现铰点的位置）。

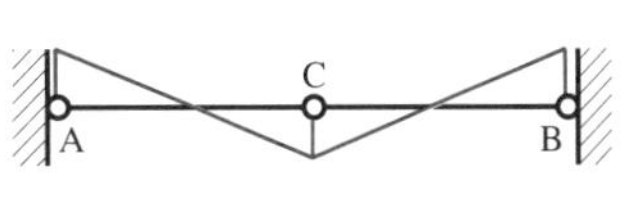

②用虚功法求坍塌荷载

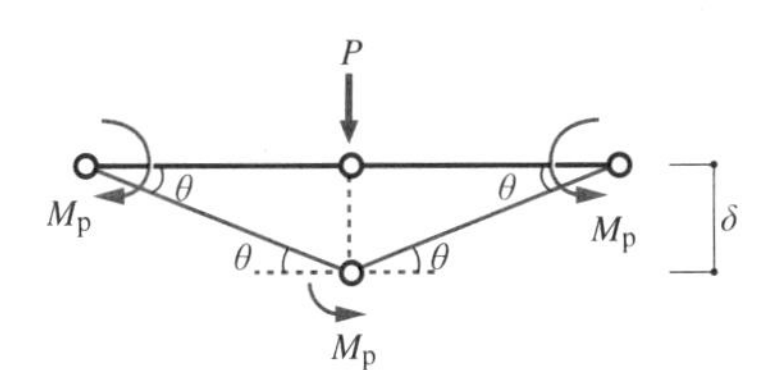

外力功：$W_1 = PL\theta$ …①

内力功：$U_1 = M_p\theta + M_p2\theta + M_p\theta$ …②

由于外力 W_1 = 内力 U_1

$$P = \frac{4M_p}{L}$$

坍塌荷载为 $4M_p/L$。

ⓘ 用虚功法求坍塌荷载（框架结构）

例题 用虚功法，求下面框架结构的坍塌荷载 P。

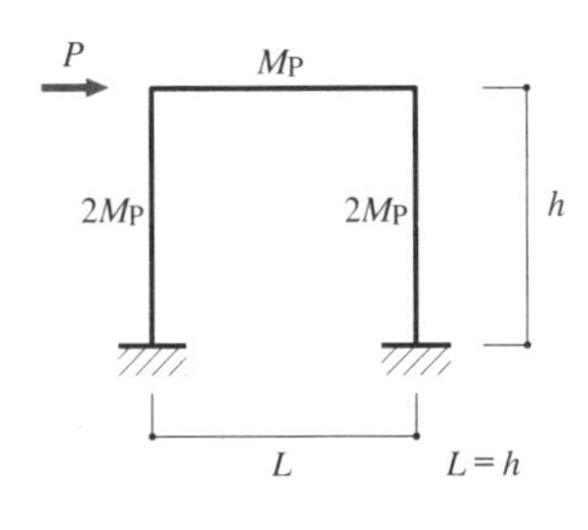

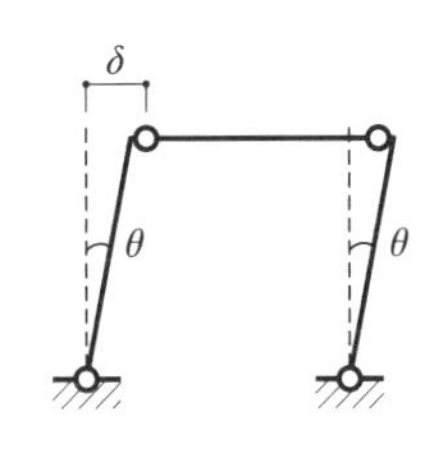

解答

外力功：$W_1=P\delta$ —— ①用力与变形求外力功。

内力功：$U_1 = (2M_P\theta + M_P\theta)\times 2$ —— $\delta = L\theta = h\theta$ —— ②接着利用弯矩与角变形求内力功

由外力功 W_1 = 内力功 U_1

$$P\delta = (M_P\theta + M_P\theta)\times 2$$

$$Ph\theta = 3M_P\theta\times 2$$

$$Ph = 3M_P\times 2$$

$$P = \frac{6M_P}{h}$$

③通过① = ②（外力功 = 内力功），求坍塌荷载 P。

59 荷载增量法

程序计算采用的荷载增量法是什么?

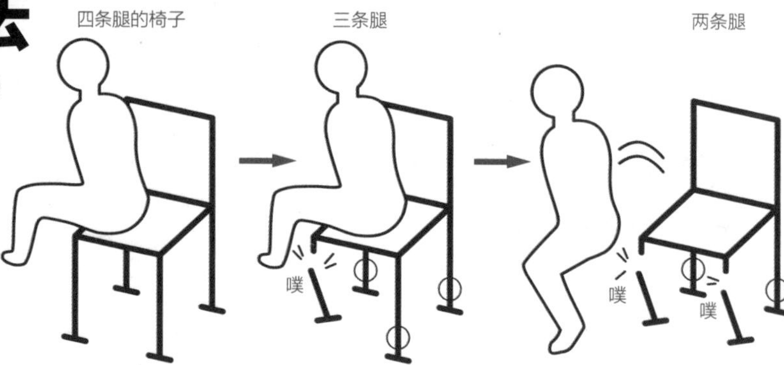

椅子一条腿折断依然能够站立，两条腿折断则不能坐了。

!这是一种用于验证地震时建筑物安全性的计算方法!

荷载增量法，是能够有效把握大地震时建筑物安全性的方法。除此之外还有节点分配法，虚功法等多种方法，但荷载增量法是目前最常用的方法。

➔ 研究极限水平承载力的代表性手法

为使用荷载增量法，有必要理解极限水平承载力的概念（参见 108 页）。建筑物的构件，受到较大的力（水平力）会损坏。一般情况下，在构件设计时，使其在弯矩作用下可以损坏，在剪力作用下不会损坏，在弯矩作用下损坏的部分，会成为塑性铰。

具体来说，大梁的两端，柱头和柱脚会产生塑性铰。如果是单纯的门式框架结构，在大梁两端与柱脚产生塑性铰时，其就会倒塌。其倒塌时的荷载被称为极限水平承载力。

➔ 荷载增量法的计算过程

在荷载增量法中，通过外力分步加载，来跟踪构件中产生塑性铰的过程。如果采用较大的荷载增量步来计算，很多位置会同时产生塑性铰，造成计算程序停止工作，所以要尽量将荷载细分进行分步计算。

通过追踪各个荷载步骤，可以得知最初梁的一端产生塑性铰，最终柱脚产生塑性铰这一坍塌过程。除此还可以知道，在达到预期的水平力时，结构是增加少许荷载就会产生急剧变形，还是还有些承载余地。由此我们能够了解满足设计极限水平承载力时，结构实际的安全余量如何。

memo
构件受力时，起初其变形随外力的变大成比例变大，但最终即使增加微小的力，其变形也会非比例的大幅增加。这种非比例的大幅变形被称为屈服。

①构件的情况

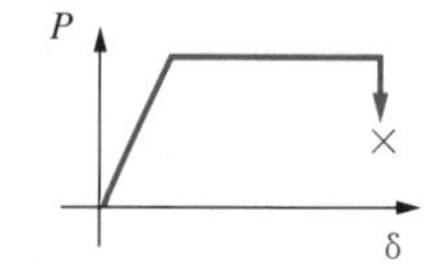

②建筑物的情况

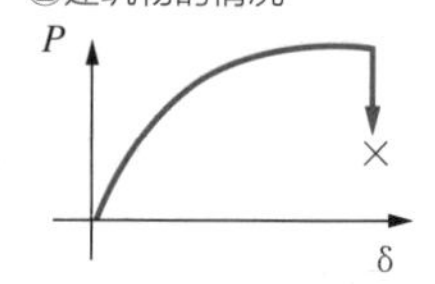

构件与建筑都会产生变形，这种变形像下页上图一样被模型化进行计算。

通过荷载增量法计算得到的极限水平承载力高于设计极限水平承载力时，建筑物的结构安全有所保证，同时重要的是，它展示了结构经历了怎样的坍塌过程。

① 荷载增量法的计算系统

如图可知，构件损坏（产生塑性铰）时，结构整体刚度变小，图中线的倾角变大。

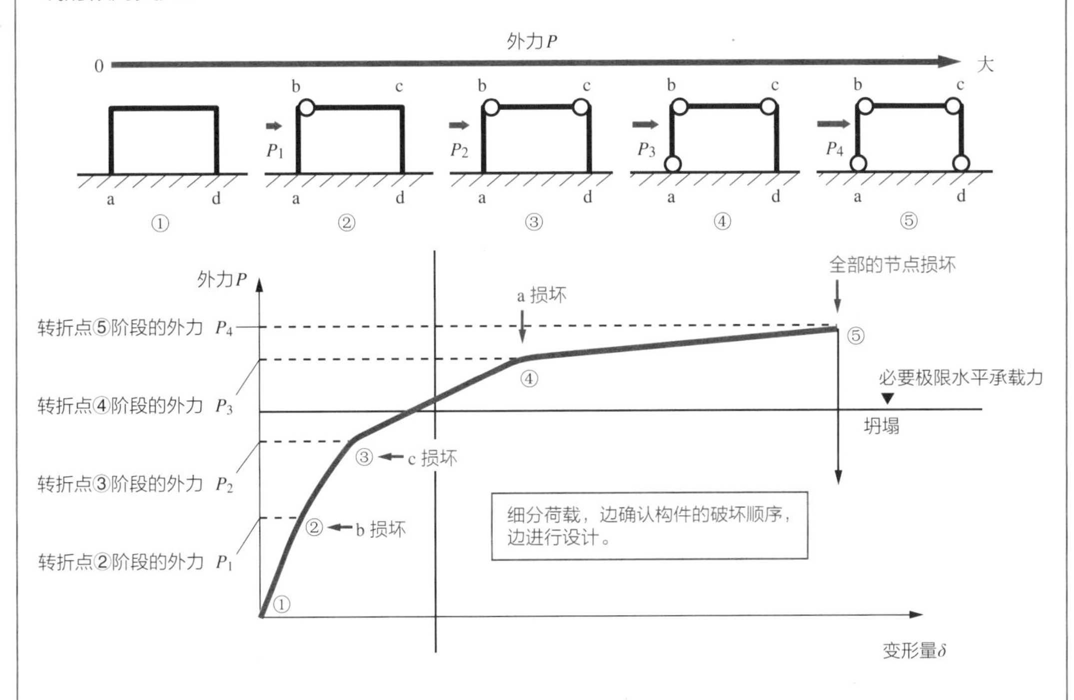

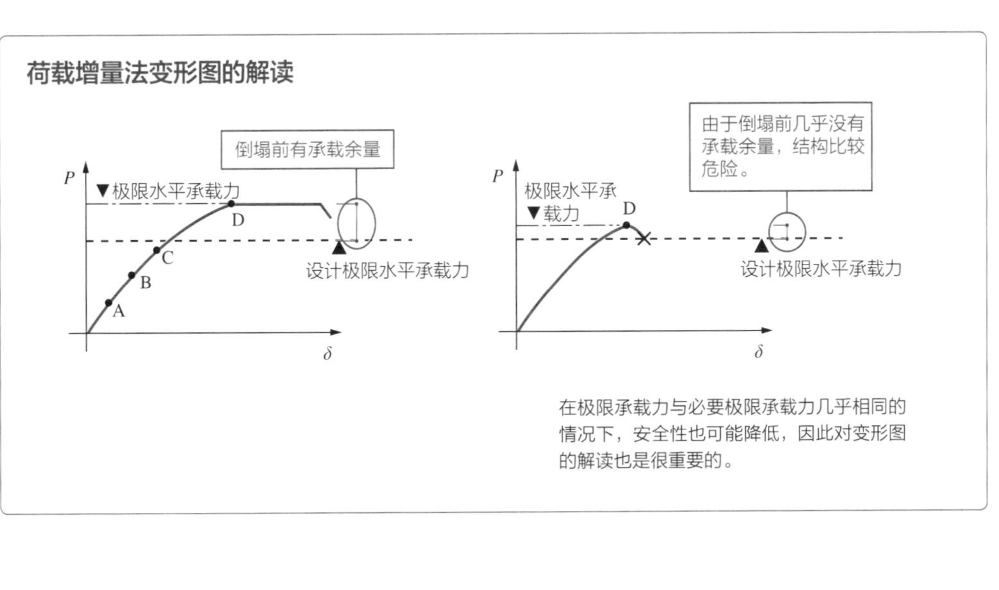

column 02

记住常用的希腊字母与符号

记住汇总的各种符号

力

N：轴力
M：弯矩
Q：剪力

N：Normal kraft（德）轴力
M：Moment（德）弯曲
Q：Querkraft（德）剪切

应力

σ_c：压应力
σ_t：拉应力
σ_b：弯曲应力
τ：剪切应力

c：compression（压缩）
t：tension（拉伸）
b：bend（弯曲）

允许应力

f：允许应力
f_c：允许压应力
f_t：允许拉应力
f_b：允许弯曲应力
f_s：允许剪切应力
f_k：允许屈曲应力

f：force（力）

s：shear force（剪力）
k：knicken（屈曲）

其他建筑结构中的常用符号

A：截面积
E：弯曲弹性模量
e：偏心距
F：材料基准强度
G：抗剪弹性模量
H：水平反力
h：高度
I：惯性矩

i：回转半径
K：刚度
k：刚度比
l：跨度
l_k：屈曲长度
P：力
P_k：屈曲荷载
R：反力

S：面积矩
V：垂直反力
W：荷载
w：均布荷载，等变均布荷载
Z：剖面系数
δ：挠度
ε：纵向变形度

$\theta \cdot \varphi$：角度·挠度角·节点角
Λ：极限长细比
λ：长细比

chapter 3 结构计算

60 应力计算

应力计算的方法有哪些?

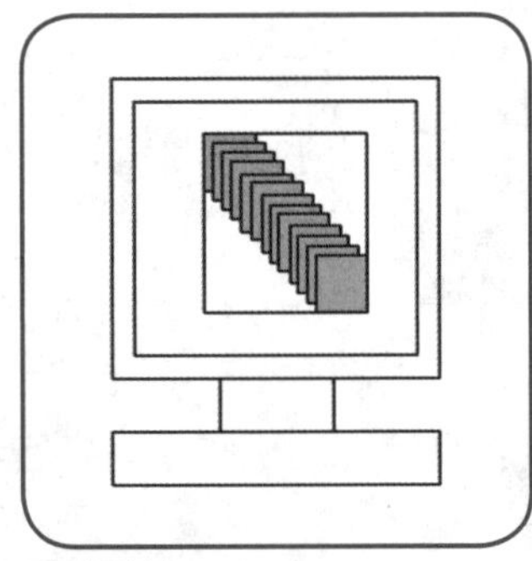

刚度矩阵法

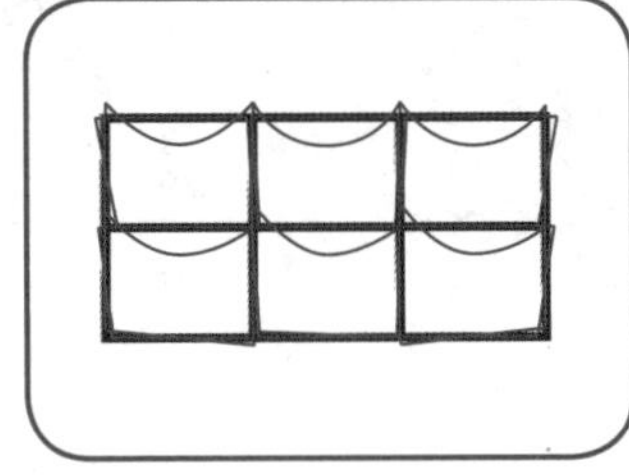

弯矩分配法

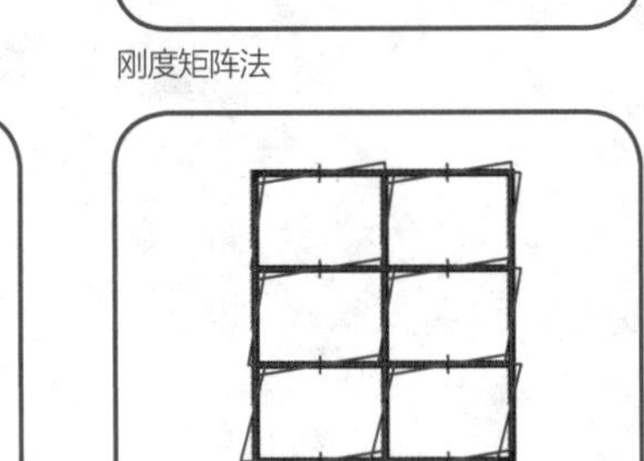

D 值法

除右图三种方法以外，还有挠度法!

为确保建筑的安全性，有必要确认在假定外力作用时，各柱与梁中会产生怎样的内力。内力计算的方法多种多样，现在使用计算机求解的矩阵法较为普遍。在计算机的辅助下，即使不理解程序的内在机制也能够进行内力计算。但是，为了判断计算结果是否正确，在哪些部位设置柱更为有效，柱与梁的尺寸做到多少较为妥当，在进行结构设计时，有必要对这些基本的计算方法有所理解。

计算内力的结构计算方法

基本的结构计算方法有挠角法，挠角法为通过部件端部产生的弯矩与变形角算出内力的方法。虽然能够算出正确的内力，但对于规模较大的结构进行计算时非常复杂，为此人们开发了较为简便的方法。计算由竖向荷载产生的应力时，常用弯矩分配法。首先计算负担荷载的梁产生的内力（固定端弯矩、剪力），再将此弯矩按邻接的柱与大梁的刚度比进行分配及展开计算。此外，水平力所产生内力的计算方法为 D 值法。在 D 值法中，首先根据柱及与柱相连的梁的刚度比，将水平力分配于各柱上，再根据被分配的剪力与柱长算出其产生的弯矩，继而向大梁进行分配。

之前说到的刚度矩阵法，是通过各个构件的刚度矩阵，求出总刚矩阵，并将其与外力相匹配，通过行列式求解得出内力的方法。计算机技术的发展使得求解大规模矩阵成为可能，所以这种方法得到普及，有限元法就是刚度矩阵法的一种。

memo

结构计算包括荷载的计算，恒荷载、活荷载、以及其他外力带来的内力计算，截面计算等。现在，这些计算基本全部都使用计算机来完成。进行结构综合计算任务的程序被称为整体分析程序。现在的分析程序几乎都具有整体分析能力。只要输入结构形式、外荷载等信息，就能够算出主结构的允许应力、保有水平耐力等。只能够计算荷载或截面等特定任务的结构计算程序被称为专项计算程序。

ⓘ 计算结构物内力的方法

内力计算的基本想法

①将构件简化为线性杆件；
②表达部件端部的力（弯矩）与变形（位移角）的关系；
③将各节点的外力与变形的关系进行表达。

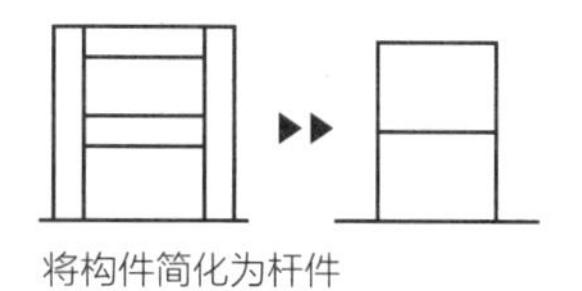
将构件简化为杆件

计算应力的主要方法

挠角法	基本的解法。方程式随建筑层数的增多而增多，求解时间变长。
弯矩分配法	以前求竖向荷载下内力的常用方法。
D 值法分析	分析多层建筑的简单计算方法，求解水平力作用下的内力时经常使用。
矩阵法	计算机使用的计算方法，也可用于求解静定结构物，是目前最常用的计算方法。

ⓘ 使用计算机进行内力计算（刚度矩阵法）

使用计算机进行内力计算，需将建筑模型化，并输入计算机中。

建筑的模型化

结构躯体

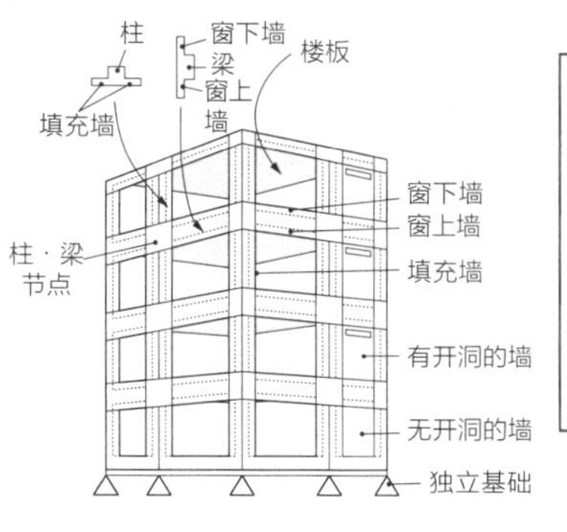

将建筑结构物定义为构件（柱，梁，墙壁，楼板，基础）等与其连接节点的集合体，由此开始将建筑物模型化。如使用有限元法（FEM），通过这种方式的模型化即可进行计算。

转换为线性构件

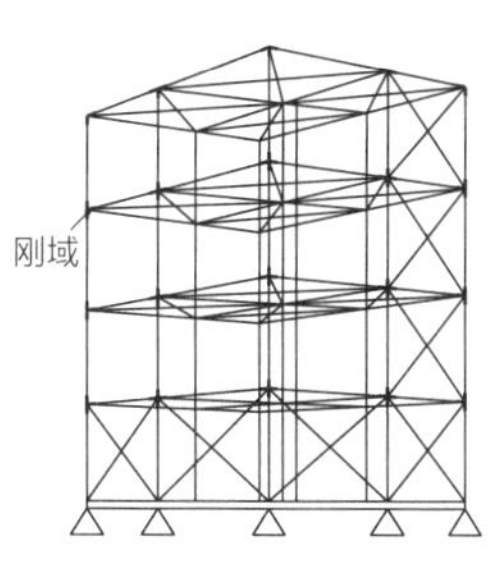

将模型进一步简化。将有填充墙的柱，窗下墙/窗上墙的刚度考虑在内，转换为线性构件。将柱与梁的节点处理为无变形的刚域。同时将墙壁、楼板模型化为等刚度的线性构件（支撑），并利用计算机计算。

根据计算机计算

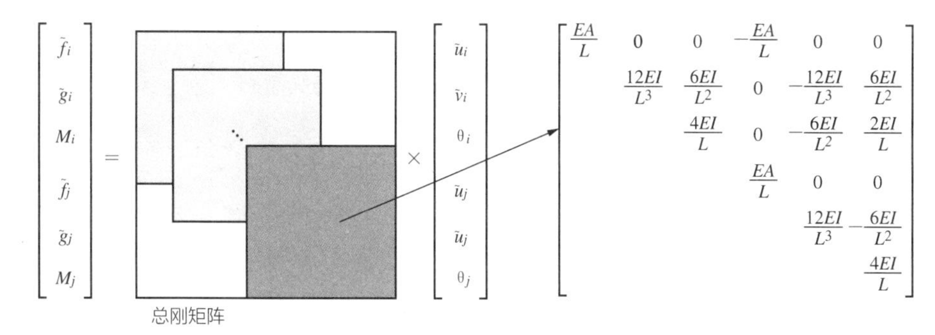

在计算机中进行下述计算：
$\{P\}=[K]\{\delta\}$

结构基础
结构力学
结构计算
结构设计
抗震设计

61 截面计算

什么是截面计算?

通过计算构件的截面性能来确保安全性!

➔ 什么是截面计算?

所谓截面计算，本质上是指对柱、梁等构件的安全性进行确认。由于构件的截面性能对安全性有很大影响，所以要通过截面计算来确认构件“施加多大的荷载会破坏”，或“相对于假定的荷载是否安全”。

以下是截面计算的顺序。首先，通过内力计算，确认待复核的构件截面中产生了多大的内力。接着，确认对于算出的内力，构件的承载力是否留有安全余量。具体方法会在各不同材料的截面承载力计算章节进行说明，相应章节中会对不同材料的截面承载力计算方法给予相应的解说。

➔ 材料种类不同对应的截面计算方法也不同。

钢结构的截面计算，如果以不产生屈服为前提，是比较简单的。相对于压力或拉力，用截面积或截面模量算出应力，确认其是否在允许应力以下。木结构的算法是相同的。

在钢筋混凝土结构中，由于混凝土截面中有钢筋，计算方法变得稍复杂。简而言之就是混凝土承担压力，钢筋承担拉力。

➔ 永久与偶然荷载对应的截面计算方法不同

进行截面计算时，需要对永久与偶然荷载需要分别进行安全性确认。永久荷载作用下的安全性，主要是确认相对于重力荷载产生的内力的安全性；偶然荷载安全性，主要是确认相对于地震，风等偶然施加于建筑物的荷载的安全性。

memo

在本章节中，对“构件的安全性 = 损坏或不损坏”进行了说明。设计时不仅要确保构件是否破坏的安全性，还要对正常使用性能有很大影响的变形（挠曲,振动？）能力加以确保。弯曲过大会带来多种不便，比如导致桌子倾倒，铅笔掉落，或人即使走动也会产生摇晃。

什么是截面检查

与“截面计算”相类似，有“截面检查”这一词语。相对于构件的承载能力，确认外荷载产生何种程度的内力被称为截面检查，即确认外荷载所产生内力与构件承载力的比值是否达到 1.0。

“内力”是构件中产生的力,“应力”是内力在构件局部产生的效应!

① 不同种类材料的截面计算要点

所谓截面计算，是指以作用于截面上的力为基础，计算柱与梁的尺寸·配筋·截面形状，从而确定截面的大小与配筋。材料不同，截面计算的方法也不同。在截面计算中，规定了下述影响因素

钢筋混凝土结构

①钢筋的种类
②钢筋直径·根数
③截面尺寸
④混凝土种类
⑤构件长度

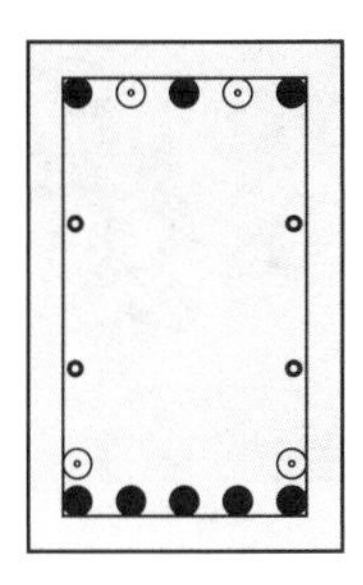

钢结构

①钢材的种类
②截面尺寸
③构件长度

木结构

①树种
②截面尺寸
③构件长度

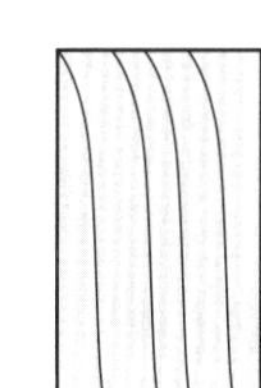

① 截面计算的方法

钢筋混凝土的算法

承受弯矩 M 的梁截面计算，通过允许拉应力等求必要钢筋面积 a_t，进而确定配筋。

$$a_t = \frac{M}{f_t \times 0.875d}$$

└ 应力中心间距 j

a_t: 必要钢筋面积
M: 弯矩
f_t: 允许拉应力
d: 有效截面高

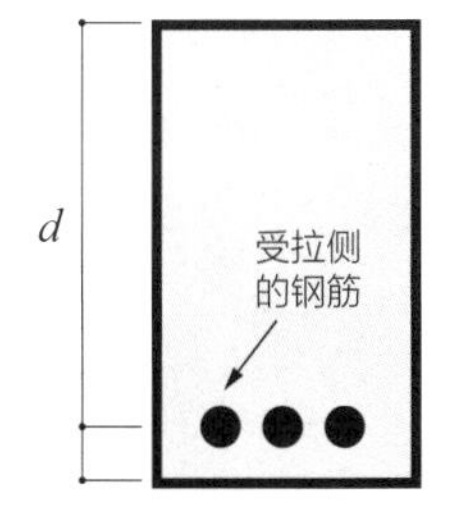

常用钢筋种类	允许拉应力（永久荷载）	允许拉应力（偶然荷载）
D13、D10、SD295A	f_t = 196 N/mm²	f_t = 295 N/mm²
D22、D19、D16、SD345	f_t = 215 N/mm²	f_t = 345 N/mm²

纵向钢筋截面积（mm²）

D10	D13	D16	D19	D22
71.3	127	199	287	387

必要钢筋面积除以纵向主筋截面积，求出必要根数。

木材和钢材的算法

构件截面的弯曲应力 σ_b 需要在永久（偶然）允许应力 f_b 以下。

$$\sigma_b = \frac{M}{Z} \leqq f_b$$

M: 弯矩
Z: 截面模量
f_b: 永久荷载对应的允许弯曲应力（下表）

材料种类		永久荷载作用下的允许应力	偶然荷载作用下的允许应力
钢	SS400	f_b = 160 N/mm² *	f_b = 240 N/mm² *
木材	无等级	f_b = 10.3 N/mm²	f_b = 18.7 N/mm²

*注：钢抗弯构件的设置方法不同，允许应力的数值也会有所变化。

62 钢筋混凝土梁的截面计算

RC梁设计的关键要点是什么？

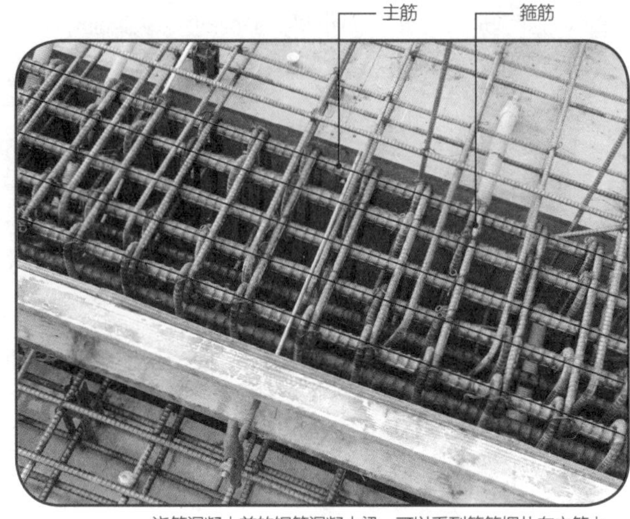

浇筑混凝土前的钢筋混凝土梁，可以看到箍筋捆扎在主筋上。

截面计算（确定钢筋的直径与根数）

钢筋混凝土梁（RC 梁）受弯矩作用时，混凝土承担压力，钢筋承担拉力。进行梁的截面计算时，需要考虑弯矩与剪力。

➔ 确认 RC 梁的安全性的方法

为确认 RC 梁的安全性，首先要考虑是受拉钢筋的量（剖面积）。受拉钢筋的剖面积乘以允许应力（参见 133 页），就可以得到钢筋部分的允许拉力。在受压的混凝土中，总压力等同于钢筋的允许拉力，压应力分布于右图所示长方形的面积内。分布着压力的长方形型心与受拉钢筋间的距离被称为内力臂（j），通过（7/8）d（d：有效截面高度）算出。“钢筋的允许拉力”乘以“内力臂”，求得梁的允许弯矩。梁中产生的弯矩比允许弯矩小的话，即可确认其是安全的。已知配筋的 RC 梁截面计算多用这个非常简便的公式。受压的混凝土应力，虽然实际上并非简单的均布，但使用（7/8）d 作为内力臂的长度，即使不考虑压应力的真实分布情况，也基本没有问题，这一点已通过实验得以确认。

但是，上述的梁允许弯矩计算方法，是在受压混凝土比受拉钢筋强（适筋比例以下）的情况下使用的方法。如果钢筋量变多，由于混凝土内的压应力（边缘压应力）会超过混凝土的允许应力，所以 RC 梁的允许弯矩由混凝土的允许压应力决定。这种情况下，利用下页的图表，可以算出 RC 梁的必要钢筋量。

产生弯曲的RC梁

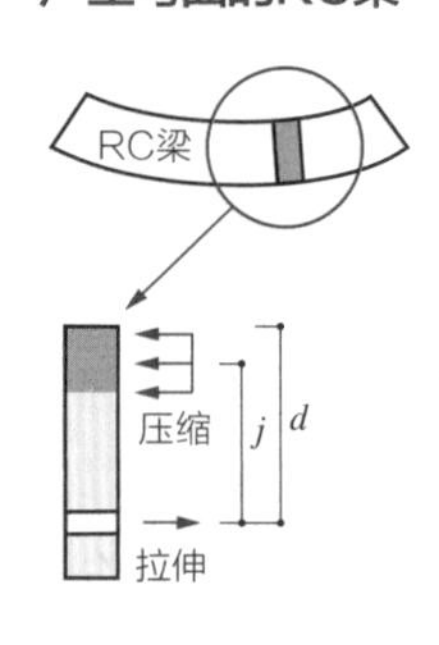

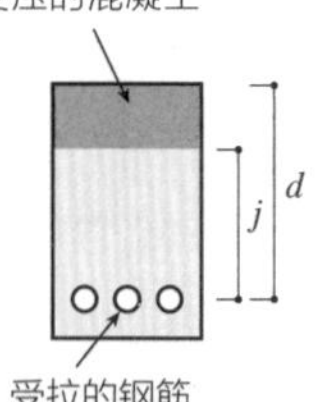

j：内力臂（应力中心间距离）
d：有效截面高度（从压缩边缘到钢筋的距离）

memo

近年来，随着混凝土研发的进步，强度超过钢铁的超高强度混凝土也出现了。但目前还是在几乎所有的混凝土构件中采用异形钢筋负担拉力。此外，在混凝土中加入玻璃纤维或钢丝等纤维材料来提升抗拉性能混凝土也处在研发之中。

ⓘ RC 梁的截面计算

RC 梁中产生弯曲的时候，梁截面内会产生压力与拉力。
压力由混凝土、钢筋承担，拉力由钢筋承担。所以，梁的弯曲强度由钢筋的位置、直径、根数决定。

截面计算中的基本假设

①混凝土没有抗拉能力（实际存在，忽略）；
②材料弯曲后各剖面依然保持平面状，混凝土的压应力度与距中立轴的距离成正比（平截面假定）。

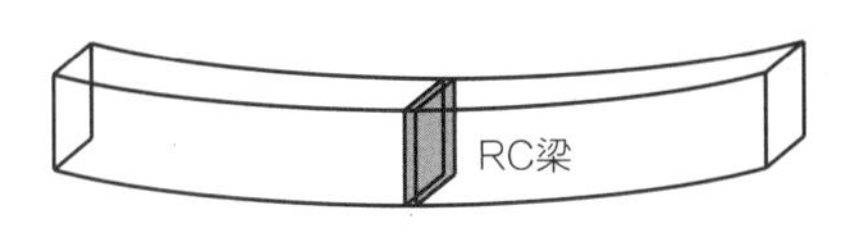

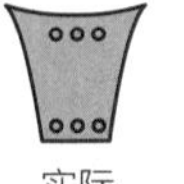

实际　　平截面假定

③钢筋与混凝土的杨氏弹性模量比（模量比 n），与混凝土的种类，是否为永久或偶然荷载等因素无关，始终保持一致，仅根据混凝土的设计强度 F_c 确定（右表）

钢筋杨氏模量比 n

混凝土设计强度 F_c（N/mm²）	杨氏模量
$F_c \leqslant 27$	15
$27 < F_c \leqslant 36$	13
$36 < F_c \leqslant 48$	11
$48 < F_c \leqslant 60$	9

混凝土的 F_c 不同，相应的杨氏模量会不同，所以钢筋与混凝土杨氏系模量的比率（= 杨氏模量比）也就不同。

注：杨氏系数是表达材料坚硬程度的数值，对于钢筋为一定值。

梁的截面计算方法

允许弯矩 M_a 的确认

对于假定梁的截面，在适筋比以下进行设计时，根据下式求梁的允许弯矩 M，进而求出必要钢筋量。

$$M_a = a_t \times f_t \times j \qquad j = \frac{7}{8} \times d$$

M_a：梁的允许弯矩
a_t：受拉钢筋截面积
f_t：钢筋的允许拉应力
j：内力臂长度
d：有效截面高度

▶

配筋条件的确认

梁的配筋要满足以下条件：
- 受拉钢筋配筋率（a_t/bd）在 0.004 以上（或与存在应力的 4/3 倍相比，其中较小的值以上）
- 全跨度的主要梁采用复筋梁。
- 主筋直径 13 以上需采用带肋钢筋。
- 主筋间距需大于 25mm，且大于钢筋直径的 1.5 倍。
- 除特殊情况，主筋的配置在两层以下。
- 确认保护层厚度。

ⓘ 超过适筋比时的必要钢筋量

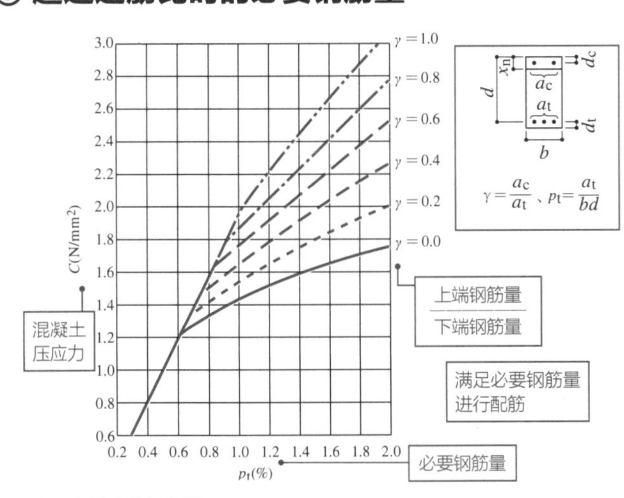

矩形梁的必要钢筋量 p_t
（F_c = 24 N/mm², SD 345, d_c = 0.1d, 杨氏系数 n = 15）

受拉钢筋配筋率超过适筋配筋率时，根据混凝土的允许压应力决定必要钢筋量

混凝土受压边缘应力达到允许压应力的同时，受拉钢筋达到允许压应力，当满足上述条件时受拉钢筋截面积与混凝土梁截面积的比值被称为适筋配筋率。

63 钢筋混凝土柱的截面计算

RC柱设计的关键要点是什么?

框架结构的 RC 柱

！同时考虑轴力与弯矩

钢筋混凝土建造（RC 造）柱的截面计算，与梁不同，变得相对复杂。关键点在于，需要同时考虑轴力与弯矩对截面进行计算（配筋）。

➔ 梁与截面计算的不同

梁中的内力主要为剪力与弯矩，对于柱，除剪力、弯矩以外，还要加上建筑重量所产生的很大的轴力，这与梁有很大的不同。轴力使得截面计算的公式变得复杂。虽然实际工作中，几乎都采用计算机而不用手算，但以前曾使用函数计算器或下页下部的图表进行截面计算。本书中，省略了详细的公式。

➔ 利用 M–N 曲线的 RC 柱截面计算方法

对混凝土柱的受力性质应该所了解，下页中有模式化的图表。图表被称为 M–N 曲线。也有只看图表上半边而称之为“乳房曲线”的人。这张图表告诉我们，RC 造的柱子，受拉时的允许应力较小。在受压时，混凝土剖面可以承担压力所以其允许压力较大，此外受压时钢筋也会参与受力，所以必然使其抗压能力提高。进行内力计算时，当柱的轴力为拉力时需要特别注意。一般来说，在设计时要避免在柱的任何截面中产生拉力。

虽然前文说过受压时较为安全，但对于超高层建筑，其轴力非常大，所以其受压的状态决定了柱的性能。抵抗轴力的性能无法得以确保时，会在柱的中央配置被称为芯柱钢筋的钢筋。

RC柱的基本假定

①混凝土没有抗拉能力（实际存在，忽略）
②材料弯曲后各剖面依然保持平面状，混凝土的压应力与距中性轴的距离成正比（平截面假定）
③钢筋与混凝土的杨氏模量比（杨氏模量比 n），与混凝土的种类，荷载类型（永久或偶然）无关，与梁的杨氏模量比相同，也是由混凝土的设计强度 F_c 确定。

复杂柱的应力计算

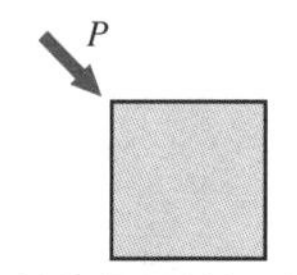

RC 柱的截面计算，实际上更为复杂。梁只要考虑竖向的力即可，对于柱，地震力从 45 度方向加载的情况也不得不考虑。其产生的内力为主方向的弯矩的 $\sqrt{2}$ 倍，或向下式一样对两个主方向的内力组合后进行设计。

$$M_s = \sqrt{M_x^2+M_y^2}$$

① RC 柱的截面计算方法

RC 柱，同时受轴力 N 与弯矩 M 作用。

⇒ 中性轴的位置随轴力的影响而变化

⇒ 同时考虑 N 与 M 进行截面计算

对 X 方向，Y 方向的永久及偶然荷载分别进行计算，从而决定截面柱。

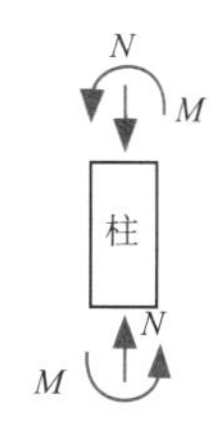

内力的确定

柱同时受轴力与弯矩，允许轴力 N 与允许弯矩 M 共同形成下图所示 M-N 曲线*。

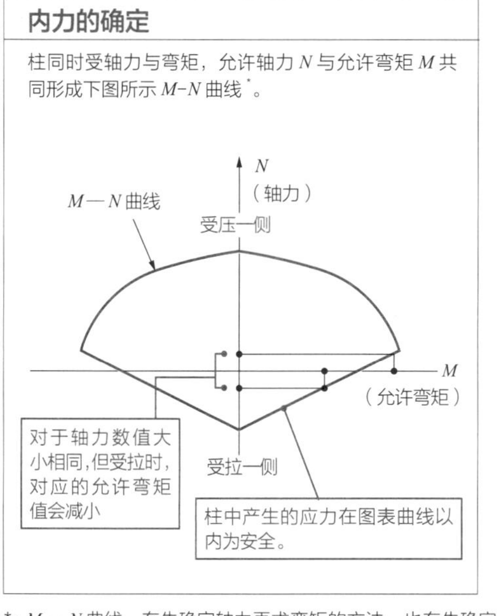

条件的确认

除了截面计算，以下条件也需满足：

- 全截面柱钢筋面积与混凝土全截面面积的比应在 0.008 以上。
- 柱的最小边长与其侧向支点间距离的比，使用普通混凝土时应大于 1/15 以上，使用轻质混凝土时应大于 1/10。（如小于上述数值，内力要以一定的比例进行设计）
- 主筋需要采用直径 13mm 以上的带肋钢筋，且至少 4 根，主筋通过带筋（此处不清楚含义）相互连接。
- 主筋间距需大于 25mm，且为钢筋直径的 1.5 倍以上。
- 设计中要确保盖帽的厚度。这个不清楚含义。

*：M － N 曲线，有先确定轴力再求弯矩的方法，也有先确定偏心距离 e（通过原点的直线的角度），再求允许轴力，从而通过 $M=Ne$ 求出弯矩的方法。

① 过去曾用曲线图进行截面计算

柱的永久弯矩－轴力的关系

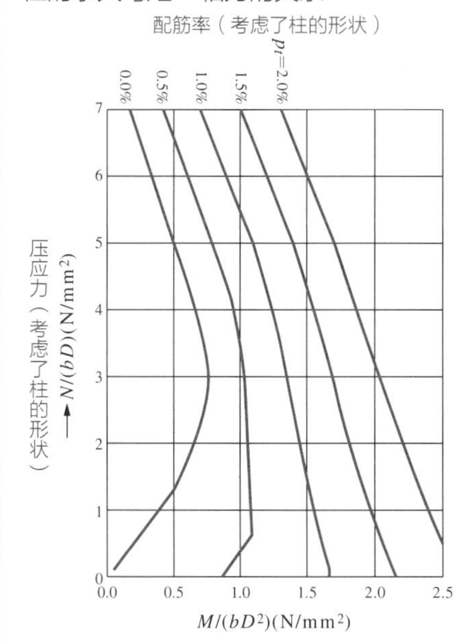

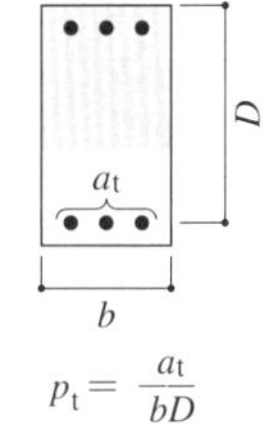

$$p_t = \frac{a_t}{bD}$$

手算 RC 柱的时候，同时考虑柱的形状、钢筋的根数、轴力与弯矩后，采用曲线图进行计算。确定钢筋量。

虽然左上所示曲线图为对应永久荷载的曲线图，但关于偶然荷载的 X、Y 方向，也有相应算法。

对压力有效的芯柱钢筋

在高层建筑中，对于提高抗压能力，设置芯柱钢筋很有效。

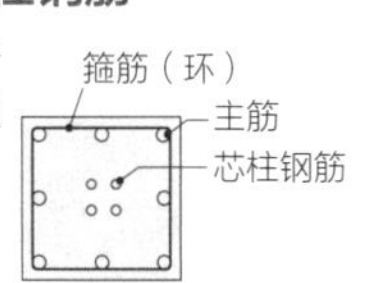

结构基础
结构力学
结构计算
结构设计
抗震设计

64 钢筋混凝土楼板的截面计算

RC楼板的设计方法是什么？

施工中的RC楼板（上图），施工后，楼板上放着各种各样的东西（下图）。

！四边固定板的内力与挠度计算！

➔ 楼板变形与挠度的计算方法

通常的钢筋混凝土楼板，四边被梁约束。绝大多数情况下，由于梁的刚度比楼板高，所以把楼板作为四边固定的单元（四边固定板）来进行内力与变形（挠度）分析，通过内力来计算确保楼板强度的必要钢筋量。挠度还可以通过图表等工具求得，在截面计算中，要控制与跨度相对应的挠度在规范的允许值（1/250）以下。

此外，计算挠度时要考虑蠕变。蠕变是指随时间推延挠度增加的现象。在基准法中，对于钢筋混凝土，计算挠度的16倍为“考虑蠕变后的楼板挠度”，这一数值被规定为要在楼板跨度的1/250以下。

➔ 楼板设计的注意点

如果楼板与梁的边界条件变化，计算公式也会变化，这点需要注意。比如，楼板的短边与长边的跨度比小于1：2时，或使用组合楼板时，则不能将其考虑为固定在四边梁上的板，而要将其考虑为固定于一个方向上的楼板（单向板）进行内力与变形（挠度）的计算。

此外，使用half PCa板或组合楼板，楼板的刚度比梁的刚度高的时候，有把楼板的端部考虑为铰接进行内力计算的情况。另外，上述板材作为临时构筑物使用时，由于没有浇筑混凝土，其刚度较设计时的假定刚度低。所以，将其作为施工用楼板等情况时，也需要对其施工阶段的强度，变形量等进行确认。

memo

大部分混凝土楼板在设计中可以考虑为四边固定，但以下情况需要稍加注意。楼板连续的情况下没有问题，但由于高差等原因造成楼板不连续时，梁会产生较大的扭转，有必要针对梁的扭转进行设计。

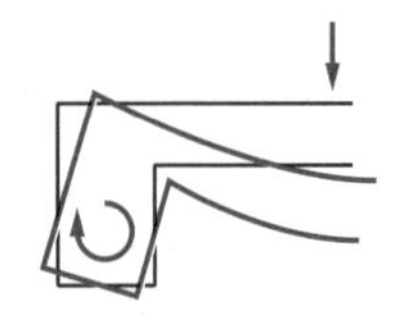

板使梁转动。

单向板的例子

下图为跨度比小于1:2时，作为单向板进行内力与挠曲的计算。

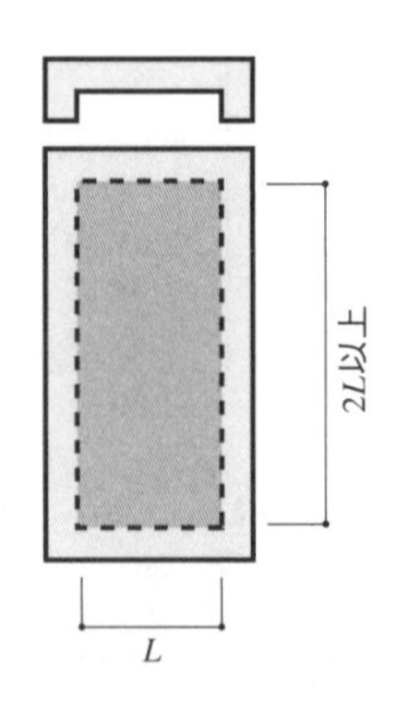

① 楼板设计方法

求内力（四边固定板的公式）

注：《钢筋混凝土结构计算规准》（日本建筑学会）上的规定公式

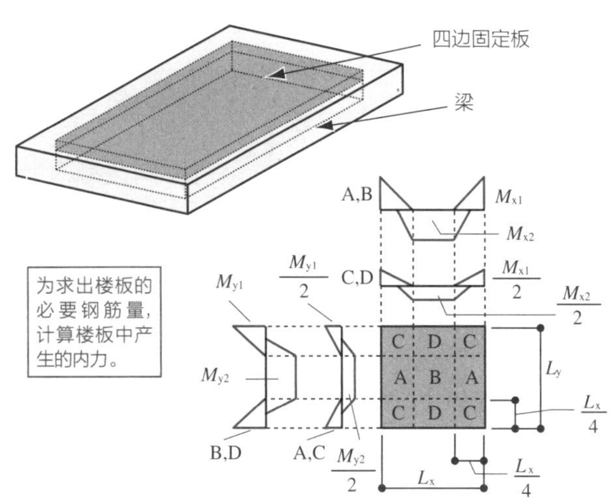

$$M_{x1} = -\frac{1}{12}w_x \times L_x^2$$

$$M_{x2} = \frac{1}{18}w_x \times L_x^2 = -\frac{2}{3}M_{x1}$$

$$M_{y1} = -\frac{1}{24}w \times L_x^2$$

$$M_{y2} = \frac{1}{36}w \times L_x^2 = -\frac{2}{3}M_{y1}$$

$$w_x = \frac{L_y^4}{L_x^4 + L_y^4}w$$

M（x_1, x_2, y_1, y_2）：x_1, x_2, y_1, y_2 的弯矩（N·m）

L_x：楼板的短边长（m）

L_y：楼板的长边长（m）

w：均布荷载（N/m²）

确认挠度（钢筋混凝土）

考虑蠕变，算出挠曲量，设计保证 δ/L 在允许值以下

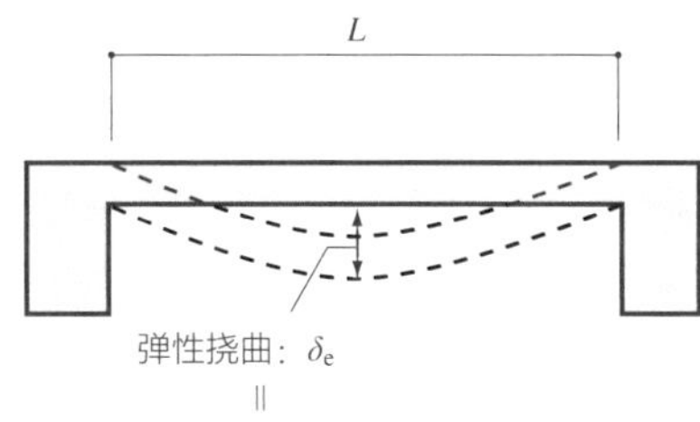

弹性挠曲：δ_e

‖

通过计算求出的变形。使用曲线图或计算程序进行计算。

$$\delta = 16 \times \delta_e$$

$$\frac{\delta}{L} \leqslant \frac{1}{250}$$

① 长方形板的内力图与挠曲

过去计算机技术不发达，所以使用图表进行板的内力计算。右图是四边固定板的理论解与学会公式的曲线图，可以清楚看出长短边比超过 2 后，内力变为一定值。

均布荷载四边固定板的内力图与中央点的挠度 δ

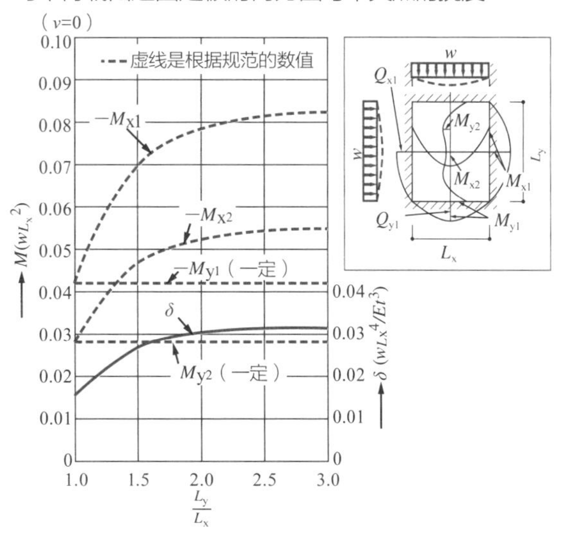

（出处：《钢筋混凝土结构计算用资料集》，日本建筑学会）

65 钢筋握裹力的计算

什么是握裹力?

力传递至钢筋与混凝土，再进一步传向钢筋。

！将钢筋的力传递至混凝土的力!

➔ 随设计而变化的钢筋握裹力

钢筋通过压接，熔接或栓接进行连接时，其力的传达很明确。但是，若要将所有的钢筋相接，施工过于复杂，所以在内力较小的楼板和墙壁中的细钢筋，将接头重叠，通过钢筋与混凝土间的握裹力进行力的传递。

在大梁中，端部与中部随内力不同会增减钢筋量，这些不连续的钢筋，借由混凝土通过握裹力在钢筋间传递内力。此外，插入柱中大梁的钢筋，也是通过与混凝土间的握裹力将力传递至柱的钢筋。

➔ 握裹强度的计算方式

对于握裹强度，如下页上方的公式（必要锚固长度公式）所示，产生于钢筋上的力，除以钢筋周长与允许握裹力的乘积，来求得锚固长度。标为 K 的系数，是考虑到钢筋间的缝隙等因素的修正系数。虽然公式并不十分复杂，但由于握裹力传递需要一定的长度，所以在实际工作中进行锚固长度设计时，压力与拉力的转换位置也非常重要。由于在压缩区中无法进行受拉钢筋力的传递，所以进行内力图的读解也是必要的。

另外，关于允许握裹力，通常所说的“RC 基准”与规范的求法不同。由于 RC 规准更为安全，所以在设计者中，RC 基准一般被使用。

关于握裹力形成的机制，并不能说已经完全被研究透彻。所以今后关于握裹力的研究公式，可能还会有微调的可能性。

使用圆钢的情况

左边是关于带肋钢筋的握裹力的说明。在当代结构中，除了防止地面混凝土裂缝的钢筋，几乎都采用带肋钢筋。采用圆钢的情况下，传力机制更加复杂，弯钩部分产生的集中荷载向混凝土传力。

① 锚固长度设计的关键

跨度内受弯区的受拉钢筋，对其进行锚固长度设计时的锚固长度 l_d，与其必要锚固长度 l_{db} 与构件有效高度 d 的和相比，长度是否满足需要进行确认。

$$l_d \geqslant l_{db} + d$$

必要锚固长度由下式求得

$$l_{db} = \frac{\sigma_t \times A_s}{K \times f_b \times \Phi}$$

σ_t：需计算锚固长度所在截面位置上的短期，长期荷载产生的钢筋内力，钢筋端部设置弯钩时，取值为其 2/3。

A_s：钢筋的截面积

ϕ：钢筋的周长

f_b：允许握裹力（下记参照）

K：钢筋配置横向补强钢筋时取下面的修正系数，2.5 以下。

通过握裹力的内力传递

①搭接接头的情况

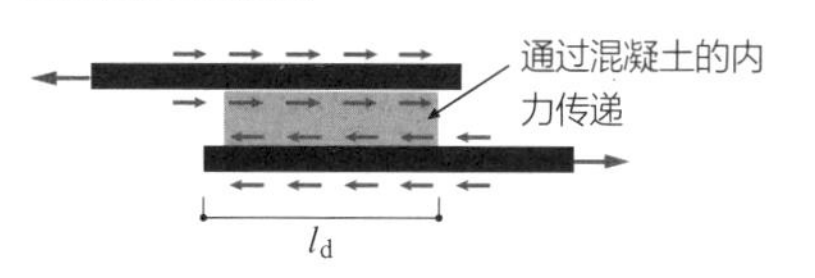

②柱梁接合部的情况

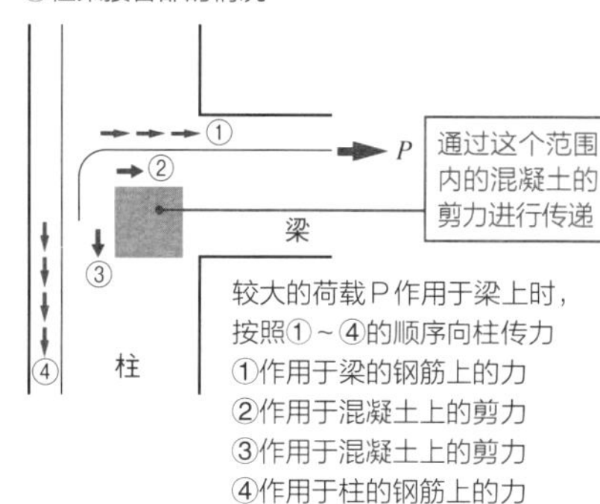

① 允许握裹力与修正系数 K 的求法

带肋钢筋的混凝土的允许握裹力

①规范规定 （N/mm²）

	长期		短期
	上部钢筋	其他钢筋	
带肋钢筋	$\frac{1}{15}F_c$ 且 $\left(0.9+\frac{2}{75}F_c\right)$ 以下	$\frac{1}{10}F_c$ 且 $\left(1.35+\frac{1}{25}F_c\right)$ 以下	长期对应值的 1.5 倍

②规范规定 （N/mm²）

	长期		短期
	上部钢筋	其他钢筋	
$F_c \leqslant 22.5$	$1/15F$	$1/10F$	长期的 2.0 倍
$F_c > 22.5$	$0.9+2/75F$	$1.35+1/25F$	

$F_c=F=$ 混凝土的设计基准强度。

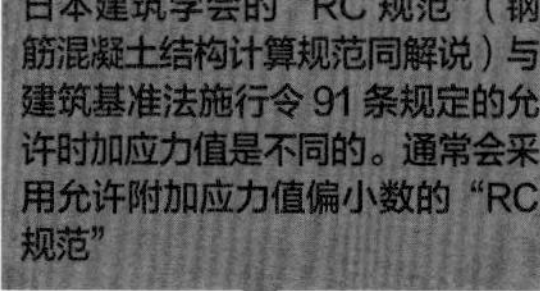

根据钢筋配置与横向补强钢筋求修正系数 K 的方法

长期荷载时 $K = 0.3 \times \frac{C}{d_b} + 0.4$

短期荷载时 $K = 0.3 \times \frac{C+W}{d_b} + 0.4$

C：取钢筋间空隙或最小保护层厚度 3 倍中的较小值，且在钢筋直径 5 倍以下；

d_b：弯曲时受拉钢筋直径；

W：换算长度，反映锚固范围内箍筋补强的效果，通过下式求得。且在钢筋直径的 2.5 倍以下；

$$W = 80 \times \frac{A_{ST}}{sN}$$

A_{st}：锚固范围内箍筋的全剖面积；

s：锚固范围内的箍筋间距；

N：锚固范围内的钢筋根数。

关于锚固长度的结构规定

- 受拉钢筋的锚固长度不能小于 300mm。
- 柱与梁（基础梁除外）的突角部分与烟囱中，钢筋末端一定要设置标准弯钩。

译者注：上述规定为日本建筑规范的相关规定，我国规范关于钢筋锚固的相关规定参见本书附录 B。

66 钢筋混凝土结构节点的设计

连接节点重要吗?

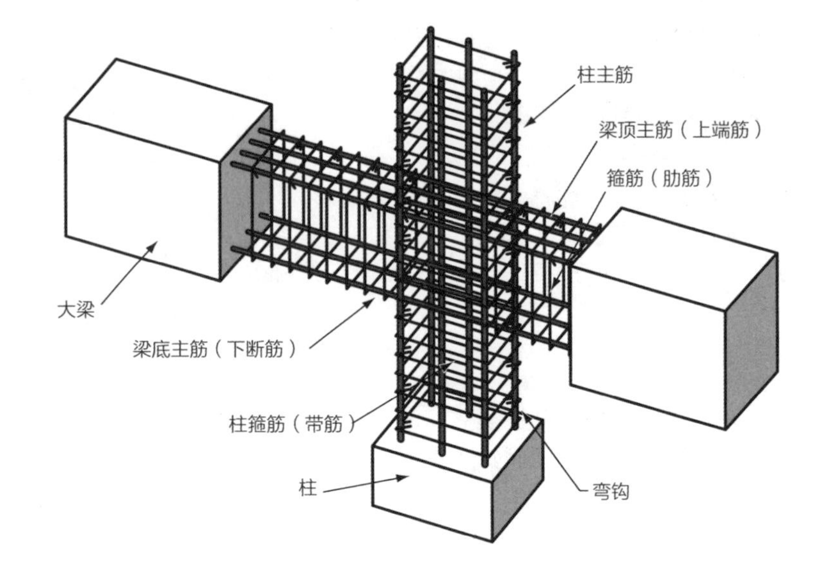

! 将大梁上产生的力传到柱中，作用重大!

钢筋混凝土（RC）的梁与柱的连接节点（接头），对于结构体来说是非常重要的部，它担任着将大梁中产生的力向柱子传递的任务。柱子的主筋为垂直方向，大梁顶底主筋的方向为水平。沿大梁顶底主筋水平方向在钢筋中产生的拉力，通过连接节点内的剪力，转变为柱的主筋方向的剪力。混凝土的抗剪性能决定了柱与大梁间力的传递能力。

➔ RC 节点设计的心得

RC 大梁的变形能力，很大程度上影响着大地震时建筑的安全性。梁的顶底主筋损坏的位置，为柱与大梁的接合面。埋在柱中的部分牢固无损，损坏的部分则有所延伸。所以，设计节点的时候，需要保证在受大梁的破坏弯矩作用时，节点范围内绝对不会出现损坏。如果节点损坏，则会导致梁的主筋脱落，进而导致大梁的掉落（危及生命）。

近年来，考虑到大梁受损时的安全性，为赋予大梁底部主筋更大的张拉内力，会将下端主筋锚固（固定）于上方。此外，由于锚固于柱内的大梁顶底主筋的弯折部分会产生较大的力，锚固长度会忽略弯折部分仅考虑其水平部分。

但是，由于施工困难以及朝下锚固方式的习惯性，所以即使是在现在那些配置了很多剪力墙的强度型 RC 建筑物中，也会采用向下锚固的施工方式。强度型建筑由于并不依靠变形能力，这种处理方法是安全的。但是对变形能力有所要求的建筑物（框架结构），即使是在没有规定的低层建筑中，设计时也有必要考虑钢筋的锚固方向等节点相关性能。

变得复杂的节点内配筋

近年来，RC 柱与大梁的接头处的性能越来越被重视。与此同时，接头处配筋也变得复杂，所以，机械式锚固的方法越来越多的被采用。

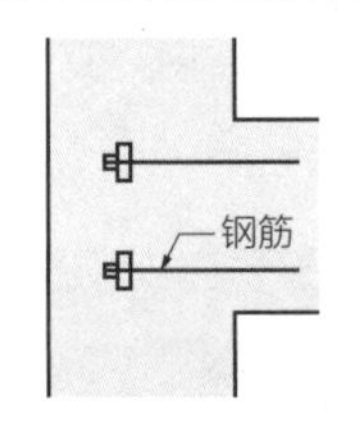

什么是损坏部分的延性?

损坏部分具有延性

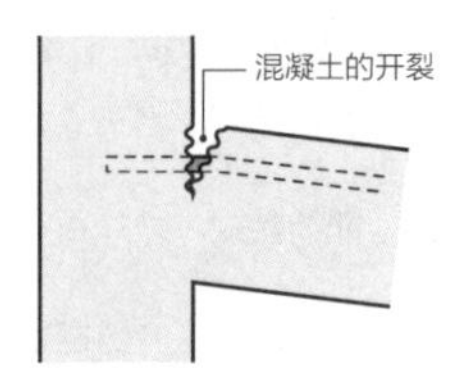

钢筋损坏前不会脱落

损坏的部分不具备延性

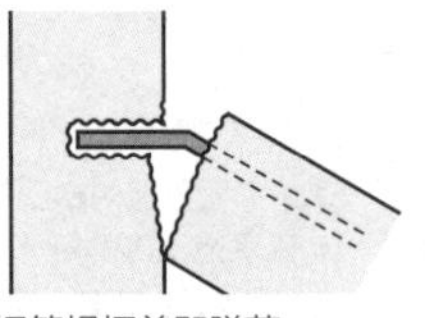

钢筋损坏前即脱落

① 柱梁节点的要点

结构规定

①箍筋使用 D10 以上的带肋钢筋。
②箍筋配筋率为 0.2% 以上。
③箍筋间隔为 150mm 以下，且为邻接柱的箍筋间隔的 1.5 倍以下。

设计关键

① RC 柱梁节点为刚接。
②一般情况下起支配作用的为水平荷载时的剪力。
③将其作为应对水平荷载的短期设计的对象进行设计。
④确认在纯框架部分的柱梁结合部中，短期允许剪力大于短期设计剪力。

节点核心区的力的传递方式

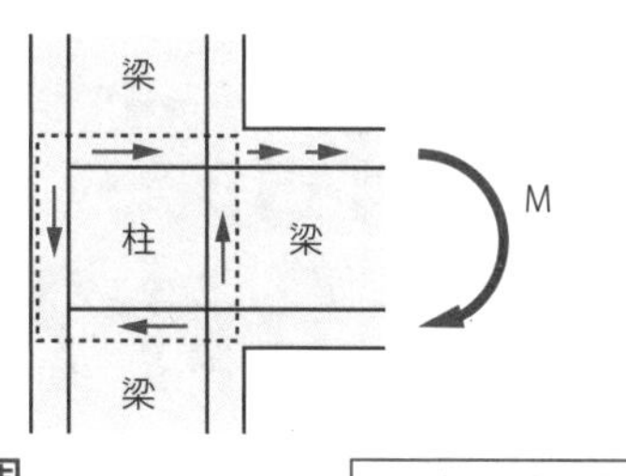

柱与梁钢筋的锚固

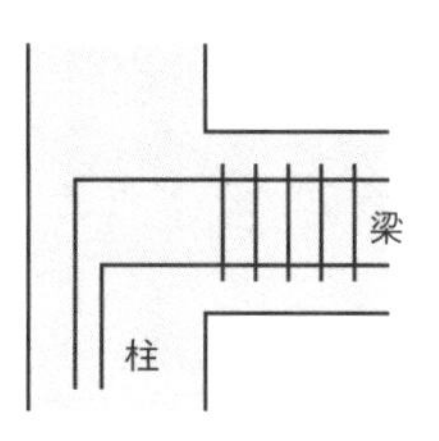

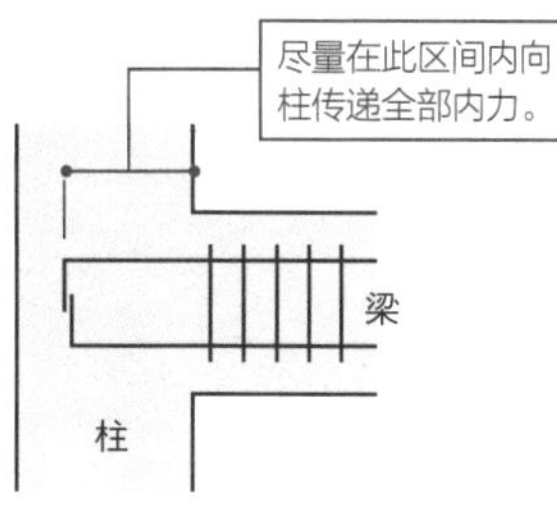

① 柱梁节点短期允许剪力 Q_{Aj} 的计算

为确保柱接合部的安全性，需保证接合部的短期允许剪力 Q_{Aj}> 短期设计用剪力 Q_{Dj}。

柱梁部的短期允许剪力 Q_{Aj} 的计算方式

$$Q_{Aj} = \kappa_A (f_s - 0.5)\, b_j \times D$$

κ_A：由结合部形状确定的系数

	十字形	T 形	ト形	L 形
κ_A	10	7	5	3

f_s：混凝土短期允许剪应力；
b_j：接合部有效宽（$b_j = b_b + b_{a1} + b_{a2}$），其中，$b_b$ 为梁宽，b_{ai} 为 $b_i/2$ 或 $D/4$ 的较小值，
b_i 为梁两侧面到与之平行的柱侧面间的距离；
D：柱宽。

b_{a2} b_b b_{a1} 柱 梁

柱梁接合部的短期设计剪力 Q_{Dj} 的计算方法

①基本

$$Q_{Dj} = \sum \frac{M_y}{j} \times (1 - \xi)$$

②受水平荷载，剪力增大系数为 1.5 以上时

$$Q_{Dj} = Q_D \times \frac{1-\xi}{\xi}$$

$\sum \frac{M_y}{j}$：接合部左右梁的破损弯矩的绝对值除以其各自 j 得到的结果的和。但是，将梁考虑为一方为梁顶受拉，另一方为梁底受拉。
j：梁的内力中心距离。求 ξ 时取节点左右梁的平均值。

ξ：与架构形状相关的系数

$$\xi = \frac{j}{H \times \left(1 - \frac{D}{L}\right)}$$

H：节点上下柱的平均高度，计算顶层节点时为顶层高度的 1/2. 柱的高度取值为梁轴线间的距离。
D：柱宽。
L：节点左右梁的平均长度，边跨节点取值为边跨梁的长度。梁的长度取值为柱轴线间的距离。
Q_D：柱的短期设计用剪力，一般节点为节点上下的平均值，对于顶层节点则节点下方的柱的数值。

结构基础

结构力学

结构计算

结构设计

抗震设计

67 木结构梁的截面计算

木结构梁怎么设计？

木结构的柱与梁。在设计梁时，根据梁是否有楼板、屋面等，有各种各样的荷载条件。

！单纯梁的情况下，通过计算内力与挠度进行截面计算！

木结构梁，大多数情况下两端为铰接。虽然也有梁连续的情况，但由于柱的榫头缺损等情况，通常将木造梁作为简支梁计算内力与挠度，来展开截面计算。

进行木结构梁截面计算的顺序

进行截面计算，首先要算出内力。关于荷载的设计，下页的例子中为均布荷载，也有按格栅间距布置集中荷载的情况，要根据实际情况考虑荷载的模式。

进行内力计算的同时，也要进行截面性能的计算。截面性能计算需算出关系到剪应力的截面积，关系到弯曲应力的截面模量，关系到挠曲计算的截面惯性矩。关于允许应力，由于建筑基准法中做了规定，需要确认所采用树种对应的允许应力（下页表）。

弯曲应力、剪应力、挠度的确认方法

弯矩的应力，用算出的弯矩除以截面模量 Z 求得，需要确认算出的应力是否在允许弯曲应力以下。计算剪应力时，梁的端部通过榫头与柱连接，或通过梁的侧面挖沟连接等情况下，需要根据实际形状算出有效截面积。关于挠度，需要考虑蠕变产生的挠度增大，通常考虑为 2 倍。此外，在木结构住宅中，坡屋面的情况很多，挠曲问题影响不大，所以屋顶没有必要遵循 1/250 的规定。

memo

近来，由于广泛使用集成材与干燥材，所以在进行挠曲与内力计算时，将其断面视为长方形没有问题。但在使用原木与未干燥材的时候，则需要注意，其纵向损坏虽然对受力影响不大，但若横向腹中产生损坏，截面性能则会显著下降。

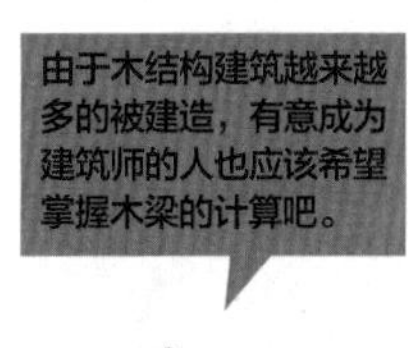

① 应力与挠度的确认方法

木梁的挠曲会影响建筑物的使用，规范中也有相应的规定。

应力的确认

为确认设计截面是否安全，需求出梁中产生的最大应力（弯·剪），将其与允许应力做比较，若在允许应力以下，则是安全的。

最大应力≤允许应力

▶

挠度的确认

木结构梁由于蠕变变形会逐渐增大，通过下面公式确认变形是否在 1/250 以下。

$$\frac{2\times 弹性挠曲}{跨度长} \leqslant \frac{1}{250}$$

弹性挠度由计算求出挠度，考虑蠕变通常取 2 倍值。

木结构梁的截面计算，通过上述流程进行

① 试着进行木造梁的截面计算

例题 确认下图中美国松梁材的弯曲应力、剪应力、挠曲是否有问题。

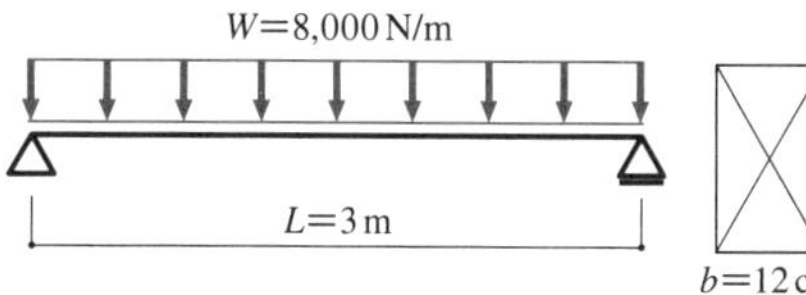

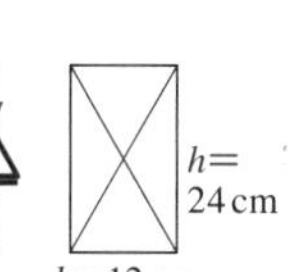

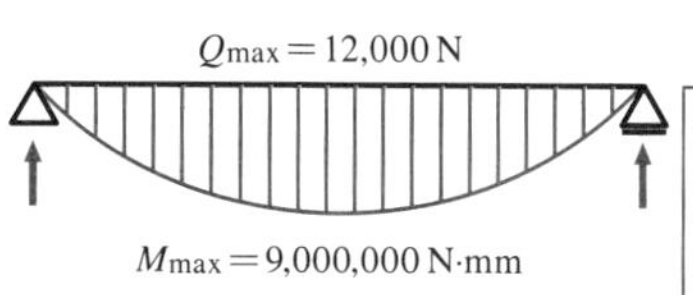

事先进行剪力、弯矩及截面性能的确认

截面积 $A=bh=28{,}800\text{mm}^2$

截面模量 $Z=bh^2/6=1{,}152{,}000\text{mm}^2$

截面惯性矩 $I=bh^3/12=138{,}240{,}000\text{mm}^4$

木材的允许应力 ［单位：N/mm²］

	木材种类（无等级材的情况下）	长期 压缩 $1.1F_c/3$	长期 拉伸 $1.1F_t/3$	长期 弯 $1.1F_b/3$	长期 剪 $1.1F_s/3$	短期
针叶树	红松，黑松，美国松	8.14	6.49	10.34	0.88	各基准强度数值的 2/3
针叶树	桧木，罗汉柏，落叶松，美国桧	7.59	5.94	9.79	0.77	
针叶树	铁杉，美国铁杉	7.04	5.39	9.24	0.77	
针叶树	杉，美国杉，银杉，针枞	6.49	4.95	8.14	0.66	
阔叶树	橡树	9.90	8.80	14.08	1.54	
阔叶树	栗树，栎树，榉树，光叶榉树	7.70	6.60	10.78	1.10	

注：针对 F_c，F_t，F_b，F_s 各自的压、拉、弯、剪的基准强度的数值省略。

解答

①确认弯应力σ

$$\sigma_{max}=\frac{M}{Z}=7.81\ \text{N/mm}^2$$

$$\leqslant 10.34\ \text{N/mm}^2\ \cdots\text{OK}$$

允许弯应力 f_b（由上表）

②确认剪应力τ

$$\tau=\frac{Q}{A_e}=0.41$$

$$\leqslant 0.88\ \text{N/mm}^2\ \cdots\text{OK}$$

允许剪应力 f_s（由上表）

实际中，A_e 要考虑榫头与槽的形状

③确认挠度δ

$$\delta=\frac{5}{384}\times\frac{wL^4}{EI}$$

$$=5.09\ \text{mm}$$

美国松的弯曲弹性模量 E=12.0kN/mm²

由于木结构梁要考虑由于蠕变产生的挠曲增大：

$$2\times\frac{\delta}{L}=2\times\frac{5.09}{3000}$$

$$\leqslant\frac{1}{250}\ \cdots\text{OK}$$

$\frac{2\times 弹性挠曲\ \delta}{跨度长}\leqslant\frac{1}{250}$

68 木结构柱的截面计算

木结构柱怎么设计？

木结构柱。可以看出长度、截面大小等比例尺寸。

! 木结构柱的设计基础为轴力

木结构住宅的柱长期承担垂直荷载。地震时，作为斜撑及合板剪力墙的框架柱中会产生很大的压力或拉力。受风荷载时，外墙上的柱又必须要承受很大的风压力。木结构建筑的构件中，柱的作用最大，所以对其安全性的确认很重要。

➔ 木结构柱需要考虑屈曲

一般使用的木结构柱截面较小，为 105mm 或 120mm。由于小断面柱对压力的承受力较弱，所以对屈曲的研究很重要。

屈曲，是指受到一定压力后带来的构件一部分突然弯曲的现象。为了防止屈曲，建筑基准法中规定了柱的最小尺寸（小径）。普通位置按规定的要求即可，但临空部分，截面则会非常大。所以，截面计算变得非常重要。

➔ 木结构柱的截面计算方法

确认柱截面是否安全，需要求出柱负担的长期轴力、地震时的轴力及其对应的截面应力，若在允许屈曲应力以下则为安全。

承担风荷载的外墙一侧，风压会在外墙的面外产生弯矩。弯矩的截面计算与梁的计算方法相同，受风荷载时使用短期允许应力。

此外，在柱头柱脚等处，由于有榫头、卡槽等截面欠损，剪力是否在允许剪力以下，也需要进认。虽然在垂直方向几乎没有变形，但由于受风荷载时面外会有变形，所以需要像梁一样进行挠度的验算。

memo
柱子有设置背纹的情况，虽然对垂直荷载几乎没有影响，但对于面外的弯曲则影响很大。下图中 a 方向强，但 b 方向弱，所以在外墙中使用有背纹的材料时需要注意。

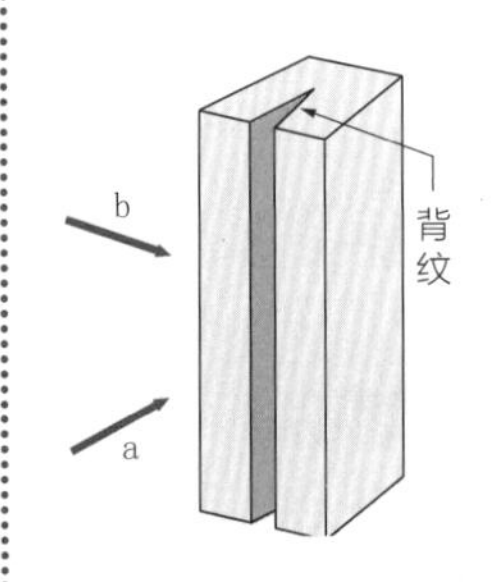

① 设计木结构柱时的必需知识

有关柱的最小尺寸的规定

柱 建筑物		跨度、开间方向相互间隔10m以上的柱或用途为学校、幼儿园、剧场、电影院、演艺场、观览场、公会堂、集会场、店铺(合计建筑面积＜10m²)、公共浴场的柱。		左栏以外的柱	
		最上层或一层建筑物的柱	其他层的柱	最上层或一层建筑物的柱	其他层的柱
(1)	土墙建造的建筑等墙重量很大的建筑物	1/22	1/20	1/25	1/22
(2)	(1)中建筑物以外的屋顶用金属板、石板、石棉瓦、木板等轻质材料覆盖的建筑物。	1/30	1/25	1/33	1/30
(3)	(1)、(2)以外的建筑物	1/25	1/22	1/30	1/28

用柱长乘以表中的值，确认柱的最小尺寸(例：柱的最小尺寸≥柱长×(表中的值)[mm])

木柱的屈曲

压力

高度(长度)

屈曲

由于木柱有产生屈曲的隐患，其由屈曲控制的允许轴压力比强度控制的允许轴压力要小。

轴力≤允许屈曲轴压力

确认柱的大小，不受计算控制时必须遵守左表规定。

① 关于建筑内产生的内力

关于柱中产生的应力，内柱与外柱不同。其基础总是“轴力”，但关于外柱，除了“轴力”，“风压带来的弯矩(风产生的内力)”也同时需要考虑。

内柱的应力	①柱的轴向压力 N N_L：长期柱轴力(垂直荷载)； N_H：水平荷载时的柱轴力(地震力或风压力产生的轴力，产生于剪力墙的柱子中)； N_S：短期柱轴力　$N_S = N_L + N_H$。 由于内柱里产生的 N_H 相对较小，所以通常通过长期 N_L 进行设计。
外柱的应力	①柱的轴向压力 N_L：长期柱轴力(垂直荷载)； N_H：水平荷载时的柱轴力(地震力或风压力产生的轴力，产生于耐力墙的柱子中)； N_S：短期柱轴力　$N_S = N_L \pm N_H$。 相对而言，外柱通过短期轴力进行设计。
	②直接风压产生的弯矩 $M_S = \dfrac{W \cdot l^2}{8}$ M_S：风压力产生的弯矩(kN·mm)； W：风压力(kN)； 　W = 速度压 × 风力系数 × 投影面积 l：柱长(l_k)(mm)。 由于外周柱多为管柱，所以将其两端视为铰接进行内力计算。

柱的轴力，压力为+，拉力为-。

结构基础
结构力学
结构计算
结构设计
抗震设计

① 只受轴力作用的柱（内柱）的截面计算

通过计算确认柱的抗压性能时，需确认柱的最大应力 σ 在允许压应力 f_c 以下。
但考虑屈曲，f_c 的值随柱的有效长细比增加而变小（屈曲折减系数）。

应力的确认

$$\sigma=\frac{N}{A}$$

N: 柱的轴向压力（N）;
A: 全柱截面积（mm^2）。

$$\sigma \leqslant \eta \cdot f_c$$

屈曲允许应力

η: 屈曲折减系数;
f_c: 长期允许压应力（N/mm^2）。
此外，由上式:

$$\frac{N}{A}\cdot\frac{1}{\eta \cdot f_c} \leqslant \begin{matrix} 1（长期）\\ 2（短期）\end{matrix}$$

柱截面计算式

屈曲折减系数 η 的求法

屈曲折减系数 η 根据材料长细比 λ[柱的屈曲计算长度 l_k（mm）/ 回转半径 i（mm）] 通过下式求得。

长细比 λ 的值	屈曲折减系数 η
$\lambda \leqslant 30$	$\eta = 1$
$30 < \lambda \leqslant 100$	$\eta = 1.3-0.01\lambda$
$100 < \lambda$	$\eta = \frac{3000}{\lambda^2}$

长细比为 30 以下时，允许压缩度可考虑为不变小。

① 受柱轴方向力 + 风压弯矩作用的柱（外柱）的截面计算

应力的确认

$$\left[\frac{N_{\frac{L}{S}}}{A}\cdot\frac{1}{\eta \cdot {}_sf_c}\right]+\left[\frac{M_S}{Z}\cdot\frac{1}{{}_sf_b}\right] \leqslant 1.0$$

$N_{\frac{L}{S}}$: 柱轴向力（N）;
A: 柱截面积（mm^2）;
η: 屈曲折减系数;
${}_sf_c$: 短期允许压应力（N/mm^2）;
M_s: 风压力产生的弯矩（短期）（N·mm）;
Z: 截面模量（mm^2）;
${}_sf_b$: 短期允许弯曲应力（N/mm^2）。

屈曲折减系数 η 根据材料长细比 λ 通过上表中的公式算出。

① 挑战内柱截面计算

例题 下述条件的木结构内柱受轴力20.0kN。确认其长期安全性。

（条件）
柱截面：120×120mm，美国松
截面积 A：14,400mm^2
回转半径 i：34.7mm
截面模量 Z：288×10^{3}mm^3
允许应力：
f_{cL}：8.14N/mm^2
f_{bL}：10.34kN/mm^2
f_{sL}：0.88kN/mm^2
弯曲弹性模量 E：10×10^{3}N/mm^2

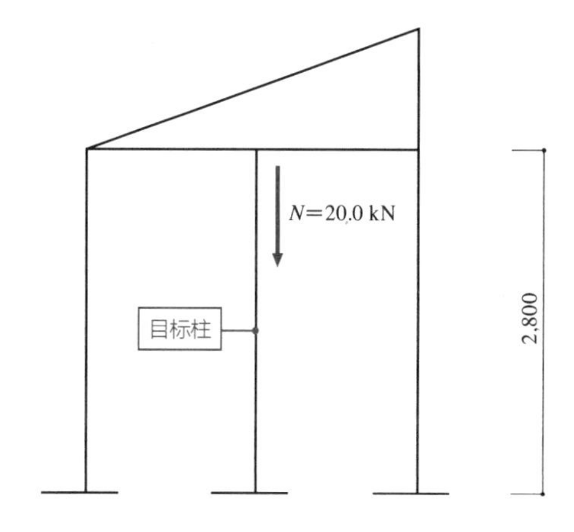

解答

柱截面计算式如下。

$$\frac{N}{A}\cdot\frac{1}{\eta\cdot f_{cL}}\leqslant 1.0\text{（长期）}$$

计算柱的有效长细比 λ，求屈曲折减系数 η。

$$l_k = 2{,}800 \qquad \lambda = \frac{l_k}{i} = \frac{2{,}800\text{mm}}{34.7\text{mm}} = 81$$

由前页表，$30 < \lambda \leqslant 100$ 时，$\eta=1.3-0.01\lambda$，所以 $\lambda=0.49$。

代入上述截面计算公式

$$\frac{20000\text{N}}{14400}\cdot\frac{1}{0.49\times 8.14\text{N/mm}^2} = 0.35 < 1.0 \quad \cdots\text{OK}$$

69 钢梁的截面计算

主钢梁怎样设计?

主钢梁施工现场

! 通过截面计算，控制在构件的允许应力以下

主钢梁的截面计算，根据长期荷载及地震时荷载算出梁内力，由长期荷载产生的内力确认长期安全性，由长期荷载与地震时荷载产生内力相结合确认短期安全性。

➔ 关于相对于弯矩的允许应力

接着计算允许应力，由于钢梁截面为薄板形成的组合截面，宽厚比大，容易产生屈曲，所以受弯时的允许应力就很重要。弯矩的分布不同，由弯矩所产生的屈曲允许应力也会有变化。将混凝土楼板固定于梁的翼缘，或通过设置小梁来抑制大梁的横向屈曲，这些方式都可以使允许弯曲应力与允许拉应力相同，在设计中被普遍运用。

不抑制横向的屈曲时，则就需要根据弯矩分布算出修正系数，计算允许应力。此外，虽然通常算出的短期允许应力为长期的 1.5 倍，但由于弯矩的分布形状短期与长期不同，屈曲形态会有变化，所以允许应力也并非单纯的 1.5 倍，长期与短期会有不同。

➔ 关于剪切应力的截面计算方法

对于 H 大梁的剪切力进行截面计算时，通常只用大梁腹板的截面积进行截面计算，这与矩形截面的截面计算不同。与木结构梁及 RC 结构梁一样，钢梁也需要进行挠度确认，但由于钢梁不会发生蠕变，所以仅进行弹性挠度的复核即可。

此外，很重要的一点是，由于构件为薄板组合而成，如果受较大的集中压力，板的端部会产生屈曲。为确保不发生屈曲，有足够的变形能力，需要确认加劲肋的必要数量。

memo
现在采用计算机进行截面计算。即使不知道计算的方法，在内力计算的同时也可以进行截面复核。但是，理解计算的过程却是很重要的，这样就可以进行截面调整，也可以自行确认程序的可信度。

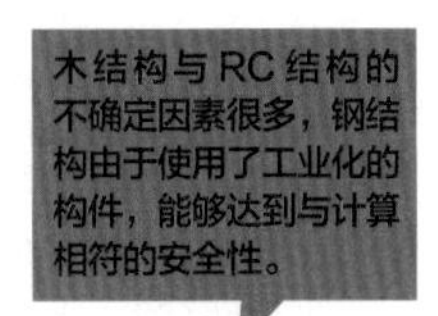

ⓘ 梁的截面计算的顺序

应力的确认

确认梁的最大应力没有超过构件的允许应力。

最大应力≤允许应力

▶

确认挠度≤1/250

确认梁的挠度在 1/250 以下

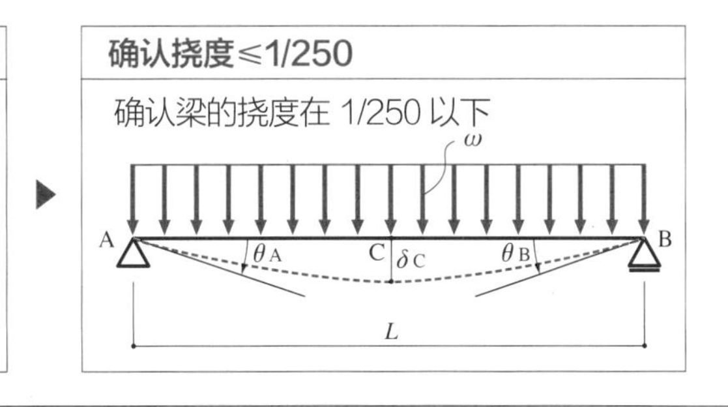

ⓘ 挑战钢梁的截面计算

例题 根据下述工字形钢梁的弯应力 σ、剪切应力 τ 确认长期、短期是否存在问题。

条件

长期允许弯应力 f_b= 长期允许拉应力 f_t=157N/mm²

长期允许剪应力 f_s=90.5N/mm²（假定局部面外屈曲被限制）

H–400×200×8×13

截面积 A_w = 31.37cm² 截面模量 Z = 1,170cm³

η = 8.13 惯性矩 I = 16.8cm⁴

解答

①通过长期弯矩图确认长期应力

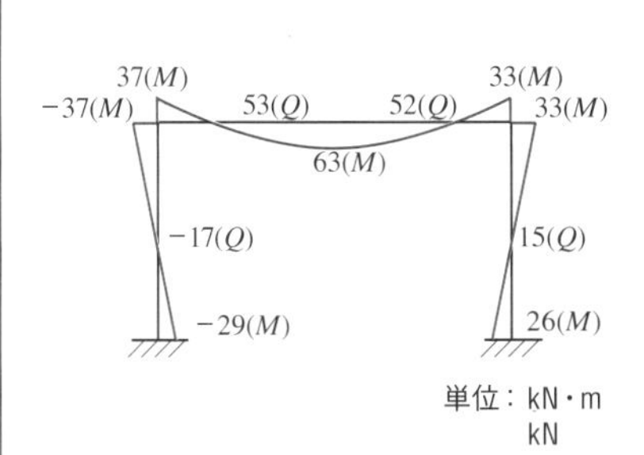

①弯曲切应力 σ 的确认

由于梁中央弯矩 M=63kN·m：

$$\sigma_b = \frac{M}{Z} = 53.84\ \text{N/mm}^2$$

< 157 …OK （长期允许弯应力 f_b）

②剪切应力 τ 的确认

由于梁的剪力 Q=53kN：

$$\tau = \frac{Q_m}{A_w} = 16.89$$

< 90.5 （长期允许剪切应力 f_s）

②通过地震时弯矩图与长期弯矩图确认短期应力

67(M) −67(M) 18(Q) −18(Q) 67(M) 67(M) −31(Q) −31(Q) −56(Q) −56(Q)

单位：kN·m
kN

①弯曲应力 σ_b 的确认

由于端部弯矩 M=37+67=104kN·m：

$$\sigma_b = \frac{M}{Z} = 88.9\ \text{N/mm}^2$$

< 235.5 …OK （短期允许弯曲应力 =f_b×1.5）

②剪切应力 τ 的确认

由于梁的剪力 Q=53+18=71kN：

$$\tau = \frac{Q_m}{A_w} = 22.6$$

< 135.75 …OK （短期允许弯曲应力 =f_s×1.5）

① 受弯的屈曲允许应力

允许弯曲应力与受弯屈曲相关，所以其值比允许拉应力小。实际计算方法复杂，在这里简述，供学有余力的人参考。

相对于长期应力的弯曲构件的屈曲允许应力 f_b 由式（1）求得。
相对于短期应力的值，为相对于长期应力值的 1.5 倍。

不限制横方向屈曲的情况
必须根据弯矩分布算出修正系数，求出允许应力。

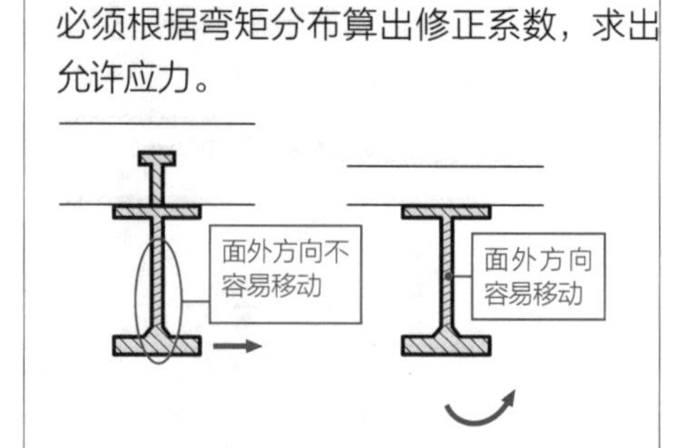

$f_b = \max(f_{b1}, f_{b2})$ 且 $(f_b \leqslant f_t)$

$$f_{b1} = \left\{1 \cdot 0.4\frac{(L_b/i)^2}{C\Lambda^2}\right\}ft \qquad \cdots(1)$$

$$f_{b2} = \frac{900{,}000}{\left(\dfrac{L_b \cdot h}{A_f}\right)} \qquad \eta = \left(\frac{L_b \cdot h}{A_f}\right)$$

$$C = 1.75 \cdot 1.05 \cdot \left(\frac{M_2}{M_1}\right) + 0.3 \cdot \left(\frac{M_2}{M_1}\right)^2 \leqslant 2.3 \qquad \cdots(2)$$

L_b：受压翼缘横向支点间距离（面外屈曲长度）；
h：弯曲构件的高度；
A_f：弯曲构件翼缘的截面积；
i：压缩翼缘梁高的 1/6 形成的 T 形截面腹板附近的惯性矩；
C：根据屈曲区间端部弯矩得到的修正系数（M_1，M_2 在下页）。

实际设计中使用计算机计算，由于上式的手算很繁杂，可以使用曲线图算出允许应力。

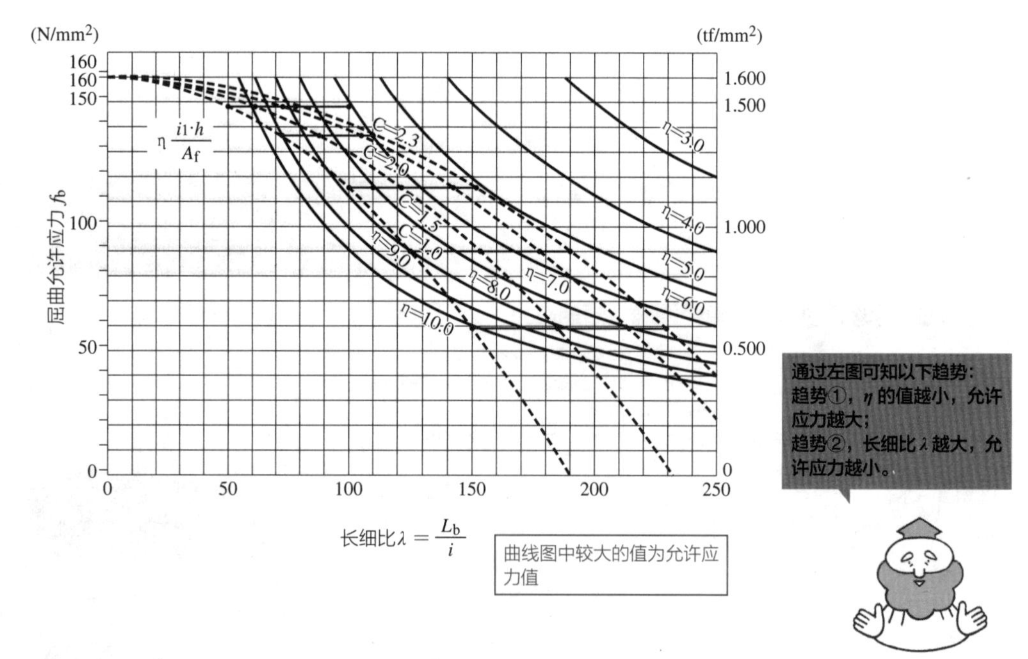

F=235N/mm² 钢材的长期允许弯应力 f_b（N/mm²）
[SN 400, SS 400, SM 400, SMA 400, STK 400, STKR 400,（SSC 400）, BCP 235, t ≤ 40 mm]

① 梁的弯矩分布形状 (M_1, M_2)

下图表示了梁的弯矩分布

通过式（2）（前页）求 C 时　　　　C=1 时

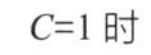

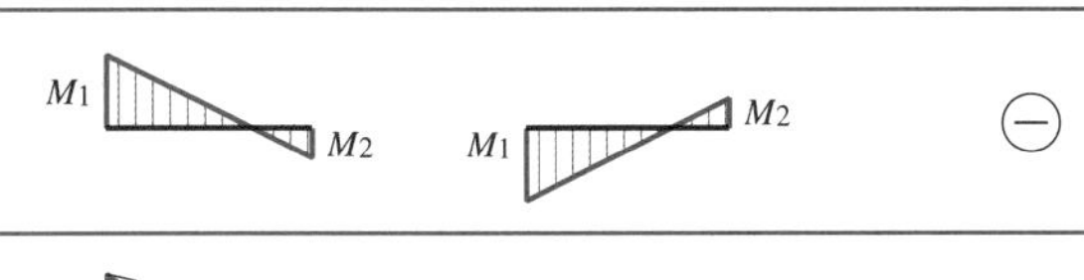
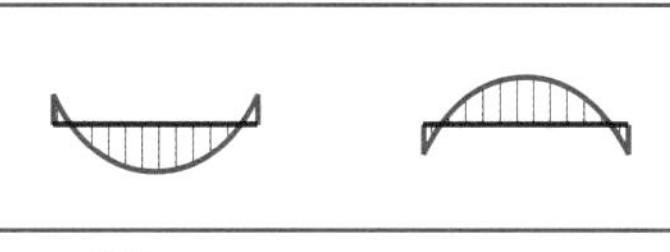
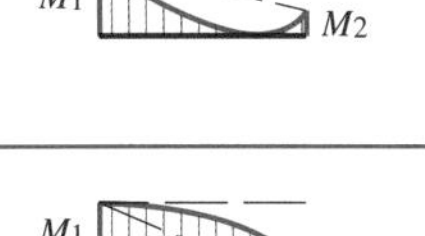
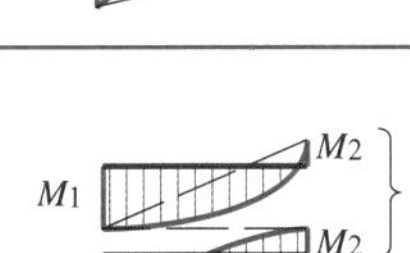

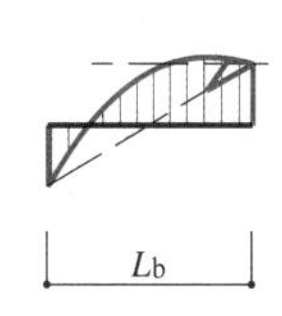

受压翼缘中，有促使面外变形的力，面外力根据梁的弯矩分布状态的不同而不同。

① 确认侧向支撑的必要数量

弯矩一旦产生，受压翼缘会横向变形，所以要加设防止面外弯曲的侧向支撑。

确认侧向支撑的方法

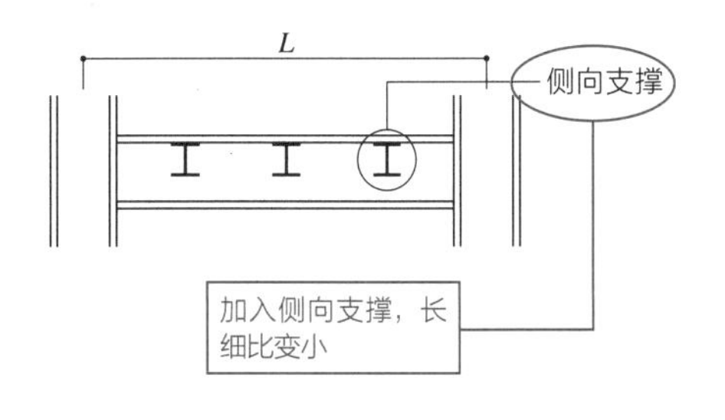

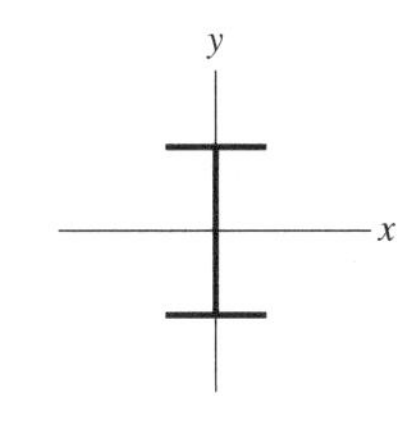

大梁弱轴方向的长细比 λ_y 要满足下式，以决定 n（侧向支撑数量）。

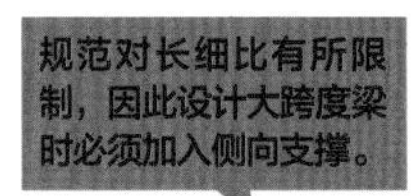

$$\lambda_y \leqslant 170 + 20n \qquad \lambda_y = \frac{L}{i_y} \qquad \text{（SS400 的情况）}$$

λ_y：梁的弱轴方向的长细比；L：梁的长度；i_y：弱轴惯性矩。
（均等设置侧向支撑的情况）

70 钢柱的截面计算

钢柱怎样设计?

钢柱的施工情景。加在柱上的连接件会在焊接后被切断。

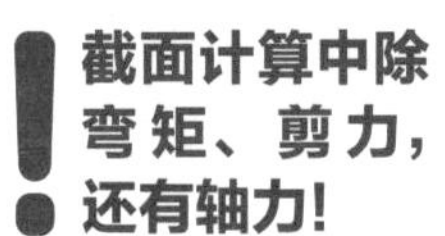

钢柱的截面计算，需要对轴力、弯矩、剪力三种内力进行计算。弯矩与剪力的计算方法与大梁相同，轴力复核的计算则稍为复杂。

➔ 钢柱截面计算的方法

进行柱构件截面的复核，首先根据设计荷载算出框架的内力。接着，确认主梁与柱中轴向应力，弯曲应力是否在各自的允许压应力、允许弯曲应力以下，同时确认相对于轴力与弯矩组合后的内力的安全性。轴力的允许应力和弯矩的允许应力各不相同。考虑组合内力时，需要将各自的应力除以允许应力得到的值相加，确认其和是否在 1 以下。严格来讲如下式，剪力也有必要组合进其中。

但是，由于剪力仅由腹板面负担，且一般情况下绰绰有余，通常可以忽略不计。针对剪力的复核方法，与大梁相同。

此外，要单独进行相对于轴力的应力复核。细长的柱子，由于施工时的误差等原因会变得容易弯曲，需要将长细比控制在 200 以下。计算框架结构柱的长细比时，主梁刚度极大时，屈曲长度则与层高相同，但实际上大梁也会旋转，所以屈曲长度大于层高。本项的计算中，假定梁为刚性进行屈曲长的计算。此外，为了确保大地震时的变形能力，与大梁同样要进行宽厚比的确认，但在本项计算中加以省略。

memo

柱的设计时还有其他需要注意的要点。建筑中部的柱问题不大，但四角的柱中会抵抗两个方向的较大的弯矩。通常利用下式考虑两个方向的弯曲：

①受压力与两方向弯矩的情况

$$\frac{\sigma_c}{f_c} + \frac{{}_c\sigma_{bx}}{f_{bx}} + \frac{{}_c\sigma_{by}}{f_{by}} \leqslant 1$$

且

$$\frac{{}_c\sigma_{bx} + {}_c\sigma_{by} - \sigma_c}{f_t} \leqslant 1$$

②受拉力与两方向弯矩的情况

$$\frac{{}_c\sigma_{bx}}{f_{bx}} + \frac{{}_c\sigma_{by}}{f_{by}} + \frac{\sigma_t}{f_t} \leqslant 1$$

且

$$\frac{\sigma_t + {}_t\sigma_{bx} - {}_t\sigma_{by}}{f_t} \leqslant 1$$

${}_c\sigma_{bx}$，${}_c\sigma_{by}$: x 方向，y 方向的弯曲带来的压缩侧弯应力（N/mm^2）;

${}_t\sigma_{bx}$，${}_t\sigma_{by}$: x 方向，y 方向的弯曲带来的拉伸侧弯应力（N/mm^2）;

f_{bx}，f_{by}: x 方向，y 方向允许弯应力（N/mm^2）。

① 柱的截面计算基本事项

应力的确认

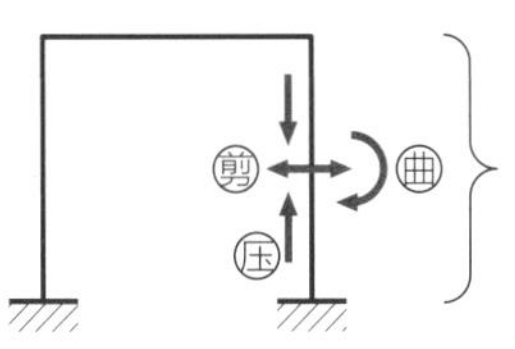

（内力）
进行柱截面计算时，根据下述①、②确认柱轴力（压力）与弯矩，以及剪力是否满足。

①剪切应力≤允许剪切应力

② $\dfrac{\text{压应力}}{\text{考虑屈曲的允许压应力}}+\dfrac{\text{弯曲应力}}{\text{允许弯曲应力}}\leqslant 1.0$

（确认时，将短期允许应力考虑为长期允许应力的 1.5 倍）

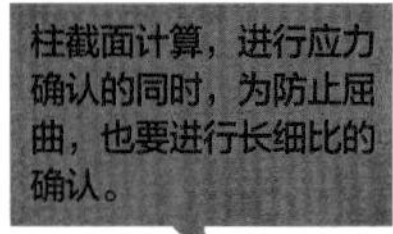

长细比的确认（防止屈曲）

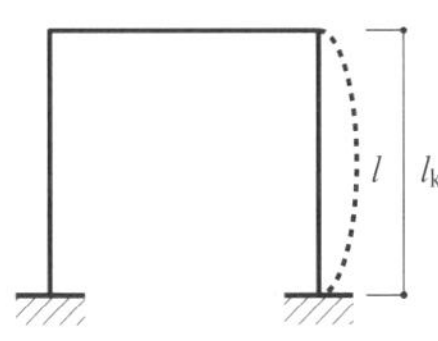

长细比 $\lambda\leqslant 200$

长细比 $\lambda=\dfrac{\text{屈曲计算长度 } l_k}{\text{回转半径 } i}$

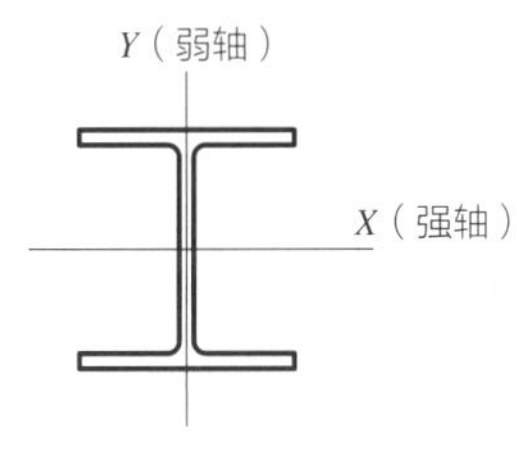

① 钢柱截面计算的方法

内力的确认

①确认压应力 σ_c

$$\sigma_c=\frac{N}{A}\leqslant f_c$$

②确认弯曲应力 σ_{bY}

$$\sigma_{bY}=\frac{M_Y}{Z_X}\leqslant f_b$$

③确认剪切应力 τ

$$\tau=\frac{Q}{A_w}\leqslant f_S$$

④确认组合应力

$$\frac{\sigma_c}{f_c}+\frac{\sigma_{bY}}{f_b}\leqslant \begin{matrix}1.0\text{（长期）}\\1.5\text{（短期）}\end{matrix}$$

且

$$\frac{\sigma_b-\sigma_c}{f_t}\leqslant 1$$

N：轴力；
A：截面积；
f_c：允许压应力；
M_y：y 方向弯矩；
Z_x：x 方向截面模量；
f_b：允许弯曲应力；
Q：剪切应力；
A_w：计算剪切应力用截面积；
f_s：允许剪切应力；
f_t：允许拉应力。

允许压应力 f_c 的计算

$\lambda\leqslant\Lambda$ 时

$$f_c=\frac{\left\{1-0.4\left(\dfrac{\lambda}{\Lambda}\right)^2\right\}F}{\nu}$$

$\lambda>\Lambda$ 时

$$f_c=\frac{0.277F}{\left(\dfrac{\lambda}{\Lambda}\right)^2}$$

f_c：允许压应力；
λ：受压构件的长细比；
Λ：极限长细比；

$$\Lambda=\sqrt{\frac{\pi^2E}{0.6F}}$$

E：弯曲弹性模量；
F：材料强度。

$$\nu=\frac{3}{2}+\frac{2}{3}\left(\frac{\lambda}{\Lambda}\right)^2$$

F，f_t，f_s 为材料固有值。F_b 参照 152 页。

长细比的确认

算出强轴与弱轴两方向的长细比，用其中较大者（$\lambda\leqslant 200$）进行复核。

$\left(\lambda=\dfrac{l_{kx}}{i_x}\right)$ 面内屈曲（强轴）　$\left(\lambda=\dfrac{l_{ky}}{i_y}\right)$ 面外屈曲（弱轴）

l_{kx}：强轴的屈曲计算长度；
i_x：强轴的回转半径；
l_{ky}：强轴的屈曲计算长度；
i_y：弱轴的回转半径。

实际的屈曲计算长度随柱的变形（形状）而变化。设计中要考虑梁在节点处的旋转来确定屈曲计算长度。

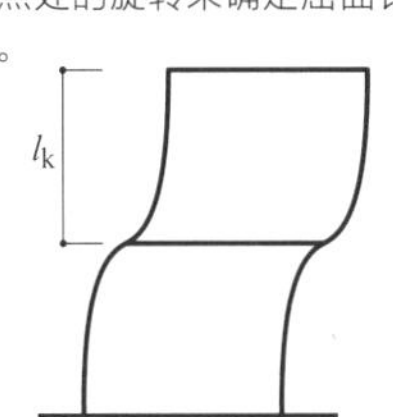

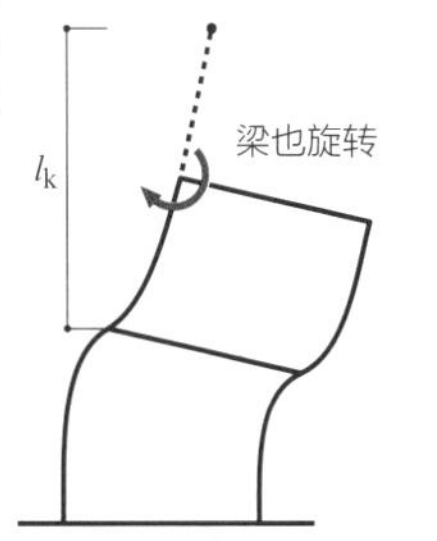

① 挑战钢柱的截面计算

例题 门型钢框架中产生下述条件的弯矩时，对其截面进行复核。

（条件）

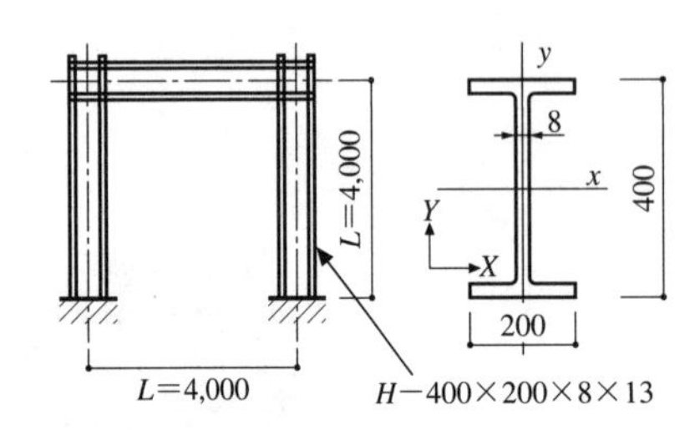

H−400×200×8×13 (SS400)

A = 83.37 cm²	A：截面积
A_w = 31.37 cm²	A_w：翼缘的截面积
Z_x = 1170 cm³	Z_x：截面模量
i_x = 16.8 cm	i_x：强轴的回转半径
i_y = 4.56 cm	i_y：弱轴的回转半径
η = 8.13	η：屈曲折减系数
F = 235 N/mm²	F：基准强度
E = 205,000 N/mm²	E：弯曲弹性模量

长期弯矩图

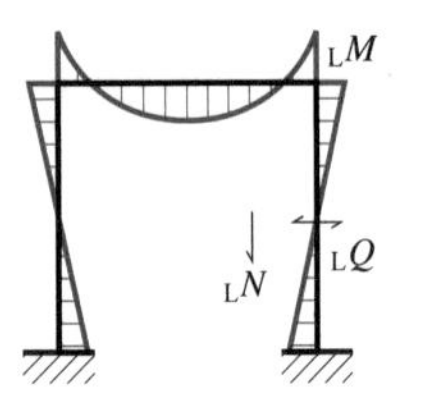

$_LN$ = 60 kN
$_LM$ = 35 kN·m
$_LQ$ = 15 kN

地震时弯矩图

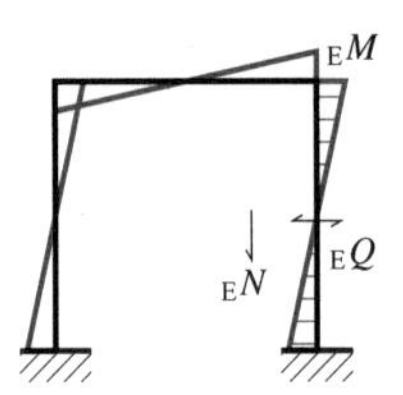

$_SN$ = 100 kN（= $_LN$ + $_EN$）
$_SM$ = 70 kN·m（= $_LM$ + $_EM$）
$_SQ$ = 30 kN（= $_LQ$ + $_EQ$）

$f_b = f_t$
f_b = 157 N/mm²
f_S = 90.5 N/mm²

注：允许弯曲应力为忽略受弯屈曲的值。

解答

①允许压应力 f_c 的计算

极限长细比 Λ 为

$$\Lambda=\sqrt{\frac{\pi^2 E}{0.6F}}=\sqrt{\frac{\pi^2\cdot 205{,}000}{0.6\cdot 235}}=119.73$$

长细比 λ 为

$$\lambda=\frac{l_{ky}}{i_y}=\frac{400\ \text{cm}}{4.56\ \text{cm}}=87.72$$

所以，$\lambda < \Lambda$

$$f_c=\frac{\left\{1-0.4\left(\frac{\lambda}{\Lambda}\right)^2\right\}F}{\nu} \qquad \nu=\frac{3}{2}+\left(\frac{\lambda}{\Lambda}\right)^2$$

$$=\frac{\left\{1-0.4\left(\frac{87.72}{119.73}\right)^2\right\}235}{2.04}$$

$$=90.91\ \text{N/mm}^2$$

于是，f_c=90.9N/mm²

②压应力 σ_c 的计算（长期）

$$_L\sigma_c=\frac{_LN}{A}$$

$$=\frac{60{,}000\ \text{N}}{8{,}337\ \text{mm}^2}=7.20\ \text{N/mm}^2 < f_c\ (f_c = 90.90)$$

③弯曲应力 σ_b 的计算（长期）

$$ {}_L\sigma_{bX} = \frac{{}_LM}{Z_X} = \frac{35{,}000{,}000}{1{,}170{,}000} = 29.91\ \text{N/mm}^2 < f_b $$

④组合应力（长期）的计算

$$ \frac{{}_L\sigma_c}{f_c} + \frac{{}_L\sigma_{bX}}{f_b} = \frac{71.97}{90.90} + \frac{29.91}{157} = 0.98 < 1.0 \quad \cdots\text{OK} $$

实际上，最好能够进行不同情况下内力组合的复核，这个例子仅对柱构件的最不利影响即弯压组合的应力验证。

⑤剪切应力 τ 的计算

$$ \tau = \frac{{}_LQ}{A_w} = \frac{15{,}000\text{N}}{3137\text{mm}^2} = 4.69\ \text{N/mm}^2 < f_s \quad \cdots\text{OK} $$

⑥压应力 σ_c 的计算（短期）

$$ {}_S\sigma_c = \frac{{}_SN}{A} = \frac{100{,}000\text{N}}{8337\ \text{mm}^2} = 11.99\ \text{N/mm}^2 < 1.5\times f_c \quad \cdots\text{OK} $$

⑦弯曲应力 σ_b 的计算（短期）

$$ {}_s\sigma_{bx} = \frac{{}_sM}{Z_X} = \frac{70{,}000{,}000}{1{,}170{,}000} = 59.83\ \text{N/mm}^2 < 1.5\times f_b \quad \cdots\text{OK} $$

⑧组合应力式（短期）的计算

$$ \frac{{}_s\sigma_c}{1.5f_c} + \frac{{}_s\sigma_{bx}}{1.5f_b} = \frac{11.99}{135.75} + \frac{59.83}{235.5} = 0.34 < 1.0 \quad \cdots\text{OK} $$

$$ \frac{{}_s\sigma_c}{f_c} + \frac{{}_s\sigma_{bx}}{f_b} = \frac{11.99}{90.90} + \frac{59.83}{157} = 0.51 < 1.5 $$

像上面这样进行⑧的计算也可以

⑨剪切应力 τ 的计算

$$ \tau = \frac{{}_sQ}{A_w} = \frac{30{,}000\ \text{N}}{3137\text{mm}^2} = 9.56\ \text{N/mm}^2 < 1.5f_s \quad \cdots\text{OK} $$

⑩长细比的判定

确认 $\lambda \leqslant 200$

$$ \lambda = \frac{l_{ky}}{i_y} = 87.71 \leqslant 200 \quad \cdots\text{OK} $$

⑪宽厚比也有必要按照大梁的方法复核。

71 钢结构斜撑的截面计算

斜撑与斜支柱相同吗？

右下为钢结构斜撑，左上为木结构斜支柱。

! 那是木结构中所说的斜支柱!

钢铁斜撑结构，在建筑设计中虽然有所限制，但它却是一种容易确保抗震强度的结构。它的种类可分为拉杆与压杆，截面计算方法各不相同。

➔ 拉杆的截面计算方法

拉杆的截面计算比较简单。通过设计荷载算出杆件中产生的内力，用内力除以杆材的轴向截面积算出拉应力。如果此拉应力在允许拉应力以下，则可确认其安全。但是，即使斜撑交叉设置，拉杆也仅在一个方向有效。

➔ 压杆的截面计算方法

压杆则稍微复杂些。由于会发生屈曲，所以有必要考虑屈曲算出允许应力，并用构件中产生的应力与之相比较。使用型钢时，型钢方向不同，与屈曲相关的回转半径也不同。此外，交叉设置时，由于屈曲计算长度也不同，所以有必要确认长细比，并确认哪个方向的防屈曲能力较弱。算出较弱方向的允许压应力，并将构件中产生的压应力与之相比较。还需注意的是，压杆不仅整体会产生屈曲，也有局部产生屈曲的可能性。关于局部的屈曲，通过宽厚比进行确认。此外，压杆交叉设置时，一侧为压杆，另一侧则变成为拉杆。

斜撑通过其强度承受力（非变形耗能），这在本项中就不做详细的解说了。由于钢斜撑结构的建筑物没有变形能力，所以有必要防止其节点的断裂。实际工作中会计算相对于标准剪力系数 1.0 时，节点是否可能损坏。

memo

拉杆主要采用圆钢。采用圆钢时，端部螺纹处被削切，由于螺纹部较弱，所以一般用此部分的截面积进行截面计算。螺纹根据其削切（制作）方法的不同，分两种，"转造螺旋"的情况下，用其轴部的截面积进行验算，"削切螺旋"的情况下，则用其最小截面部分的截面积或轴部截面积的 0.75 倍进行截面计算。拉杆用螺栓连接时，需要注意螺栓的缺损。

钢结构斜撑是一种补强构件，以防止建筑受地震、风等水平力作用时的过大变形。压杆与拉杆的截面计算各不相同，这点需要注意！

ⓘ 拉杆与压杆的区别

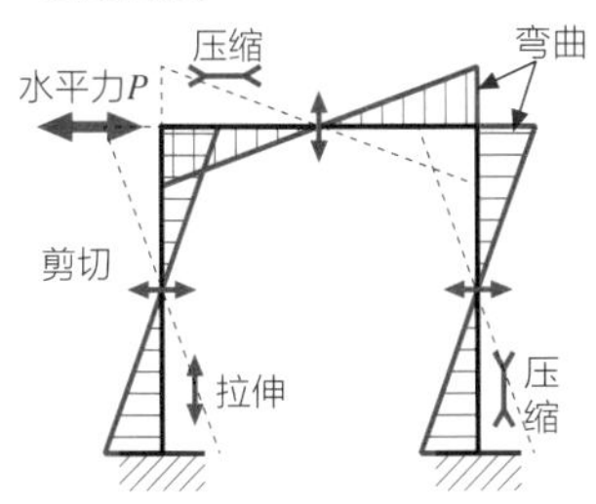

柱与梁中产生弯矩

②斜撑结构（拉杆）

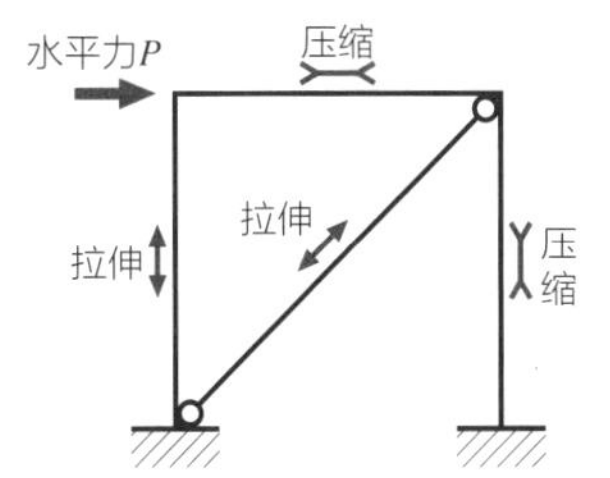

柱与梁中不产生弯矩，但产生很大的压力与拉力。斜杆中产生拉力

③斜撑结构（压杆）

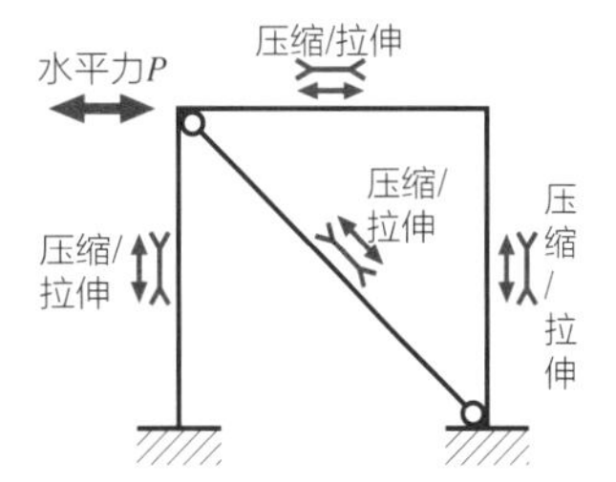

与拉杆相同，柱与梁中产生压力与拉力。另一方面，斜杆也承担压力和拉力

ⓘ 拉杆的截面计算

进行拉杆的截面计算，需确认作用于拉杆的应力不超过拉杆材料的允许应力。拉应力 σ 通过斜杆中产生的内力（轴力 N）与截面积 A 求得。

①求斜杆的轴力与截面积

$$N=\frac{Q}{\cos\theta}$$

N：斜杆轴力（kN）
Q：水平力（kN）
θ：斜杆角度

$$\cos\theta=\frac{L}{\sqrt{H^2+L^2}}$$

$$A=\pi\left(\frac{R}{2}\right)^2$$

A：拉杆截面积（kN）
R：拉杆直径（mm）

R
Q
拉杆
H
L
θ

如同“力的矢量与力的合成（78页）”所介绍的，由水平力（Q）带来的斜杆中的内力（轴力 N），由角度 θ 决定

②确认拉应力≤允许拉应力

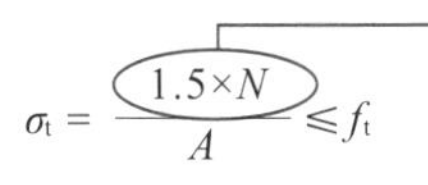

$$\sigma_t=\frac{1.5\times N}{A}\leq f_t$$

考虑安全系数，设计中内力取值1.5N

σ_t：拉应力
N：轴力
A：截面积
f_t：材料允许拉应力

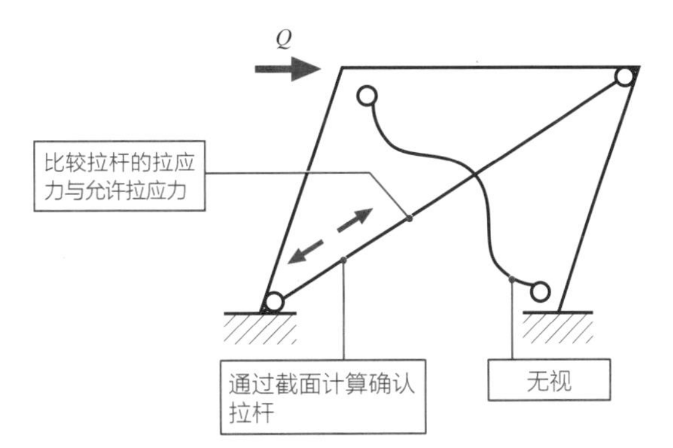

关于压杆的截面计算，在下页介绍

! 压杆的截面计算

进行压杆的截面计算，要考虑屈曲。在考虑屈曲的情况下，确认构件的压应力是否在允许压应力以下（①～④），在此基础上，确认宽厚比（⑤），以保证不发生局部屈曲

①计算构件中产生的压应力σ_c

$$\sigma_c = \frac{1.5 \times N}{A} \leqslant f_c$$

N：斜杆轴力（kN）

$$N = \frac{Q}{\cos\theta} \qquad \cos\theta = \frac{L}{\sqrt{H^2 + L^2}}$$

A：斜杆截面积

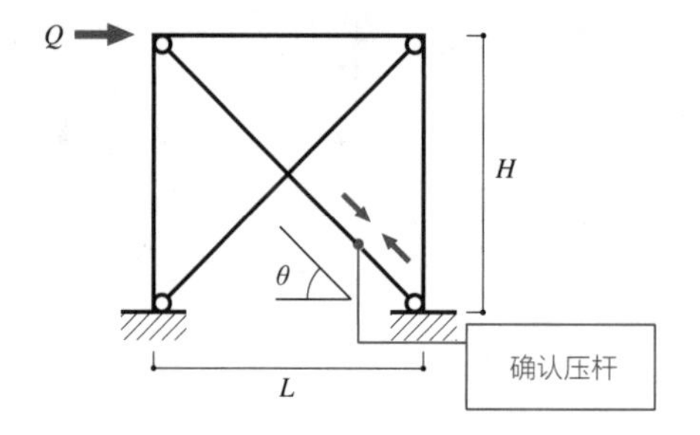

②确认长细比

在型钢等材料中，存在强轴与弱轴，垂直于弱轴的方向会产生弯曲（屈曲）。因此，需要比较X、Y方向的长细比λ_X、λ_Y（屈曲长度/惯性矩），确认其值较大的方向（对于屈曲弱的方向）。

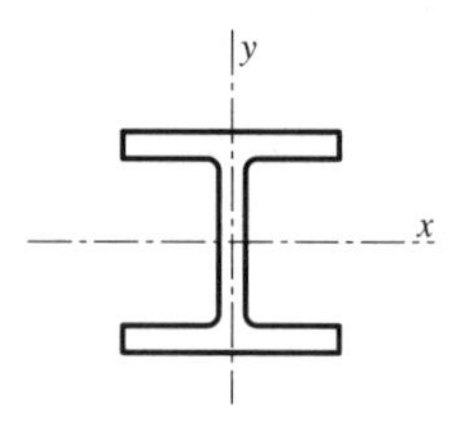

③确认允许压应力f_c

$$f_c = \frac{0.277F}{\left(\frac{\lambda}{\Lambda}\right)^2} \qquad \lambda > \Lambda \text{ 的时候}$$

F：材料强度

λ：（弱轴方向的）长细比

Λ：极限长细比

$$\Lambda = \pi\sqrt{\frac{E}{0.6F}}$$

E：弯曲弹性模量

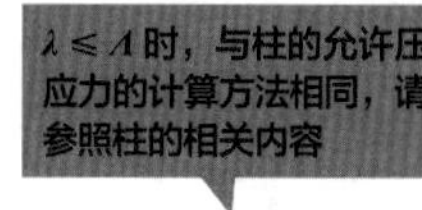

④确认压应力σ_c≤允许压应力f_c

比较①与③求出的σ_c与f_c，进行确认。

⑤确认宽厚比（b/t）

宽厚比不满足下式的时候，会发生局部屈曲。

$$\frac{b}{t} \leqslant 0.53\sqrt{\frac{E}{F}}$$

E：弯曲弹性模量

F：设计强度

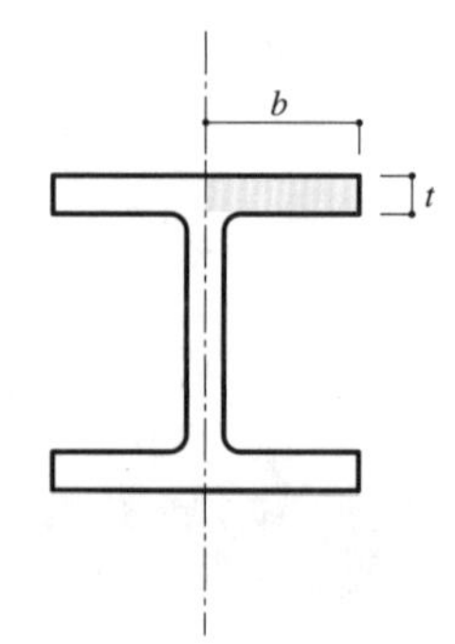

① 试进行压杆的截面计算

例题 图示压杆的截面计算（压应力≤允许压应力的确认，长细比的确认）

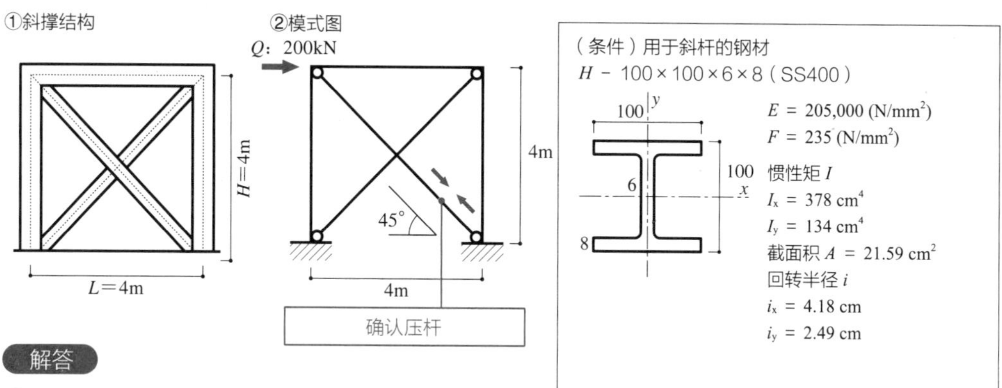

解答

①计算构件中产生的压应力

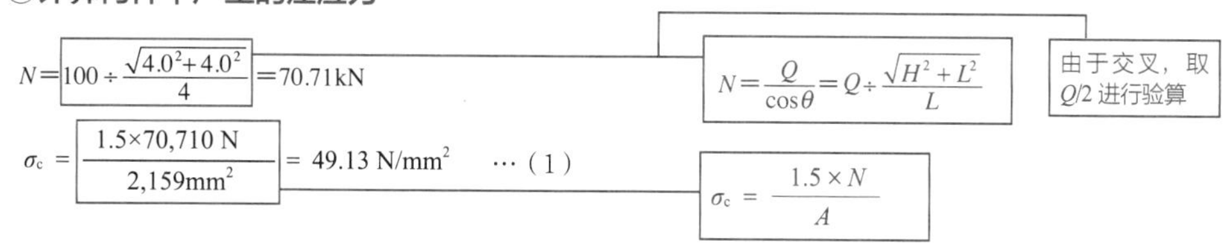

$$N=100\div\frac{\sqrt{4.0^2+4.0^2}}{4}=70.71\text{kN}$$

$N=\dfrac{Q}{\cos\theta}=Q\div\dfrac{\sqrt{H^2+L^2}}{L}$　　由于交叉，取 $Q/2$ 进行验算

$$\sigma_c=\frac{1.5\times70{,}710\ \text{N}}{2{,}159\text{mm}^2}=49.13\ \text{N/mm}^2 \quad\cdots(1)$$

$\sigma_c=\dfrac{1.5\times N}{A}$

②长细比的确认

$$\lambda_x=\frac{l_x}{i_x}=\frac{\sqrt{4^2+4^2}}{4.18}=135.16$$

$$\lambda_y=\frac{l_y}{i_y}=\frac{l_x\div2}{2.49}=113.45$$

（4，4，$\sqrt{4^2+4^2}$）　$l_x=l$

由于以交叉方式配置斜撑，所以屈曲长可以取一半：$l_y=l/2$

由于 $\lambda_x>\lambda_y$，所以确认与 x 轴相关的屈曲。

③允许压应力的确认

$$\Lambda=\pi\sqrt{\frac{E}{0.6F}}=120$$ 由于 $\lambda_x>\Lambda$，将值带入下式。

$$f_c=\frac{0.277\times235}{\left(\frac{135.16}{120}\right)^2}=51.31\ (\text{N/mm}^2)\quad\cdots(2)$$

$f_c=\dfrac{0.277F}{\left(\frac{\lambda}{\Lambda}\right)^2}$

④确认压应力σ_c≤允许压应力 f_c

由（1）（2）、$\sigma_c<f_c$　…OK

⑤确认宽厚比（b/t）

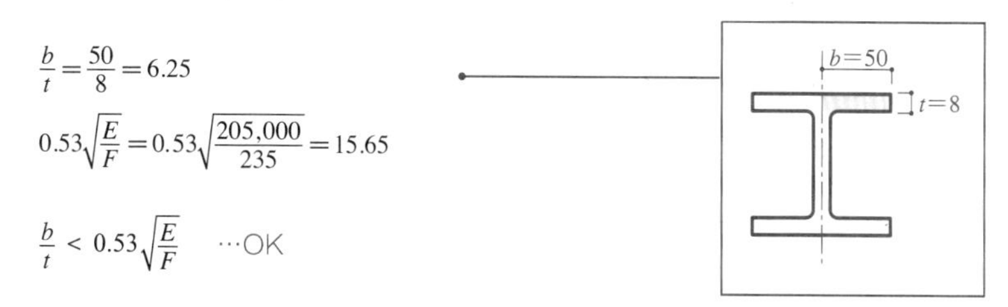

$$\frac{b}{t}=\frac{50}{8}=6.25$$

$$0.53\sqrt{\frac{E}{F}}=0.53\sqrt{\frac{205{,}000}{235}}=15.65$$

$$\frac{b}{t}<0.53\sqrt{\frac{E}{F}}$$ …OK

72 钢结构拼接节点的设计

哪种节点连接方法比较合适?

H 型钢柱的高强螺栓摩擦连接

! 利用摩擦的连接方法最为常用!

➔ 节点连接方法的种类

柱与梁的构件中途相接的部分被称为连接节点。钢结构建筑是在工厂加工后进行现场组装的，所以必定会出现连接节点。连接节点主要可以分为焊接连接与螺栓连接。虽然焊接连接的强度与母材相同，但由于在现场焊接较难，较容易出现缺陷。所以现场连接时，一般较常采用螺栓连接中的高强螺栓或特殊高强螺栓的摩擦形进行连接。其他连接方式包括铆钉连接，受剪螺栓（普通螺栓）连接等。现在，铆钉基本已不再使用，普通螺栓连接也由于较易产生脆性破坏，基本不被使用。因此，这里主要针对摩擦型高强螺栓连接进行解说。

➔ 摩擦型高强螺栓连接的接合方法

如下页上图所示，柱连接时，翼缘及腹板较多采用摩擦型螺栓连接。但在弯矩较大的高层建筑中，为了尽可能确保弯曲性能，常常翼缘采用焊接，腹板采用摩擦型螺栓连接的方式。柱使用方钢管时，无法用螺栓固定，虽然近年来也出现了机械式连接，但焊接仍为主流。

对于梁的连接，翼缘及腹板均常用摩擦型螺栓连接，连接节点尽量选择在弯矩小的位置。但是，由于施工上的考虑，在靠近柱的位置设置梁连接节点时，节点也要求有较好的塑性变形能力，此时翼缘常采用焊接方式。

摩擦型高强螺栓连接，是利用螺栓内很大的张力使板间产生较大的摩擦力，利用摩擦进行固定。板间接触面不进行涂装，并使其产生对不至于带来截面损伤的锈迹，以确保摩擦系数。

memo
完全熔透焊，可达到与母材同等的强度。

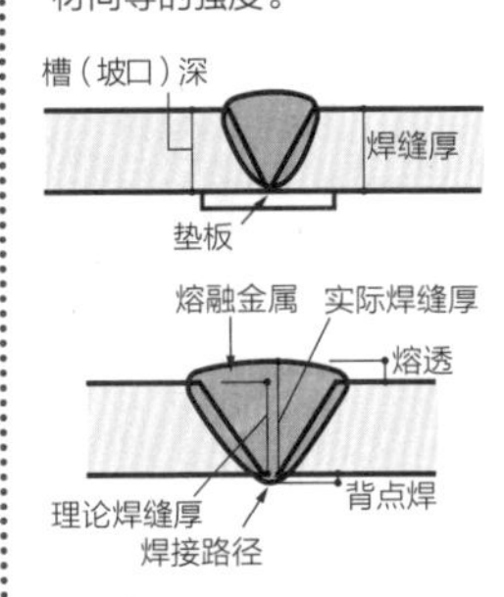

ⓘ 柱及梁的连接方式

柱的连接节点

①摩擦型高强螺栓连接

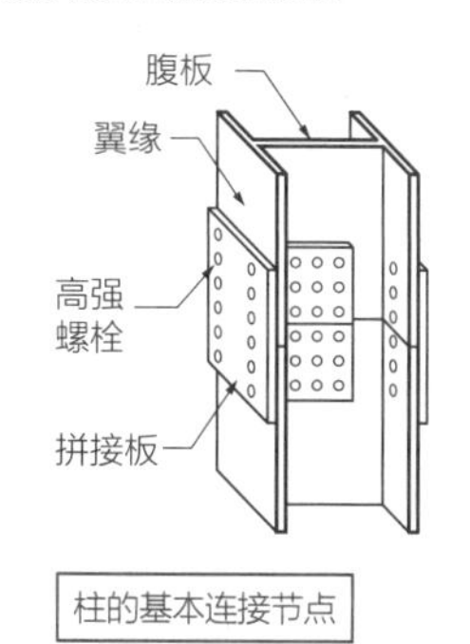

柱的基本连接节点

②焊接 + 高强螺栓连接

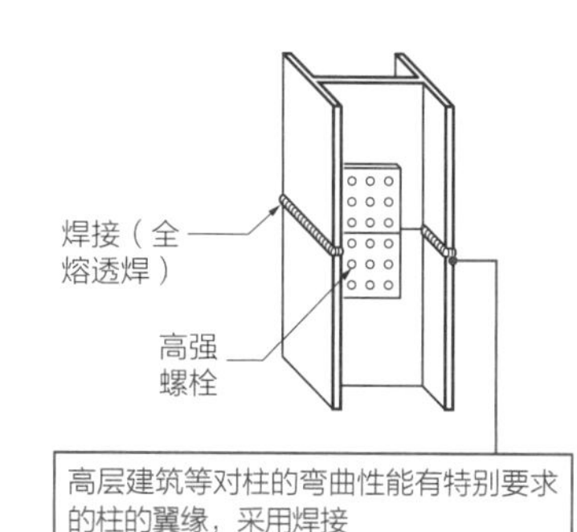

高层建筑等对柱的弯曲性能有特别要求的柱的翼缘，采用焊接

③焊接连接

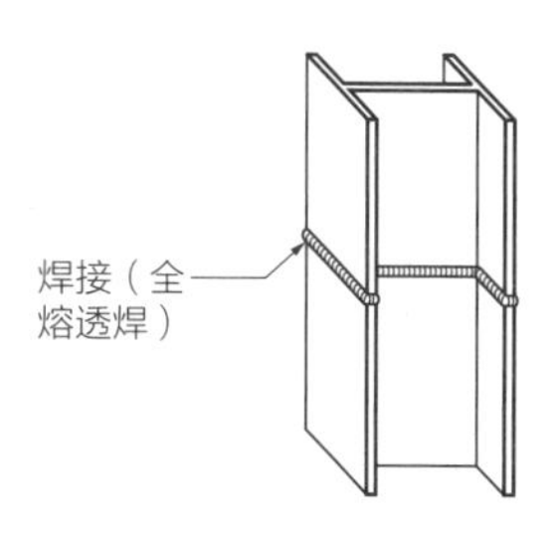

主梁的连接节点

①摩擦型高强螺栓连接

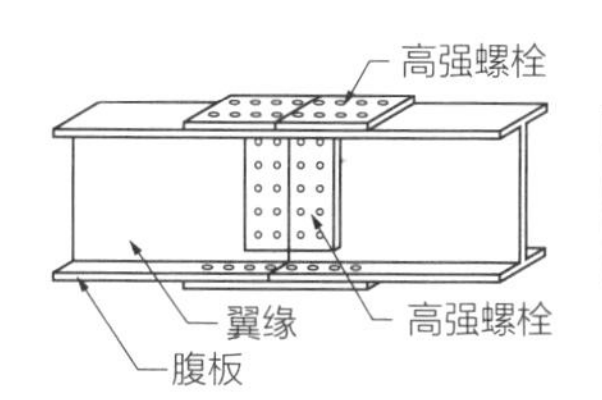

梁的基本连接节点。节点设置于弯矩较小的位置

②焊接 + 高强螺栓连接

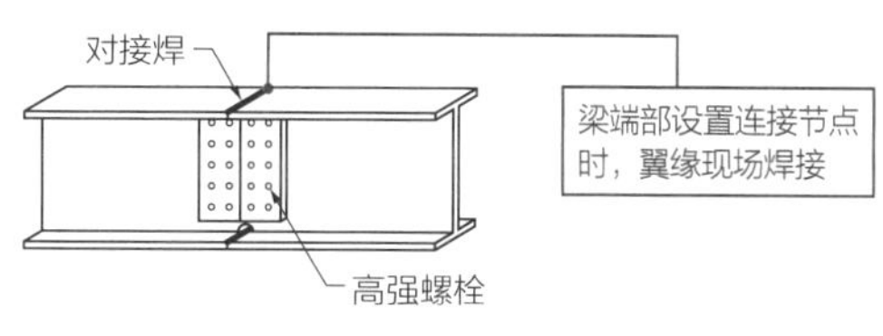

梁端部设置连接节点时，翼缘现场焊接

ⓘ 连接方法的构成

摩擦型高强螺栓连接节点中力的传递

①摩擦型高强螺栓连接（左：双摩擦面，右：单摩擦面）

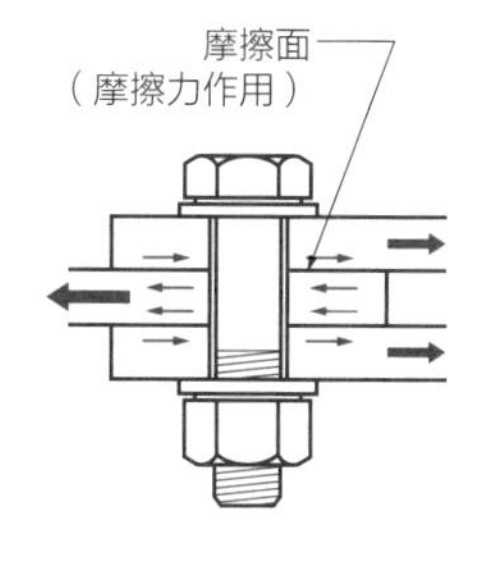

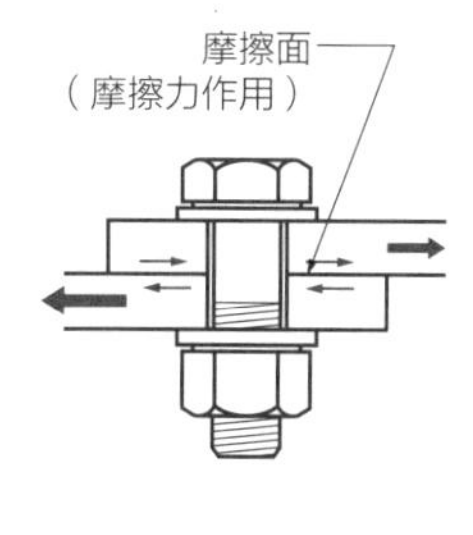

其他连接节点中力的传递

①铆钉连接

接触面压力

②普通螺栓连接

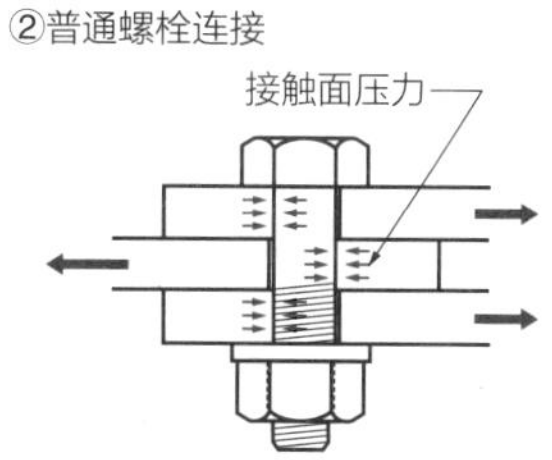

②摩擦型高强螺栓连接中平均一根螺栓的允许拉力与最大拉力（kN）

强度区分	螺栓名称	长期允许剪力		短期允许剪力		最大剪力	
		单摩擦面	双摩擦面	单摩擦面	双摩擦面	1 面剪切	2 面剪切
F10T	M12	17.0	33.9	25.4	50.9	65.3	131.0
	M16	30.2	60.3	45.2	90.5	116.0	232.0
	M20	47.1	94.2	70.7	141.0	181.0	363.0
	M22	57.0	114.0	85.5	171.0	219.0	439.0
	M24	67.9	136.0	102.0	204.0	261.0	522.0
	M27	85.9	172.0	129.0	258.0	331.0	661.0
	M30	106.0	212.0	159.0	318.0	408.0	816.0

结构基础
结构力学
结构计算
结构设计
抗震设计

ⓘ 连接节点的内力计算方法

如下图所示，格子状布置的高强螺栓，受弯矩 M，轴力 N 以及剪力 Q 作用时，螺栓中产生的最大剪力通过下面的顺序求出。

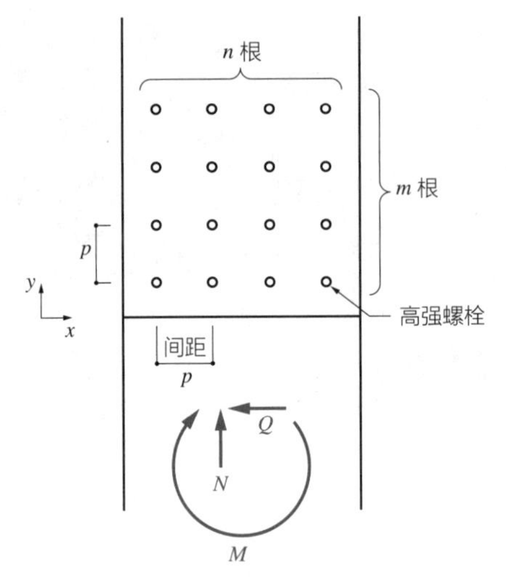

①求轴力及剪力产生的内力（剪力）

假定轴力及剪力被一根根的螺栓平均分担，轴力、剪力产生的剪力 R_N，R_Q 采用下列式（1）、（2）计算。

$$R_N\text{（轴力产生的剪力）}=\frac{N\text{（轴力）}}{m\cdot n\text{（螺栓根数）}} \quad \cdots\cdots(1)$$

$$R_Q\text{（剪力产生的剪力）}=\frac{Q\text{（剪力）}}{m\cdot n\text{（螺栓根数）}} \quad \cdots\cdots(2)$$

②求弯矩产生的内力（剪力）

弯矩产生的剪力 R_{Mx}，R_{My} 通过下式求得。

$$R_{Mx}=\frac{M}{S_x} \quad \cdots\cdots(3)$$

$$R_{My}=\frac{M}{S_y} \quad \cdots\cdots(4)$$

$$S_x=\frac{mn\left\{\left(n^2-1\right)+\alpha^2\left(m^2-1\right)\right\}}{6(n-1)}p \quad \cdots\cdots(5)$$

α：螺栓间距比
R_{Mx}，R_{My}：弯矩产生的剪力

$$S_y=\frac{(n-1)}{\alpha(m-1)}\cdot S_x \quad \cdots\cdots(6)$$

$$\alpha=\frac{m}{n} \quad \cdots\cdots(7)$$

③通过①、②求最大剪力

接合①中求得的内力与②中求得的内力求出最大剪力 R。
同时受弯矩、轴力、剪力时

$$R=\sqrt{\left(R_{Mx}+R_Q\right)^2+\left(R_{My}+R_N\right)^2} \quad \cdots\cdots(8)$$

R：最大剪力

ⓘ 求高强螺栓中产生的最大剪力

例题 如下图所示，高强螺栓受下述条件的内力时，求高强螺栓中产生的最大剪力。

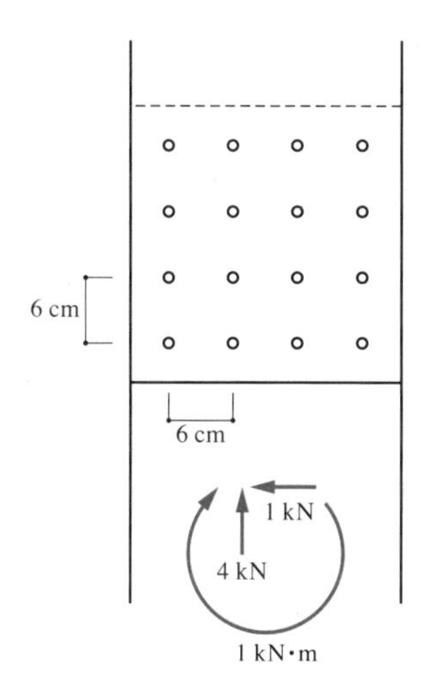

解答

①求轴力及剪力产生的内力（剪力）

$$R_N = \frac{N}{m \cdot n} = \frac{4}{16} = 0.25\ \text{kN}$$ …根据前页式（1）

$$R_Q = \frac{Q}{m \cdot n} = \frac{1}{16} = 0.06\ \text{kN}$$ …根据前页式（2）

②求弯矩产生的内力(剪力)

$$S_x = \frac{mn\{(n^2-1)+\alpha^2(m^2-1)\}}{6(n-1)}p = \frac{16\{(4^2-1)+1(4^2-1)\}}{6(4-1)} \times 6 = 160\ \text{cm}$$ …根据前页式（5）

$$S_y = \frac{(n-1)}{a(m-1)}S_x = \frac{(4^2-1)}{1(4^2-1)} \times 160 = 160\ \text{cm}$$ …根据前页式（6）

$$R_{Mx} = \frac{M}{S_x} = \frac{100}{160} = 0.63\ \text{kN}$$ …根据前页式（3）

$$R_{My} = \frac{M}{S_y} = \frac{100}{160} = 0.63\ \text{kN}$$ …根据前页式（4）

③通过①、②求最大剪力

$$R = \sqrt{(R_{Mx}+R_Q)^2+(R_{My}+R_N)^2} = \sqrt{(0.63+0.06)^2+(0.63+0.25)^2} = 1.46\ \text{kN}$$ …根据前页式（8）

螺栓中产生的最大剪力为 1.46kN。

73 钢结构连接节点的设计计算

连接节点怎样设计？

大梁与柱的连接节点实例

！计算时将柱与梁考虑为刚性相同！

在钢结构连接节点中，如下页上图所示，柱、梁的交接处，在结构性能中承担着重要任务，大梁的力从节点向柱传递。那么，即使柱或大梁产生变形，节点部分也需保持不变，维持“刚”的状态。此外，由于节点内通过板（节点内腹板）的抗剪性能进行力的传递，所以其也被称为“节点域”。

确认接头安全性的方法

大梁的内力向柱传递的过程中，细部十分重要。工字型钢柱、箱形截面的柱都通过板（加劲板）与左右的梁相连接。由于需要传递很大的内力，所以会预先在工厂中进行全熔透对接焊。这种板同时起到束缚节点域的作用，所以通常采用比大梁翼缘板厚大 1 ~ 2 个尺寸的板以确保其充足的性能。

确认节点域的安全性，通过复核其是否具有对抗地震或暴风时左右大梁产生的弯矩带来的剪力的抗剪能力来实现。实际上，除了弯矩与剪力外，在柱子中还会产生轴力。但只要轴力在屈服轴力的 40% 以下，其影响就非常小可以忽略不计。

节点内力的计算方法

虽然上文中用“刚”来形容节点部分，但与 RC 结构的截面不同。由于钢结构为薄板构成，所以实际上还是会产生变形。因此，虽然在 RC 结构中将其考虑为刚域，但在钢结构中则不然，需要将其考虑为到柱与梁的中心位置（节点）与柱、梁相同刚性的构件进行内力计算。此外需要说明的是，下页中的计算式为相对于中小地震（允许应力计算）的设计公式，在大地震时有产生塑性变形的可能性。

memo

钢结构的节点，有“柱、梁”交接处，以及“梁间”交接处。柱、梁交接处［节点域，下图①］承担着传递地震力的任务，梁间交接处则主要起着传递长期荷载力的作用。下图②～⑤为大梁与小梁的节点实例。

①柱与梁

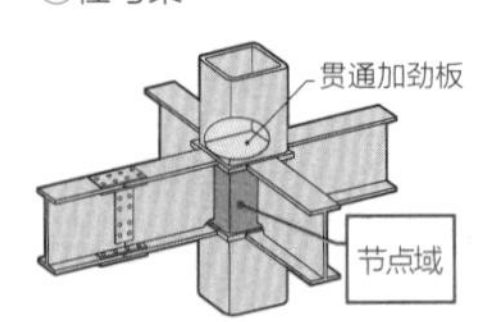

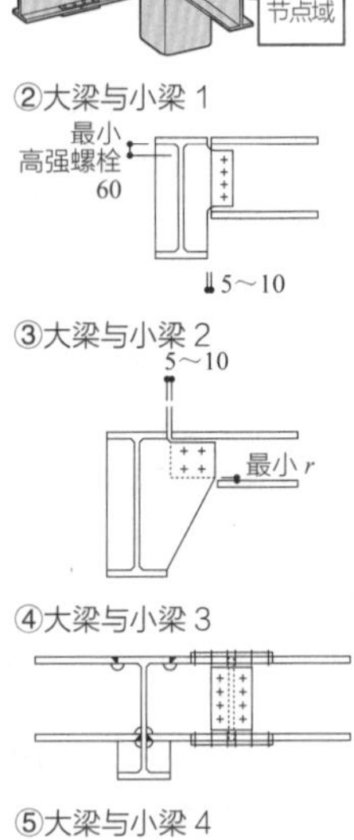

① 钢结构的柱、梁节点（刚性连接）的种类

①角形钢管柱（左：贯通加劲板；右：内隔加劲板）　②H 型钢柱

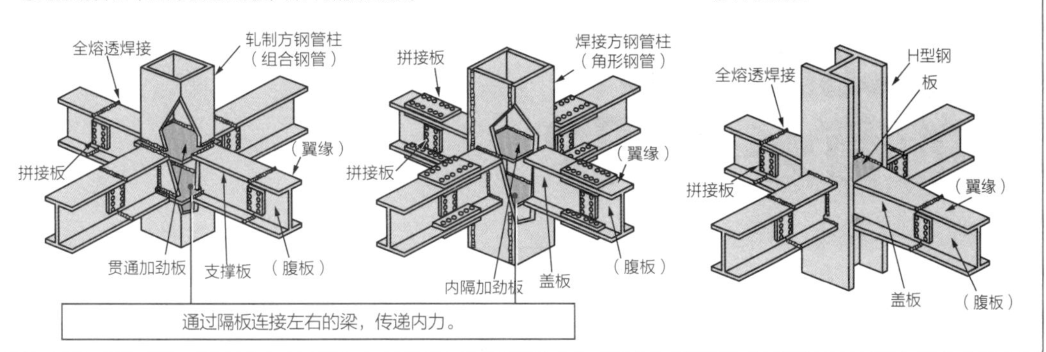

① 节点域的设计方法

确认节点域中产生的应力是否在允许应力以下。由此判断节点域的板厚是否有问题。

确认应力≤允许应力

$$\tau_p = \frac{{}_bM_1 + {}_bM_2}{V_e} \leqslant 2f_s$$

τ_p：板区的剪应力

V_e：通过下式计算：

$$V_e = h_b \times h_c \times t_w \text{（H 型钢柱）}$$

$$V_e = \frac{16}{9} \times h_b \times h_c \times t_w \text{（矩形中空截面柱）}$$

f_s：长期允许剪应力（N/mm^2）

其他参照图中符号

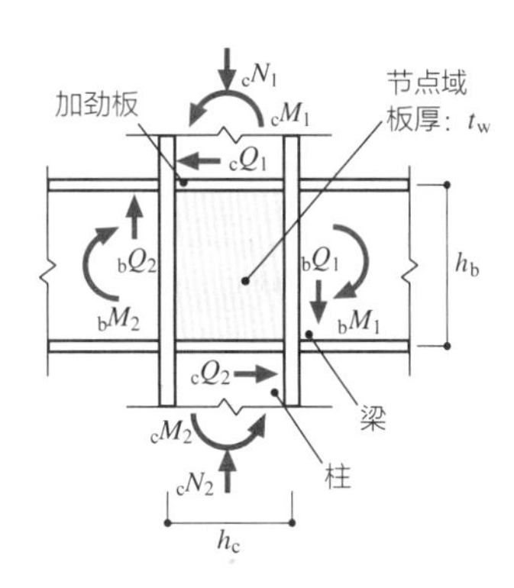

试着亲自动手计算以下节点域

例题 右图标示了节点域的剪应力在允许剪应力以下，以此来确认板厚是否有问题。

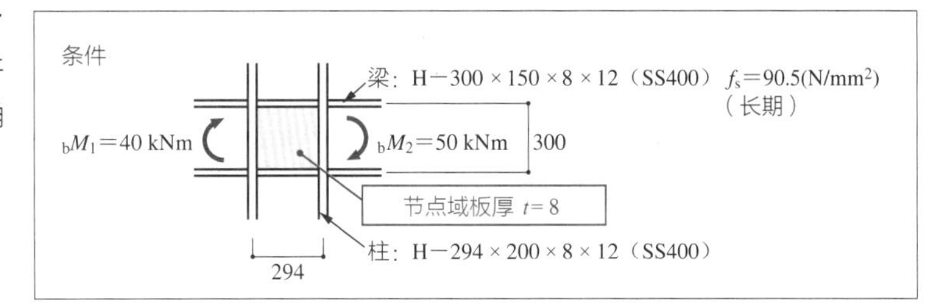

解答

$$\tau_p = \frac{{}_bM_1 + {}_bM_2}{2V_e} = \frac{{}_bM_1 + {}_bM_2}{2h_b \cdot h_c \cdot t_w} = \frac{40\ \text{kN}\cdot\text{m} + 50\ \text{kN}\cdot\text{m}}{2\times300\times294\times8}$$

$$= \frac{90\ \text{kN}\cdot\text{m}}{1{,}411{,}200\ \text{mm}^2}$$

$$= \frac{90{,}000{,}000\ \text{N}\cdot\text{mm}}{1{,}411{,}200\ \text{mm}^2}$$

$$= 63.78\ \text{N/mm}^2 < 1.5\times90.5 = 135.8\ \text{N/mm}^2 \ \cdots\text{OK}$$

所以，8mm 的板厚 OK。

74 变形能力、宽厚比

宽厚比的确认真的有必要吗？

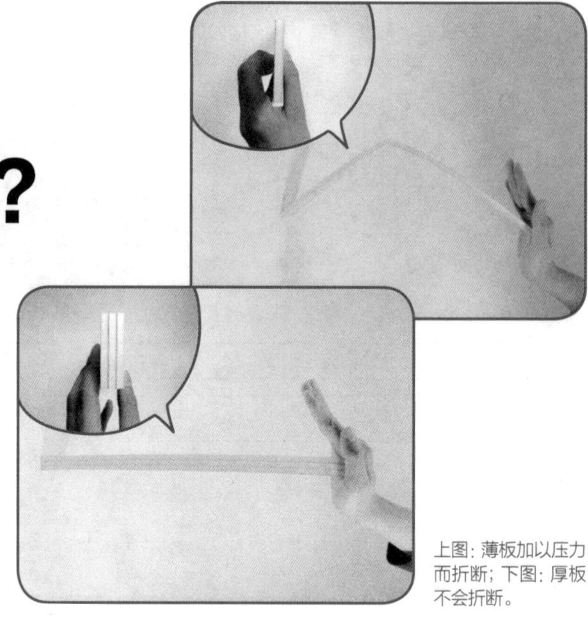
上图：薄板加以压力而折断；下图：厚板不会折断。

！假如有产生局部屈曲的可能性，则必须警惕！

➔ 确保具有不产生局部屈曲的承载力

钢结构为薄板组合而成的构件。虽然薄板的抗拉能力强，但其受压则容易折断，与抗拉能力相比，抗压能力很小。

考虑钢结构建筑物的最终状态，在构件端部屈服以前，受压部分会产生局部屈曲。这样构件将变得无法确保计算上的承载力，所以防止局部屈曲很重要。

➔ 宽厚比的特性与变形能力的关系

宽厚比是保证不产生局部屈曲的指标，它的值越大就越容易产生屈曲。柱或梁等各“部位”以及“类钢”等各类型都对其值有所限定。

柱与梁相比较，由于同时承担压力和弯矩，故柱的宽厚比要求较为严格。此外，工字型钢的翼缘部分为腹板外伸的悬挑梁形式，其前端部分容易产生屈曲，所以宽厚比要求较严。焊接方钢管由于材两端相连，与工字型钢相比，比较不容易产生局部屈曲。

除了宽厚比，与钢结构的变形能力相关的还有钢材的种类。SS（普通碳素结构钢）材变形能力较低，SN（低合金结构钢）材则有较大的变形能力。如支撑结构类强度型建筑物使用 SS 材，而在框架结构中则需通过 SN 材确保其变形能力。

此外，采用支撑结构设计中高层建筑物时，若支撑损坏，为了以框架继续承载防止其倒塌，推荐使用 SN 材。

memo

宽厚比并没有绝对的限定。考虑建筑坍塌时的损坏方式，只要能确认没有产生局部屈曲，就可以对宽厚比的限定有所放宽。

① 宽厚比是防止局部屈曲的指标

各类钢的宽厚比通过下式求出。宽厚比需要控制在一定值以下。

$$宽厚比 = \frac{b}{t}$$ （b：宽，t：厚度）

b与t的求法

① H 型钢

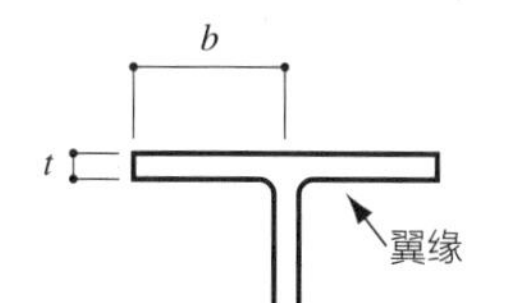

②方钢管

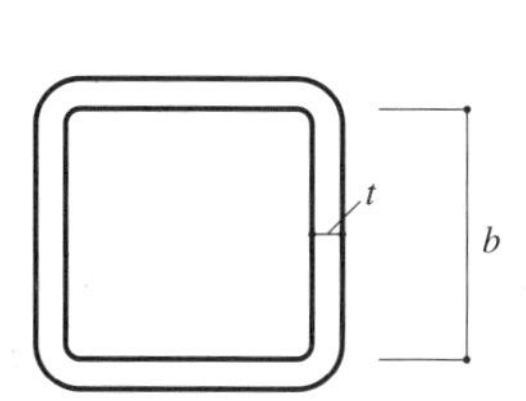

③圆钢管

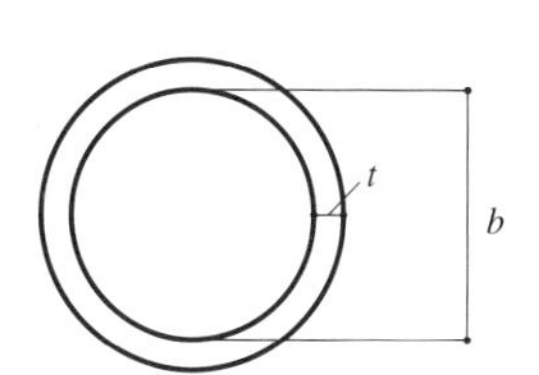

弯矩的产生带来受压侧的翼缘屈曲

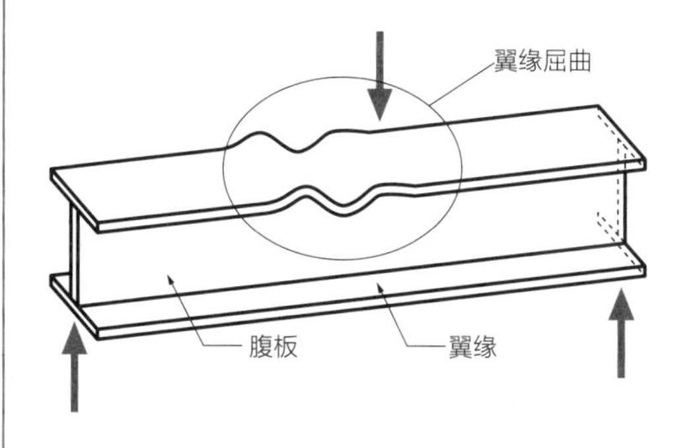

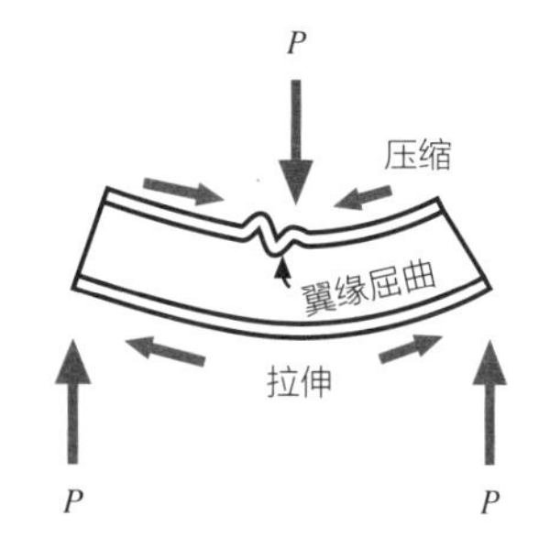

① 宽厚比的不同决定了变形能力

宽厚比的限值

构件	截面	部位	钢种*	宽厚比	
柱	H 型钢	翼缘	400 级	$9.5\sqrt{235/F}$	9.5
			490 级		8
		腹板	400 级	$43\sqrt{235/F}$	43
			490 级		37
	方钢管	—	400 级	$33\sqrt{235/F}$	33
			490 级		27
	圆钢管	—	400 级	$50(235/F)$	50
			490 级		36
梁	H 型钢	翼缘	400 级	$9\sqrt{235/F}$	9
			490 级		7.5
		腹板	400 级	$60\sqrt{235/F}$	60
			490 级		51

注：400 级的 F 值 = 235，490 级的 F 值 = 325。

强度不同，宽厚比的限值也不同。

H型钢的宽厚比带来的不同

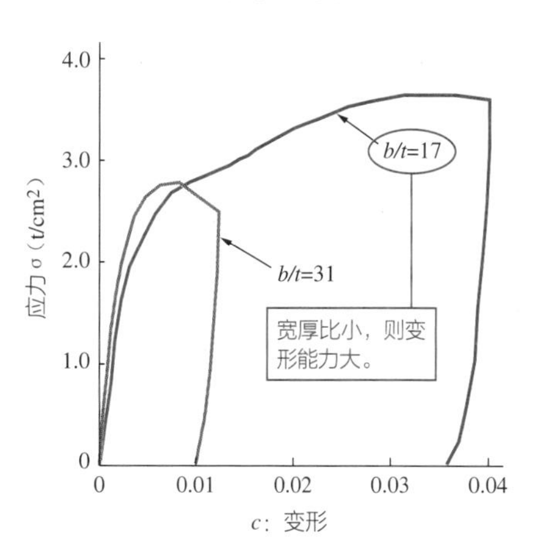

75 压型钢板组合楼板的截面计算

压型钢板组合楼板是什么？

压型钢板的上部配置钢筋，其后浇筑混凝土，成为压型钢板组合楼板。

！压型钢板与混凝土一体化的组合楼板！

钢结构建筑多采用压型钢板组合楼板。它是指施工时将压型钢板用作模版，混凝土凝固时，压型钢板与混凝土一体化而形成的组合楼板。以前，通过在楼板上安装抗剪件使之与混凝土一体化，现在使用的楼板基本上表面均为凹凸的形状，这样能够确保其与混凝土的一体性。

➔ 压型钢板组合楼板的截面计算方法

为了使薄铁板具有抗弯刚度，压型钢板的形状呈连续的波浪形截面。在之上浇筑混凝土，混凝土截面底部也为波浪形。

下页中为压型钢板组合楼板截面设计的计算公式。为了验算挠曲，通过压型钢板部分的抗弯刚度与混凝土部分的抗弯刚度求中和轴，首先需要计算混凝土及压型钢板的惯性矩。之后，通过合成截面的惯性矩与中和轴的位置计算压型钢板受拉一侧的计算用截面模量，以及混凝土截面计算用截面模量，算出合成截面的截面性能以后，再算出相对于设计荷载的单位宽内的力，进行截面的复核。一般情况下，由于在施工中会调整压型钢板的下料方式，所以在进行组合楼板设计时，将其作为简支梁计算较为安全。另外在验算挠曲时，由于其为钢与混凝土的结合结构，所以蠕变系数取 1.5 倍进行验算。

虽然本条中没有提及，但是由于在施工时压型钢板单体需承担施工时荷载以及混凝土的荷载，所以对于组合楼板施工时的验算也很重要。

memo

当防火建筑或准防火建筑的楼板或屋面板使用压型钢板合楼板时，进行防火喷涂则没有问题。一旦有压型钢板为裸露的状态时，就需要确认其采用了满足规范要求的防火标准。

楼板要求的防火时间

楼层（最上层、2～16……G.L.）	范围	柱、梁	楼板、结构墙
最上层、2、3、4	最上层，从最上层数第2~4层，以及屋顶部分	1小时	1小时
5～14	从最上层数第5~14层	2小时	2小时
15、16……G.L.	从最上层数第15层以上的层（包含地面层）	3小时	2小时

① 压型钢板组合楼板的基础知识

压型钢板组合楼板的内力概念

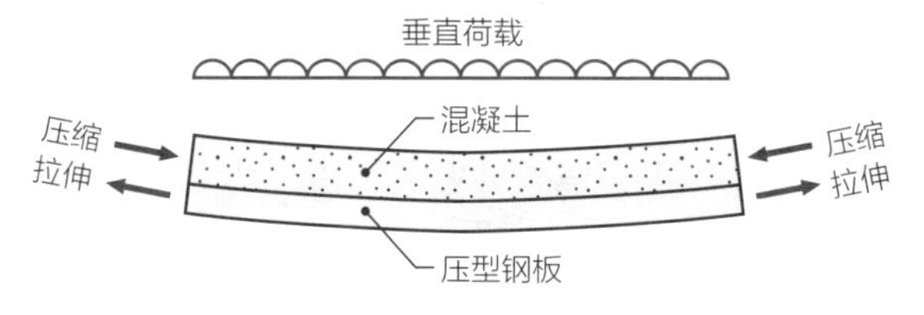

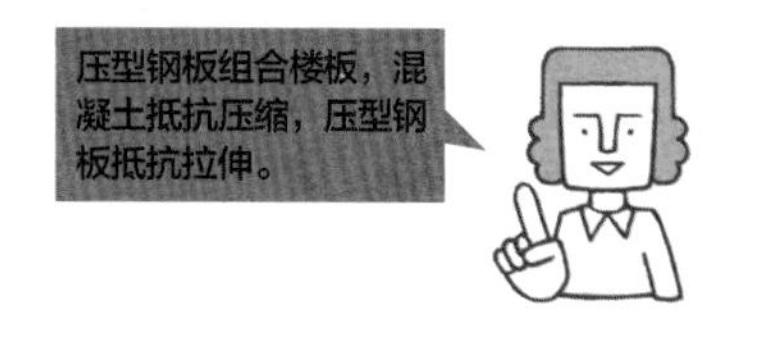

压型钢板组合楼板的各部分名称

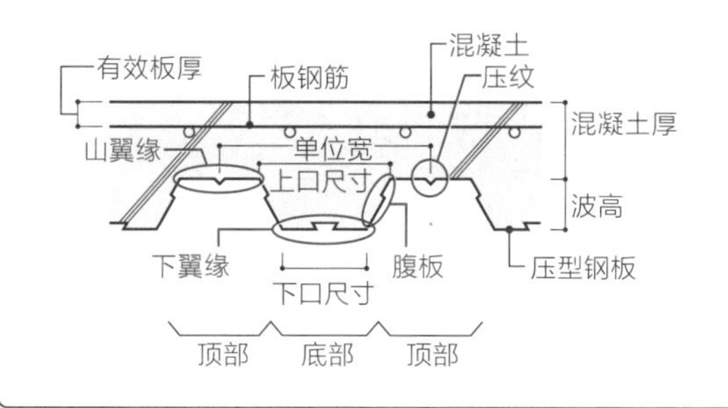

压型钢板的一个例子

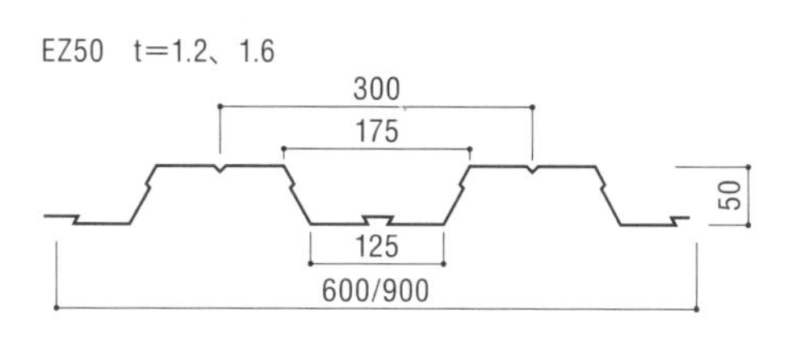

① 压型钢板组合楼板的截面设计与设计荷载

压型钢板作为简支梁进行设计。验算板的应力与挠曲（有时也会考虑板的分割，将其作为连续梁进行计算）。

求压型钢板的应力与挠曲

①确认应力 $\sigma_t \leqslant F/1.5$

$$\sigma_t = \frac{M}{{}_cZ_t} \leqslant \frac{F}{1.5}$$

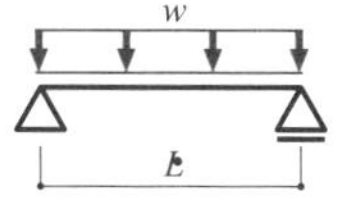

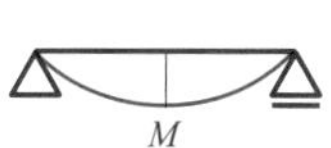

M：设计用弯矩

${}_cZ_t$：拉伸侧有效等价截面系数（mm^3/B）

F：压型钢板的设计强度

②确认挠度 δ

$$\delta = \frac{5wL^4}{384{}_sE \times \frac{{}_cI_n}{n}}$$

$$\frac{1.58}{L} \leqslant \frac{1}{250}$$

sE：压型钢板的弯曲弹性模量

${}_cI_n$：有效等价惯性矩（mm^4/B）

n：钢材与混凝土的弯曲弹性模量比 = 15

关于组合梁

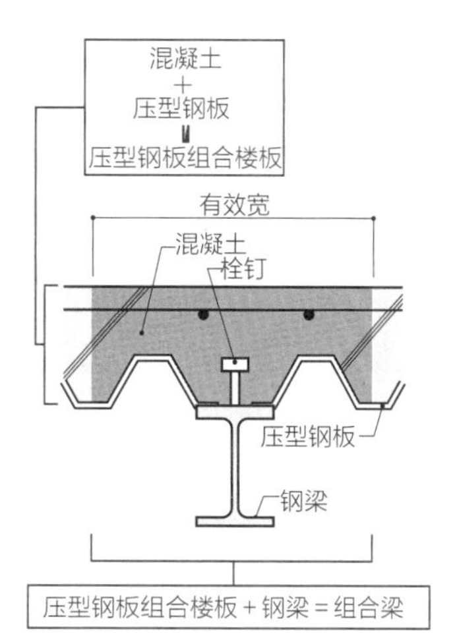

使用栓钉将压型钢板组合楼板与钢梁一体化，可以提升梁的性能（组合梁）。

column 03

“建筑层”与“结构层”的区别

说明建筑高度方向的位置时，通常会使用“建筑层”这一用语，但说明结构模型时，我们就需要使用“结构层”了。

比如考虑风压力等效水平力时，施加于 1 建筑层的水平力由 2 建筑层的梁来抵抗。由于使用“建筑层”这一词语会有些繁琐和混淆，所以我们一般会将其简化为“层”这一提法。

“建筑层”的说明

通常所使用的建筑层的图解

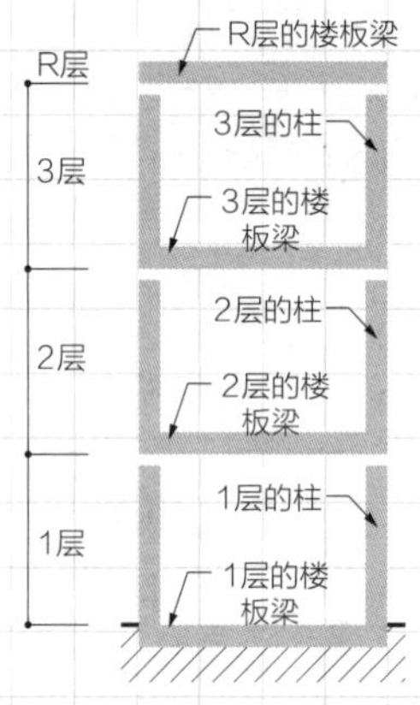

结构层的说明

它是结构计算时使用的模型。门式框架（柱与梁）抵抗水平荷载与垂直荷载。

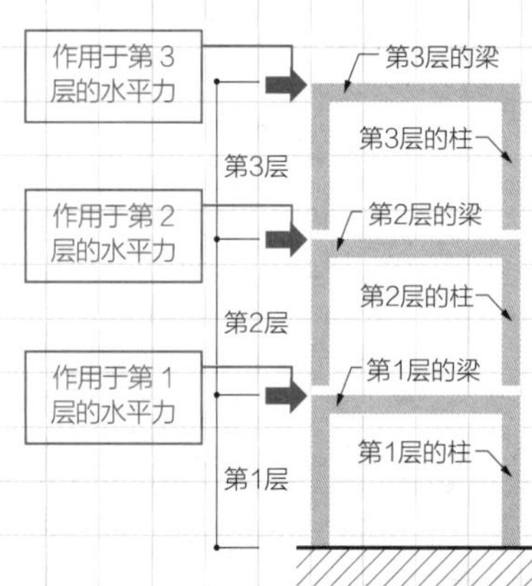

时程反应解析模型

考虑荷载时，建筑层、结构层的考虑方法会稍有不同

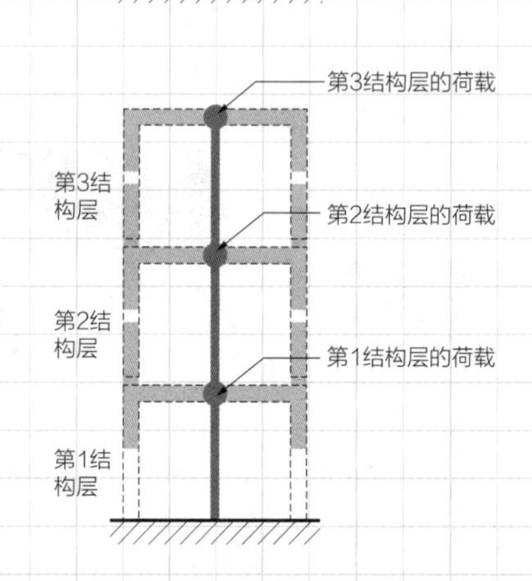

chapter 4 结构设计

76 承受水平荷载的楼板设计

刚性楼板是什么？

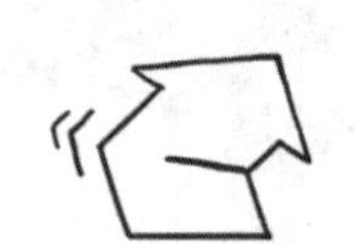

！即使受水平荷载作用也完全不会变形的理想楼板！

楼板不仅支撑垂直方向荷载，还承担着将水平力传达至竖向抗震构件（结构墙）的重要任务。

➜ 将楼板假定为刚性楼板进行计算

即使受地震力、风荷载等水平荷载作用也完全不会变形的楼板称为刚性楼板。一般所谓的刚性楼板，包含两层含义。其一为理论上的刚性楼板（刚性楼板假定）。这是为了简化结构计算，不考虑实际的楼板状况，在计算上假定其为刚性。

其二，为可施工制作的刚性楼板。钢筋混凝土结构与钢结构中的混凝土楼板，实际上刚性就很强而不会变形。楼板为刚性楼板，则能够向竖向抗震构件传递地震力。而理论上的刚性楼板，虽然一般情况下都视为刚性楼板进行计算，但在设计中无法成为刚性楼板时，则要注意其无法充分向竖向抗震构件传递地震力的可能性。

对于木结构，由于材质柔软，形成刚性楼板并不容易。只有将结构用胶合板直接落于梁，枕木，基础梁形成的楼板可做为刚性楼板。

➜ 设计通高空间的关键

通高空间，因为造成了楼板部分缺失，所以对刚性楼板影响很大。由于通高部分楼板缺失，无法有效地传递水平力，因而成为结构上的弱点。即使结构墙面在通高空间内设置，由于其没有与楼板相连，所以其作为抗震构件基本没有作用。

设置通高空间时，要么使面向它的结构墙一部分与楼板相连，要么加强通高部分的梁使其能够传递内力，这一点很重要。

memo

楼板是向结构墙进行内力传递的重要抗震构件，但是，由于近年来电气配线多设置在楼板内，使得实际上其无法完全有效地传递水平力。虽然这一点尚未被足够的重视，但实际上这种做法对于设备对结构性能也会产生很大的影响。

楼板的设计，多用通用结构计算程序进行计算。但是，由于此类程序的基本计算方式是将楼板假定为刚性楼板，所以当存在通高空间的时候，需要解除刚性楼板的假定，否则不能进行正确的计算。这一点需要注意！

① 刚性楼板与非刚性楼板的不同

建筑物受水平力作用时，楼板起着重要的作用。

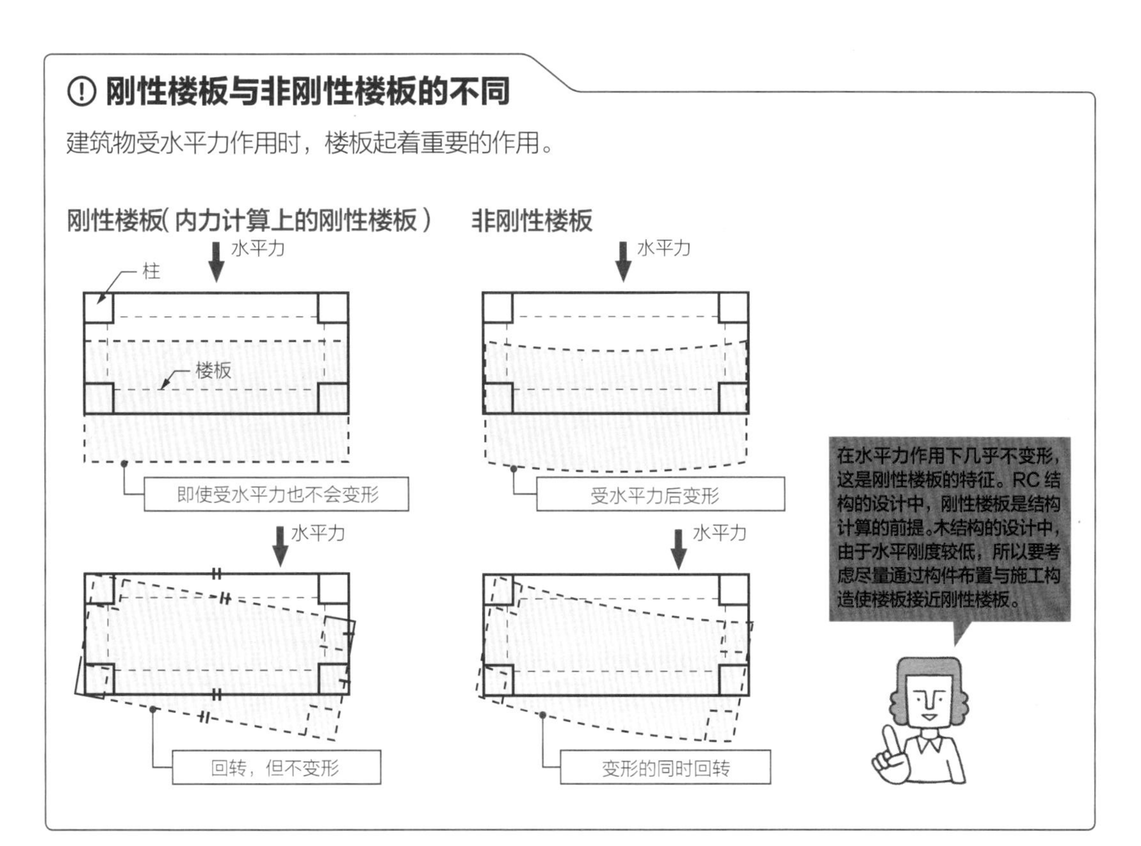

① 设计通高空间的方法

有通高空间时，水平力的传递机制就会变得复杂，设计中需要使水平力获得实质性的传递。

通高空间的结构弱点与对策

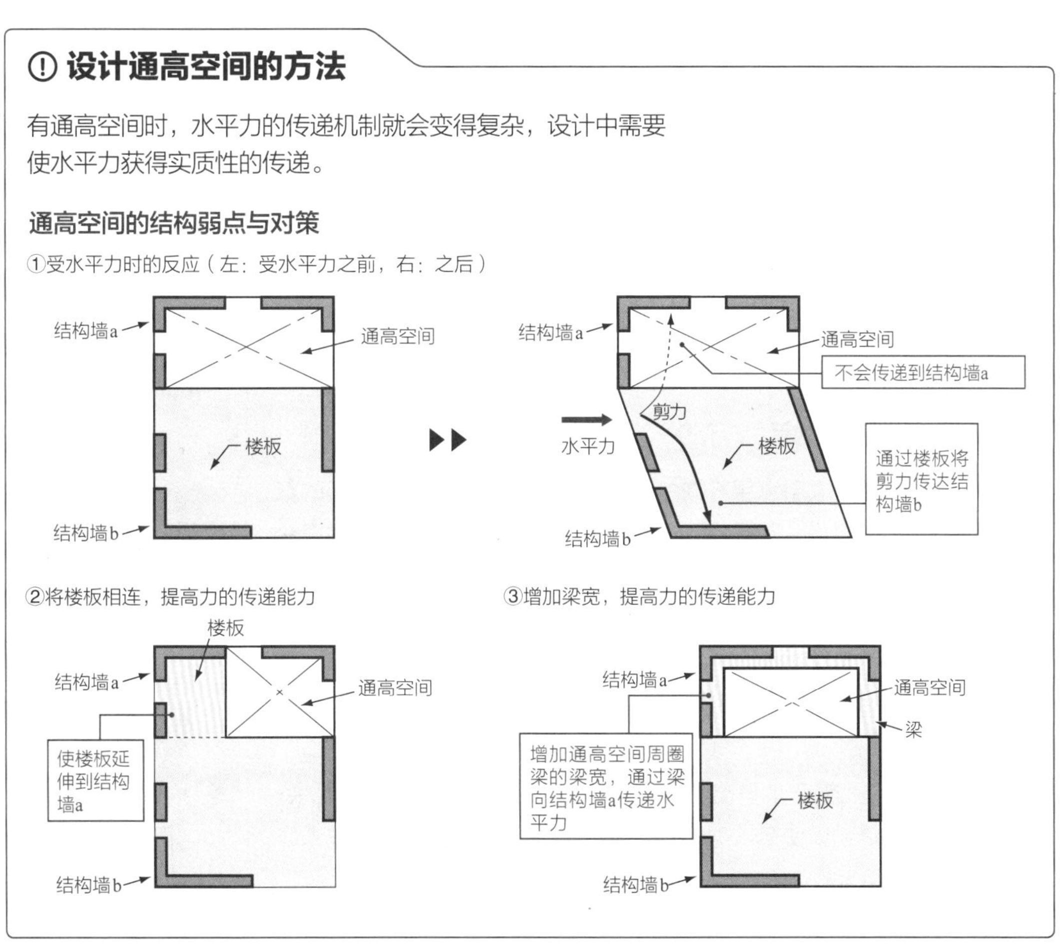

77 层间位移角的计算

地震时建筑物安全吗？

！超过了层间位移角的限值就很危险了！

如果柱与大梁的变形能力很好，则建造的建筑物不论怎样变形，都不会导致其坍塌。但是，建筑中或建筑外的人是否安全呢？

➔ 什么是层间位移角？

层间位移角是确保建筑物安全性的一项标准，是指建筑受地震力作用时，其各层在水平方向上的变形差与各层高度的比值。

在地震的作用下，假如建筑物产生较大的变形，门会歪斜而打不开，从而无法进入室内展开援救。另外，它也可能会引起家具的倾倒、吊顶坠落。最危险的是外墙饰面材料的掉落。干挂式外墙跟随建筑物层间位移角而变位，如果超过其允许值，外墙饰面的材料则会脱落掉下。

➔ 层间位移角的计算方法

层间位移角，可以用水平方向的层间变位除以层高算出。除得的数值为小数，但通常会以分数来表示。计算时，大地震与中小地震需要分开考虑。在设计建筑物时，一般要求中小地震时层间位移角在 1/200 以下。大地震时虽然没有规定，但由于外墙材等外部材料在安装时多为可以在 1/100 以内随位变形的，所以位移角的目标值为 1/100 左右。小规模钢结构等变形能力较大的情况下，即使在中小地震时也可以被设计为 1/120 左右。

层间位移角是相对于地震时的安全性的数值，如果设计值毫无冗余，则可能会使得建筑物即使风吹时也产生较大的晃动。因此，这样做未必能使设计确保使用上的舒适性，有必要提起注意。

memo

偏心率的计算也与层间位移角相关。计算偏心率时，除了要依据规范的相关规定之外，在惯例上也有其他的限制。

①地震力使用设计时的数值

②关于层间位移角，要考虑与上下楼板相接的墙与柱等所有的垂直构件进行计算。

③假定刚性楼板成立，在无偏心的情况下，若能够确定代表性构件满足界限值，则根据此构件的计算结果，可认为对其他构件已得到了验证。

大家或许已经明白层间位移角的重要性了吧？对于它的计算方法还需要在实际演练中熟练掌握！

! 层间位移角的求法

层间位移角的计算式

层间位移角 γ 通过下式分层求得：
中小地震时，层间位移角有 $\gamma \leq 1/200$ 的规定；
大地震时层间位移角的目标是 $\gamma \leq 1/100$。

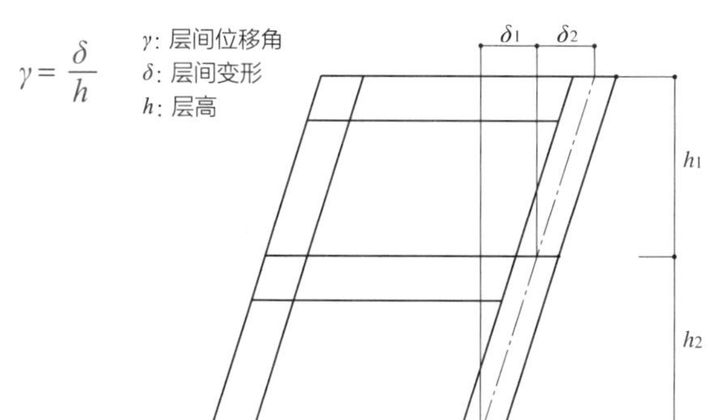

层高 h 的取法

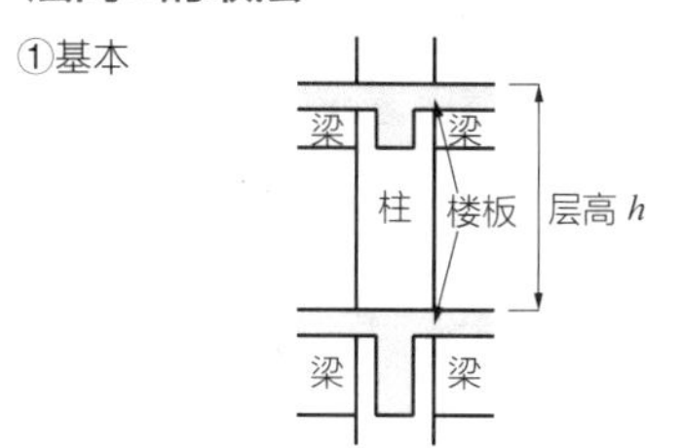

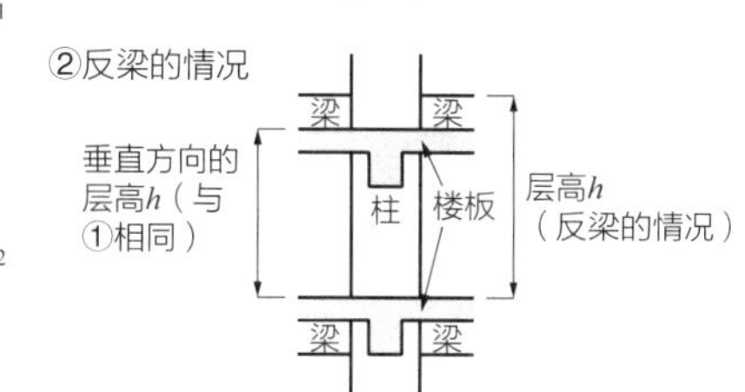

层间变形 δ 与刚性率 R_s 的关系

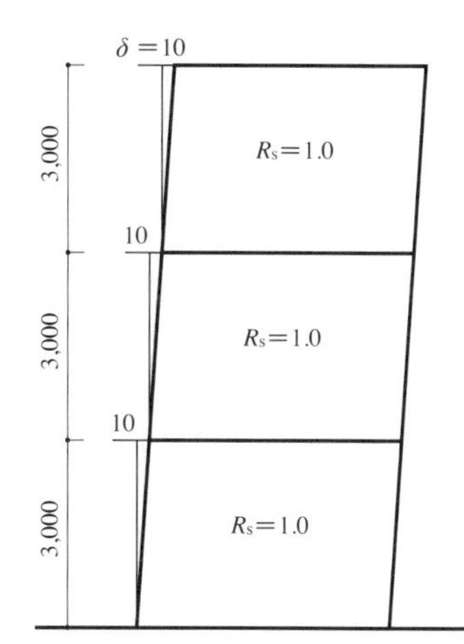

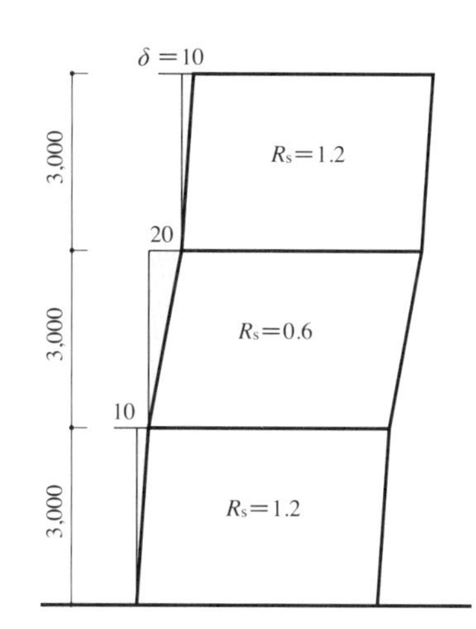

刚性率（高度方向上牢固性平衡的大致数值）与层间位移角有很大关系。由于设计时有必要顾及到刚性率，所以要使各层层间位移角相同。

参见 P178。

算出层间位移角，则可以算出用于确保建筑物刚性平衡的刚性率。

! 层间位移角与重心位置

变形大，则重心位置偏移，从而会产生很大的附加弯矩，所以设计时需要尽量减小层间位移角。

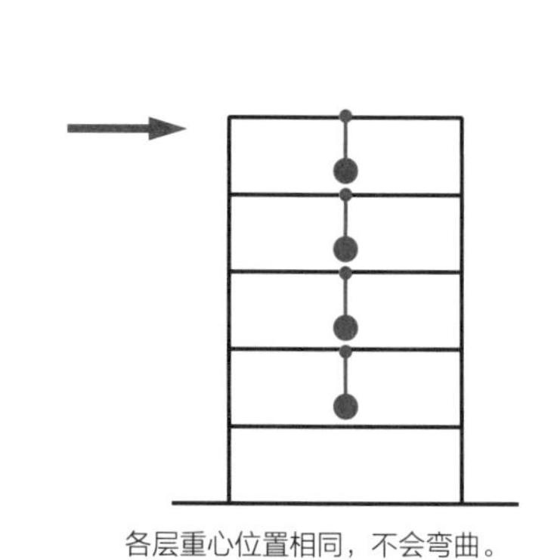

各层重心位置相同，不会弯曲。

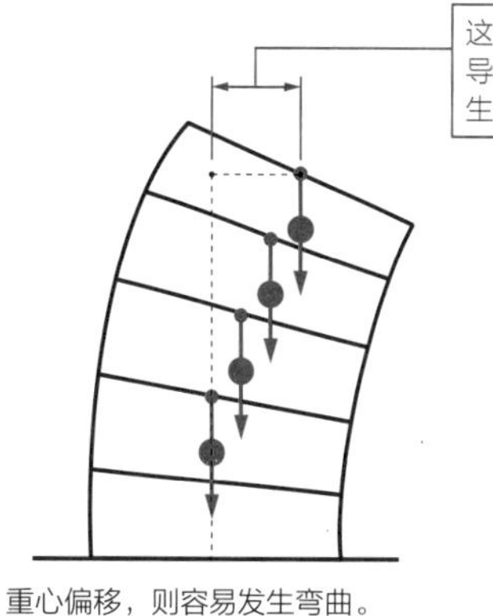

这样的重心偏移导致建筑物中产生很大附加弯矩。

重心偏移，则容易发生弯曲。

78 刚性率的计算

架空为什么危险？

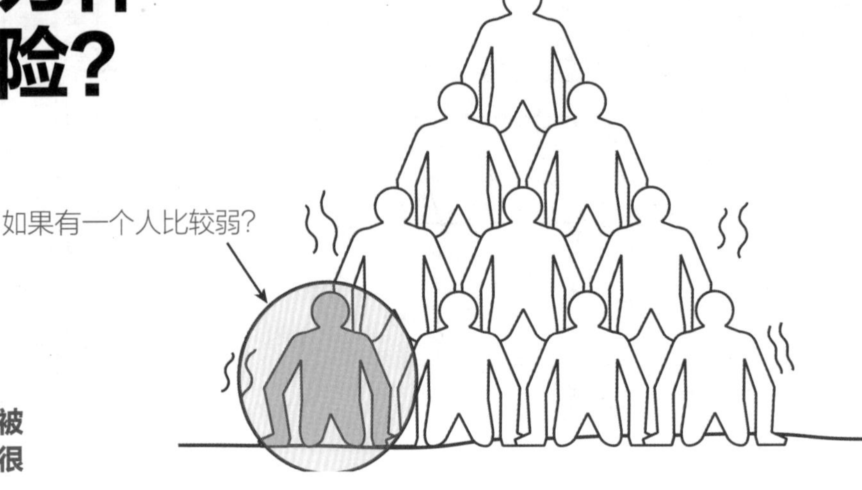

！刚性平衡被破坏则是很危险的！

刚性率，是表示建筑在高度方向上坚固性（刚度）平衡的数值。简单的说，若某层的刚度小，则地震时力会集中于此层，那是很危险的。

➔ 简单计算刚性率的方法

在集合住宅中，一层部分被当作汽车和自行车停车库来使用，它们通常都是四周没有墙体的架空空间。而在其上部，由于需要考虑到住户之间的隔声、防振等因素，会使用比较多的墙体。这种情况下，就必然形成上部坚固而下部柔软的结构。在阪神淡路大地震（1995 年）时，像这类的集合住宅，“楼层毁坏”现象中仅架空层被毁坏的情况就很常见。

此外，阪神淡路大地震时，在下部采用 SRC 结构，上部采用 RC 结构的混合结构建筑物中，仅结构转换层发生“楼层毁坏”的例子也很多。这是由于 SRC 结构中钢材对刚度的影响，使得 SRC 部分的强度很大。与之相对的是，RC 部分的强度较小，这应该是导致“楼层毁坏”的原因吧。平衡在各种事物中应该都是至关紧要的。

刚性率 R_s 的计算很简单。各层，各方向的层间位移角（层间水平变形／层高）的倒数除以各倒数的加权平均值即可求得。

$$R_s = \frac{r_s}{\bar{r}_s}$$

$$r_s = \frac{h}{\delta}$$

$$\bar{r}_s = \sum \frac{\bar{r}_s}{n}$$

R_s：各层的刚性率
r_s：各层层间位移角（δ/h）的倒数
$\bar{r}_s$：r_s 的加权平均
h：层高
δ：层间变位
n：地上部分的层数

刚性率 R_s 的目标值为 0.6 以上。不足 0.6 时，考虑到其平衡性较差，必须要针对其承担的荷载进行极限水平承载力计算。

memo
架空这一用语，在结构上与建筑上的意义是不同的。在建筑上，是指对外部开放的空间，在结构上则是指刚性小的楼层。即使不是位于底层，通常刚性小的楼层也都会被称为“架空层”。
这里所说的虽然不是都在地震时有关安全性的内容，不过单就在东日本大地震（2011 年）时，那些对外部开放的架空空间对于抵抗海啸来袭的灾害而言，却是一种很有效的方式。

建筑中存在刚性小的楼层是很危险的，所以我们要好好掌握刚性率的计算！

① 层间变位与刚性率的关系

假如建筑物的一部分为刚性率较小的楼层，那么变形就会在那里集中。计算建筑的刚性率，用以确保平衡。

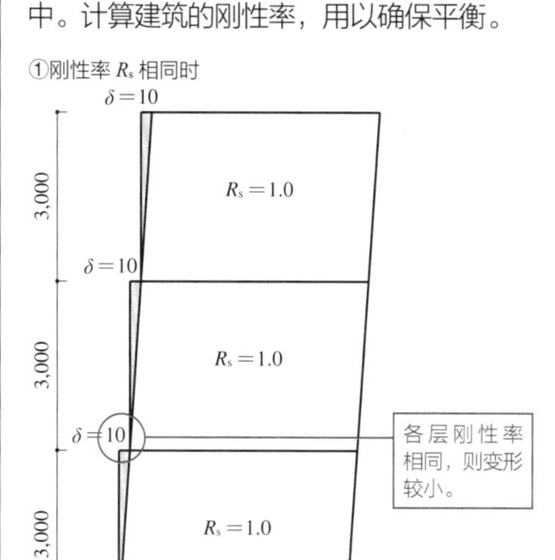

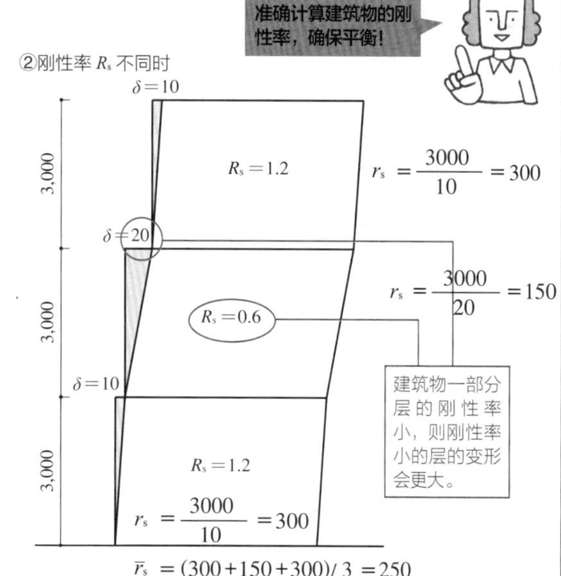

① 损坏的形式

刚性率小的建筑会像下述①～④那样被损坏。架空形式的建筑，要好好研究其损坏方式，确保安全性。

OK：确保了安全的混坏方式　NG：危险的损坏方式

① 2层以上全体弯曲损坏

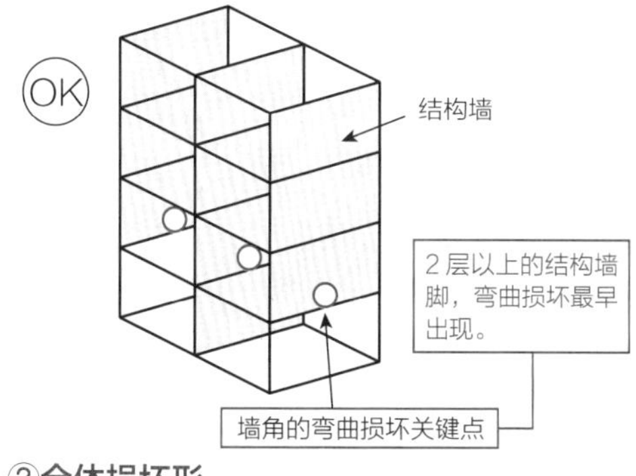

② 在人工地基（强调人工地基的目的不明）二层结构墙的弯曲损坏。

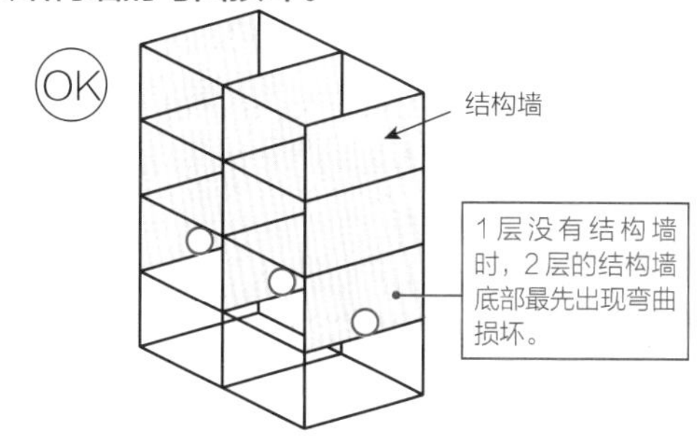

③全体损坏形

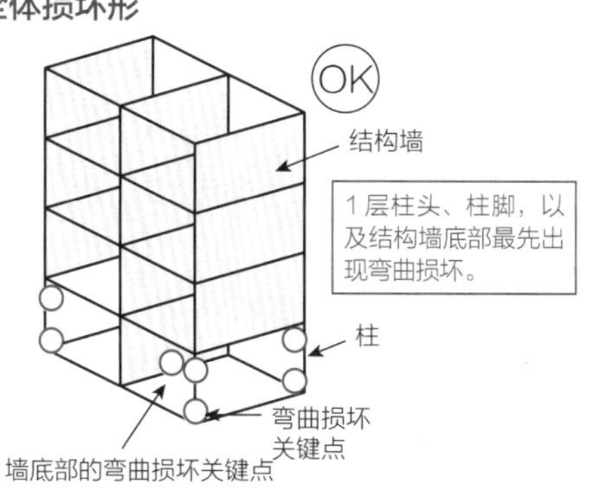

④1层损坏

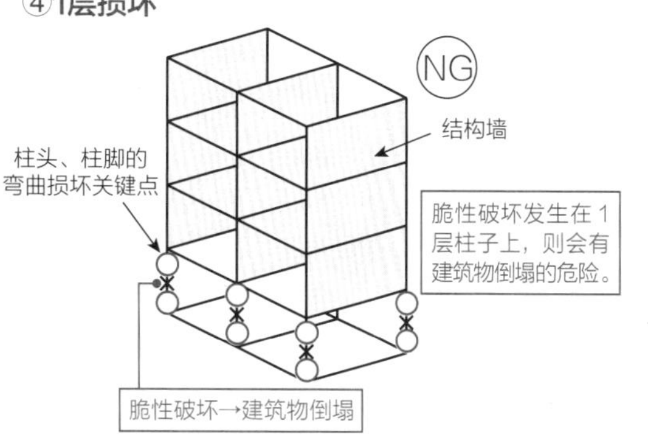

79 偏心率的计算

抑制偏心的方法有吗?

! 偏心率越大，变形越大，损坏方式也有变化!

不论如何强化结构墙，如果配置不均衡的话，在地震等水平力作用下，依然有倾倒损坏的危险。建筑物中结构墙的配置，要尽可能使重心（重量的中心）与刚心（刚性的中心）相互接近。建筑物中重心与刚心的错位称为偏心。

➔ 通过偏心率来确认偏心的安全性

存在偏心的建筑物，不只是外框的变形会加大，框架梁柱及结构墙承受的地震力的分布也会变得不均衡。即使建筑物结构构架承载力相同，其损坏的顺序也会发生改变。为确保建筑物的安全性，把握偏心影响的是非常有必要的。

➔ 偏心率的确认方法

偏心率的定义为:重心与刚心的偏移带来的扭转抵抗的比率。值越大，偏心的影响也就越大。偏心率的计算并不很难（参照下页）。求出建筑物的偏心率，要确保其在 0.15 以下。超过 0.15 时，则要考虑偏心的影响。计算极限水平承载力时，需要将地震力成比例增加。

但是，规范中的偏心率是通过一次设计（以各构件均在弹性范围内为前提）时结构算出的数值。也就是说，在耐力很大的框架与耐力相对较小的框架组成的混合结构中，以前当框架的一部分损坏时，所得到偏心就会突然变大。所以现在对于这种情况下强度是否均衡的讨论也正在得到重视。

memo
从图片中可以看到，墙体偏移的积木房子存在偏心，容易导致变形。

无偏心

有偏心

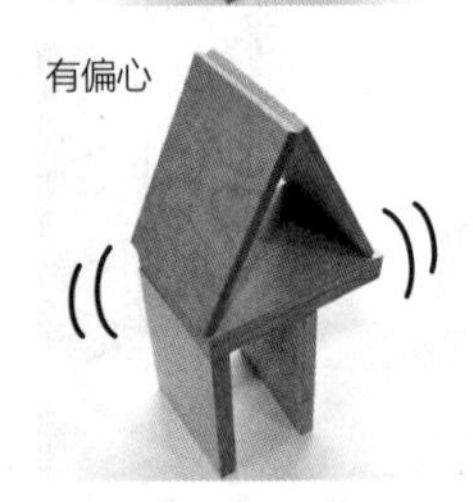

memo
关于规范中的偏心率的规定，有赞成与否定两种争论。建筑物强度再大，若刚度不均衡，也有必要抑制偏心率。比如通过减少结构墙，设置结构缝等方式对刚度进行调整。但这种调整会使建筑物整体的耐力下降，因此也有人认为这样作并非上策。此外，一些规范中，也有不针对刚度，而针对左右变形量的差引起的偏心来作为校核，以此确保结构安全性的要求。

ⓘ 偏心率是重心与刚心的偏移

假如建筑物的重心与刚心位置偏移，在受地震等水平力时，变形就会加大，建筑物会产生晃动，好像沿着刚心周边回转。

重心是建筑物重量的重心，是地震力作用的中心。刚心是结构墙体的刚性重心，是建筑物回转（扭转）的中心。

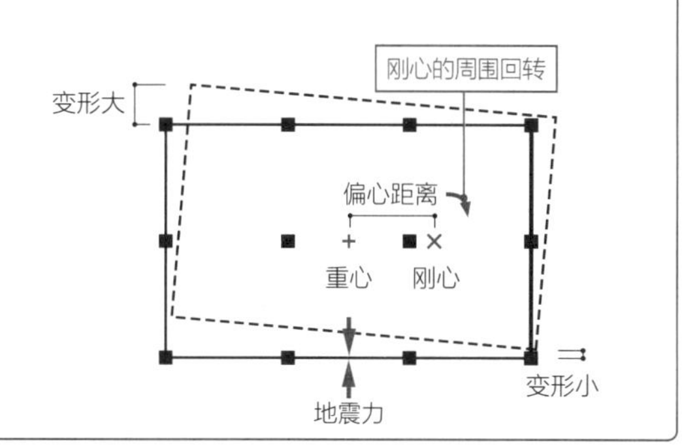

ⓘ 偏心率的计算方法

衡量结构墙均衡性的标准为偏心率。偏心率数值越大，偏心的影响越大，建筑倾倒毁坏的危险性越高，所以要确认偏心率是否在 0.15 以下，确认顺序如下。

①算出重心位置（g_x, g_y）

$$g_x = \frac{\Sigma(N \times X)}{W}$$

$$g_y = \frac{\Sigma(N \times Y)}{W}$$

$$W = \Sigma N$$

通常利用竖向构件的轴力算出其中心位置，确定重心位置。

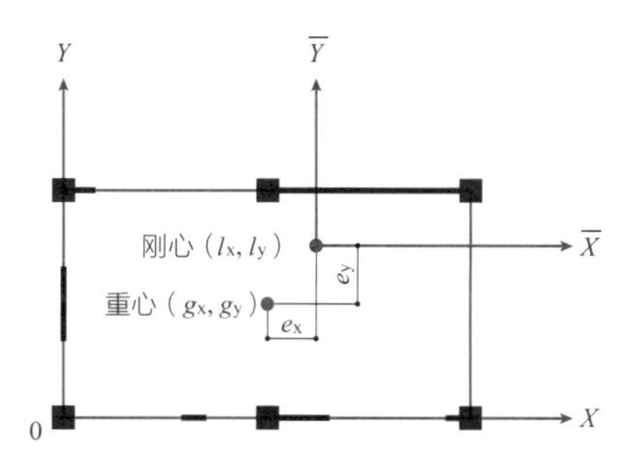

g_x，g_y：x，y 的重心的坐标
N：长期荷载的柱轴力
X，Y：构件的坐标
l_x，l_y：各层的刚心坐标
K_x，K_y：抗震构件计算方向的抗侧刚度
$\bar{X}$，$\bar{Y}$：与刚心位置间的距离

②算出刚心（l_x, l_y）

$$l_x = \frac{\Sigma(K_y \times X)}{\Sigma K_y}$$

$$l_y = \frac{\Sigma(K_x \times Y)}{\Sigma K_x}$$

刚心位置，通过各框架（或各柱）的刚度求得。近年来的主流算法为计算机内力解析，通过各柱承受的剪力与变形求出抗侧刚度。

③算出偏心距离（e）

$$e_x = |l_x - g_x|$$

$$e_y = |l_y - g_y|$$

④算出扭转刚性（K_R）

$$\bar{X} = X - l_x$$

$$\bar{Y} = Y - l_y$$

$$K_R = \Sigma(K_x \times \bar{Y}^2) + \Sigma(K_y \times \bar{X}^2)$$

扭转刚度，是将 X、Y 方向上各框架的刚度乘以与刚心距离的 2 次方得到数值的和。

⑤算出弹力半径（r_e）

$$r_{ex} = \sqrt{\frac{K_R}{\Sigma K_x}} = \sqrt{\frac{\Sigma(K_x \times \bar{Y}^2) + \Sigma(K_y \times \bar{X}^2)}{\Sigma K_x}}$$

$$r_{ex} = \sqrt{\frac{K_R}{\Sigma K_y}} = \sqrt{\frac{\Sigma(K_x \times \bar{Y}^2) + \Sigma(K_y \times \bar{X}^2)}{\Sigma K_y}}$$

用扭转刚度除以各方向水平刚性之和，求其平方根，则得到表达了扭转难度的弹力半径。偏心率即为偏心距离与弹力半径的比值。

⑥算出偏心率（R_e）

$$R_{ex} = \frac{e_y}{r_{ex}}$$

$$R_{ey} = \frac{e_x}{r_{ey}}$$

最后求偏心率的公式，所求方向与偏心距离的方向（角标）相反，要注意！

80 固有周期

什么是建筑物的固有周期?

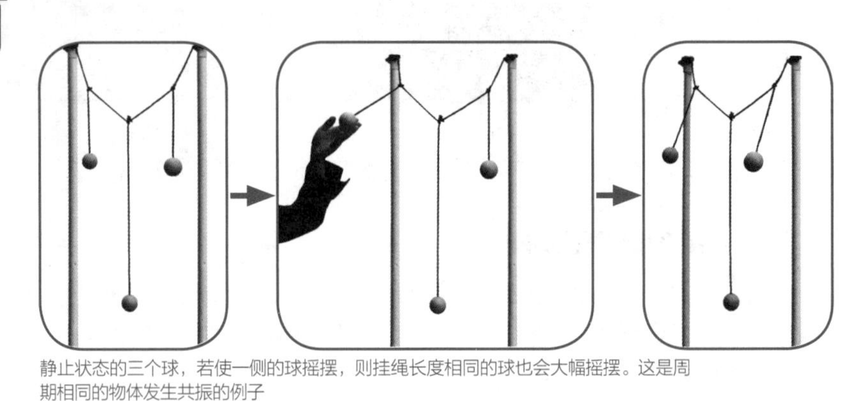

静止状态的三个球，若使一侧的球摇摆，则挂绳长度相同的球也会大幅摇摆。这是周期相同的物体发生共振的例子

! 若固有周期与地震相同，则会摇晃剧烈!

在一条绳索串联的长度不同的摆锤的实验中，使一个摆锤摇晃，则长度相同的摆锤也会大幅摇晃。这就是共振。

➔ 掌握建筑物的固有周期!

虽然表面看来地震为无序的摇晃，但其实际为波动。地震为各种周期的波混合在一起在地壳中传播，有些波周期上振动较强，有些较弱。

建筑物也存在容易摇晃的周期（固有周期），分为东西方向与南北方向，即使是对于同一座建筑物而言，随着方向与部位不同，各自的固有周期也不同。对建筑物的安全性来说，固有周期是非常重要的属性之一。如果建筑物的固有周期与地震的强周期一致，那会怎样呢？在同样的地震下，这样的建筑物会产生较大的摇晃（共振），甚至损毁。

地基也有固有周期。坚实的地基与柔软的地基肯定是不相同的。建筑物的损坏与地震的周期、地基的周期、建筑物的固有周期都有关系。

在规范中，计算地震力时需要针对建筑物与地基的固有周期进行计算。尽管实际情况千变万化，不过固有周期一般还是通过结构的类型及与高度相关的比值算出来的。严格来说，建筑物的固有周期并不只由高度决定，它会随柱的大小、梁的大小、楼板上的荷载不同而变化。在超高层等建筑物中，需要采用计算机来算出建筑物的固有周期，通过地震波时程分析研究建筑物的安全性。

楼板有其固有振动频率，与固有震动频率相对应时就会发生蹦跳，导致剧烈的晃动。著名的案例是，在韩国某办公楼中，做健身运动所产生的建筑物的剧烈晃动，致使上班的人群逃离。

memo

地震的同时还会伴随很多的周期。但周期不同，其强度也不相同，通常采用波谱图分别对各种周期波的强度大小进行比较分析（参照 186 页）。

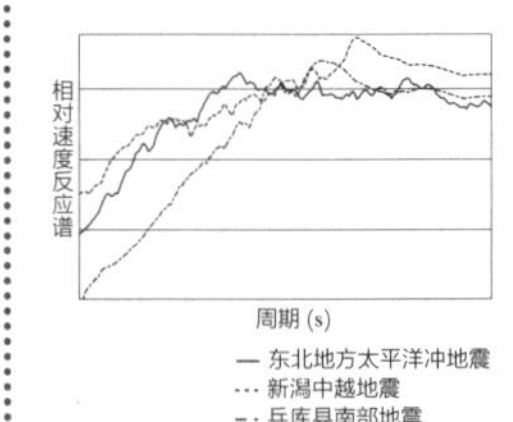

什么是周期?

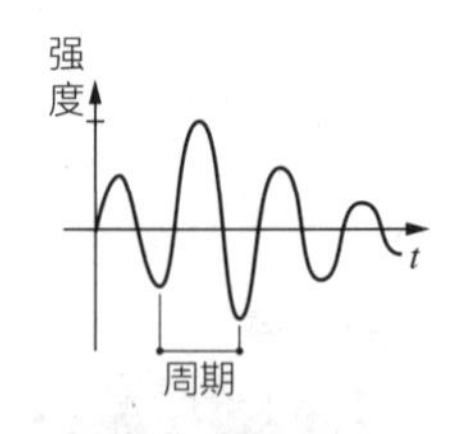

ⓘ 求建筑物的固有周期

建筑物与地基都有固有周期。计算地震力时，要对其加以考虑。建筑物的固有周期（T）通过下式求得。

$$T = 2\pi\sqrt{\frac{M}{K}}$$

M：重量
K：水平刚度

建筑物固有周期与结构种类相关，并大致上与高度（H）成比例，进行估算时，RC 结构为“建筑物高度（m）×0.02”，S 结构为“建筑物高度（m）×0.03”。
（例）
10m 高的 RC 建筑物的情况下，T=10×0.02=0.2 秒
10m 高的 S 建筑物的情况下，T=10×0.03=0.3 秒

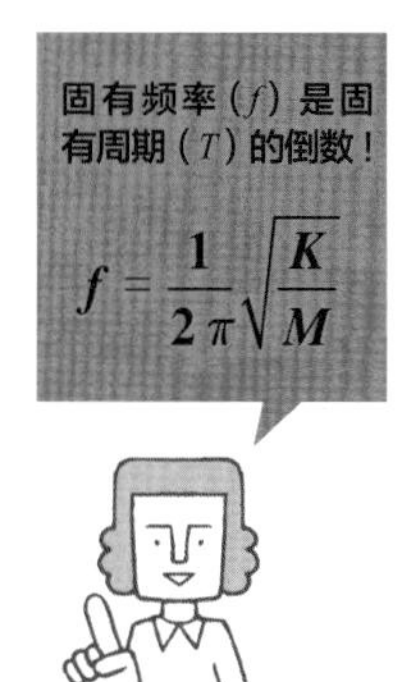

结构不同所带来固有周期的不同

①墙（坚硬建筑物） ②柱、梁（柔软建筑物）

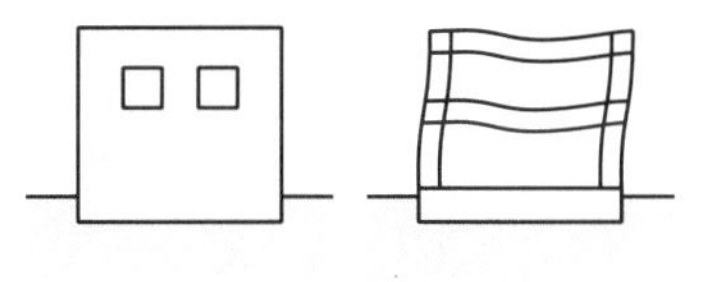

固有周期小　　固有周期大

地基不同带来固有周期的不同

①坚固地基

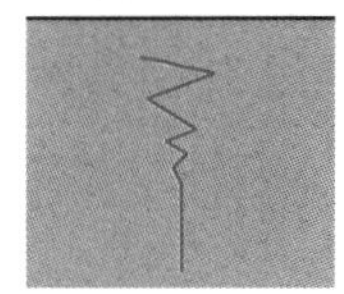

固有周期小

②柔软地基

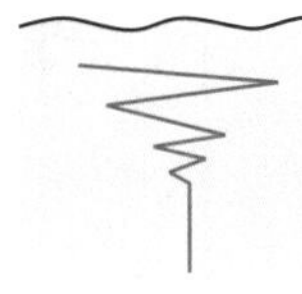

固有周期大

ⓘ 共振会带来大幅摇晃

建筑物的固有周期与地震波周期，地基的固有周期与地震波周期，建筑物的固有周期与地基的固有周期三种情况下产生共振，都会引起大幅摇晃。

建筑与地震波的共振

①不共振
（固有周期不同）

建筑物固有周期 0.3 秒

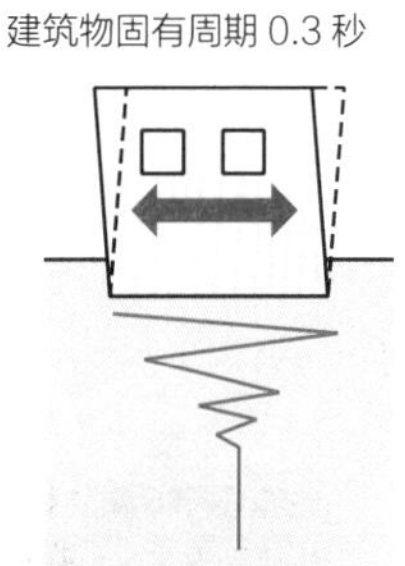

波形周期 0.5 秒

②共振
（固有周期相同）

建筑物固有周期 0.3 秒

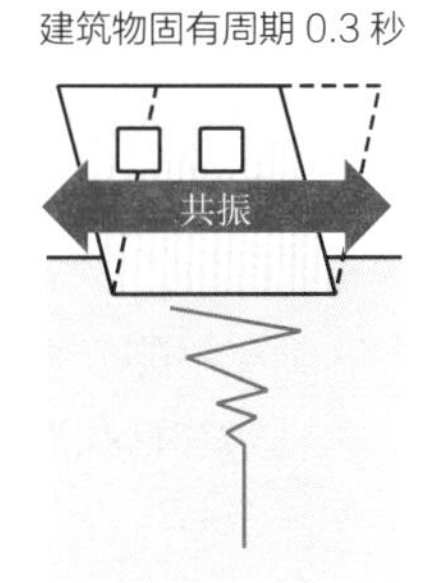

波形周期 0.3 秒

地基与地震波的共振

①不共振（周期不同）

坚固地基（固有周期小）

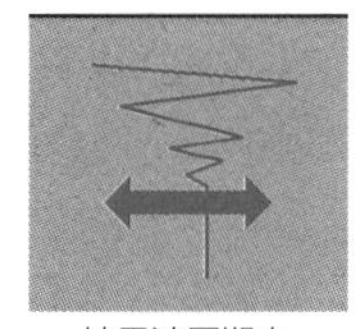

地震波周期大

柔软地基（固有周期大）

地震波周期小

②共振（周期相同）

坚固地基（固有周期小）　　柔软地基（固有周期大）

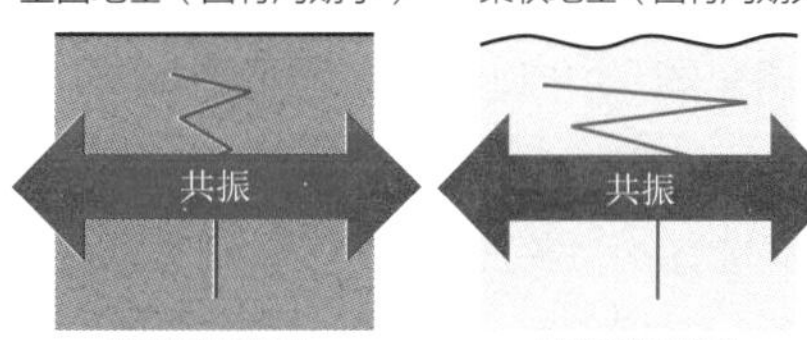

地震波周期小　　地震波周期大

建筑物与地基的共振

①共振
（固有周期小 × 小）

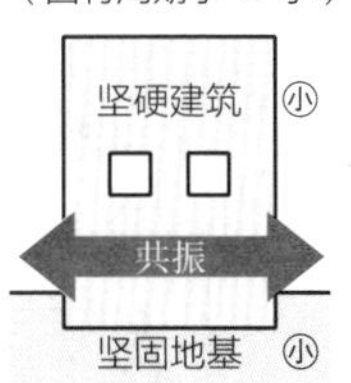

②不共振
（固有周期小 × 大）

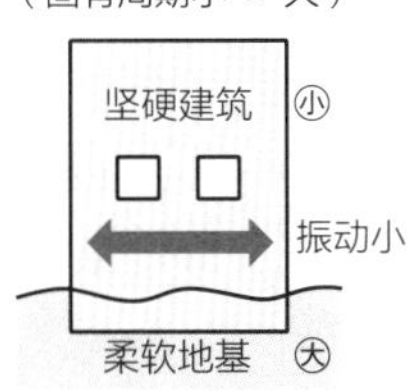

③不共振
（固有周期大 × 小）

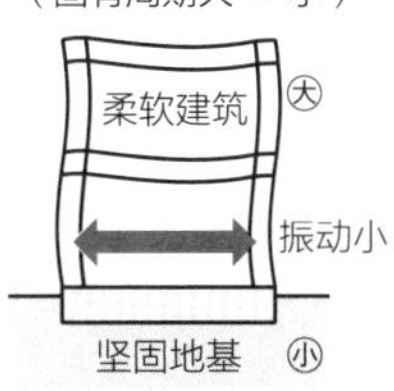

④共振
（固有周期大 × 大）

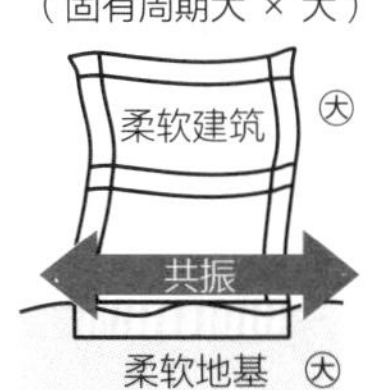

81 振动分析

考虑地震的计算是否可能？

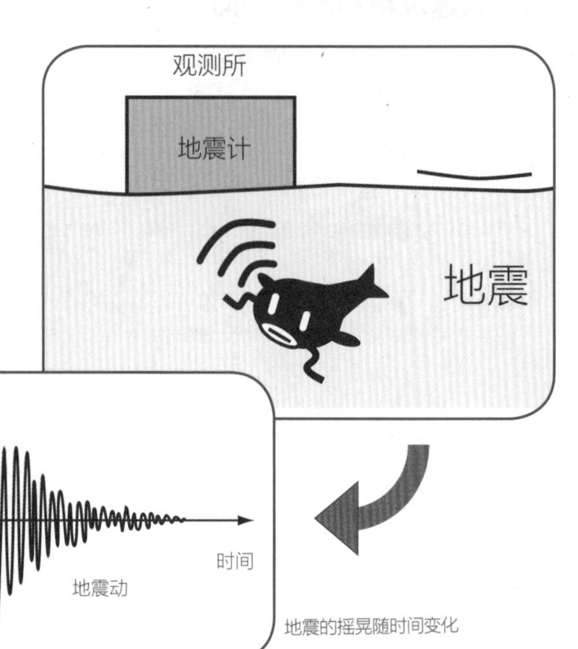

地震的摇晃随时间变化

！通过时程分析，可以计算建筑物的安全性！

将时刻变化的地震力所引起的建筑物变化转换为数值（应答值），用以确认结构安全性的计算方法，叫做时程分析。

➔ 需要时程分析的理由

在允许应力等的计算中，地震力被近似等效为大小方向不变力静荷载，而实际的地震运动，是由强周期（卓越周期）、弱周期等多重周期的震波复合构成。在时程分析中可以反映变化着的地震波，用以确认结构的安全性，更可以详细地确认建筑物的变化与性状。

地震波会随地点不同而变化。近年，随着关于地震波研究的进步，用地基调查结果模拟该处地震波（场地波）的方法得到确立并被采用。此外，使用过去观测的地震波进行结构计算的情况也不少。常用的波有El Centro波（1940年美国El Centro观测到的地震动），以及Taft波（1952年美国Taft观测到的地震动）。

此外，地震能量传递到建筑物，并通过建筑物摇晃等方式进而转变为热能等能量被耗散的这种现象称为阻尼衰减。时程分析也考虑了阻尼衰减现象。在规范中，时程分析作为结构计算法是被认可的。比如，在现行的规范中，超过60m的建筑物的结构安全性复核，仅通过允许应力及界限耐力等的计算是不够的，必须经过时程分析，获得确认后才能开始进行此种规模建筑物的建造。

非高层建筑，即使无法满足规范的规定，如果能够通过时程分析，确认结构的安全性，也能得到认可。

memo
振动分析随计算机技术的发展迅速得到普及。如今进行高层建筑设计时，通过判断活断层的位置及其大小等特性，即能人工模拟活断层的地震波来进行解析。

① 时程分析是什么？

时程分析的概念

①将设计中的建筑模型化，来进行结构计算

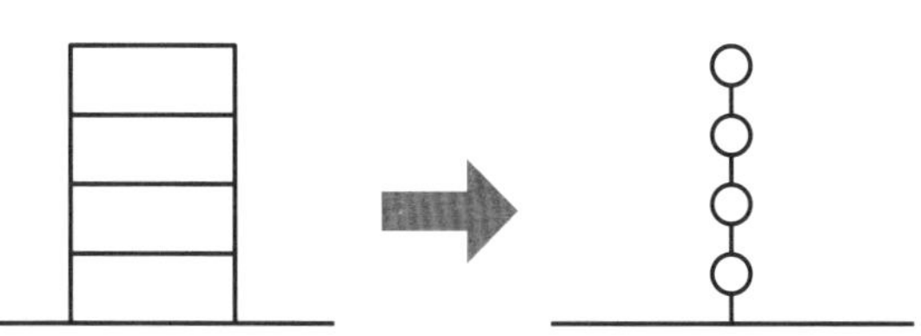

②针对进行结构计算的建筑物施加地震动（地震加速度）来进行模拟。

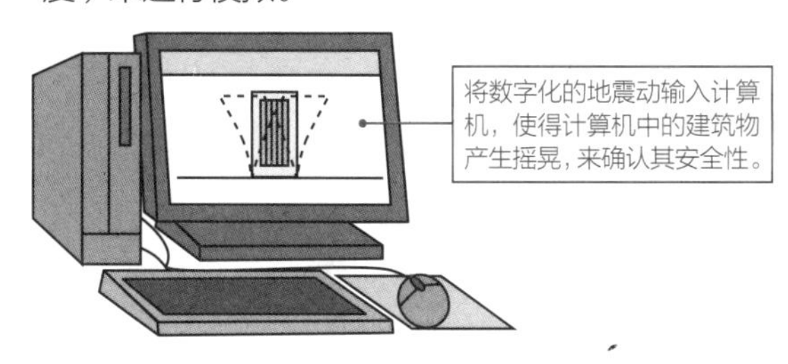

在时程分析中，需要采用由基地地基的调查结果模拟的地震波（场地波），或 El Centro 波等实际的地震，来进行建筑物的解析。

时程分析中使用的运动方程式

$$[M]\{\ddot{y}\}+[C]\{\dot{y}\}+[K]\{y\}=-[M]\{\ddot{y}_0\}$$

加速度　速度　位移　地震波

M：质量。根据建筑物的用途进行适当设定。
C：阻尼衰减
（例）钢筋混凝土结构建筑物 =0.03%
　　钢结构建筑物 =0.02%
K：刚度

通过上述方程式，理解时程分析时，要输入什么样的条件。

时程分析的流程

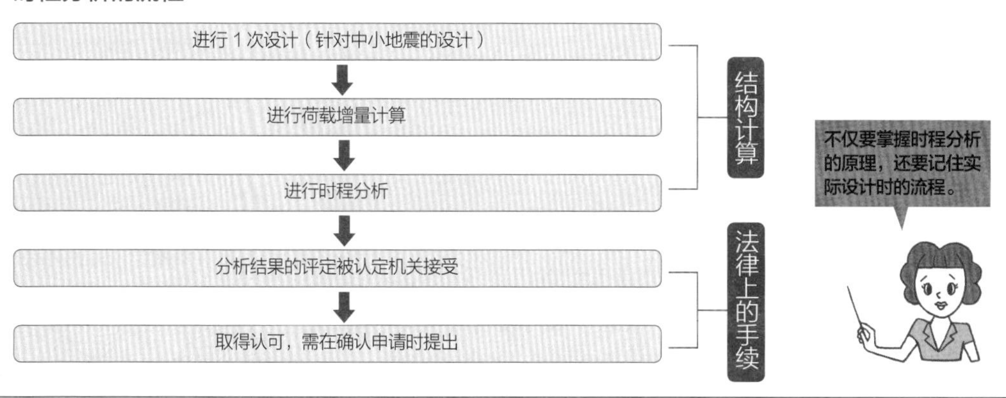

不仅要掌握时程分析的原理，还要记住实际设计时的流程。

① 地震动以外的振动

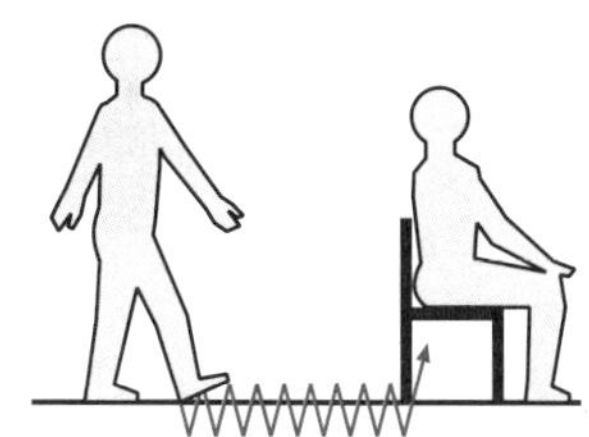

步行振动是指人在建筑物中步行时楼板在竖直方向上的摇晃，也叫楼板振动。基础或楼板设计不当，以及施工及楼板材料的选择有误等情况会引起上述现象。风振是指强风带来的水平振动！

风带来的振动

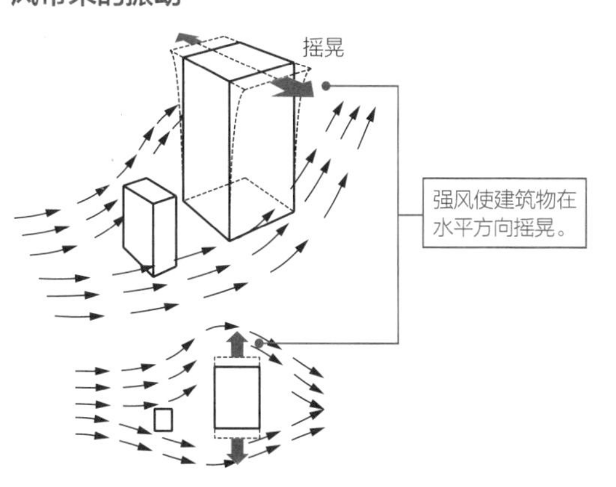

82 波谱图

大地震的地震动特征是什么？

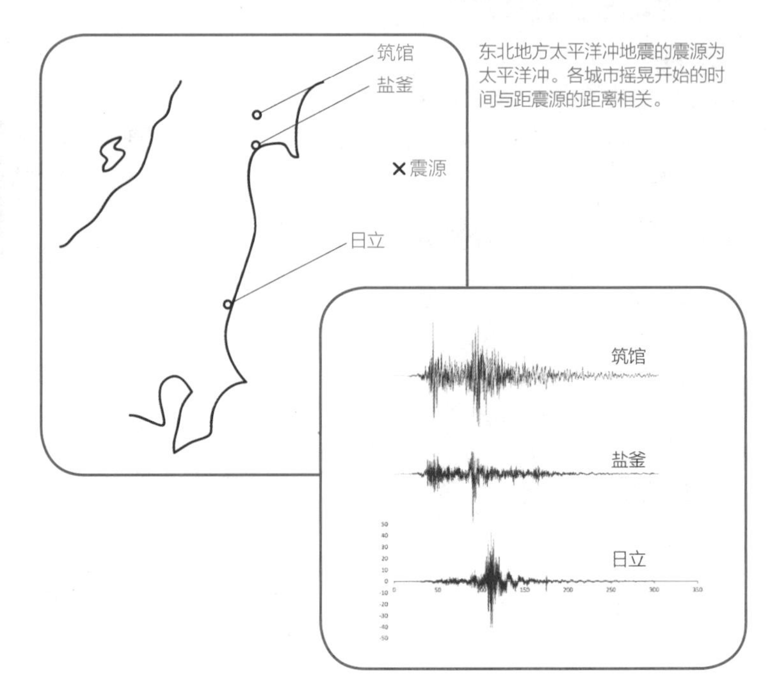

东北地方太平洋冲地震的震源为太平洋冲。各城市摇晃开始的时间与距震源的距离相关。

！通过速度反应谱可以了解地震动摇晃的强度！

地震发生时，经常可以听到烈度、震级等用词。若稍有建筑专业知识，则会使用加速度（gal）、速度（kine）等词来讨论地震。以上都是用来衡量地震大小的用语。

➔ 地震波波谱图的读法

大家应该都听说过地震波这个词吧。地震，实际上是在地基中传递的波动。波，随地基的坚固程度、传播速度有各种各样的类型。波会在地基性质出现变化的部位发生折射、反射。波与波合成后会增大或减小。各种各样的波的成分综合的结果，即为地震波（速度反应谱）。

地震波由不同周期的波重叠而成。按周期将地震波的强度进行分解（Fourier 变换）整理，可以得出与频率相对应的建筑物的最大速度（速度反应谱）。波谱图中记载着衰减指数 h，波的频率越高，衰减（摇晃幅度变小）越大。

建筑物有容易摇晃的周期（固有周期）。在波谱图上，与建筑物的固有周期重合会产生共振。建筑物的固有周期与地震波的组合不同，建筑物受损的程度也会变化。我们经常可以听到“震级多大时建筑物会损坏”这样的说法。由上可知，由于建筑物的固有周期与地震波的特性相组合带来的变化，此问题不能一概而论。

最近，能够同时表现加速度、速度、位移、周期的三轴图被应用于反应谱图中。

memo

- **烈度**　表示地震动的强度，正式名称为计测震度。曾经利用体感和周围状况进行推定，从 1996 年以后，开始利用计测震度计进行自动观测与测定。
- **震级**　表示地震规模，大小的指标。
- **加速度**　单位时间的速度变化率
- **速度**　单位时间的位移

① 地震波为各种周期的波的集合

地震波为发生于断层中的波。地基的坚固程度，波的传播线路会使其产多种变化。建筑物在这些波的复合作用下产生摇晃。

地震波为各周期波的重合

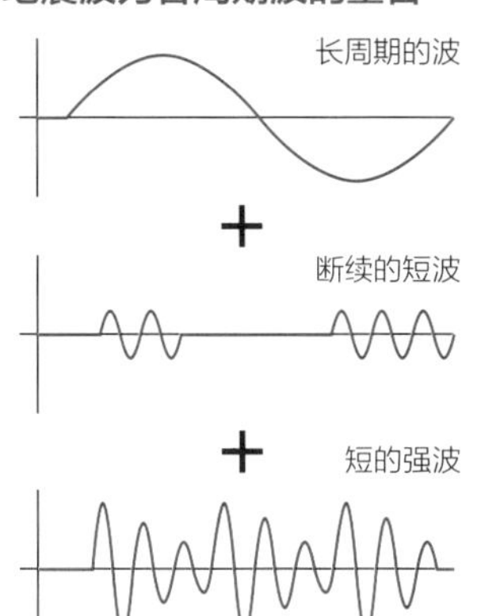

通过波谱图可以确认各周期波的大小。

|| 地震波为各周期波的重合

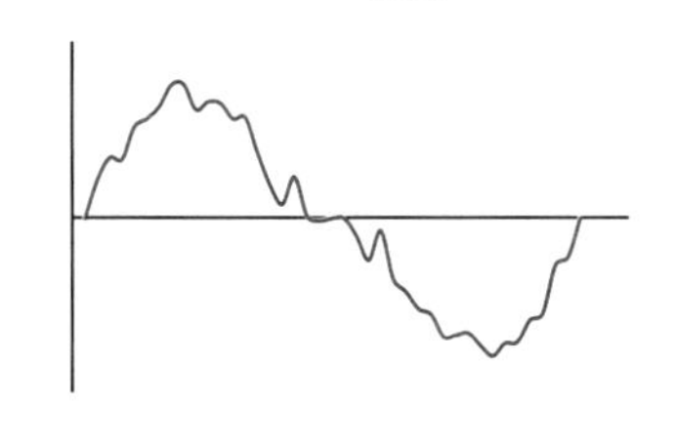

地震波与波谱图

① 2011 年东北地方太平洋冲地震的地震波速度波形（筑馆）

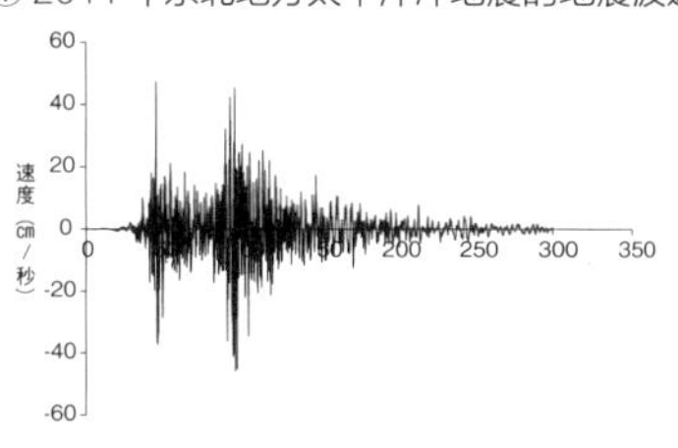

② 2004 年新潟县中越地震的地震波速度波形（川口）

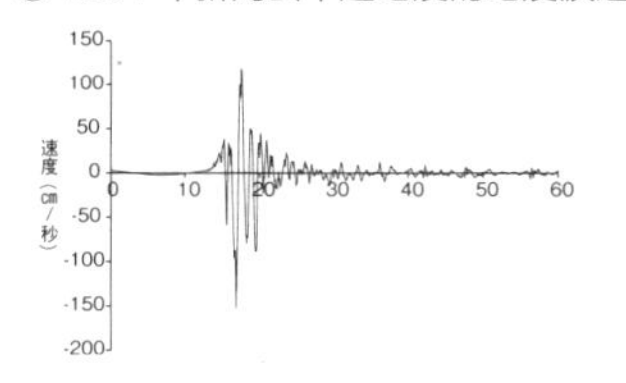

将东京观测到的东北地方太平洋冲地震与中越地震的地震波相比，可发现其性质的不同。

③三次地震的地震波的速度反应谱

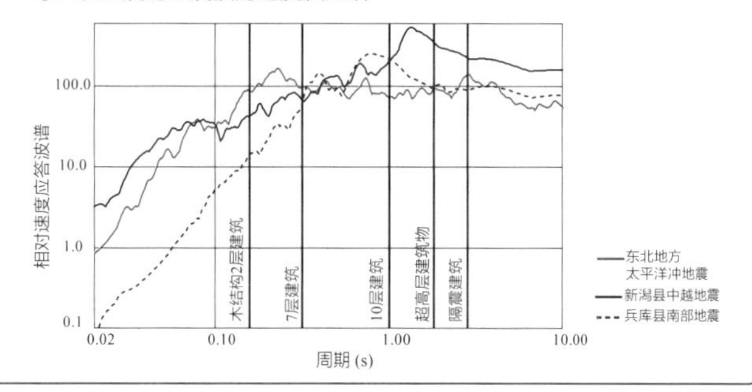

① 速度反应谱与建筑物的固有周期

速度应答波谱图

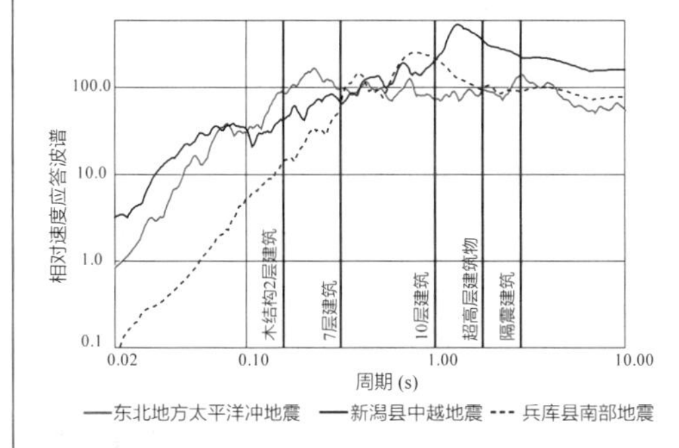

表达地震周期与一般建筑周期的图表。若建筑的周期与地震周期一致，则产生共振现象，损害加大。

Tripartite图（三轴反应谱图）

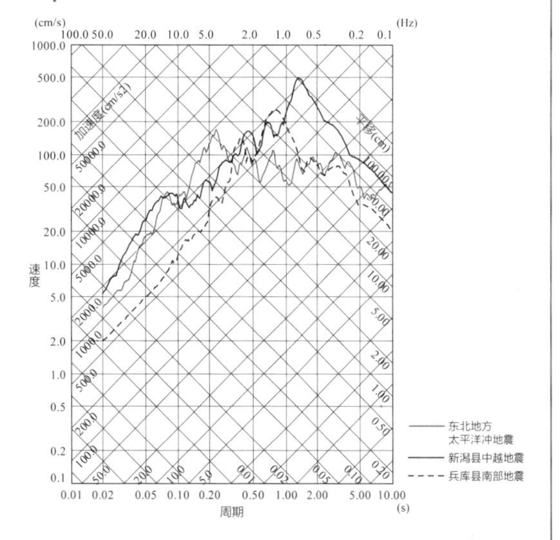

83 界限耐力设计法

界限耐力如何计算?

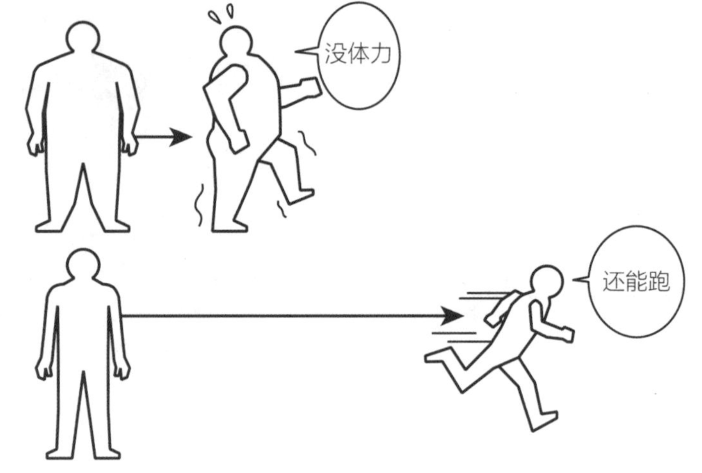

性能是否只满足目标值，要计算!

2000 年日本建筑规范进行修订时，与之前的结构计算（允许内力计算、极限水平同载力计算）一样，界限耐力计算也被规范规定。“性能设计”这一概念被引入，其中设定了设计目标值，以此来衡量结构体与构件性能是否满足目标值，从而对计算结果加以确认。

研讨损伤界限与安全界限

基本的性能要求（目标值）有 2 个。

其一为建筑物在平时荷载作用下安全性的目标值。在建筑物矗立期间（存在期间），有较大可能性遭遇多次积雪、暴风、罕有地震等发生时，此目标性能应确保建筑物在不损坏的范围之内（界限），这一界限值被称为损伤界限（损伤界限耐力）。在达到损伤界限时，各构件的耐力应在短期允许应力以下，且建筑物的层间变形角控制在 1/200 以下，并需要对此进行复核（损伤界限复核计算）。

其二是指在积雪、暴风等极其罕见的最大级荷载作用下，以及极其罕见的地震作用下，建筑物不致倒塌的范围（界限），此界限值被称为安全界限（安全界限耐力）。此时，在与极限水平承载力相当的水平力作用下，需要对层间变形角进行确认（安全界限复核）。

界限耐力计算，与允许应力等的计算不同，要恰当地对地基性状及建筑物固有周期进行评价，设定作用于建筑物的地震力，是更为合理的方法。此外，除了与耐久性相关的规定（材料品质，部件耐久性等），允许应力计算中的规定并不一定需要全部遵循，因此，对木结构来说，不失为一种有效的结构计算方法。

界限耐力计算的前提是结构形式完整且均衡性较好的建筑，并非什么样的建筑物都适用。

罕有发生的地震动

对超高层等建筑进行结构耐力上的安全性复核时，需要进行结构计算的地震力对应地震局地震分级 5 级左右的地震动。

极其罕有发生的地震动

对超高层的等建筑进行结构耐力上的安全性复核时，需要进行结构计算的地震力对应地震局地震分级 6 级以上 ~7 级左右的地震动。

ⓘ 判断损伤界限的方法

将损伤界限时的层间位移角设定为 1/200，确认设计中的建筑物在达到损伤界限时的变形是否在其之下。

确认层间变形角≤1/200

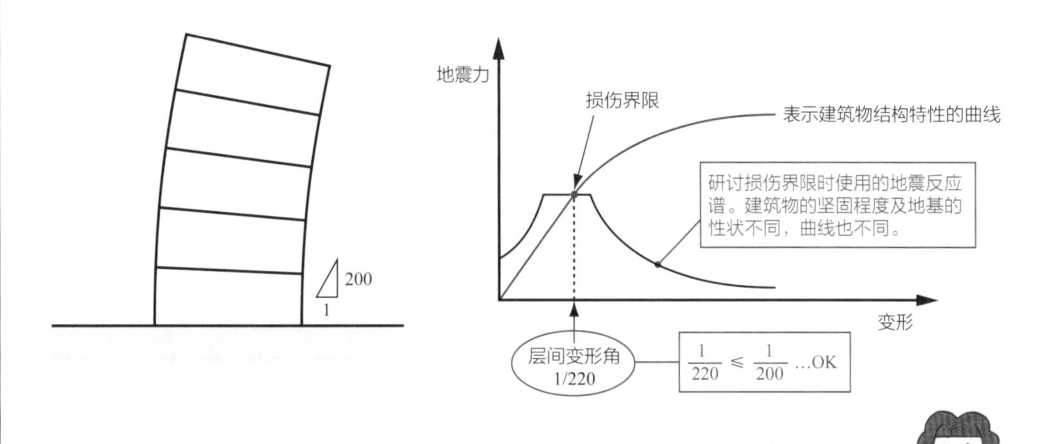

ⓘ 确定安全界限的方法

界限耐力计算的安全界限需要由设计者判断后进行设定。与极限水平承载力计算不同，建筑物越柔软，地震水平力越小。所以，由于部分构件被破坏会使水平力变小，虽然乍一看将层间变形角设定的小较为合理，但由于最初损坏的构件在其间有坠落（完全失效）的可能性，因此其实很危险。实际设计时，层间变形角以 1/75 左右来进行计算。

复核在设定的变形时，构件是否有损坏

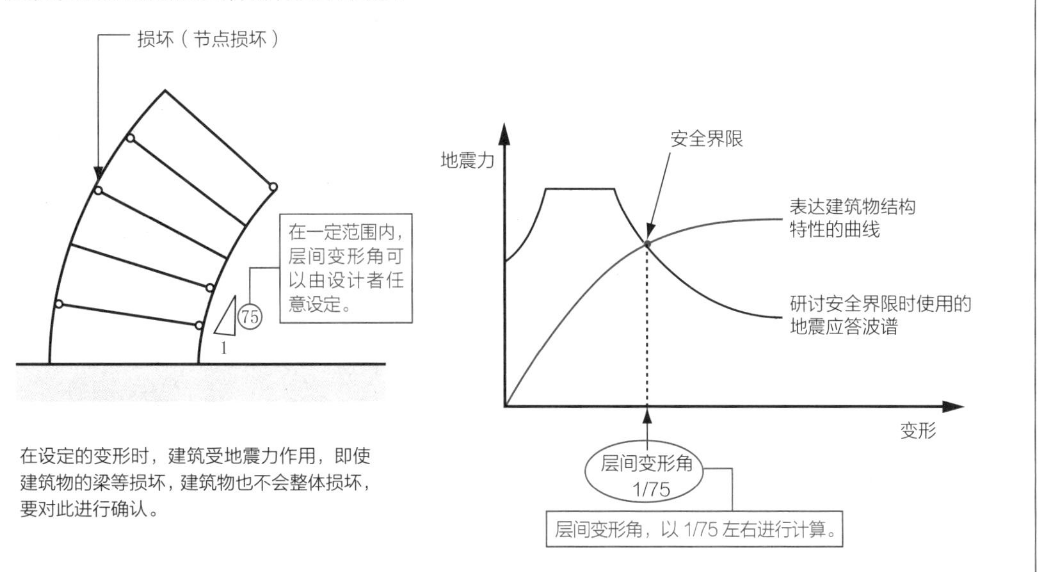

在设定的变形时，建筑受地震力作用，即使建筑物的梁等损坏，建筑物也不会整体损坏，要对此进行确认。

84 能量法

能量法是什么？

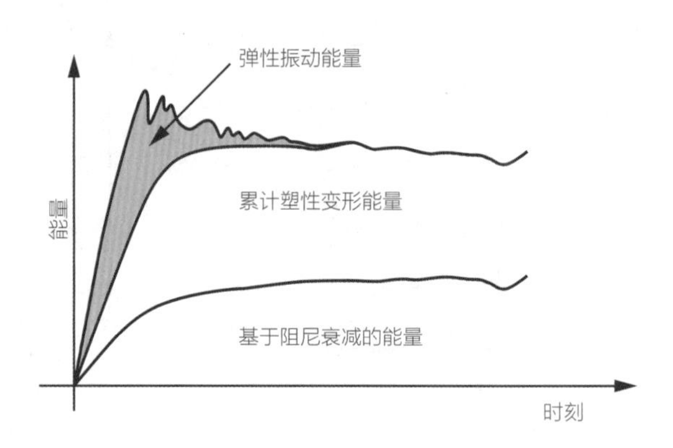

与界限耐力计算相同的新结构计算方法!

“基于能量平衡的耐震计算法（能量法）”早在 2005 就被确立了，并且在法规上作为以允许应力计算及界限耐力计算为标准的计算方法来被使用。

➔ 用能量法确认安全性的方式

现在，允许应力计算及极限水平承载力计算最为常用，界限耐力计算及能量法还很少用于对建筑物安全性的确认。但是，地震传递给建筑物的能量，由于其总量主要由建筑物的总质量及 1 次固有周期确定，所以与其他方法相比，此方法有更为明快的一面。此外，与近年来开始急速普及的制振阻尼器相关的计算中，能量法也较为简单。

安全性的确认方法是首先比较地震输入建筑物的能量 E_d 与建筑物进入塑性以前能够吸收的能量 W_e（能量吸收能力）。由此可得出使建筑物产生塑性变形的能量。此外，建筑物的能量吸收能力有三个要因，它们是弹性振动能量、累计塑性变形能量、基于阻尼衰减的能量。弹性振动能量为建筑在弹性域中吸收的能量，累计塑性变形能量为建筑构件损坏变形时在塑性域中吸收的能量，而基于衰减的能量是指由于附加粘滞阻尼衰减吸收的能量。输入建筑物的能量 E_d，在考虑建筑物总质量与地基种类的基础上，通过地震时的输入速度就可以得出安全性。其次，根据各层的刚性与耐力，将产生塑性变形的能量 E_s 来分解为各层产生塑性变形需要的能量。通过比较各层需要的能量与各层能量的吸收能力，确认建筑的安全性。此外，在计算各层能量吸收能力时，还会使用静力增量分析法来进行确定。

memo
对于设置了制振装置的建筑物，能量法是非常有效的计算方法，但其不适用于采用隔震装置的建筑物。

虽然现在能量法并未普及，所谓的使制振装置进入屈服耗能的工作状态，这种考虑方式是能量法的独特之处，也是应该更多被使用的计算方法!

ⓘ 使用能量法进行结构计算的方式

能量法是用地震输入建筑物的能量 E_d，减去建筑物能够吸收的能量 W_e，来求得产生塑性形变的能量 E_s。

产生塑性形变能量 E_s 的计算

产生塑性形变的能量：E_s = 地震输入建筑物的能量：E_d — 塑性化以前能够吸收的能量：W_e

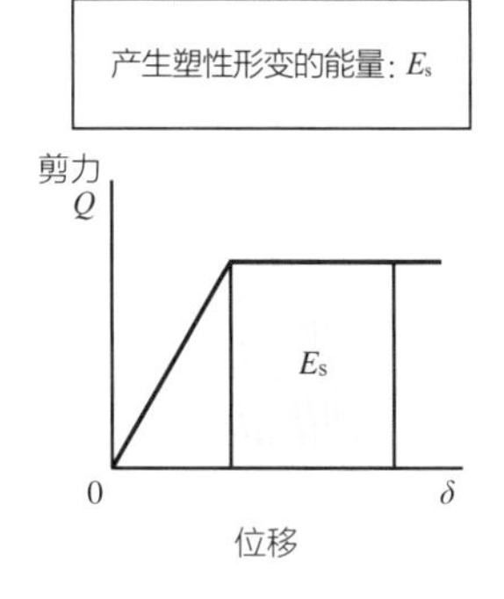

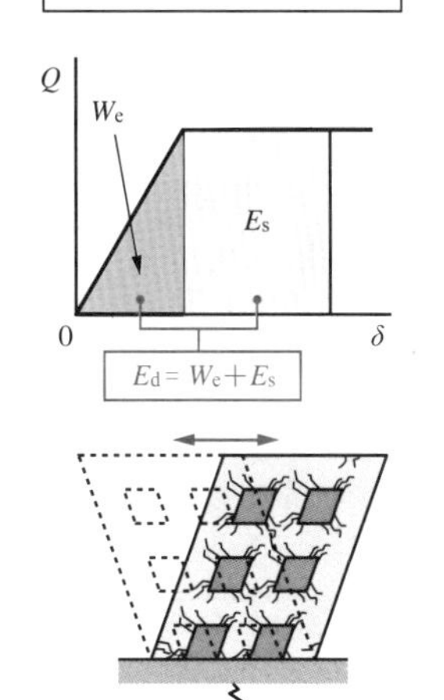

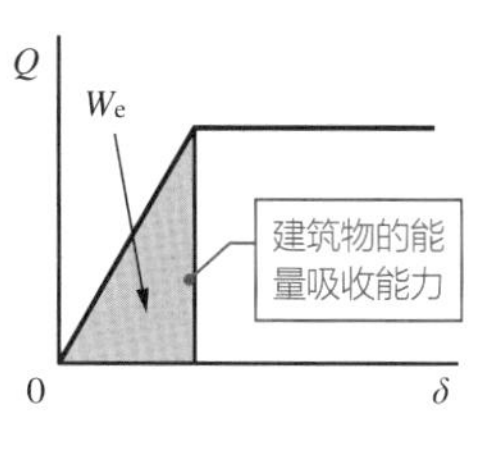

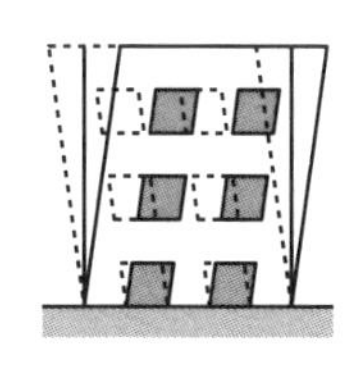

输入建筑物的能量 E_d 的计算式

$$E_d = \frac{1}{2} M \cdot V_d^2$$

E_d：作用于建筑物的能量
M：建筑物地上部分的质量
V_d：作用于建筑物能量的速度转换值

能量法的基础，是大家在高中物理中都学过的 $1/2MV^2$。

ⓘ 建筑物的必要能量吸收量 E_s

考虑将全部的能量吸收能力分配到各层。必要能量吸收量（塑性变形能量）的各层分配如下图。

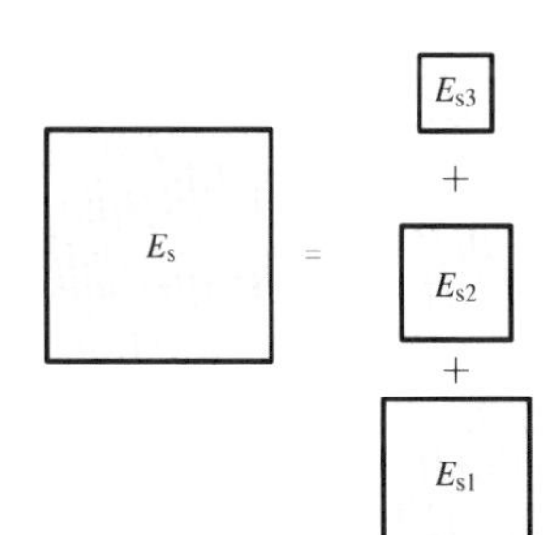

Q_3 δ_3
Q_2 δ_2
Q_1 δ_1

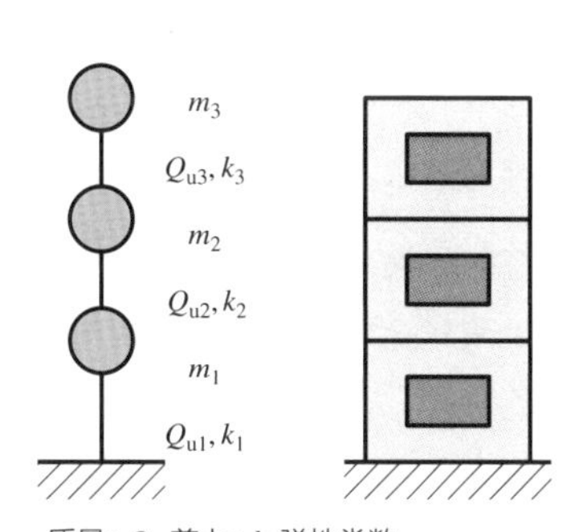

m：质量；Q：剪力；k：弹性常数

应该被全体吸收的能量根据各层的刚性耐力分配。

85 基础的种类

筏板基础真的牢固吗？

！筏板基础虽然很贵，但可以有效防止不均匀沉降！

基础从大的方面可以分为天然基础与桩基础。如果地基表层有足够的耐力承受建筑物的重量，则采用天然基础。表层较柔软时，则以桩基础来支撑建筑物。表层有一定程度的耐力，但假如其下部有液化现象容能出现危险的话，也会较多的采用桩基础。此外，在选择基础形式时，还必须考虑建筑物的高度、结构形式等因素。

➔ 天然基础、桩基础的特征与设计时的注意点

天然基础包含条形基础与筏板基础。条形基础为反 T 字形（或 L 形）的基础，其通过底脚（底盘）将建筑物荷载传至地基。由于它的底脚相互连接，所以也被称为连续条形扩展基础。筏板基础则是通过建筑物下部全体设置基础板来将荷载向地基传递。不过由于混凝土用量较多，所以相比条形基础造价会更高。不过由于筏板基础可以有效防止不均匀沉降，所以最近它的使用也越来越多。此外，底脚相互之间无连，各柱单独设置的基础，被称为独立扩展基础，或独立基础。它由于较容易产生沉降，因此要进行沉降量的计算对其安全性进行复核。

桩基础是在地基表层柔软时使用的基础形式。将桩延伸至耐力足够承受建筑荷载的地层，用来支撑建筑物。

桩的种类、工艺多种多样，从施工方法上说，可以分为灌注桩及预制桩，从支持力的确保方法来说还可以分为端承桩与摩擦桩。

在规范中会根据地基的长期允许应力，来确定可以使用的基础的形式。在进行基础设计时，有必要对基地的地基允许应力进行勘探。以勘探报告为基础，根据规范的相应指标就能够计算出地基承载力。

什么是地基？

施工时在地面被挖掘后铺设砂砾，其上需要浇灌薄混凝土。砂砾被称为铺设砂砾，混凝土被称为垫层混凝土，两者合称为地基。对建筑物的施工来说，它是非常重要的，基础与地梁凝固前的支承底盘，也是构件位置施工放线的基板。

在天然基础中，地基本身是支承上部建筑物的一部分。

基础形式混用

将不同结构基础（异种基础）的混用，在规范中是被原则上是禁止的。但根据地基状况而无法避免混用时，则需要根据规范确定的结构计算方法，来确认结构受力上的安全性。

选择基础时，需要充分研究各种条件。比如地基的状态、上部的荷载等。要知道基础比什么都重要

① 基础的种类与结构

基础的形式

①天然基础

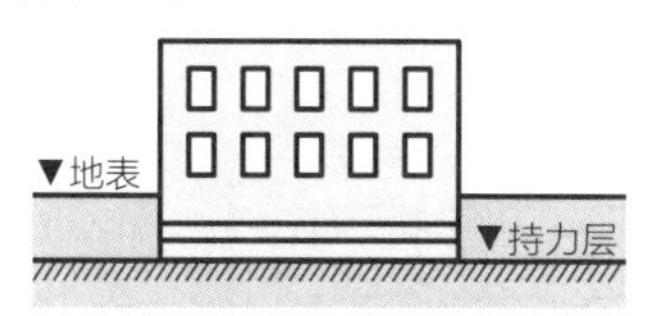

②桩基础

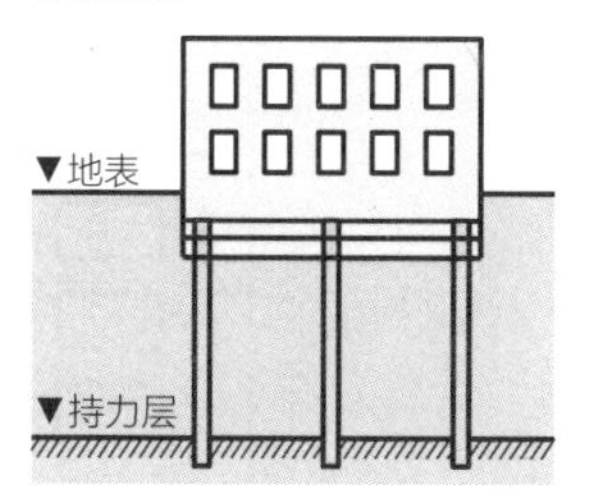

基础的形式包括天然基础和桩基础两大类。

天然基础的种类

①条形基础

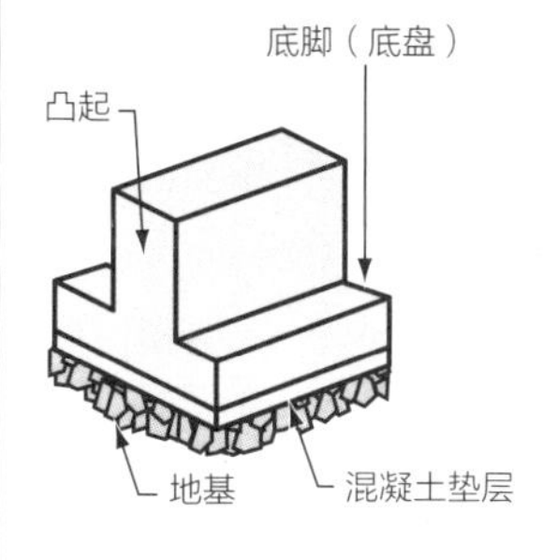

②筏板基础

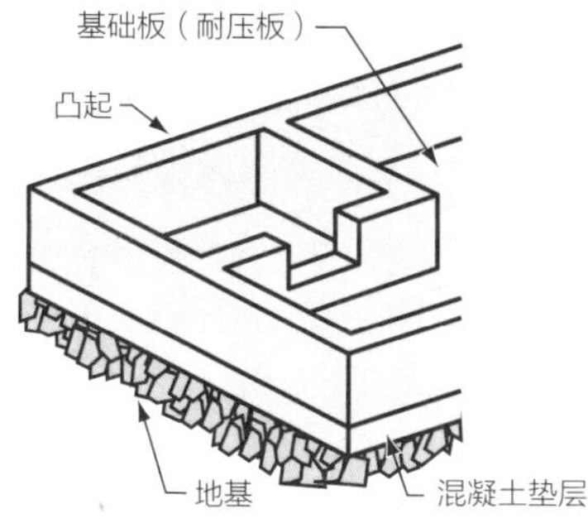

③独立基础

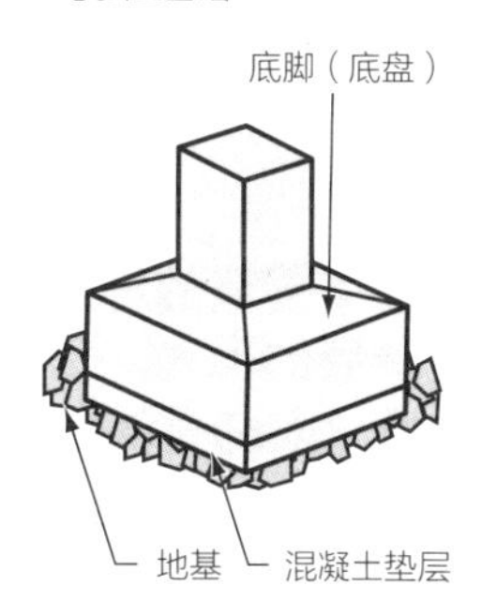

桩基础的主要种类

①现场浇筑混凝土桩（灌注桩）

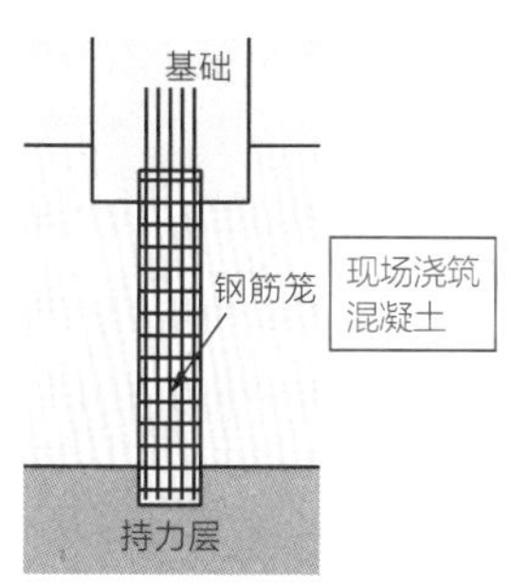

②预制混凝土桩

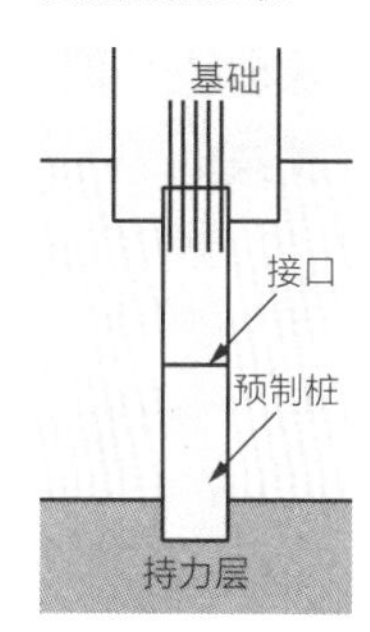

③钢管桩

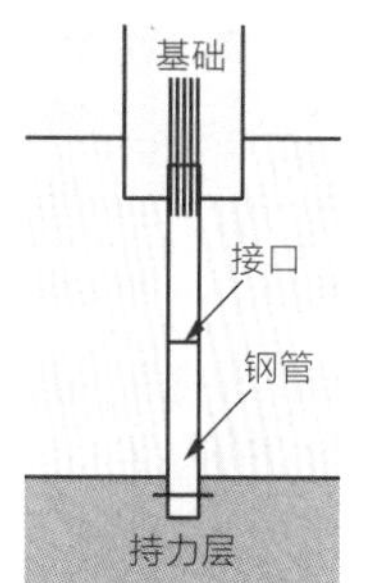

桩基础多采用木桩、混凝土桩、钢管桩。这其中的混凝土桩，还可分为向钻孔中浇筑混凝土的现场混凝土灌注桩，以及预制混凝土桩。

① 筏板基础的施工

浇灌混凝土前

筏板基础的底板与反梁的配筋状况。反梁的模版被编织而成。

浇灌混凝土后

移除模版，在板式基础的反梁上配置座梁、柱的施工状态。

86 天然基础的设计

地基反力是什么？

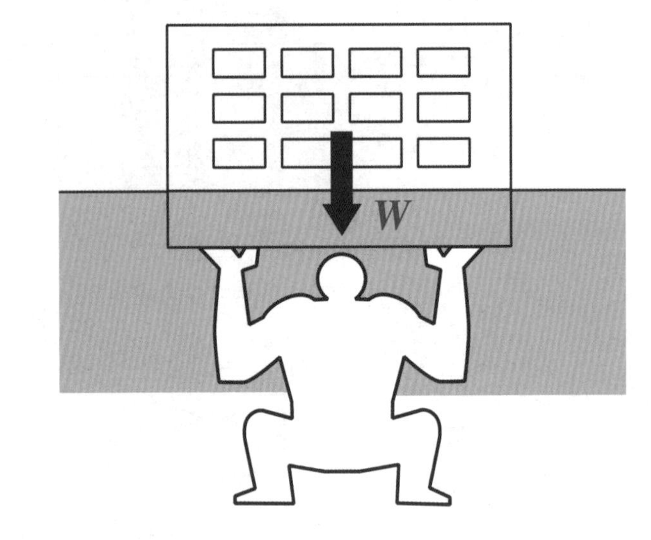

是相对于建筑的重量，地基所承受的反力。它对基础的设计来说很重要！

天然基础的种类

天然基础是指把建筑直接放在地面上时，用于支承它的基础。天然基础可以分为建筑底部全面配置耐压板（底盘），从而被地基支承的筏板基础；在地梁的下部配置一定宽度的底板用于支承建筑的条形基础。此外还有较少使用的，在柱下配置四方形底盘的独立基础，它也是一种天然基础。

天然基础的设计关键点

为了判定天然基础建筑物的安全性，有必要确认地基是否可以承受建筑物的重量。地基的支持力（允许地基承载力）可以通过平板荷载试验等地质勘探来获取。

重力作用下的建筑物重量通过基础的底板向地基面传递。建筑物的重量除以底板面积所得到的单位面积重量叫做接地压。如果接地压在地基承载力（允许应力）以下，则地基能够支承建筑物。

另一方面，底板自身也呈被地基挤压的状态。由于压力使得在底板中产生弯矩，与楼板相同，我们对于底板需要算出必要钢筋量，来确保实际配筋大于必要钢筋量。

需要注意的是，计算底板内力时，地基的反力由下向上，但底板自重因为是由于重力产生，所以它是从上向下，这二者可以有部分相抵消。

此外对于筏板基础，需要将其作为由地梁包围的板块与周边铰接或刚接，并在此假定下来进行计算；对于条形基础，则需要将其作为由地梁出挑的悬挑板来进行计算。

memo

本项中，是单纯地将梁的位置作为支点进行计算的。不过，地基实际上与弹簧相类似，地梁周边产生较大的接地压，而板的中央接地压较小。在相对较小的建筑物中，上述计算方式不会有问题，但在底板较大时，则需要将地基模型转化为弹簧来进行接地压的确定与底板的设计。

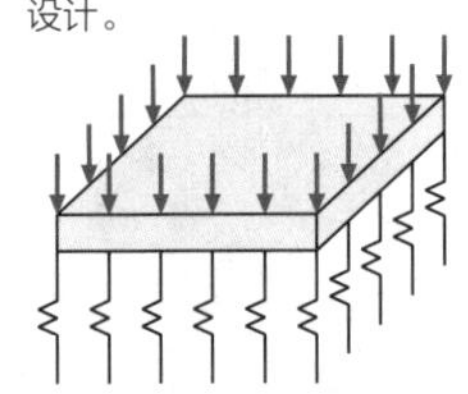

设计天然基础时，接地压值必须在允许地基承载力以下。同时还需要掌握底板必要钢筋量的计算方法。筏板基础与条形基础计算方法的不同点也要注意。

! 筏板基础的设计流程

①计算建筑物重量(包含基础重量)

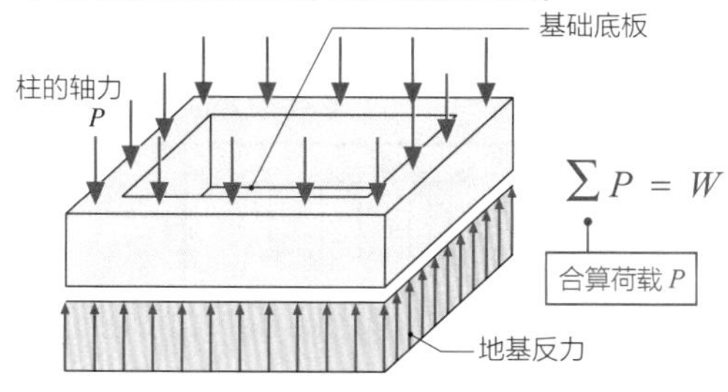

$$\sum P = W$$

合算荷载 P

②计算接地压 σ

用建筑物的重量除以基础板的面积

$$\sigma = \frac{W}{A}$$

σ: 接地压
A: 基础的底面积

③比较接地压与允许地基承载力 f_e

$\sigma \leqslant f_e$　　f_e: 允许地基承载力

接地压在允许地基承载力以下则 OK

④基础底板的设计(计算必要钢筋量)

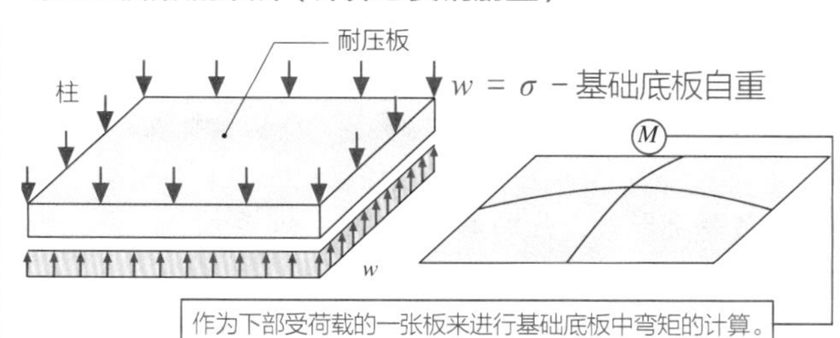

作为下部受荷载的一张板来进行基础底板中弯矩的计算。

$$a_t = \frac{M}{f_t} \times j\ (\mathrm{mm^2})$$

a_t: 必要钢筋量($\mathrm{mm^2}$)
f_t: 钢筋允许应力

$$j = \frac{7}{8} d$$

d

条形基础的设计关键

①接地压的确定与条形基础相同(筏板基础设计流程①~③)
②在设计底板时需要将基础的底板作为悬梁来进行弯矩的计算。

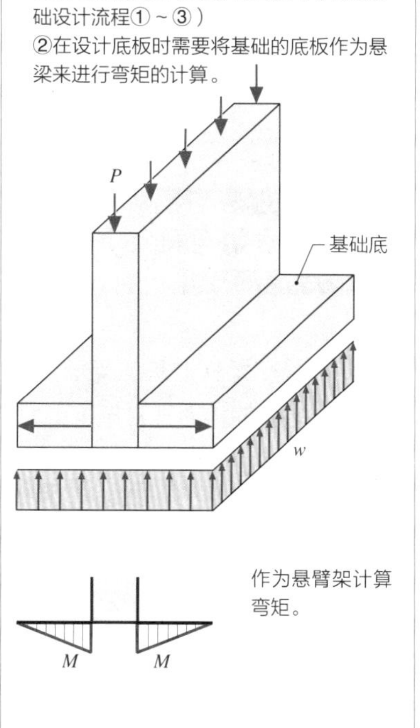

作为悬臂架计算弯矩。

! 基础偏心时接地压 σ 的计算表

基础产生弯矩后,接地压的分布变得不均一。算出偏心距离,计算或利用右图求最大接地压。

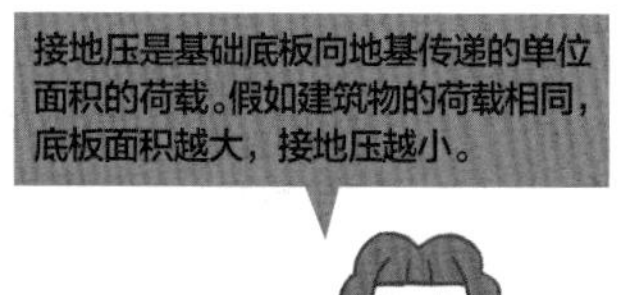

接地压系数 α
(长方形基础)

偏心量越大,接地压越大

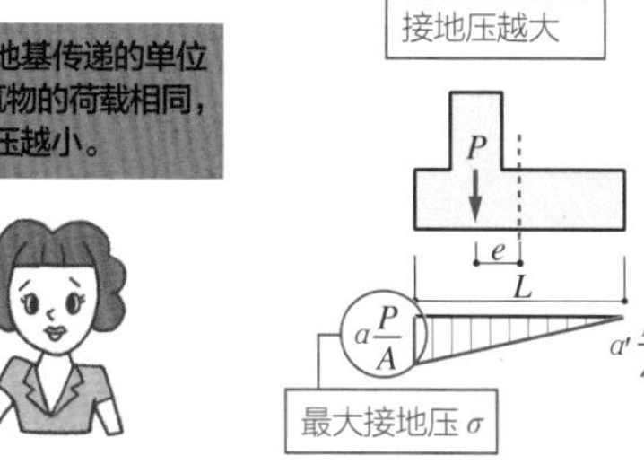

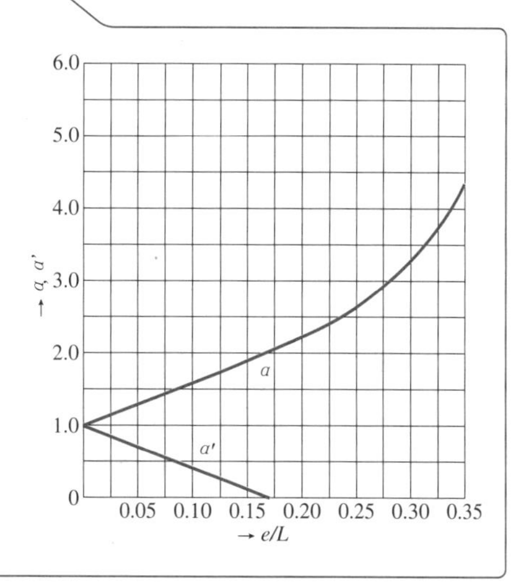

87 桩基础的设计

桩基础的种类与构成

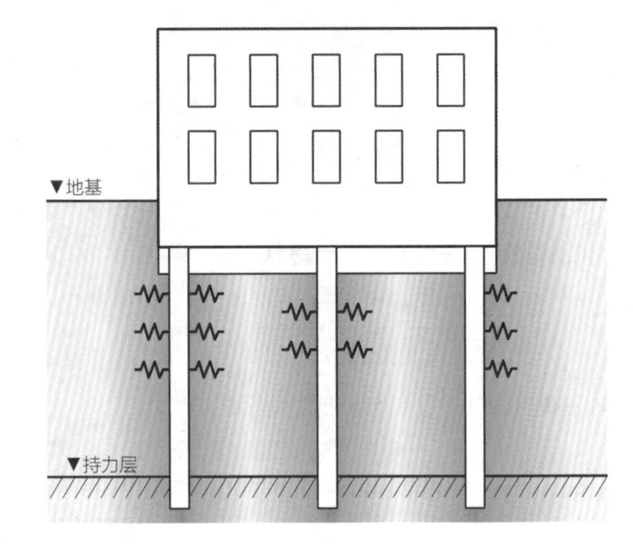

！根据施工方法与反力的不同，桩基础可以分为若干种！

桩基础是在柔软地基上支承建筑物的有效基础形式。在地基中设置结构体，以坚固的持力层来抵抗重力和支承建筑物。

➜ 桩基础的种类与设计关键点

根据施工法不同，桩可以被分为几种。在地面钻孔设置钢筋笼后，再浇筑混凝土，这种现场施工的灌注桩是一般大型建筑物的标准基础形式，其直径较大，且支承力也较大。在可液化的地基中，由于地基液化时地基无法抵抗水平方向的力，所以也有在桩头部使用钢管提高其抗震性能的桩。为了高效地获取高支承力，将桩底部扩大的扩底桩也很常见。

小规模建筑中较常用的是预制桩。桩体大半都使用高强度预应力混凝土管桩（PHC）。主流的施工法为用桩锤将桩打入地面的锤击法。不过，由于噪音的原因，与水泥浆一起固定于地基中的水泥浆植桩施工法成为近年来的主流。最近，木结构住宅也开始进行基础的设计，在狭小的基地中施工时钢管桩是较为常用的。

支承建筑物的桩其竖向支承力，是综合考虑了桩的端部地基支承力与桩体周面的摩擦力这两者效果后累计后得出的。由于其是在地面以下进行施工而无法直接检查，所以它与地上的钢及混凝土结构并不相同，其安全系数取值很大。长期荷载下的竖向支承力的取值为极限支承力的1/3；对短期荷载取2/3。

同时，对于桩的水平承载力的研究也很重要。当建筑中产生的水平力通过桩向地基传递时，若地基柔软，则在桩内部产生的弯矩就会变大。所以我们需要考虑地基横向的弹簧效果，进行水平方向受力的相关设计。

memo
桩顶部需要固定于基础中。以前，桩上直接放置建筑的情况也时有发生，就像基础放置在地基上一样。不过，由于大地震时桩头具有被破坏的可能，所以近来设计变得更加严格，桩头要视为固定来进行内力计算，因此要么钢筋配筋使其能牢固地固定于基础之上，要么桩体自身埋入基础之中。

memo
桩也能抵抗水平力

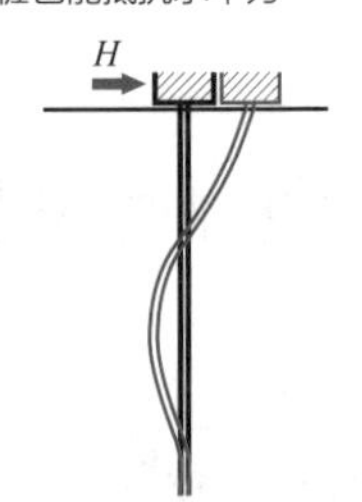

关于桩基础，我们不仅仅要理解其种类与结构，还需要掌握其设计的方法！

! 桩基础的种类与结构

桩基础，根据施工方法与支承机制的不同，大体上可以分为 2 类。

根据施工方法分类

①灌注桩
②植桩（预制桩）
③静压桩 / 锤击桩（预制桩）

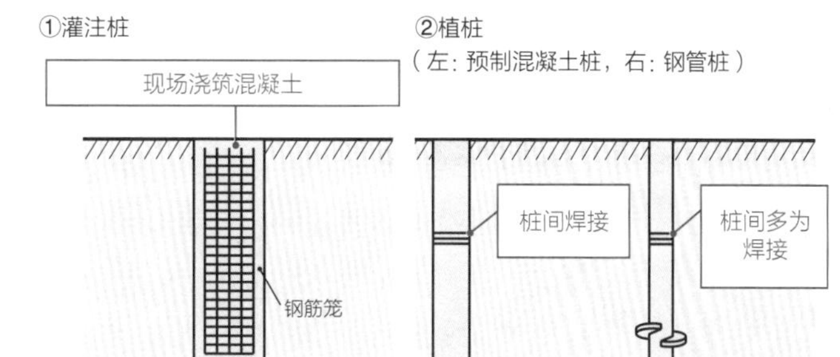

根据支承受力机制分类

①端承桩
②摩擦桩
③沉降控制桩
④抗拔桩
⑤斜桩

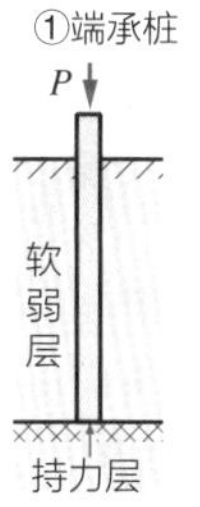

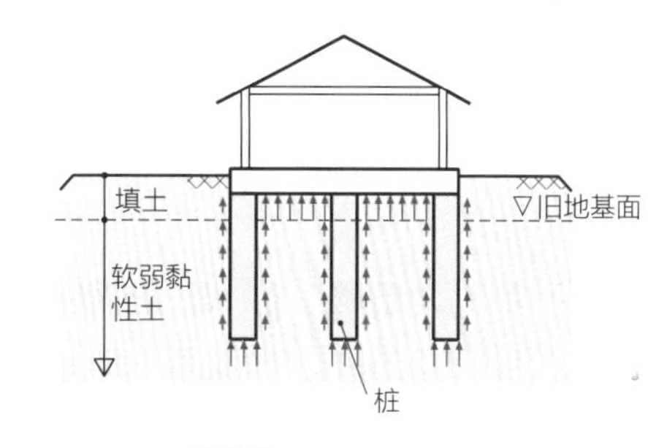

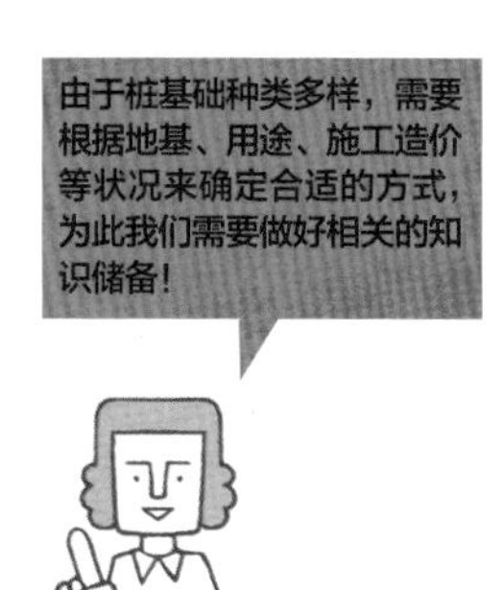

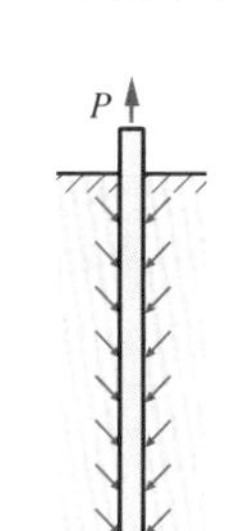

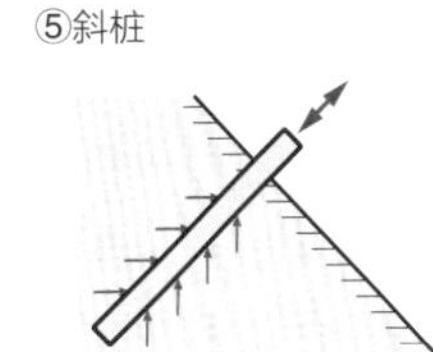

! 桩竖向承载力的计算方法

桩的允许竖向承载力 R_a = 端阻力 R_P + 侧阻力 R_F

长期：$${}_LR_a = \frac{1}{3}(R_P + R_F)$$

短期：$${}_SR_a = \frac{2}{3}(R_P + R_F)$$

R_a：桩的允许竖向承载力（kN）
R_P：桩的端阻力（kN）
R_F：桩的侧阻力（kN）

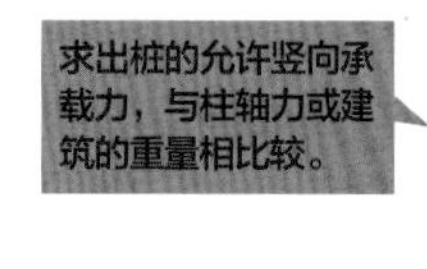

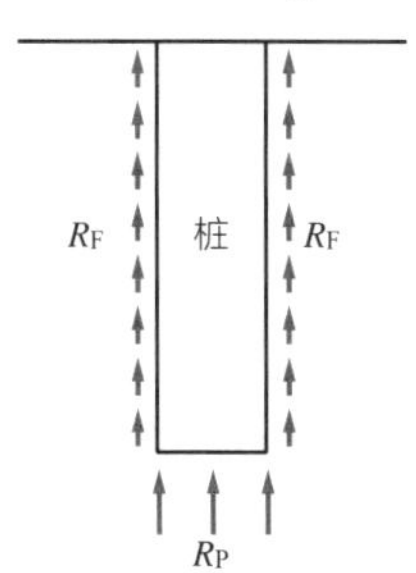

R_P 的计算
- 静压桩 / 锤击桩：$R_P=300\bar{N}A_P$
- 植桩：$R_P=200\bar{N}A_P$
- 现场灌注桩：$R_P=150\bar{N}A_P$

N：持力层的平均 A 值（≤ 50）
A_P：桩端面积

R_F 的计算

$$R_F = \frac{10}{3}\bar{N}_S L_S \varphi + \frac{1}{2}\bar{q}_u L_c \varphi$$

$\bar{N}_s$：砂质土地基的平均 N 值
L_s：桩与砂质土地基的相接长度
φ：桩的周长
$\bar{q}_u$：黏性土地基的单轴抗压强度平均值（kN/m^2）
L_c：桩与黏性土地基的相接长度（m）

88 不均匀沉降、倾斜沉降

发生沉降的建筑物是否危险？

比萨斜塔是世界上最有名的沉降例子。

有沉降差的不均匀沉降尤其危险

不均匀沉降、倾斜沉降是什么?

建筑物由地基支承，地基柔软的话，建筑物就会下沉。建筑物的下沉被称为沉降。沉降有 2 种类型，分别为不均匀沉降和倾斜沉降。对建筑物影响较大的沉降是不均匀沉降。建筑物的不同部位产生沉降差的状态，会造成基础或建筑物产生裂缝。倾斜沉降对建筑物本体虽然影响不大，但会影响使用的舒适性。尽管建筑物中不会产生较大的内力，但建筑物整体会倾斜下沉。

沉降的原因与对策

在地基中有时会埋有混凝土渣等地下障碍物。天然基础建筑，当其地基中存在障碍物时，就产生不均匀沉降的可能性较高，所以一定要将障碍物全部去除，再重回填新土。除去障碍物后仍然难以保证地基强度时，则需要进行地基加固处理。当不均匀沉降开始发生时，才注意到地下存在障碍物的情况也时有发生。例如基础下的树根腐朽后，相应部分会变的柔软。即使是天然基础位于均质地基之上，假如上部建筑物的荷载不均，也容易引起不均匀沉降，这点需要注意。此外，不仅天然基础会发生沉降，桩基础也会发生沉降。比如，桩没有到达持力层时，或地震等原因引起桩的破损时，都会引发不均匀沉降。即便沉降量很小，也有可能带来桩的严重损坏，这也是需要引起注意的。

作为防止沉降的对策，补桩是其中的方法之一。针对局部不均匀沉降，注入聚氨酯等材料，将地基中产生的空隙填满也是可以选择的应对方法。但是，一旦用地整体基地出现沉降的话，那则没有特别好的办法了。

memo
有时基地下会有防空洞、遗留矿井、溶洞等空洞存在。在这些地方，土会流向空洞区域，从而引发陷落现象。通过钻探勘定有空洞时，就需要采取不同的沉降对策。如使用高流动处理土填埋，或设计跨越空洞的大型基础。

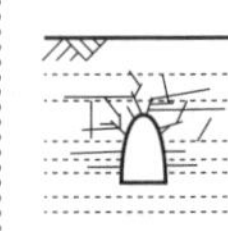
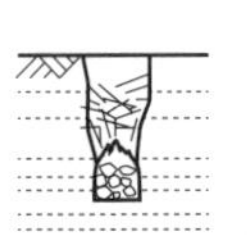

沉降的问题非常多。我们有必要好好理解。

① 需要掌握沉降的基础知识

不均匀沉降的种类和原因多种多样，确认不均匀沉降首先要计测建筑物的标高。在此基础上与相对沉降量或总沉降量的界限值来进行比较。

沉降的种类

正常 

不均匀沉降 

倾斜沉降 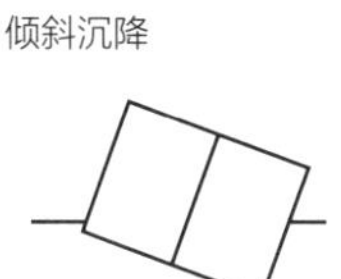

沉降的原因

①堆土沉降

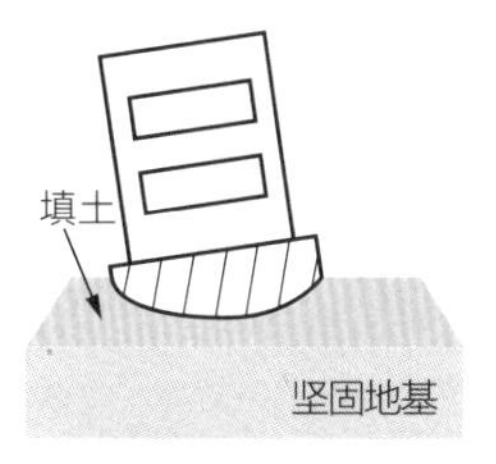

②由于地基软弱沉降

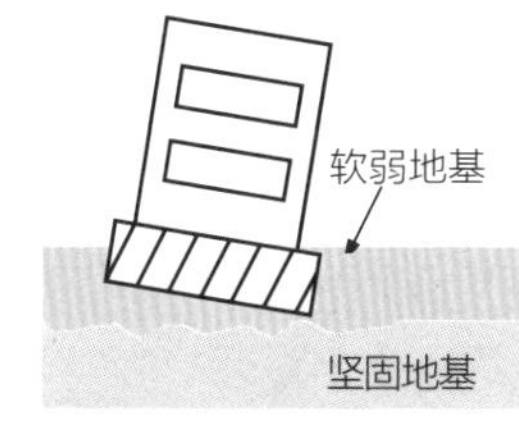

③由于桩没有抵达持力层，导致沉降

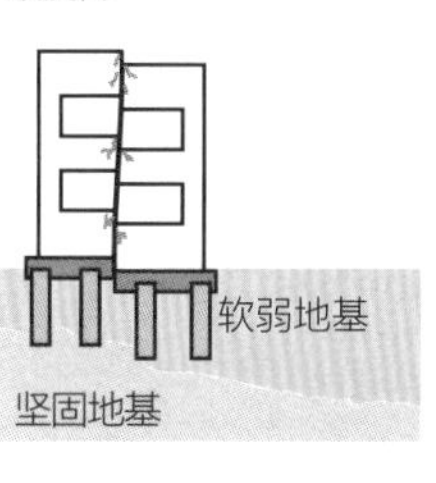

④由于地下存在渣屑导致沉降

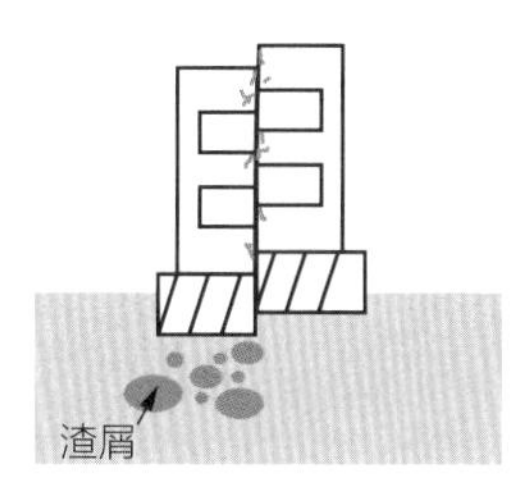

结构种类与沉降量的界限值（例）

①相对沉降量的界限值（cm）

支承地基类别	结构种类	配筋砌块结构	RC 结构、RC 剪力墙结构		
	基础形式	条形	独立	条形	筏板
压密注浆层	标准值 最大值	1.0 2.0	1.5 3.0	2.0 4.0	2.0～3.0 4.0～6.0
风化花岗岩（真砂土）	标准值 最大值	—	1.0 2.0	1.2 2.4	—
砂层	标准值 最大值	0.5 1.0	0.8 1.5	—	—
洪积黏性土	标准值 最大值	—	0.7 1.5	—	—
全部的地基	结构种类	面材		标准值	最大值
	钢结构	非柔性饰面		1.5	3.0
	木结构	非柔性饰面		0.5	1.0

②总沉降量的界限值（cm）

支承地基类别	结构种类	配筋砌块结构	RC 结构、RC 剪力墙结构		
	基础形式	条形	独立	条形	筏板
压密注浆层	标准值 最大值	2 4	5 10	10 20	10～(15) 20～(30)
风化花岗岩（真砂土）	标准值 最大值		1.5 2.5	2.5 4.0	—
砂层	标准值 最大值	1.0 2.0	2.0 3.5	—	—
洪积黏性土	标准值 最大值	—	1.5～2.5 2.0～4.0	—	—
压密注浆层	结构种类	基础形式		标准值	最大值
	木结构	条形 筏板		2.5 2.5～(5.0)	5.0 5.0～(10.0)
同时沉降	木结构	条形		1.5	2.5

注：压密注浆层为压密注浆结束时的沉降量（忽略建筑物刚性的计算值），其他为即时沉降量。括弧内为双层板等刚性很大的情况。木结构整体倾斜角，标准为 1/1000，最大为 2/1000~(3/1000)以下。

① 地下障碍物造成的沉降与对策

如果地下有混凝土块等妨害物，长年累月，有可能会产生不均匀沉降。

树根填埋在地下的例子。

挖出混凝土屑的例子。

沉降对策

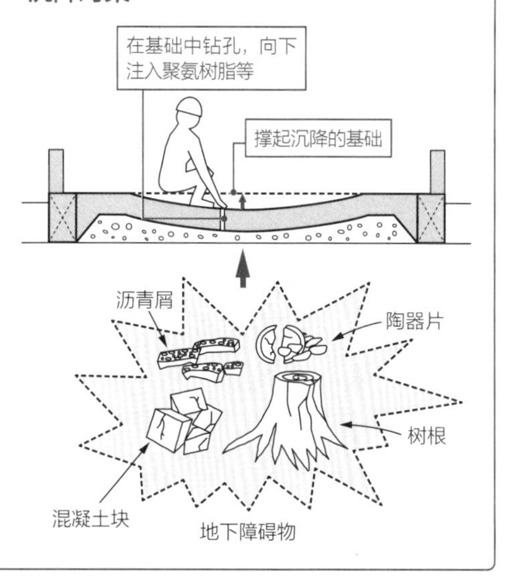

89 隔震

什么是隔震结构?

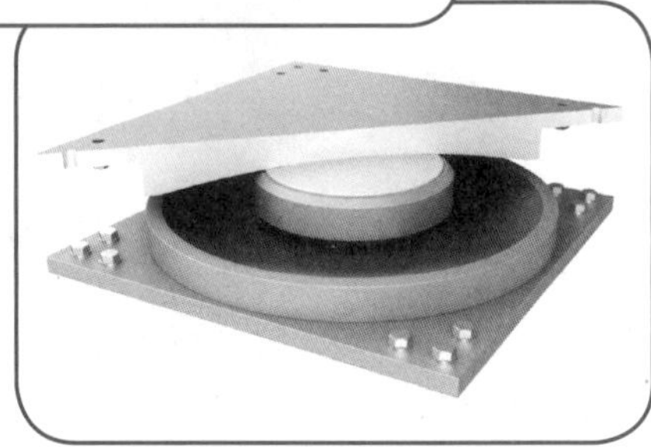

设置于隔震层中的隔震装置，通过其中可动件的滑动达到隔震效果。

! 通过设置隔震装置，使地震力难以向建筑传递!

所谓隔震结构，是在建筑物中设置非常柔软，变形能力较大的隔震层构件，从而将地基传递到建筑物的地震力减小的系统。

➔ 设计隔震结构的关键点

建筑物摇晃时会出现特有的周期（固有周期），它是由其刚度与形状所决定的。地震波则是带有多种周期的波动。活断层中产生的波，通过地基（滤波器）将多种周期复合，最终形成了地震波。这其中有影响力较强的波，也有较弱的波。

地震波中影响力较大的周期被称为卓越周期。地震时，若地震波的卓越周期与建筑物的固有周期相同，则振动叠合，导致建筑物会产生剧烈的摇晃（共振）。地震波的卓越周期一般在 1~2s 左右。当使用了隔震装置后，建筑物的固有周期变为 3~4s，从而能够防止地震波周期与建筑物固有周期的重叠。

隔震措施中，设置隔震层的基础隔震法使用较多，同时隔震层也可以设置在建筑物的任意层当中。基础隔震中，一般是在基础上部设置隔震装置，再在其上放置建筑物实体。隔震装置中，多采用橡胶与铁板相互层叠而成的积层橡胶。不过，由于积层橡胶刚性较大，因此在重量较轻的独栋住宅中，则会多采用滚动支承或滑动支承（次页右下图）的隔震装置。

进行隔震设计还应该注意确保与相邻地面间的间隙（空隙）。隔震建筑物在地震时会有较大幅度的摆动，因此必须要确保其与相邻地面间留有足够的间隙。此外，考虑到将来的维护管理，有必要确保隔震层中有足够进入作业的检修空间。再者，隔震建筑在强风下也有摇晃的可能，因此在平时有强风的地方，有必要考虑其对使用舒适性的影响。

长周期地震的应对

以前，地震固有周期一般被认为是在 1~2s，但随着地震计设置的越来越多，以及对地震机制的理解不断深入，最新的研究表明存在超过 3s 的长周期地震。所以我们在设计隔震装置时，也很有必要针对这种长周期地震来进行研究。

memo

由于仅有隔震装置无法停止摇晃，所以也会设置被称为阻尼器的、用来减缓地震力的装置。

抗震结构与隔震结构的不同之处在哪里？抗震结构是通过建筑物的整体来抵抗地震力，隔震结构则是通过隔震装置来吸收地震力的。隔震结构可以更好地降低建筑的损害程度，不过其造价也会相对稍贵一些!

ⓘ 隔震结构

在隔震结构中，将积层橡胶等水平方向变形能力强的隔震装置设置于基础等部位，通过加长建筑物的固有周期防止与地震波的共振，从而降低地震力的破坏。此外，也有设置阻尼器等减缓地震力作用的装置。这些装置除了超高层办公楼、公寓等之外，也较多地使用于大型医院中。

设计时的注意点与基本构成

①设置间隙

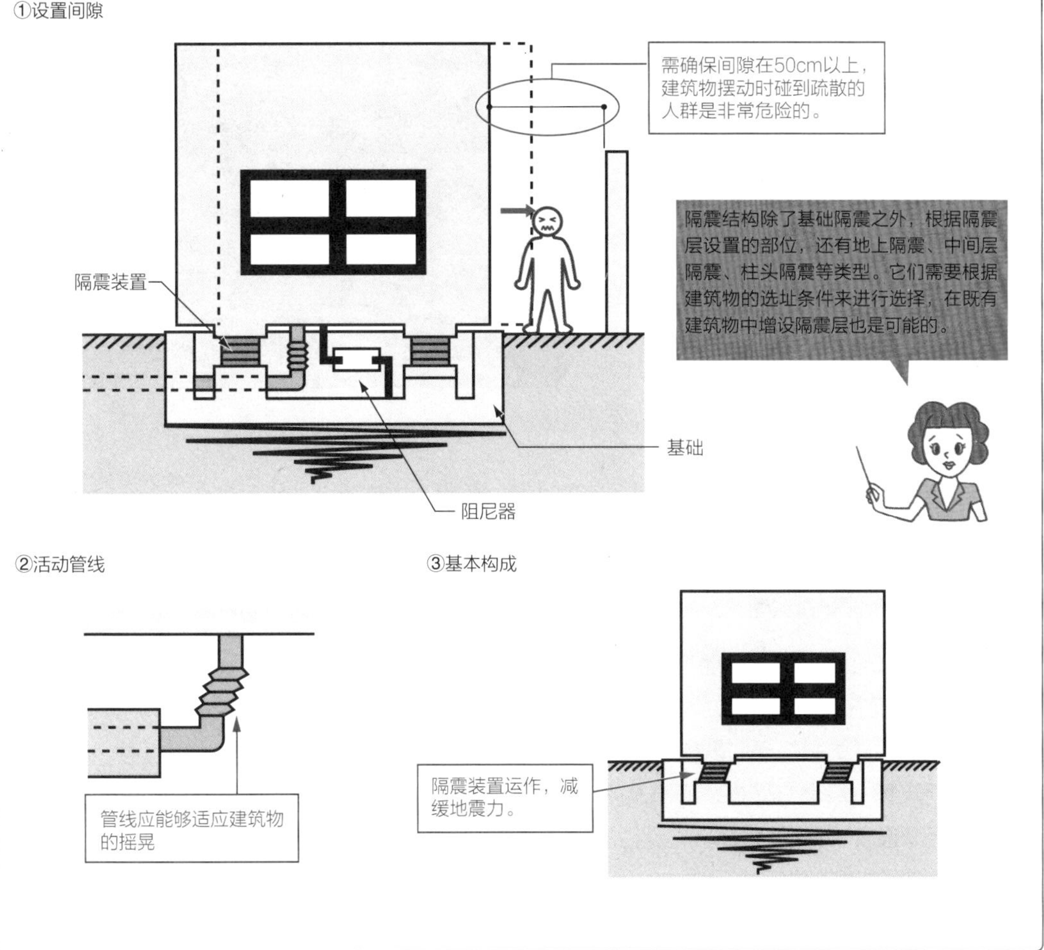

ⓘ 隔震装置的种类

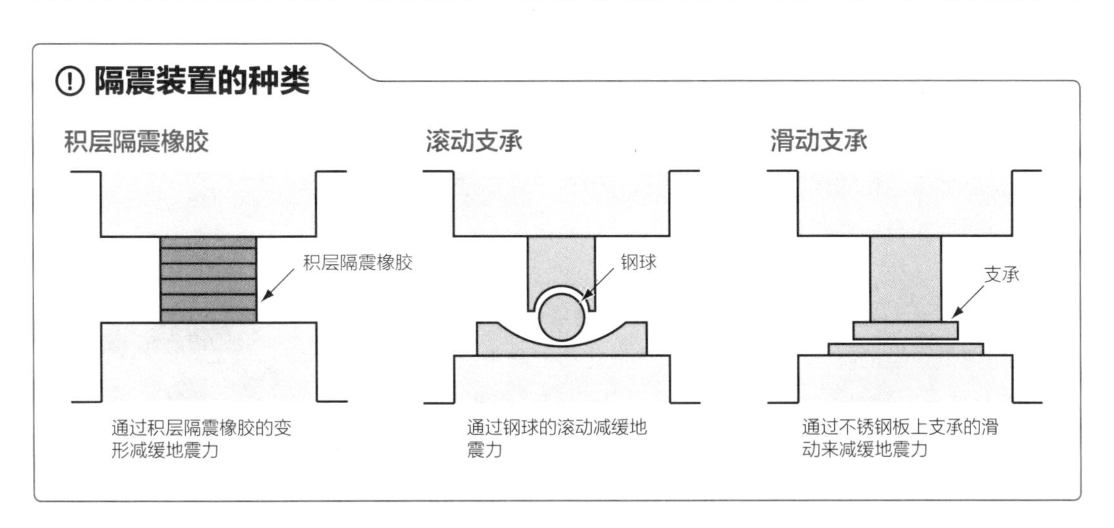

90 地基液化

如何防止地基液化？

地震引起地基液化的情形

！地基压力的减轻，基础的强化很有效！

新闻中经常会有大地震发生时地基液化的话题。东日本大地震时，千叶县沿岸部地基液化的受灾严重，很多人都看到了房子被砂掩埋的景象。

➔ 地基液化的危害

所谓地基液化是地震使得地基摇晃，从而造成砂变为液体状的现象。这种情况多出现在黏土成分较少的砂中。地基液化后，砂从地面喷出，导致地基的陷落，失去了横向抵抗能力的桩因此就会折断。

即使建筑物本身没有受损，道路发生地基液化后也会有很大的危害，造成车辆无法通行，水管煤气管断裂等。此外，地基液化的出现还会导致地基沉降，使得桩基础建筑 1 层部分的相对位置变高，造成使用上的危害。

➔ 地基液化的有效对策是？

针对地基液化，地震时减轻地基压力的砂井排水法（sand drain method），以及强化使用钢管桩的基础会比较有效。在独栋住宅预算并不充裕时，则有必要采用地域性的地基液化对策。

虽然与地基液化的程度有一定的关系，但对于独栋住宅而言，采用筏板基础是比较有效的对策。它就像是浮于地基上的船一般，效果会比较明显。

虽然通常认为地基液化都是相当危险的现象，不过出人意料的是，它却能够降低大型地震地作用力的效果。液化后地基将会阻碍地震力的向前传播，使得地基液化地域周边的建筑得以被保护，这种事例非常多见。不过即便是这样，当今的人类技术还无法有效地利用地基液化来作为地震防止的对策。

产生地基液化的要点

以下为地震时有液化危险的地基：
①砂质土，深度距地表 20m 以内；
②砂质土，由粒径比较均一的中粒砂等构成；
③地下水饱和；
④ N 值大约在 15 以下。

什么是抵抗桩？

桩的周围，由于土的横向抵抗不会发生弯曲，当发生地基液化时，横向抵抗消失，弯曲会导致桩的折断。

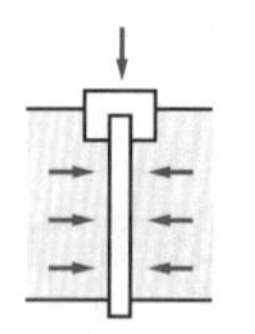
没有发生地基液化时的状态

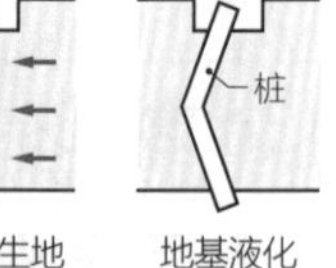

地基液化

东日本大地震时，很多地方发生地基液化现象，在河岸及临海处尤其需要注意。

ⓘ 地基液化的发生过程及构成

下图所示为地震带来的地基液化的发生过程。可以看到地震使得砂质地基中的砂砾与水产生了变化。

①通常

孔隙

砂粒　水

内部形态

砂粒呈相互联结的状态。水位于其间。

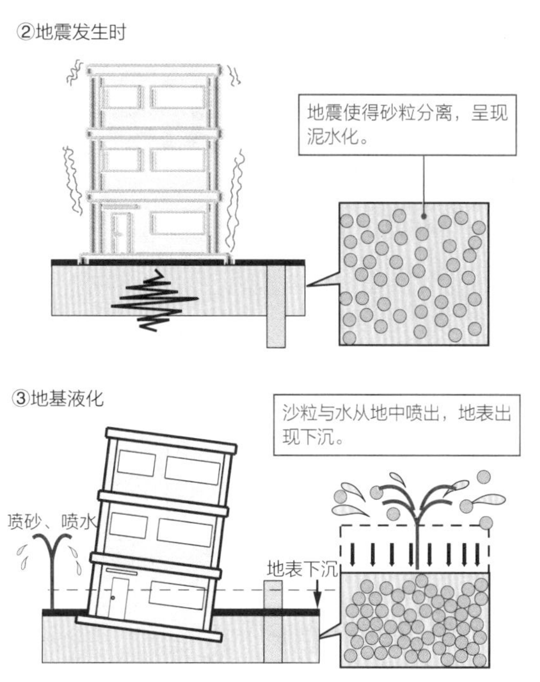

ⓘ 地基液化预测图的活用方法

近年来，很多研究机构调查了近邻活断层与地基的状况，并制作了表示了地震危害及地基液化危险性的地图等资料。对自己居住地区的危险性进行确认，就可以事先考虑相关的对策。即使不预备相关的对策，至少也能够知道向哪个方向避难是安全的，所以其在防灾上是有效的。

川崎市直下型地震的地基液化危险度分布。

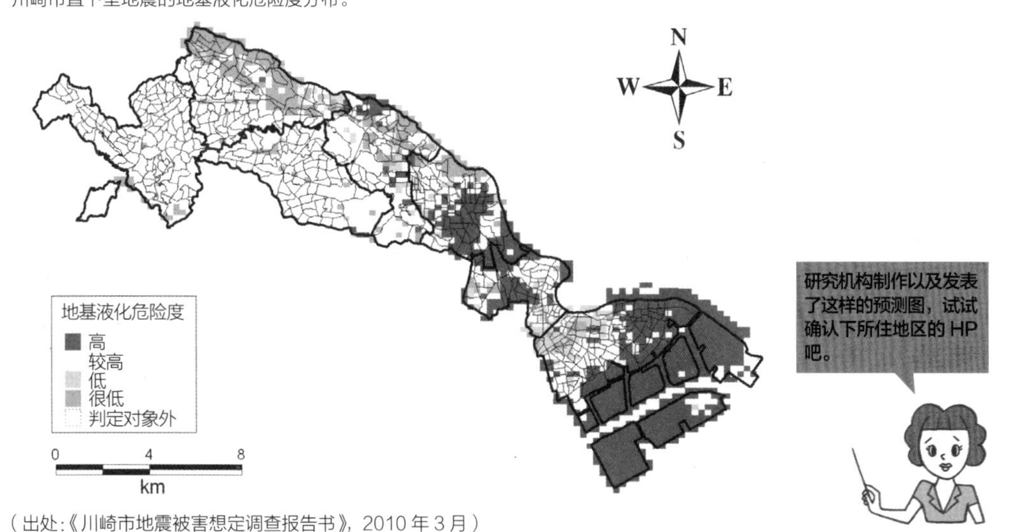

（出处:《川崎市地震被害想定调查报告书》，2010 年 3 月）

91 建筑设计与结构设计

建筑师与结构工程师是怎样的关系？

！建筑师与结构工程师相互配合

建筑师与结构工程师从设计阶段到施工阶段，会经常在各种阶段与场合协同工作。

➔ 从基本计划到施工，建筑师与结构工程师的任务分担

在方案计划阶段，两者商讨架构的概念，决定基本的结构形式。建筑师需要向结构工程者传达平面的概要，并从结构工程师那里听取平面中的柱、梁、楼板（板）在结构上的作用。在考虑流线、房间的使用方法、形态、环境等的同时，建筑师也需要确定主要结构构件的配置。现实中，将各层平面叠合起来时，柱的上下层位置并不对齐，以及楼板悬在空中的现象也不少见。这种情况下，建筑师需要一边向结构工程师进行确认，一边来对各构件的配置修改和研究。另外，在这个阶段中，结构工程师需要向建筑工程师提供构件的大略截面尺寸（假定截面）等，以及与节点设计相关的信息，来推动建筑、设备等的设计工作。

进入实施设计后，由于已经明确了构件的位置及尺寸，结构工程师需要确认建筑图与设备图是否有与结构相矛盾的地方。近年来，结构计算书与图面的整合性得到了重视，建筑师与结构工程师需要相互确认结构计算书中使用的截面尺寸等数值及做法。

当设计图纸基本完成时，施工企业以设计图为基础制作实施图及施工计划书。为使实施图与施工步骤的方案不出现偏差，建筑师还需要向结构工程师确认做法等各种形状与尺寸，并将这些内容准确地传达给施工方。另一方面，结构工程师需要将实施图与施工计划书与结构施工图进行比对，如发现与施工图内容不一致，应该及时向建筑师及施工企方指出并进行会商。

建筑师与结构工程师

作为传统，建筑师与结构工程师从一开始并没有被明确的区分。但是，随着经济高速增长，建筑巨大化与技术的进步，设计师单独进行整合的设计变得越来越困难，导致了建筑师与结构工程师的分化。

建筑师与结构工程师，从方案设计阶段到初步设计阶段、施工图设计阶段，会有很多次协同的工作和协商，在此基础上进入最后的施工阶段！

① 建筑师与结构工程师工作的任务分担

建筑师与结构工程师，从方案设计阶段开始就担任着各种各样的任务，
相互配合着推进工作。

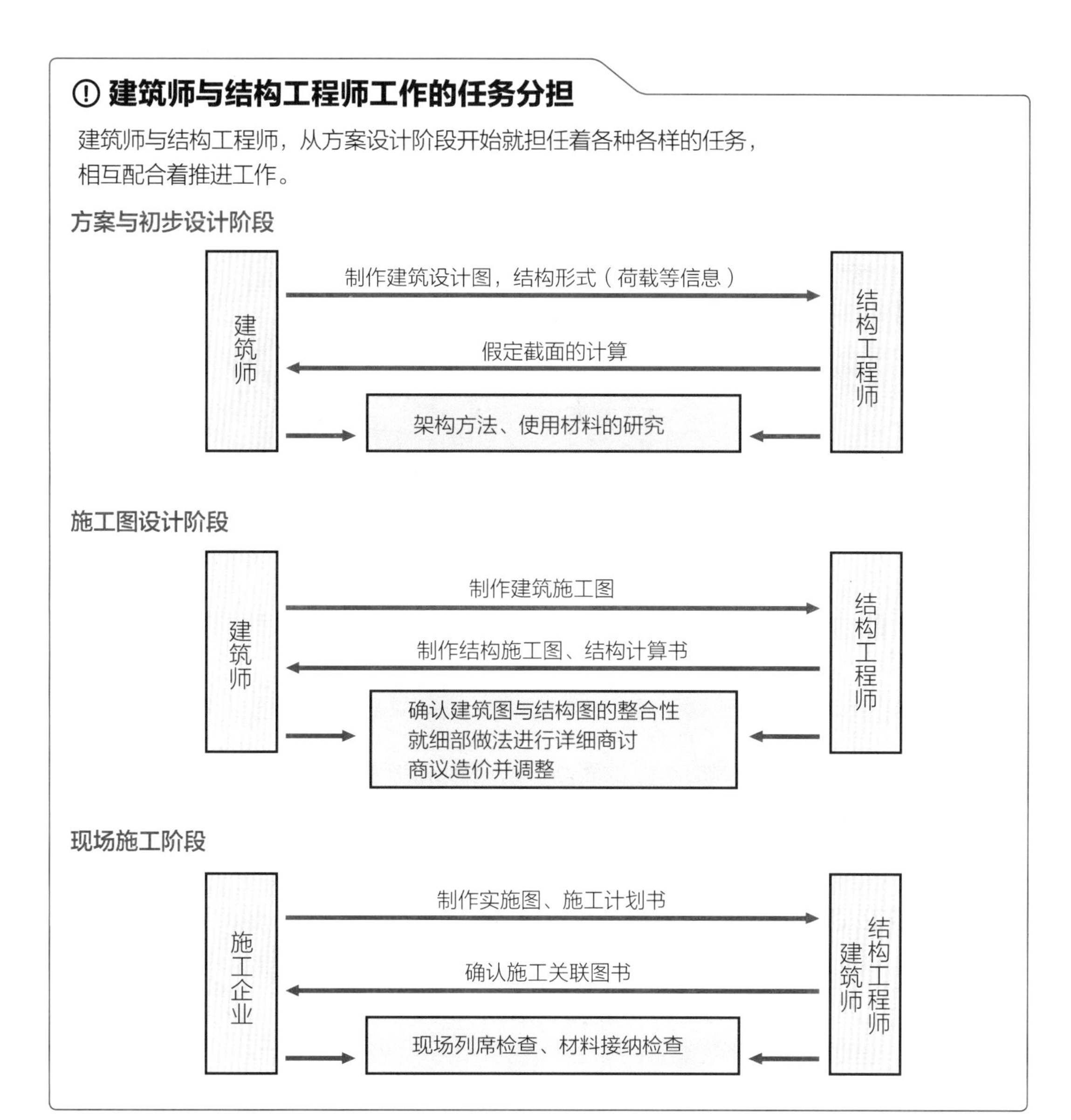

① 与建筑相关的职能

实际上，建筑需要更多的职能的协同工作

92 设备设计与结构设计

设备工程师与结构工程师是怎样的关系?

! 从设计阶段开始就有必要协调

设备工程师是以建筑师绘制的平面、立面为基础，研究所使用的设备、管线走线等，在此基础上绘制设备图纸。设备管线关联到结构构件的缺损（截面留洞），所以结构与设备的协调是有必要的。

➔ 设备工程师与结构工程师需要协调的理由

与构件截面缺损相关的设备，有空调管、排水管等。由于贯通的部位、大小的多样性，所以设计中需要确定一般性的规则来进行对应。钢筋混凝土（RC）梁的贯通孔，习惯上其直径取在梁高的 1/3 以下。设置贯通孔后，RC 梁的肋筋间隔变大，抗剪性能下降，需要采取钢筋补强措施。

相比较而言，钢梁的抗剪性能较有余地，因此习惯上贯通孔直径可取在梁高的 1/2 以下，通过板或管的熔接进行补强。当设置四角形开口时，将其视为以四角形对角线为直径的圆来进行补强。

在结构墙中设置开口时，需要将其控制在规范所规定的开口尺寸以下（参照 57 页）。通过墙面积与开口面积之比，以及长度比来进行确认。有 2 个以上开口的情况下，虽然有将开口面积相加的办法，但为了安全起见，常将其视为可以包含两个开口的开口部来进行计算。

另一方面，由于电气管线较小，一般情况下不做考虑。尽管如此，由于近年来家庭中设置 LAN 及 IH 烹饪电炉的情况越来越多，电气管线的量也随之增多。一直到开始施工时，才发现结构计算上未考虑在截面上预留留孔的情况并不少见。即使在结构计算上安全的板厚、墙厚，一旦考虑了电气管线后就变得不够了。由于这种情况的存在，我们在设计阶段，建筑、设备、结构设计的整合就显得很有必要了。

memo

从广义上讲，与主体结构缺损相关的设备，常见的包括了以下这些：
①基础梁检修孔；
②插座；
③开关；
④配电板；
⑤排水管。
需要将它们适当的设置在对结构承载力没有影响的、可以无视的小型构件，以及结构主体的附加部位中。

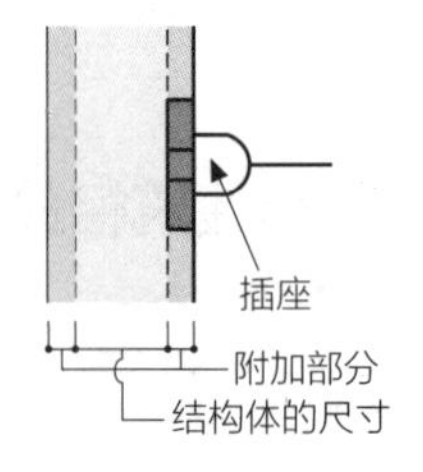

ⓘ 梁贯通孔的规定

	RC 结构	S 结构
	1/3h 1/3h 1/3h h φ l	100mm 100mm φ l
贯通孔的直径（φ）	梁高的 1/3 以下	梁高的 1/2 以下
贯通孔的间隔（l）	2 个直径平均值的 3 倍以上	2 个直径平均值的 2 倍以上
位置	梁高中央 1/3 的范围内	从梁上端、下部起 100mm 以外的范围
可以省略补强的情况	孔的直径在梁高的 1/10 以下且不到 150mm	—
补强例	梁主筋 贯通孔 横向补强筋 开孔补强筋 φ	钢套管 补强板 50mm 20mm 20mm 50mm

ⓘ 需要详细调整的地方

设备图与结构图中相关的部分需要缜密地调整。尤其是下述部位更需要精细的检查：

①梁与管线相关的部位

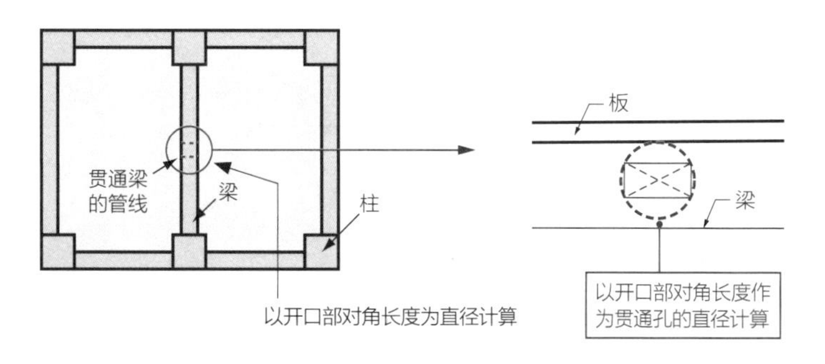

②电气管线集中的地方

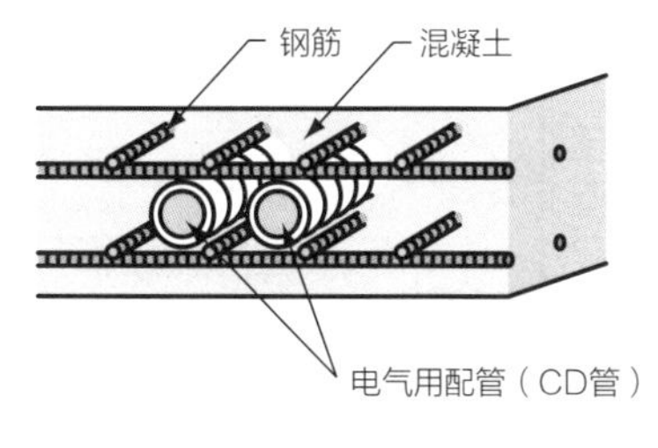

虽然没有特别的规定值，配管根数多的时候，要确认由于管线带来的缺损的问题。

③2个开口以上的情况

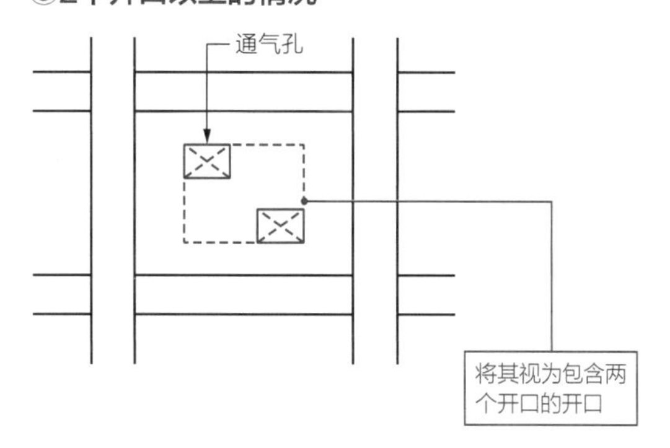

column 04

结构计算的途径是什么?

计算途径这一用语，有两种含义。
其一是指规范所规定的计算方法（允许应力计算、保有水平耐力计算、界限耐力计算、时程分析）。其二是指被称为抗震计算的一系列的结构计算过程。通常说到计算途径时是指抗震计算途径（下图）。

抗震计算途径是由允许应力计算（1次设计）与保有水平耐力计算（2次设计）两个阶段构成的计算方法。计算过程包括规范规定的计算方法，以及确保地震时安全性的规定。根据安全性确认项目的不同，途径分为三条，分别称为“途径1”“途径2”“途径3”。

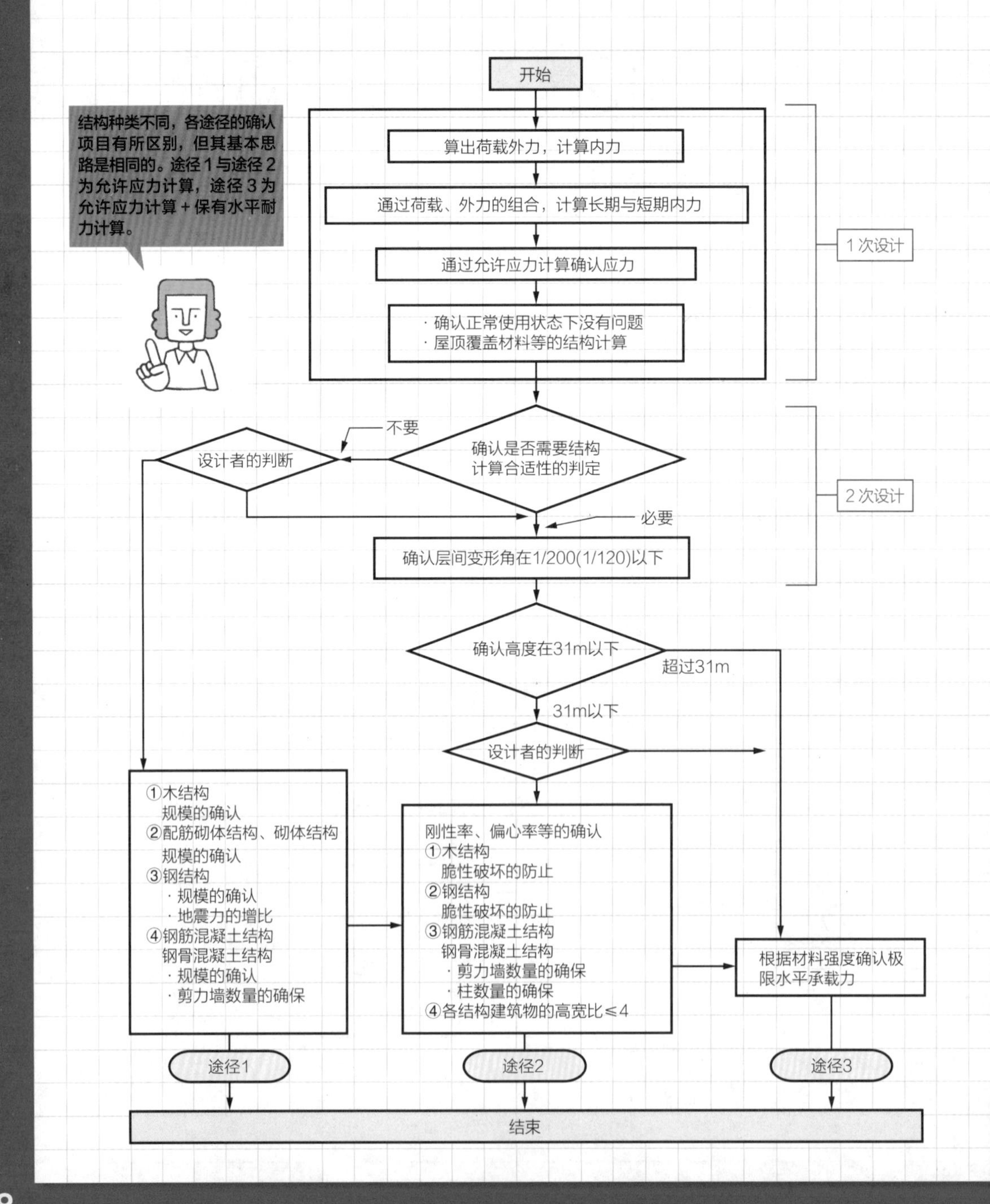

chapter 5 抗震设计

93 抗震鉴定

老建筑安全吗?

！调查建筑物，诊断其抗震性能!

并不是所有老建筑的抗震性能都不好。通常在进行抗震加固前，要通过抗震鉴定来把握建筑的抗震性能。

➔ 诊断建筑抗震性能的方法

为了进行抗震鉴定，有必要收集设计图纸及计算书等与结构相关的资料。但是，需要进行抗震加固的老建筑中，没有留下资料的情况很多，这就需要事前对建筑物进行调查，来获取抗震鉴定所需要的信息。比如钢筋，需要削切使其露出，来确认其直径以及锈蚀情况，使用钢筋探查机确认其间距。关于混凝土，需要分各楼层取样（圆筒状混凝土）来测定其强度。即使是留有设计资料的情况下，图面与现状也不一定会完全一致。以前的施工并不一定会像现在这样严密，存在现场变更的可能性。此外，在无需进行设计确认的范围内，也会有进行增改建的可能性。建筑物的劣化度也与抗震性能有关。需要对裂缝进行调查，以及使用酚酞液进行混凝土碳化测定。

通过调查收集到资料后，接着要进行抗震鉴定。在抗震鉴定中，通过比较结构抗震判定指标（建筑物必须保证的数值）及结构抗震指标（通过计算得到的建筑物的强度指标）来进行建筑物抗震加固必要性的计算。抗震鉴定分为 1 次鉴定、2 次鉴定、3 次鉴定三种方法。根据事前能够收集到的资料的内容，对安全性的要求、造价、建筑物的特性等来决定鉴定方法。1 次鉴定是用较少资料进行的简易鉴定，与 2 次鉴定及 3 次鉴定相比，结构抗震判定指标的设定更为安全。2 次鉴定是通过把握柱与墙在地震时的性能，同时考虑破坏方式而进行的抗震性能的计算。3 次鉴定是最严密的鉴定，不光是柱与墙，同时也对梁的性能进行抗震性能计算。

memo

在阪神淡路大地震中，很多老建筑物都倒塌损坏了。据说，其中几乎所有的建筑物都是 1981 年新抗震设计法以前的建成的建筑物。东日本大地震时海啸造成的危害很大，致使很多建筑物受灾。最近，有报道称东京直下型地震发生的可能性很高，所以当务之急是加强抗震加固。

新建增改建筑也要调查?

新建建筑改扩建时调查也是必要的。有设计计算书与竣工图的时候，说明图纸与现状是一致的，当没有这些资料的时候，则必须要证明现状与设计图书相符。虽然会有个别特殊的情况，但通常是有必要进行和抗震鉴定同样的调查。

! 抗震鉴定的种类

诊断法	特征
1 次鉴定	通过柱与墙的量及均衡性来评价建筑物的抗震性能。 这是最简单的鉴定，也被称为简易鉴定。由于没有确认构件实际的强度，所以判断结果比较笼统。尤其在墙较少的建筑中，墙的强度左右着实际的抗震性能，所以最好要避免仅通过 1 次鉴定就进行抗震加固的情况。
2 次鉴定	在 1 次鉴定内容的基础上，加之对柱与墙的强度及韧性的调查，在考虑损坏形式的基础上确认抗震性能。其应用最为广泛。
3 次鉴定	最精密的鉴定，是在 2 次鉴定的基础上，加之对梁与基础的强度及韧性的调查进行抗震性能的诊断。能够详细的对抗震性能进行确认，但由于较为耗费人力物力，所以是否采用要综合考虑费用及效果再做决定。

根据鉴定内容不同分为 1~3 次。根据事前收集资料的内容、对安全性的要求、以及费用等来确定所需要采用的鉴定方法。

! 为了进行抗震鉴定的事前调查

进行抗震鉴定之前，要在现场实地调查建筑物的强度与劣化度，取样进行试验。

①混凝土抗压试验　④钢筋腐蚀度测定
②混凝土碳化试验　⑤混凝土强度回弹试验
③氯离子含量试验　⑥碱骨料反应试验　等

事前调查与各种试验

①现场调查

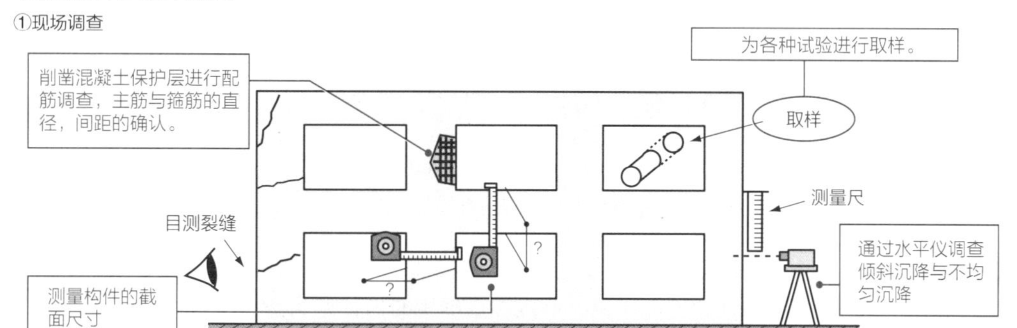

②使用取样进行试验

取出结构主体的一部分

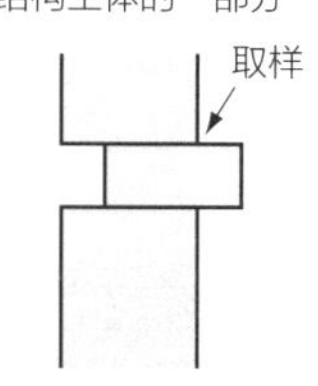

使用酚酞进行碳化确认

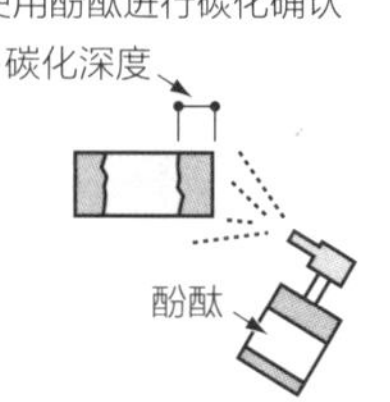

通过压缩实验进行强度的确认

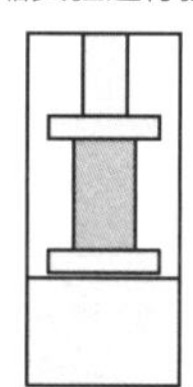

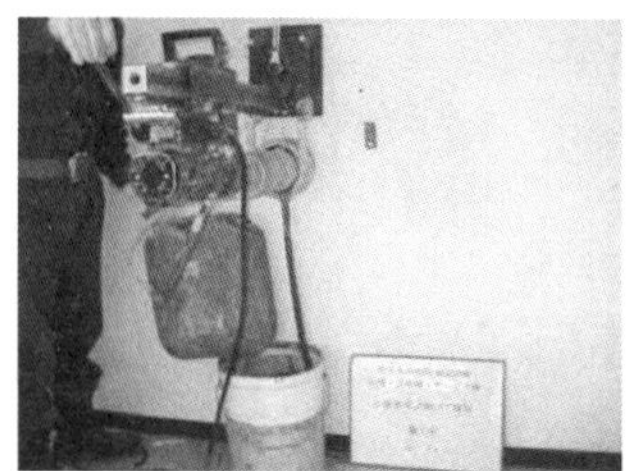

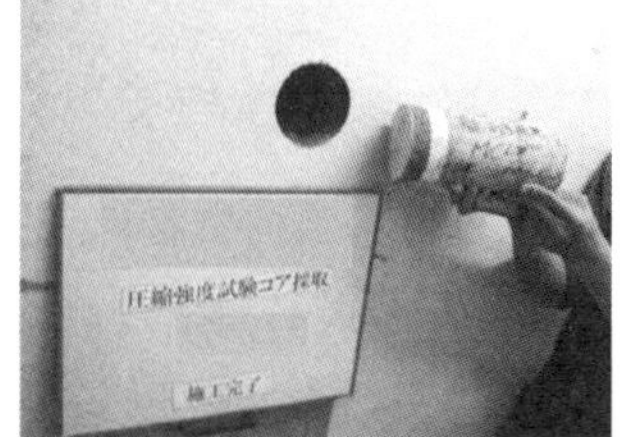

取样现场。施工中（左）与施工后（右）

使用样品进行压缩试验

94 I_s与I_{so}

老建筑的危险性如何判定?

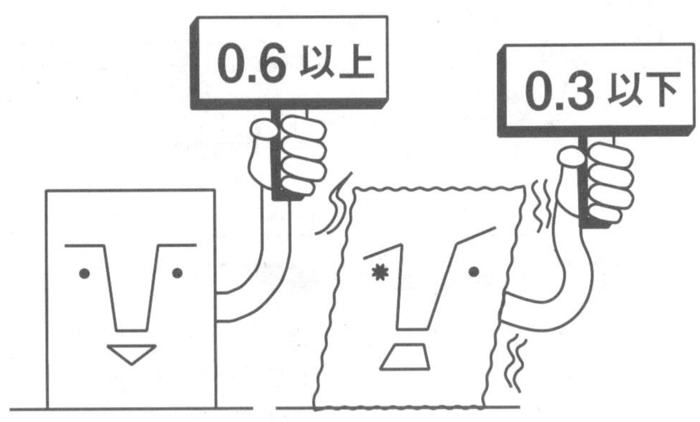

! 进行了抗震鉴定后，需要比较 I_s 值与 I_{so} 值

建筑物中有很多老建筑。就像人会变老一样，建筑物也会衰老。而在另一方面，随着建筑技术的日新月异，用老技术建造的建筑物与当代技术建造的建筑物相比,性能差异就很明显了。为了确认老建筑安全与否，就需要进行抗震鉴定。

➔ 抗震鉴定的方法与诊断水准

进行抗震鉴定时，要做事前调查。测定裂缝宽与长，取样确认强度。另外，在之前并不是所有的建筑物都像当今一样严格地按照设计图纸来进行施工的，所以对于现状与设计图纸是否一致，需要通过削凿将钢筋露出进行尺寸等的确认。通过调查来确定经年劣化程度，从而确定进行计算时的强度。

抗震鉴定有 1 次鉴定、2 次鉴定、3 次鉴定。1 次鉴定是简易的鉴定，通过柱与墙的截面积进行抗震性的研讨。2 次鉴定要算出柱与墙的耐力，进行抗震性的判定。主要适用于大梁耐力影响较少的强度型建筑。3 次鉴定，要同时考虑大梁耐力、柱耐力，来进行抗震性的判定。其与 2 次鉴定相比判定更为详细。

➔ 什么是结构抗震指标 I_s 与结构抗震判定指标 I_{so}

最终的判定，需要通过比较结构抗震指标 I_s 与结构抗震判定指标 I_{so} 来进行。I_s(Seismic Index of Structure)是表征结构体抗震性能的指标。相对于水平力，建筑物的极限强度或韧性越大，I_s 值也就越大。I_{so} 这一指标表征了在假定的地震等级下，为保证建筑物的安全所必需的抗震性能。通常，I_{so} 值随诊断等级不同而不同。

memo

被称为新抗震法（1981 年）的现行规范颁布实行前后的建筑物是有很大不同的。新抗震法以后的建筑物，即使多少有些劣化，不过通过抗震鉴定后发现，其中大多都还能确保大体上的安全性。不过，由于建筑进行改扩建的可能，所以还是有必要根据情况进行抗震鉴定。

建筑物安全性的最终判定是通过比较 I_s 与 I_{so}。I_s 值与 I_{so} 值的计算方法是必须事项，需要好好掌握!

① 抗震抗震鉴定的方法（I_s 与 I_{so} 的计算方法）

建筑物安全性的最终判定，要通过比较结构抗震指标 I_s，以及结构抗震判定指标 I_{so}。I_{so} 值随诊断等级变化而变化，需要注意。

I_s 值（结构抗震指标）的计算

①计算式

$$I_s = E_0 \times S_D \times T$$

E_0：保有性能基本指标

S_D：形状指标（由建筑形状等决定的系数）

T：经年指标（由经年变化等决定的系数）

② S_D：形状指标

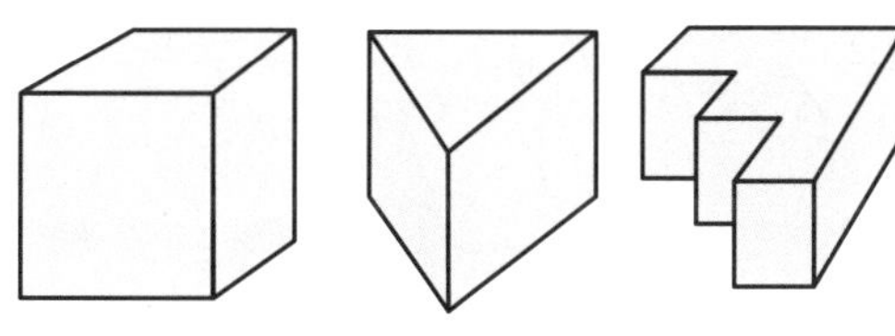

考虑形状的指标，以 1.0 为基准，建筑物形状、结构墙配置的均衡性越不好，其数值也就越小。

③ T：经年指标

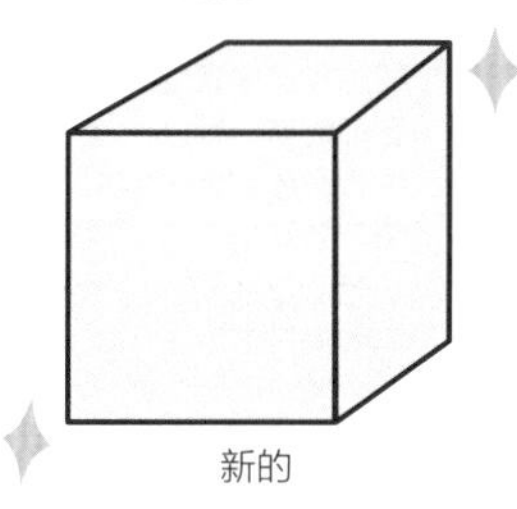

新的

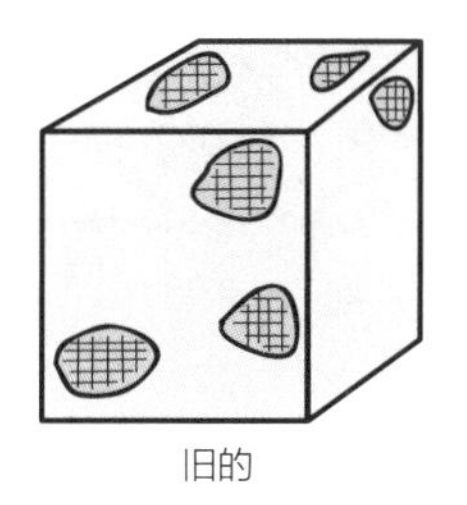

旧的

用数值表示建筑物的古旧程度。

I_{so} 值（结构抗震判定指标）的计算

$$I_{so} = E_s \times Z \times G \times U$$

E_s：抗震判定基本指标

（第一次诊断：0.8，第二次诊断·第三次诊断：0.6）

Z：地域指标（地域的地震活动等决定的系数）

G：地基指标（地基的动力特性等决定的系数）

U：用途指标（建筑物的用途等决定的系数）

综合评价

$I_s \geqslant I_{so}$ （安全）

$I_s < I_{so}$ （有问题）

为了算出 I_s 及 I_{so}，需要很多指标。不仅要记住计算式，还需要通过实际计算掌握指标的求法。

① 抗震性能的大致指标

日本建筑防灾协会标准

$I_s \geqslant 0.8$（第 1 次诊断） $I_s \geqslant 0.6$（第 2、3 次诊断）	与现行规范有同等的抗震性能。

抗震性能的标准有多种。通常使用日本防灾建筑协会的标准，但学校体育馆等文教设施由日本文部科学省规定。

文部科学省标准

$I_s \geqslant 0.7$	倒塌的危险性较低，虽然原则上可以不作为加固的对象，但在局部地区因地形等因素导致地震动力效应增大或预计为脆性破坏模式时，则需要进行抗震性能的增强。
$0.7 > I_s \geqslant 0.3$	有倒塌损坏的危险，有必要进行加固
$I_s < 0.3$	倒塌的危险性高

95 木结构的抗震鉴定

如何进行木结构住宅的抗震鉴定？

有一般鉴定法及精密鉴定法两种方法！

木结构住宅的抗震鉴定是十分关键。木结构住宅密集的地区很多，倒塌损坏造成的煤气泄漏会引起火灾。与钢结构或钢筋混凝土（RC）结构住宅相比，木结构住宅由于腐朽等原因更容易劣化，老建筑物中屋面很重，墙量不足，以及基础梁及柱没有牢固的与基础连接的情况时有发生。

木结构住宅抗震鉴定的方式

木住宅的抗震鉴定，有一般鉴定法及精密鉴定法。

一般鉴定法与建筑基准法的墙量计算基本相同，通过楼板面积计算必要的耐力。然后，考虑劣化度及墙体配置等因素计算出保有耐力，将两者相比较，来确认安全性。与规范有所不同的是，窗间墙及下垂墙的框架效果（柱的耐力）是可以计入的。关于偏心的问题，与规范的墙量计算相同，需要通过 4 等分法来进行确认。

精密鉴定法是通过计算极限水平承载力来确认其安全性，有时也可以采用界限耐力计算或时程分析的方法。

与 RC 结构及钢结构抗震鉴定最大的不同在于，木住宅的抗震鉴定必须要考虑基础的影响。RC 结构及钢结构中，多可忽略基础进行抗震鉴定。但在木结构的情况下，由于基础在很大程度上会影响上部的耐力，所以需要考虑基础的影响。

木结构住宅的抗震加固方法

当耐力极为不足的情况下，作为木结构住宅的抗震加固方法，可以通过增设斜撑或面材剪力墙来解决。在老旧的建筑物中，斜撑无法通过金属连接件与柱或梁紧密连接的情况较多，此时安装金属连接件，可以提高其耐力。

memo

钢结构及 RC 结构的建筑物的抗震鉴定中，虽然忽略基础的情况较多，但一般在调查阶段都会进行不均匀沉降等的测量，以此来确认基础是否存在问题。木结构住宅的情况下，对于不均匀沉降的测量比较困难，再加上采用卵石等简易基础的情况很多，所以在其诊断中有必要考虑来自基础的影响。

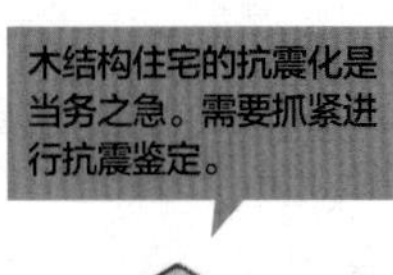

① 木结构住宅抗震鉴定的基础知识

木结构住宅中，未能确保抗震性的建筑物很多。可以通过网络查询相关资料，其中有能够简单的进行抗震性确认的资料，试着用用看。

日本建筑防灾协会的「谁都能做的家庭抗震鉴定」

① 木结构的抗震加固方法

基础加固

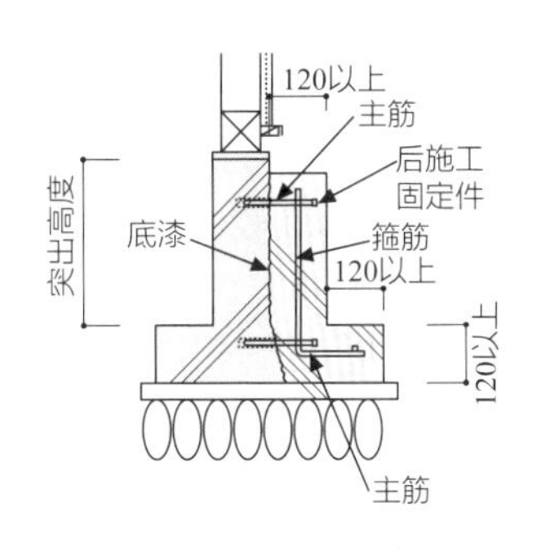

剪力墙的追加

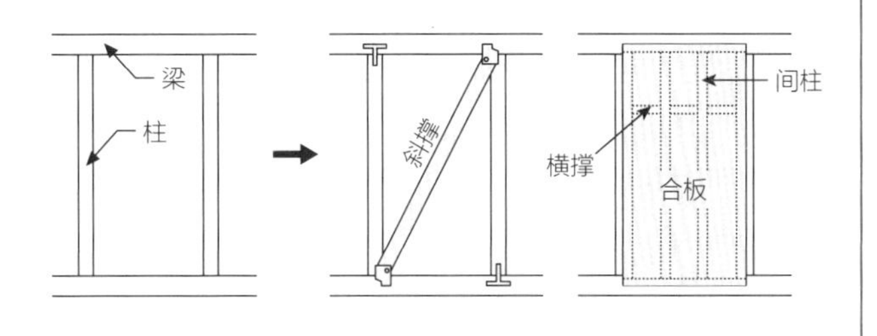

腐蚀基础梁的加固

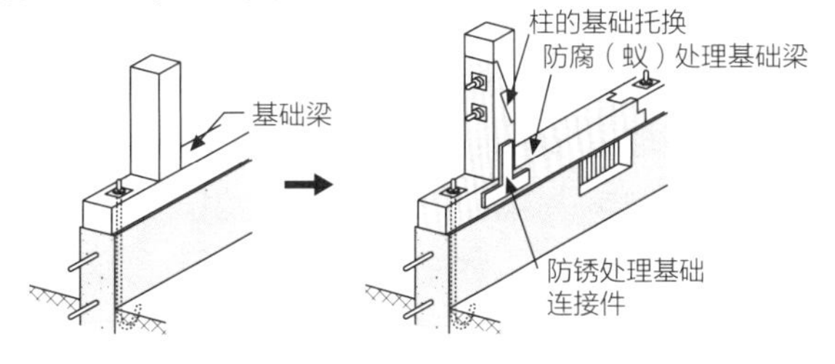

既存斜撑的金属连接件追加

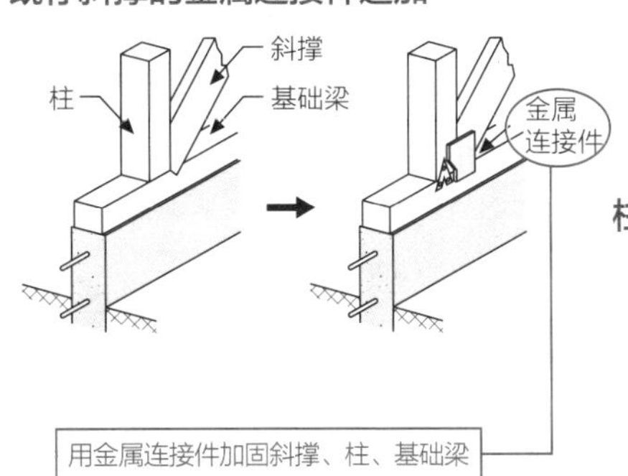

柱、梁接合部追加金属连接件

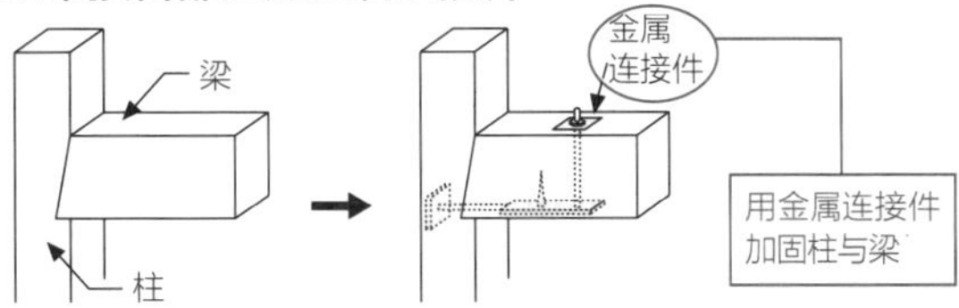

96 钢筋混凝土结构的抗震鉴定

如何进行RC结构的抗震鉴定？

常需要进行 2 次鉴定，通过比较 I_s 与 I_{so}，来判定抗震性

RC 结构抗震鉴定的种类

钢筋混凝土（RC）结构的抗震鉴定，从 1 次鉴定到 3 次鉴定有三种方法。1 次鉴定通过墙与柱的截面积计算抗震性。2 次鉴定考虑柱及墙的耐力判定建筑物的抗震性。3 次鉴定考虑柱、墙以及与柱相连的大梁的耐力判定建筑物的抗震性。几乎所有的鉴定都采用的是 2 次鉴定。

RC 结构的抗震性的判定方法

抗震性能通过比较结构抗震指标 I_s 与结构抗震判定指标 I_{so} 进行判定（计算式参照 219 页）。求 I_s 值的基础是保有性能基本指标 E_0，E_0 通过强度指标 C 及韧性指标 F 算出。韧性指标 F 越大，结构韧性越强，F 值在 1.0 以下时，则被称为强度型结构。这里的韧性指标与强度指标的值，需要由设计者进行判断。

在抗震鉴定中，无法传递垂直荷载的构件被称为第 2 类结构构件。由于无法垂直支撑的构件存在时，建筑物会倒塌，所以判断 C 与 F 的值时，有必要事先确认此时不存在第 2 类的结构构件。

此外，第 1 类结构构件是指，不仅是垂直支撑能力，当失去水平抵抗力时建筑物也会倒塌的重要构件，第 3 类结构构件是指，垂直支撑能力与水平抵抗力都失去时，也不会造成建筑物倒坏的部件。决定 I_s 的值的时候，需要对破坏形式进行确认。

在对抗震性的最终判断中，1 次鉴定采用 I_{so}=0.8，2 次及 3 次诊断采用 I_{so}=0.6，需要确认各层，各方向的 I_s 值是否在其之下。

钢筋的腐蚀度

虽然针对钢筋的腐蚀程度并没有相应的规定，但可以参考修订指南等来判定钢筋的经年劣化度。

程度	评价基准
Ⅰ	黑皮状态或锈没有生成，整体有薄的致密的锈，混凝土表面没有锈附着
Ⅱ	存在部分浮锈，呈小面积斑点状态
Ⅲ	目测无法识别截面缺损，但钢筋周围或全长遍布浮锈
Ⅳ	发生截面缺损

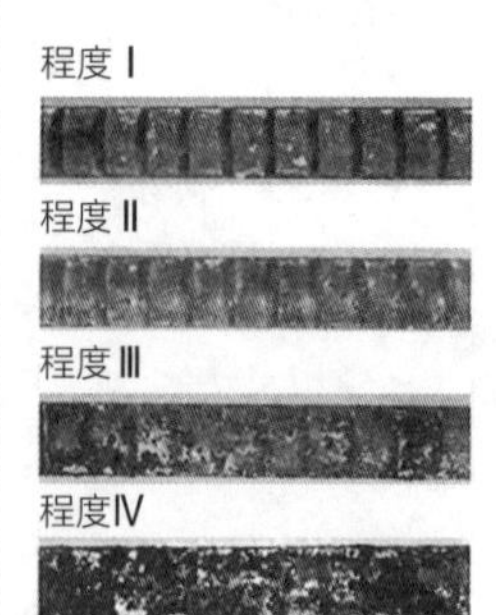

① RC 结构抗震鉴定的基础知识

通过柱与墙的耐力及破坏形式（损坏方式）求建筑物的耐力。通过耐力计算保有耐力基本指标 E_0，考虑形状 S_D 及经年指标 T 等因素，算出 I_s 值（$I_s=E_0 \cdot S_D \cdot T$）

确认破坏形式 [轴立面图（略）]

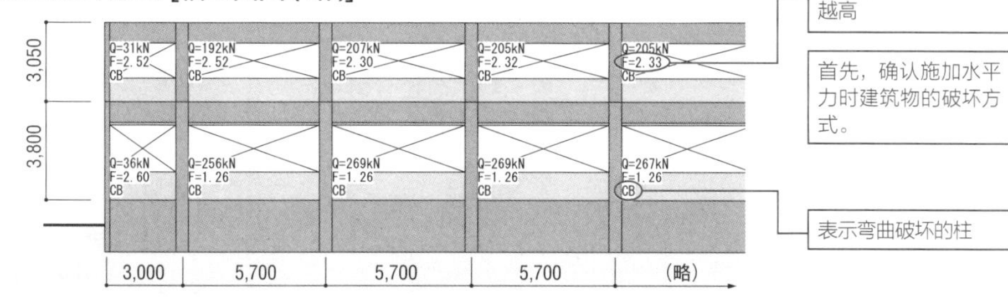

通过 C–F 图表比较

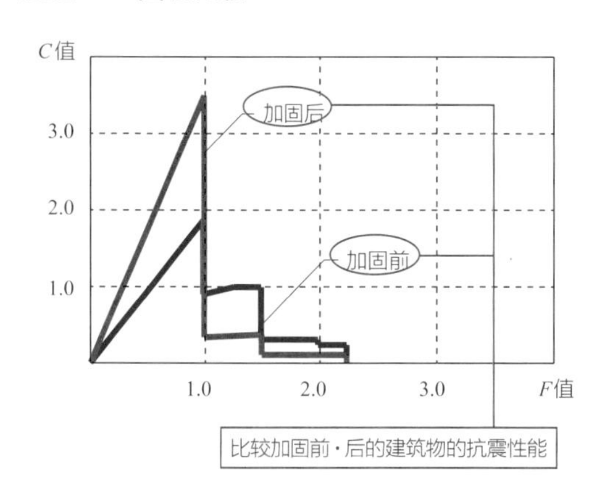

基于抗震鉴定结果进行判断

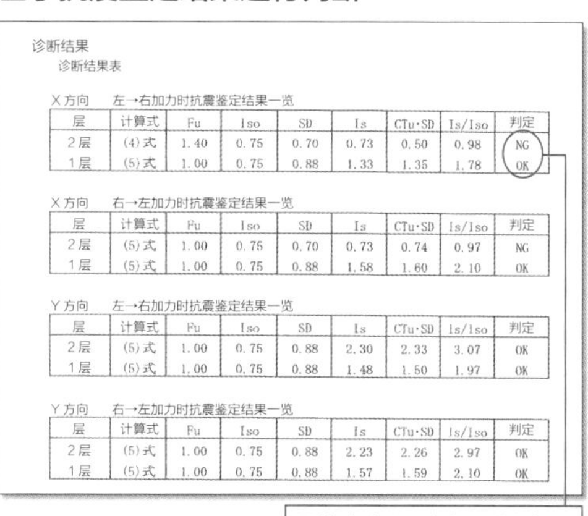

诊断结果

诊断结果表

X 方向　左→右加力时抗震鉴定结果一览

层	计算式	Fu	Iso	SD	Is	CTu·SD	Is/Iso	判定
2层	(4)式	1.40	0.75	0.70	0.73	0.50	0.98	NG
1层	(5)式	1.00	0.75	0.88	1.33	1.35	1.78	OK

X 方向　右→左加力时抗震鉴定结果一览

层	计算式	Fu	Iso	SD	Is	CTu·SD	Is/Iso	判定
2层	(5)式	1.00	0.75	0.70	0.73	0.74	0.97	NG
1层	(5)式	1.00	0.75	0.88	1.58	1.60	2.10	OK

Y 方向　左→右加力时抗震鉴定结果一览

层	计算式	Fu	Iso	SD	Is	CTu·SD	Is/Iso	判定
2层	(5)式	1.00	0.75	0.88	2.30	2.33	3.07	OK
1层	(5)式	1.00	0.75	0.88	1.48	1.50	1.97	OK

Y 方向　右→左加力时抗震鉴定结果一览

层	计算式	Fu	Iso	SD	Is	CTu·SD	Is/Iso	判定
2层	(5)式	1.00	0.75	0.88	2.23	2.26	2.97	OK
1层	(5)式	1.00	0.75	0.88	1.57	1.59	2.10	OK

最终确认是否有必要进行加固

① RC 结构的抗震调查方法

以抗震调查的结构为依据进行抗震鉴定。RC 结构的抗震调查，对混凝土及钢筋实施。

抗震调查的主要内容

- 取样压缩试验
- 取样的碳化试验
- 取样的氯离子含量试验
- 钢筋腐蚀度测定
- 混凝土强度回弹试验
- 碱骨料反应试验
- 裂缝调查

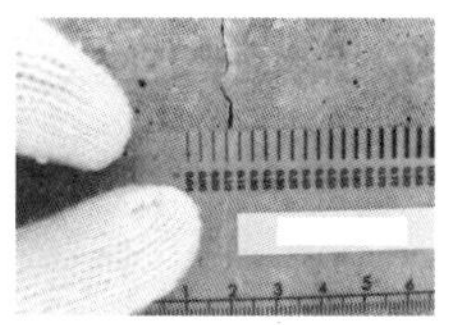

裂缝调查

压缩试验

回弹试验

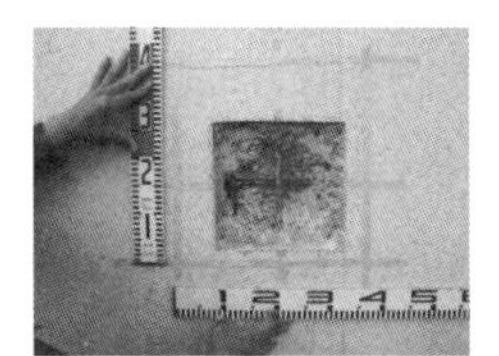

削凿露出

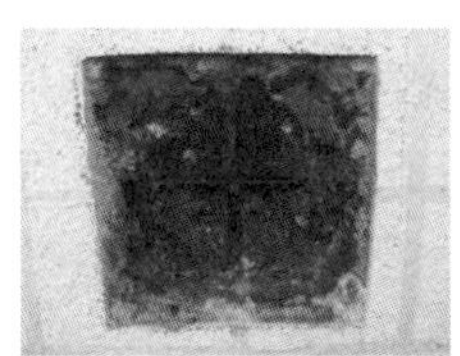

碳化试验

钢筋探查

97 钢结构的抗震鉴定

如何进行钢结构的抗震鉴定？

通过极限水平承载力算出 I_s 值进行判定！

与钢筋混凝土 (RC) 结构不同，钢结构的抗震鉴定方法并不分成不同的阶段。一般是计算出极限水平承载力，来判定抗震性的。在 RC 结构中，由于可以分阶段进行鉴定，所以在大梁部件截面不明的情况下抗震鉴定仍然有可能进行，但在钢结构的抗震鉴定中，则有必要查明与结构性能相关所有构件的截面。

memo
调查时会由于受到各种限制，焊接节点不明的情况也很多。这时需要将其作为焊缝重叠来进行抗震鉴定。

➔ 判定钢结构抗震性能的方法

总体上，可以通过下页的公式，就可计算出极限水平承载力 I_s。它与设计新建建筑时的最大不同是在于焊接部分。对于新建建筑而言，可以假定焊接部位的承载能力高于母材，并以此为前提来进行计算，但在老建筑物中，焊接部分有存在欠缺的可能。现在的建筑物中，设计中采用焊接接合的部位，出现焊缝重叠（隅肉溶接）的情况也时有发生。因此，常有节点处的承载能力决定了整体承载能力的情况。在这种情况下，需要采用节点的耐力来计算极限水平承载力，而非母材。

所以，对于节点的焊接情况调查，是鉴定前调查的重要项目。由于需要除去防火涂层来进行调查，所以存在因石棉等问题而造成调查困难的情形。此外，由于建筑细部的不同，所以还需要相应的记录。

由于钢结构经常会出现在体育馆建筑等大跨结构中，所以确认屋面是否能够传递地震力也很重要。当遇到传递困难时，由于不能考虑全框架的协同效果，所以需要对于下部支撑结构分别计算其抗震指标。

抗震性能的最终判定，需要各层的结构抗震指标 I_s 值，以及极限水平承载力的指标 q_i 值。q_i 值是相对于钢结构的韧性指标，以规范中的 D_s（结构特性系数）值 0.25 为基准计算。判定要确认 I_s 值在 0.6 以上，q_i 值在 1.0 以上。

① 钢结构抗震鉴定的基础知识

钢结构建筑的抗震鉴定，与新建建筑一样，需要求出“极限水平承载力”后再计算“I_s”值。

极限水平承载力的计算

塑性铰接位置

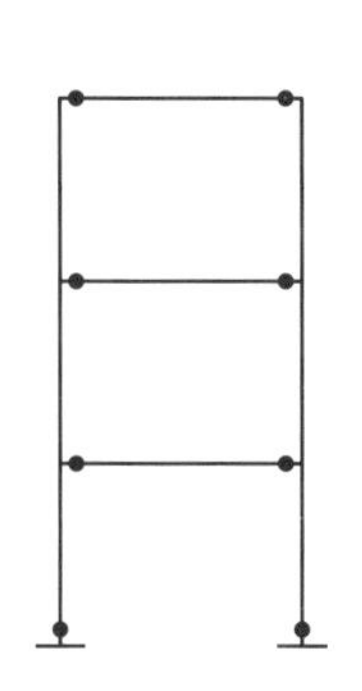

各节点弯曲耐力

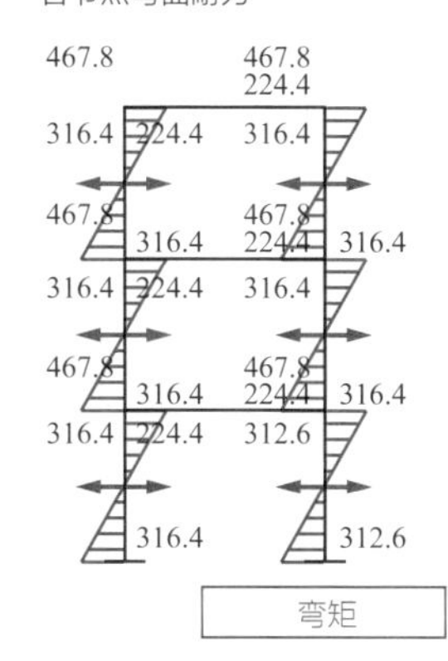

将建筑模型化，来确认“受弯承载力”以及“塑性铰位置”，计算各层的极限水平承载力 Q_{ui}。

各节点的受弯承载力加上铰接发生时的剪力，得到的值为极限水平承载力 Q_u（上图）。用 Q_u 通过右上的公式求出 I_s 值。

结构抗震指标 I_{si} 与 q_i 的求法

各层的结构抗震指标 I_{si} 及极限水平承载力相关的指标 q_i，通过下式求得。

$$I_{si}=\frac{E_{0i}}{F_{esi}ZR_t}$$

$$E_{0i}=\frac{Q_{ui}F_i}{W_iA_i}$$

$$q_i=\frac{Q_{ui}F_i}{0.25F_{esi}W_iZR_tA_i}$$

I_{si}：i 层的结构抗震指标
E_{0i}：表征 i 层抗震性能的指标
F_{esi}：i 层的刚性率及偏心率决定的系数 $F_{esi}=F_{si}F_{ei}$
F_{si}：通过 i 层的层间变形角求得的刚性率所决定的系数
F_{ei}：i 层的耐力及质量分布平面上非对称性较大时的偏心率决定的系数
Z：地震地域系数，遵照建筑基准法施行令
R_t：振动特性系数，遵照建筑基准法施行令
Q_{ui}：i 层的极限水平承载力
F_i：构件和节点的塑性变形性能决定的各层各方向的韧性指标
A_i：沿高度方向分布的层剪力，遵照建筑基准法施行令
W_i：i 层支撑的质量
q_i：与层极限水平承载力相关的指标

① 钢结构抗震调查的方法

钢结构的调查中，对钢材的状态及焊接紧密与否的确认是非常重要的。

抗震调查的主要内容

- 超声波探伤试验
- 焊缝形状
- 焊缝尺寸
- 构件的生锈状况

通过超声波探伤试验，来确认目测无法确认的焊接不良

由于锈会使钢材性能下降，需要目测确认生锈状况。

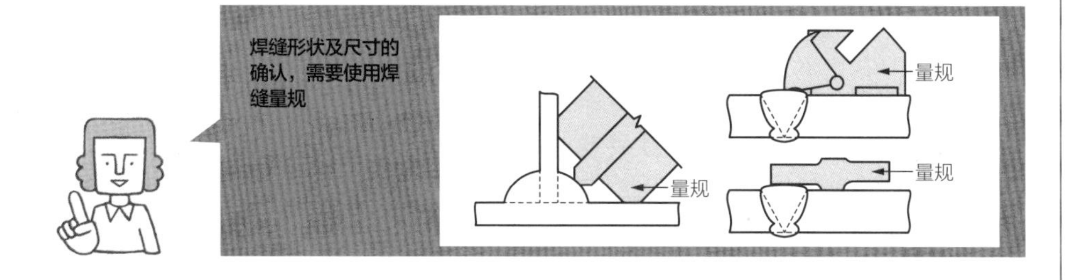

98 传统木结构的抗震鉴定

诊断传统木结构有哪些简单方法?

! 在大多数情况下将其作为框架结构来进行分析

东日本大地震时，包括历史保护建造物在内的很多传统木结构建筑都倒毁了。阪神淡路大地震以后，虽然开始对传统木造建筑物进行抗震鉴定和加固，但仍有很多建筑物还未着手实施。

➔ 分析传统建造物的抗震性能

与一般住宅不同，对于历史保护等传统建造物，对其进行鉴定加固时存在很多制约。由于必须要保留建设当时的历史性，所以不能轻率的贴上合板。通常情况下此类建筑的墙量不足，同时考虑到其横穿板及榫头的弯矩相关性能，因此需要将它们作为木结构框架结构来进行分析。

假如使用中人不进入建筑物的话，则有可能进行适当降低地震力的分析，不过在大多数情况下，这种建筑物都被用于游客的参观游览。因此需要在确保安全性的同时，有必要采用影响最小的加固方式来提高其抗震性能。

在计算分析时，为了获取合适的地震力，常用界限耐力法来进行计算。在这种方法中，结合建筑物的刚度情况可在某种程度上对地震力进行调整。此外，与超高层建筑相同，也常使用考虑活断层的时程分析法来进行计算。

➔ 传统建造物的抗震加固方法

传统建造物中，像前面所说的有必要尽量减少加固量。所以不能像通常木构架施工那样，用金属构件生硬地进行加固。通常通过对榫头大小的调整、柱脚的加固等措施是可以取得提高框架效果的。楼板面内刚性很小的情况比较常见，通常可以计算局部相对于地震力的安全性，在无法勘视的部位通过追加水平支撑等构件来确保楼板面的刚性。

memo
由于拆除重建（scrap and build）的意识较为普遍，导致传统建筑被解体或大幅改建的情形很多，不论其是否具有价值。而另一方面缺失从事传统建筑建造的工匠却在不断地减少，从技术传承而言，今后必须要考虑传统建筑的保护与更新。

memo
日本建筑研究协会的“传统建筑鉴定士”制度开始于2009年。有进行传统施工建造木结构建筑的抗震鉴定、耐久性鉴定技能的人被授予传统建筑鉴定士的资格。

传统木结构的抗震加固计算，通常以界限耐力计算来进行。

① 传统建造物的抗震鉴定

在传统的建造物中，鉴定时允许结构出现较大变形的情况较多，它们与一般建筑的标准（要求水准）有些不同。

模型化

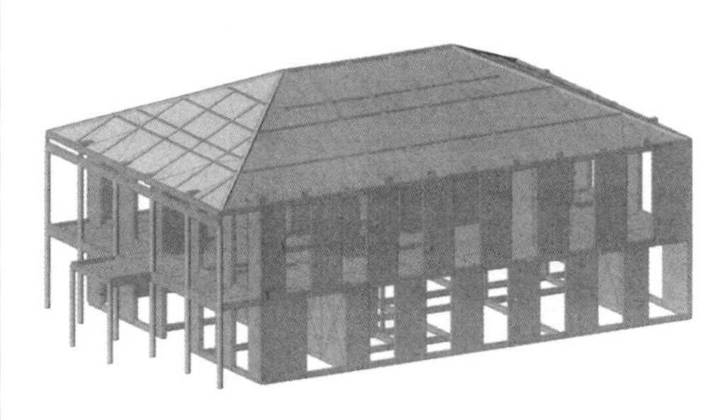

进行荷载增量解析与等价线形画法解析

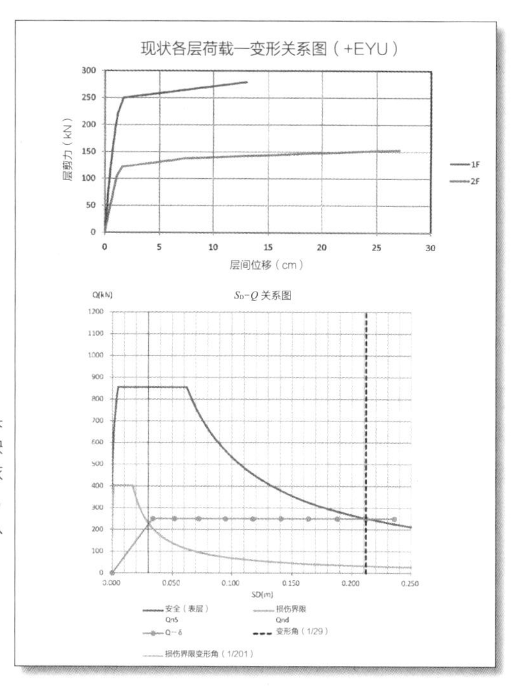

确认节点

在节点处，会有榫头连接及蚁蛀造成的缺损。传统建筑也多依存于柱与梁的性能，所以对于节点的确认非常重要。

① 抗震加固的实例

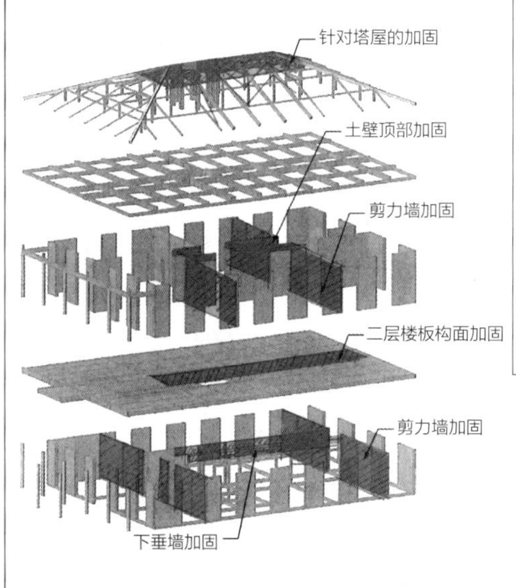

利用墙与楼板构面的抗震补强案例。制作加固需要使用平面详图。

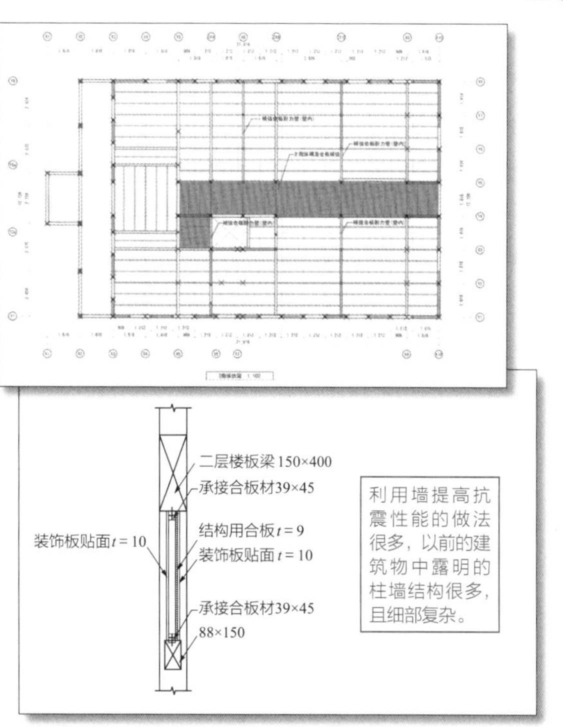

利用墙提高抗震性能的做法很多，以前的建筑物中露明的柱墙结构很多，且细部复杂。

99 抗震加固

抗震加固有哪些方法？

RC 结构的钢斜撑加固案例

RC 结构的钢斜撑加固案例

！从基础的加固到墙体与节点的加固等，有着很多的方法！

➔ 木结构、钢结构的抗震加固方法

木结构与钢结构的抗震加固方法，与新建减震结构及抗震结构考虑地震力的思维方法基本相同。

通常采用木框架结构住宅中，首先增设柱与基础梁以及基础的金属连接件。然后，通过用结构合板加固墙体，设置斜向支柱等方法，来提高各构件的抗震性能。近来，在墙体中加入木结构用的减震阻尼器的补强方法也得到采用。旧的木结构住宅中，采用无筋基础的情况较多，因此有必要通过增大基础或粘贴碳素纤维板来进行加固。在钢结构中，需要通过增设斜撑或在外部增加支撑等方式进行建筑物的加固。钢结构建筑中，由于柱脚母材或地脚螺栓腐蚀造成的损坏较多，在调查时有必要进行确认。

➔ 钢筋混凝土结构的抗震加固方法

另一方面，钢筋混凝土结构建筑物因建造年代的不同，其抗震性能也有很大的差别。基于 1981 年之前的规范建造的建筑物，很多情况下对于剪力缺乏足够的承载能力。为了防止这些建筑物的剪切破坏，需要通过在柱上包覆芳纶纤维或碳纤维来进行补强。此外，当与柱相接的下垂墙壁存在时，通过设置断缝，将墙体转换为非抗震要素，来促使力不全部集中在柱上。要提高结构体自身强度时，还可以在外墙或开口部配置 X 形或 V 形钢框，或增厚墙壁部分的混凝土。在室内进行加强较为困难时，常采取在外侧设置抗震墙的外侧抗震框架加固法。

memo

日本有很多木结构住宅。个人住宅由于资金等方面的问题，抗震加固没有进展。不过在日本建筑防灾协会中，有许多非专家也能够进行简单抗震鉴定的方法。

历史保护建筑物的抗震加固

它们与一般的建筑物不同，在进行抗震加固时，历史保护建筑物必须考虑其历史和艺术的价值。具体来说，可采用增设隔震装置而不用对原结构体进行加固的隔震更新法，或通过界限耐力计算法对抗震性能进行精密评价，施加最小限度的加固。此外，对附近的活断层及可能的地震进行严密评估后，再进行抗震加固设计的情况也是比较常见的。

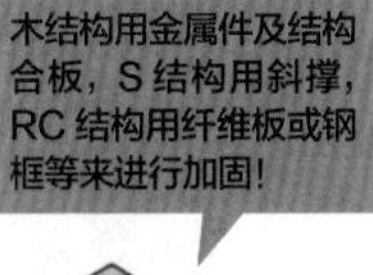

① 抗震加固的方法

主要的抗震加固方法为：①增设墙体（增设抗震墙体或外部支撑）；②通过钢斜撑进行加固；③对柱或梁进行加固（用钢板、碳纤维、玻璃纤维等来进行加固）；④设置缝隙（空隙）。

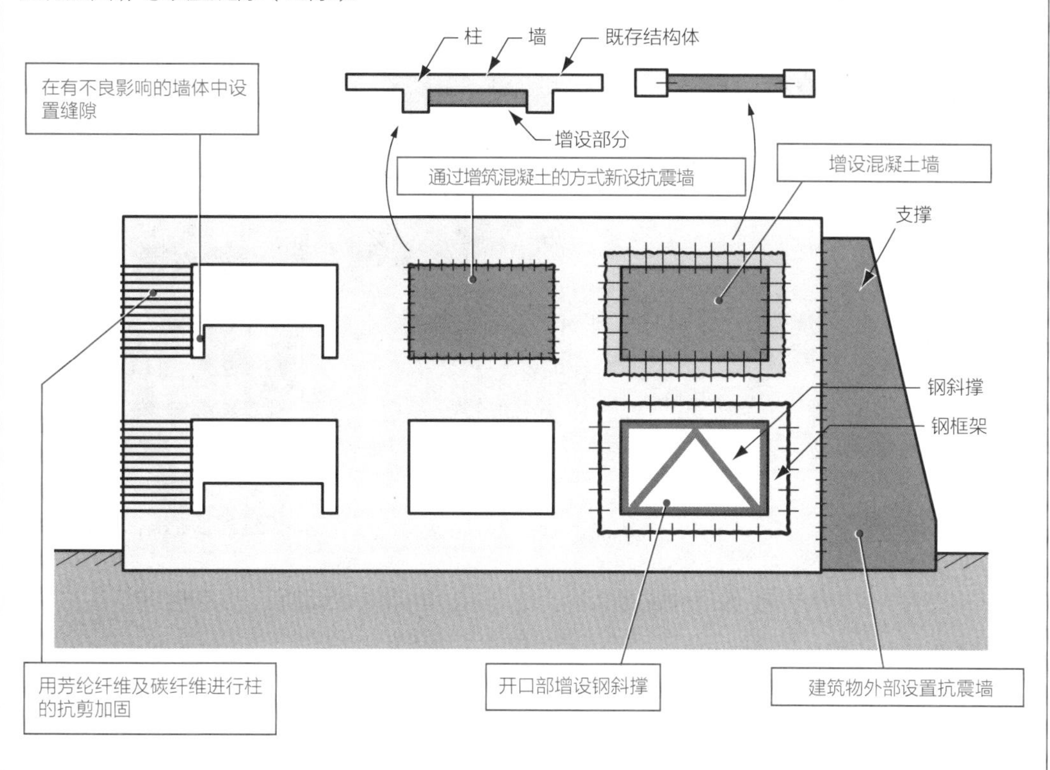

① 什么是隔震更新?

隔震更新是指在设计上或功能上，对于无法设置阻尼器或斜撑的旧建筑及历史保护建筑，通过对既有建筑物附加隔震装置，来提高其抗震性能。

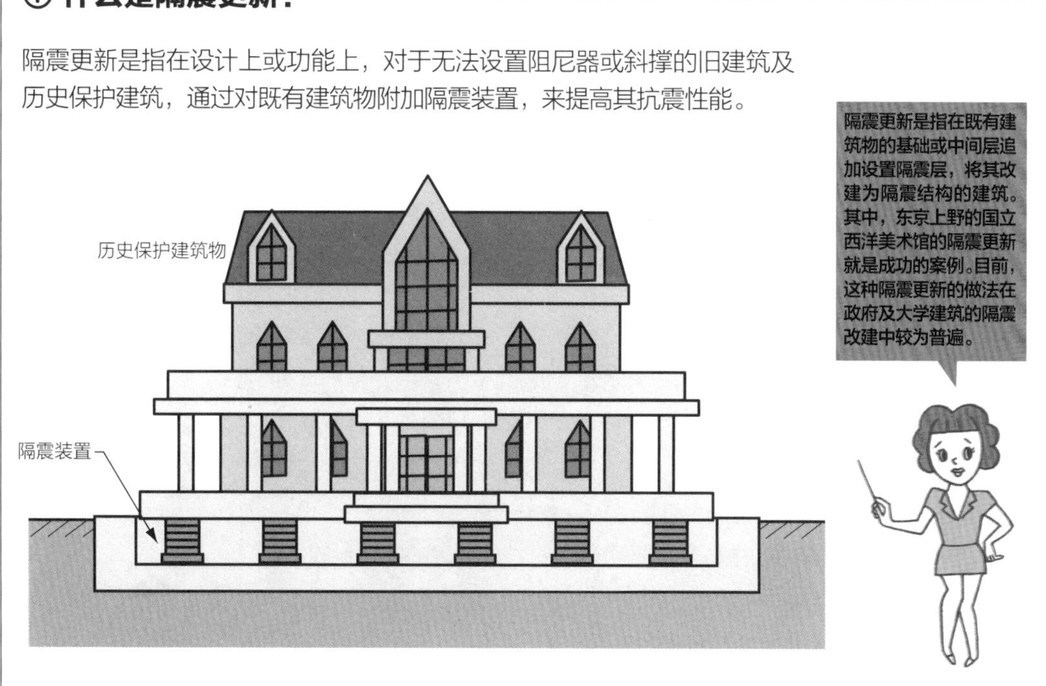

100 木结构的抗震加固

适合木结构住宅的抗震加固方法有哪些?

木结构斜支柱的加固案例。这片墙体作为抗震墙来抵抗水平力。

通过贴附结构合板等措施确保抗震性能!

日本有很多木结构住宅,大部分抗震性能较低。加上老龄化社会问题,老人们无法快速撤离,使得对这些住宅的抗震加固成了当务之急。

上部结构的抗震加固方法

近来,建筑师与结构工程师们越来越关注木结构建筑物了。随着预制装配式住宅的增多,抗震性能获得了保证。但是,老建筑物大多是木匠凭着自己的经验所建造的,这其中还存在基础不配筋的情况。

一般的木结构建筑物,如果不考虑居住舒适性,则上部结构体的抗震加固比较简单,只要贴装必要数量的结构用合板即可。但如果想要尽可能不牺牲居住舒适性,加固就不那么简单了。

在不减少开口的情况下进行抗震加固,可通过分析确定设置钢框架,或利用窗下墙、垂墙来提升抗震性能。在以前使用瓦屋面的木结构住宅中,屋顶覆土的情况较多,将土除去后替换成轻质瓦,可有效提高抗震能力。

基础的抗震加固方法

木结构住宅抗震加固的难点在于基础的加固。无筋基础,虽然重新设置基础是较为理想的方式,但考虑到预算以及确保加固施工时依然可以满足居住使用的要求,多数情况下基础加固极为困难。此时至少应对上部结构进行加固,以提高其抗震性能。

此外,在木结构住宅中,虫害及腐朽导致木材性能下降的情况也较多,需要引起注意。

memo

近年,由于简易的减震装置开发取得了进步,因此仅在墙体中设置减震装置,就能大幅地提高抗震性能。

无筋基础的补修

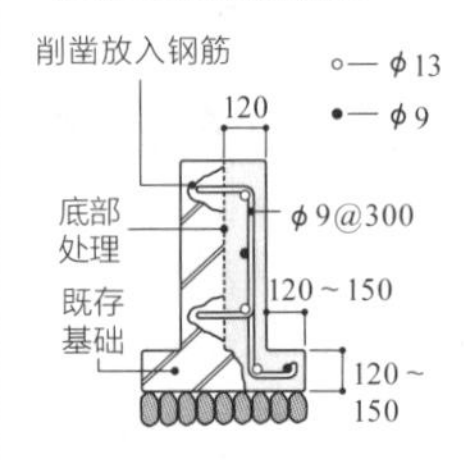

① 抗震加固的概念与加固方法

加固的目的是什么，这是我们需要事先理解的。抗震加固的基本概念，以及与之相对应的木结构加固技术如下所述。

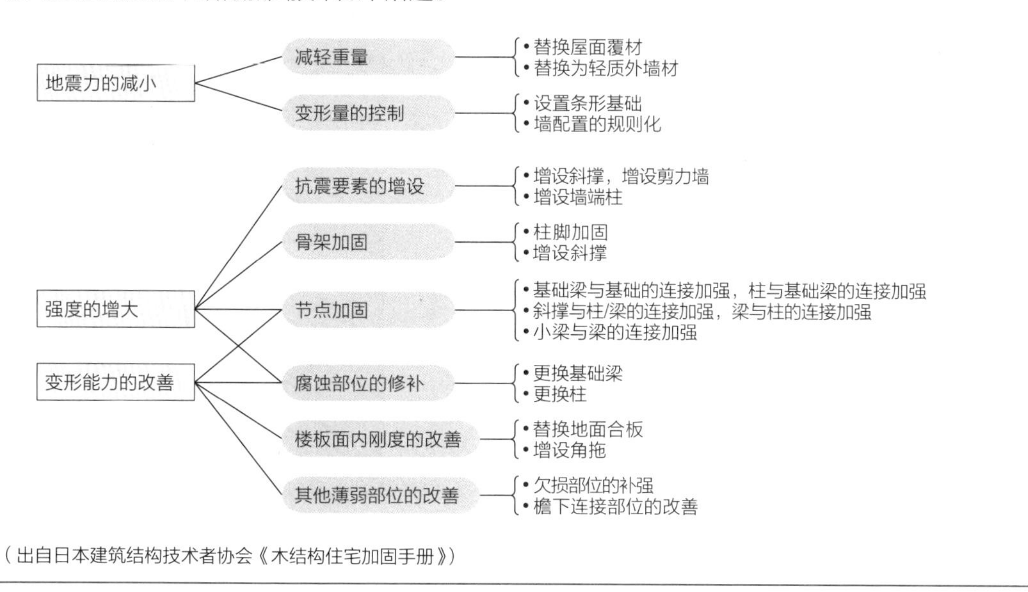

（出自日本建筑结构技术者协会《木结构住宅加固手册》）

① 木结构的抗震加固案例

用钢桁架梁进行木结构补强

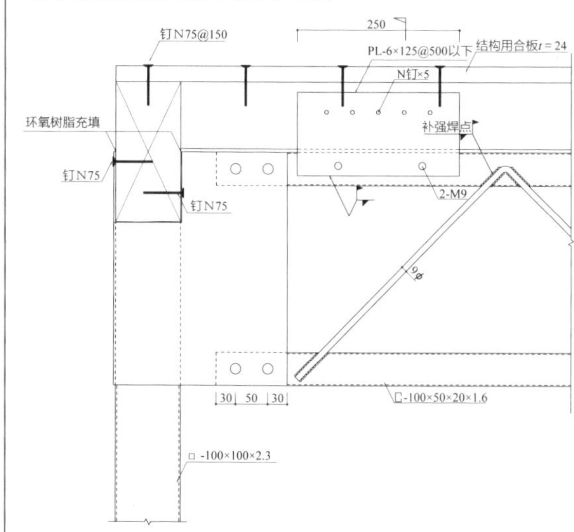

木梁下部用钢桁架梁进行加固。对于改善大跨部分的竖向振动有帮助，需要引起注意。

用钢框架进行木结构补强

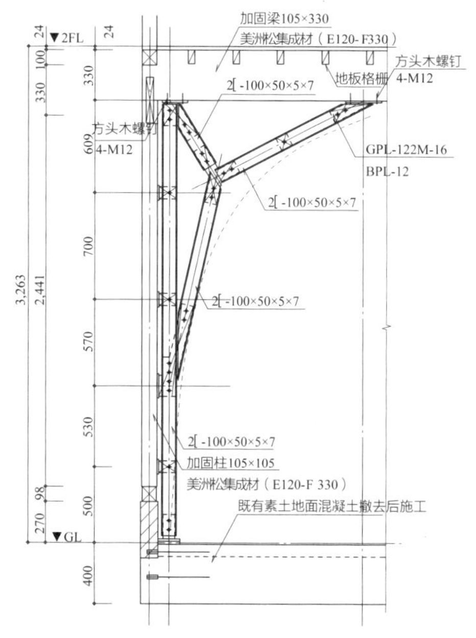

尽可能不影响外观，用钢框架结构对木结构进行加固。

101 钢筋混凝土结构的抗震加固

不用墙体RC结构能否加固？

用钢斜撑进行 RC 结构建筑物加固的例子

！纯框架结构中，可以通过提高韧性来进行加固！

城市当中有很多钢筋混凝土结构（RC 结构）建筑物。相对而言，钢骨混凝土结构（SRC 结构）在大地震时的受害情况较少，而 RC 的框架剪力墙结构的受害情况较多，对它们的抗震加固就成为了首要考量。

➔ 框架剪力墙结构的抗震加固

RC 结构建筑物的加固方式有哪些呢？大体而言，有尽可能确保强度的“强度型”加固方法，以及允许建筑物能够产生较大变形的“韧性型”加固方法。

框架剪力墙结构中，原来就是强度型的建筑物居多，所以多采用强度型加固，有在既有框架内增设剪力墙的方法，也有设置钢斜撑的方法。由于增设剪力墙后，开口被封堵，对居住使用性产生较大影响，所以需仔细研究它们的形态。在确保居住使用性的前提下，以斜撑方式加固较为普遍。集合住宅等无法在既有建筑物内进行加固时，通常采用在建筑物外侧新设剪力墙的外侧抗震加固方式。

➔ 纯框架结构的抗震加固

采用类似纯框架结构的建筑物也被称为“韧性型”建筑物。由于它们的翼墙或垂墙带来的柱或梁的剪断破坏会造成建筑物的倒塌，因此十分危险。此时，在翼墙、垂墙与柱之间设置缝隙，或在柱、梁上贴附碳纤维板或钢板，可以有效地提高韧性。道路或地铁高架下的柱子也更多地采用这种加强方式。

实际上，处于强度型与韧性型之间的建筑物也很多，这就需要我们通过组合上述加固方法来提高其抗震性能。

memo
在进行抗震加固时，由于需要连接既有结构体与加固结构体，所以后锚固连接件是很重要的。后锚固连接件有粘结固定型与金属扩张型锚固件。粘结固定物又分为无机粘结剂固定及有机系粘结剂固定，需要根据用途来对它们进行选择。

memo
在新抗震设计法的规范修订以前建成的建筑物，由于它们的抗震性能比较低，所以有必要抓紧对其进行加固。

发生地震灾害时，如果建筑物倒塌掩埋了道路，就会妨碍人员疏散和救灾活动的顺利开展。所以我们需要通过抗震加固来对建筑物加以保护，这也确实关系到疏散及救灾的进行。

① RC 结构建筑物的三种抗震加固方法

RC 结构的建筑物加固方法，主要分为以下三大类：
①强度抵抗型；
②韧性抵抗型；
③强度及韧性抵抗型。

加固方法的不同

①～③的加固方法各自的强度性能目标值不同

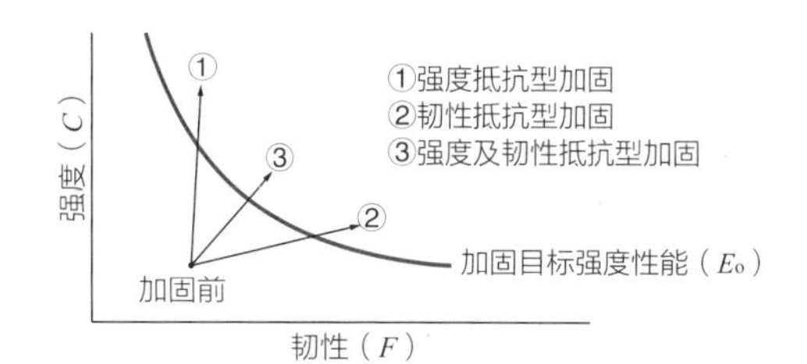

强度抵抗型加固的特征

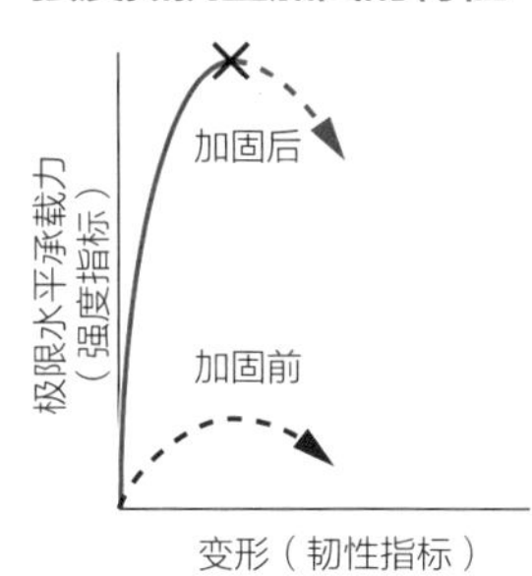

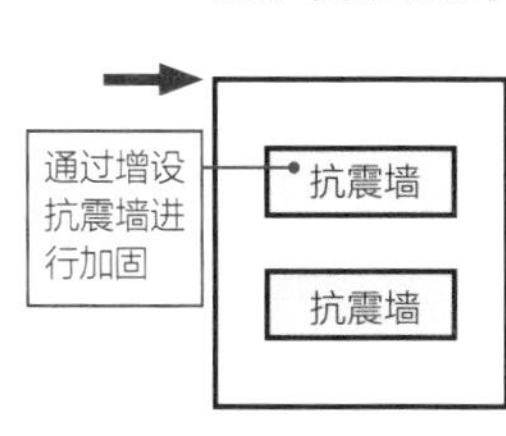

通过强度承受。变形小。

韧性抵抗型加固的特征

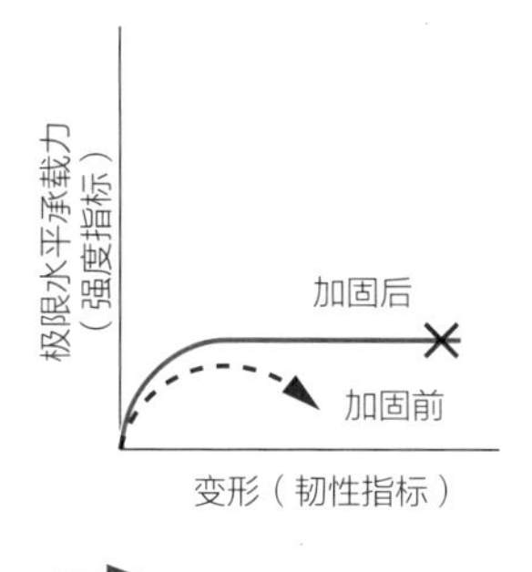

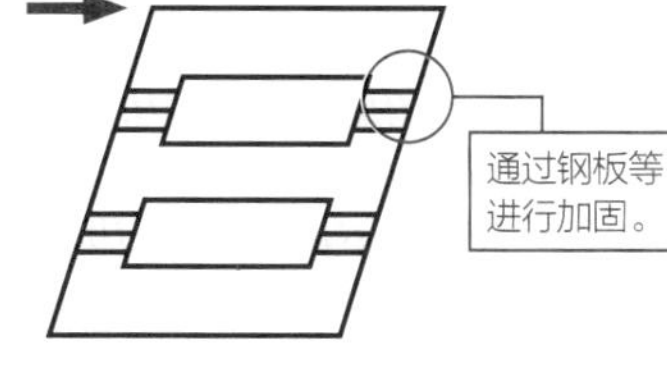

通过韧性抵抗。

强度及韧性抵抗型加固的特征

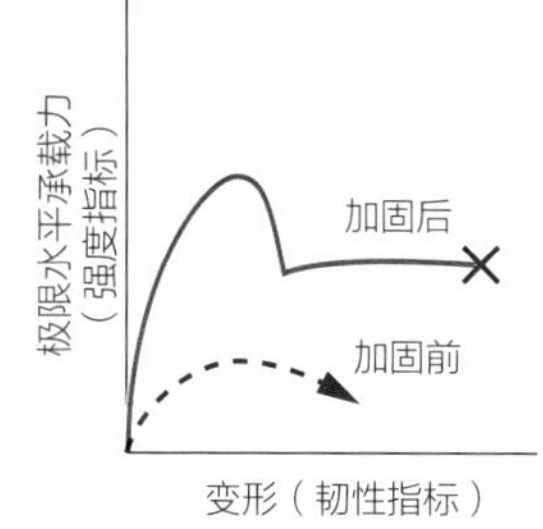

最初通过强度承受，然后通过韧性抵抗。

① RC 结构建筑物的加固案例

韧性型的加固案例

①包裹钢板或碳纤维板

②设置缝隙

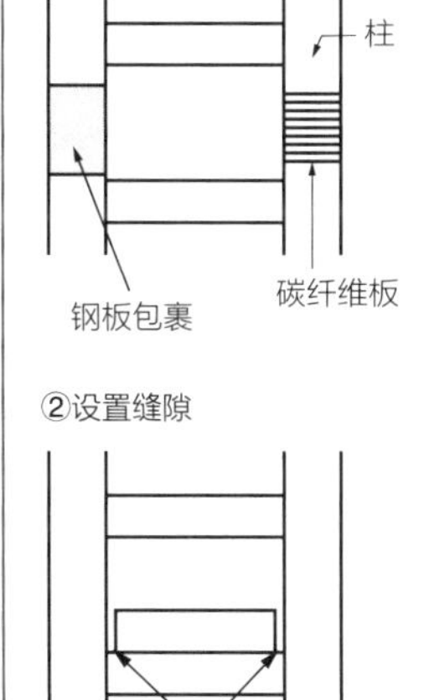

强度型的加固案例

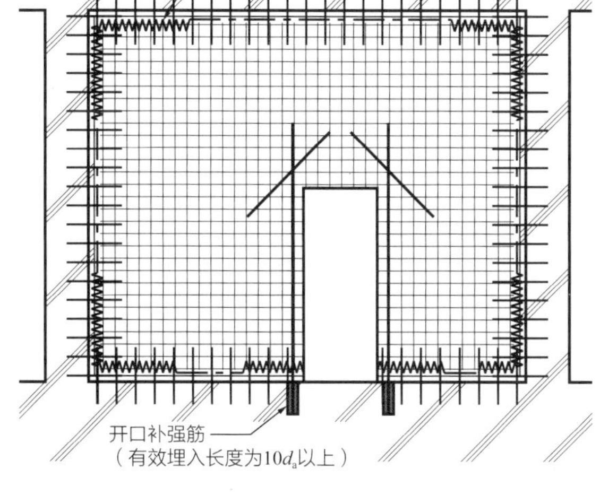

102 钢结构的抗震加固

旧钢结构加固的方法有哪些?

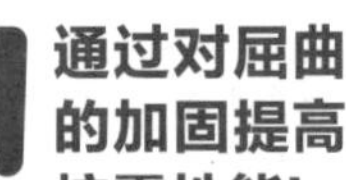

通过对屈曲的加固提高抗震性能!

在钢结构框架内，再次加入钢结构框架进行抗震加固。

钢结构建筑物的抗震加固，与钢筋混凝土（RC）结构相比而言，有其困难的一面。需要进行抗震加固最多的建筑物是体育馆。发生灾情时，体育馆往往会被当作为临时避难的场所，因此对于其抗震性能的确认就非常的重要。体育馆当中，采用与RC结构相混合的结构形式较多，对于这些结构形式的抗震鉴定，更具技术含量。

➔ 旧钢结构的主要问题

旧钢结构中，连接节点细部很多时候状况不理想，存在着无法传递其设计内力的情况。构件端部的约束条件与实际不同，由压力所造成局部屈曲的情况也多有发现。甚至，无法确保基本抗震性能的情形也时有发生。在现在的结构设计中，一般会在柱脚部位采用具有延展性能的固定螺栓，并考虑柱脚的实际刚度。而在以前的设计中，一般只会进行单纯模型化的铰接或刚接设计，这就使得柱脚状况堪忧的情况普遍存在。针对这些节点细部的实际情况，我们只能对其进行逐个确认及修补，这部分内容在本书中加以省略。

➔ 对钢结构进行抗震加固的方法

在局部屈曲容易发生的情况下，需要将补强板焊接于翼缘，或用盖板进行加固。在需要提高强度的情况下，与RC结构相同的一般方法是在框架内设置斜撑。不过由于需要进行现场焊接，结构计算也会导致细部设计的复杂化。由于仰焊是很难确保焊接部分的性能的，所以在进行细部设计时，需要考虑基本采取立焊或俯焊的方式。由于施工时要去除防火涂层后才能进行焊接，所以也关涉到石棉的问题。

memo

体育馆钢结构结构种类有如下几种。

· **S1**　纯钢结构· 1层

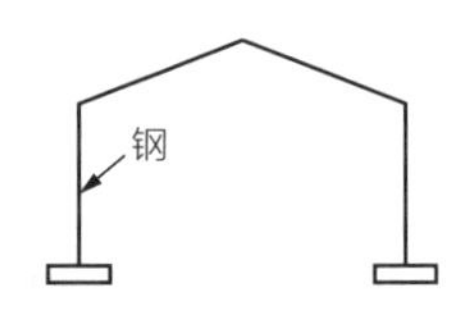

· **RS1a**　视为一层，没有梁、楼板，钢柱通向基础，用钢筋混凝土浇筑。

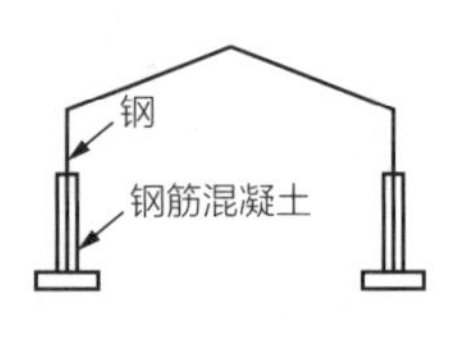

· **R1**　钢筋混凝土结构的上部放置钢梁、屋顶

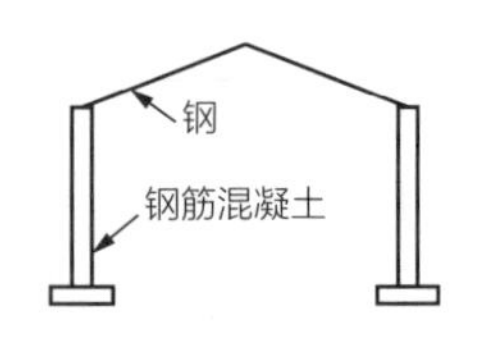

! 对钢结构柱与梁进行加固

为提高钢结构截面性能，从外部焊接钢板。

柱的补强

①通过钢板进行加固

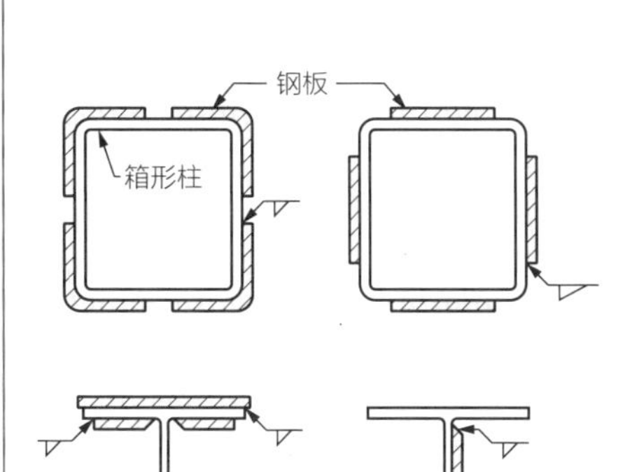

②根据 H 型钢、T 型钢形式进行加固

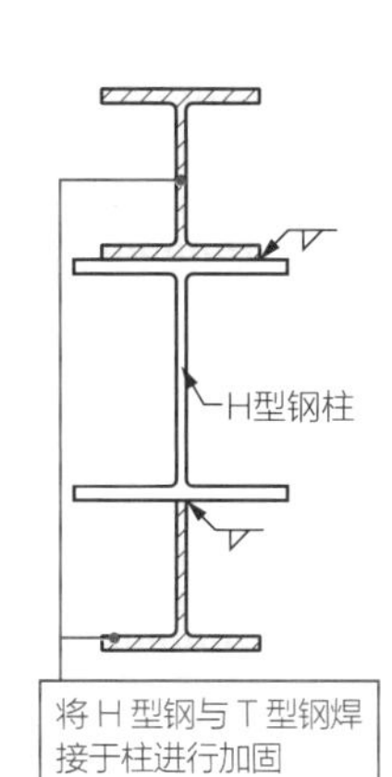

梁的加固

①用盖板进行加固

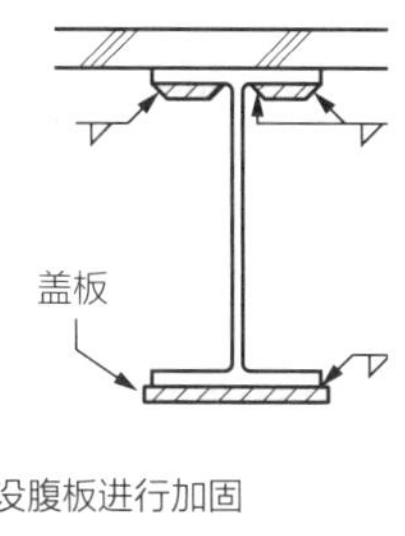

②增设腹板进行加固

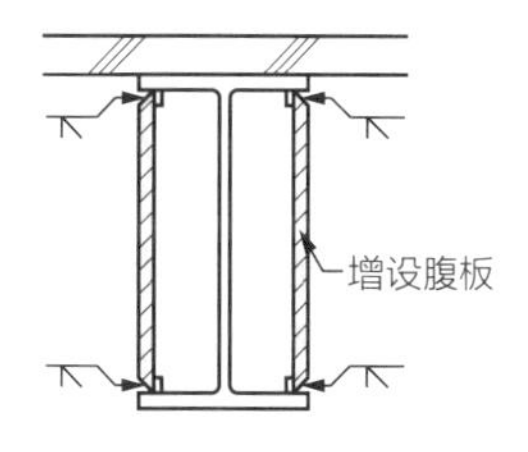

! 加固检测的实例

用受压钢斜撑进行加固

配置不会妨碍人员通行的加固实例

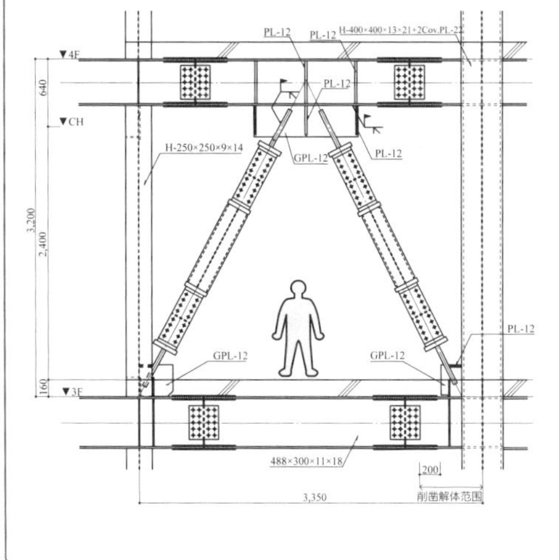

用受拉钢斜撑进行补强

配置受拉钢斜撑的加固实例

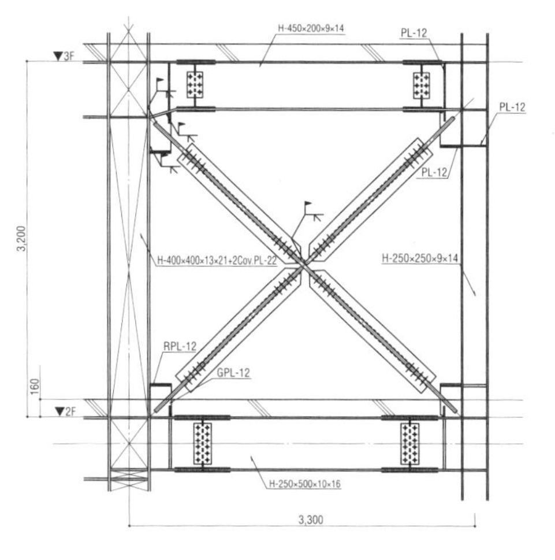

103 抗震与减震

抗震与减震有何不同?

图片为汽车用阻尼器。建筑物的减震，使用的是与汽车阻尼器相同原理的装置

!抗震是利用建筑物的墙进行抵抗，减震是通过装置进行抵抗!

设有抗震墙的抗震结构

抗震结构是指对于地震时建筑物承受的水平力，使用构件的强度进行抵抗的结构。作为抗震要素的主要构件有，柱与梁构成的框架、墙（抗震墙）、斜撑等，钢筋混凝土的框架结构、框架剪力墙结构、纯剪力墙结构，以及钢框架结构、支撑结构的建筑物即为抗震结构建筑。在木结构中，由于耐力墙的设置（墙量的确保）是必行的义务，所以其基本上被作为抗震结构建筑物进行设计。由于构件截面越大，其能够抵抗的地震能量也就越大，所以一般来讲，抗震结构建筑物的柱与梁的截面都会较大。

➔ 抗震结构与减震结构的不同

在设计抗震结构的建筑物时，在建筑物的耐久年限内，“至少在遭遇一次的中小规模地震”时没有大的损伤，在“极其罕遇大地震”时不会倒塌，上述的性能是必须满足的要求。中小规模地震时，设计确保构件绝对不损坏，用于抵抗地震力，大地震时，通过构件部分的损坏来吸收地震力进行抵抗。

减震结构是指，对于建筑物承受的地震力，利用装置进行抵抗的结构。减震装置分为能量吸收型与振动抵御型两种。能量吸收型的代表装置为阻尼器。阻尼器将建筑物承受的地震力转变为热能，从而降低地震力。阻尼器又分为黏滞阻尼器、黏弹性阻尼器、软钢阻尼器等等。由于阻尼器吸收了地震能梁，所以柱梁等部件的截面可以相对较小。另外，也可在建筑物的屋面上设置重摆，通过重摆的摇晃控制地震摇晃。总之，可以分为不使用机械控制、通过调整装置自振频率的被动减震，以及通过控制机械振动的主动减震。

抗震结构与减震结构

实际上，抗震结构在大地震时，构件会损坏，从而吸收地震力，也可以认为这与减震装置的机制相同。此外，针对中小地震，阻尼器像斜撑一样倾斜设置。此时，它与其附加的框架结构的变形相同，所以也可以称为附加了阻尼支撑的抗震结构。

① 抗震结构

抗震结构是指，通过加强柱、梁等部件的强度，将墙设计为抗震墙，设置斜撑等，靠结构主体的强度抵抗地震力的结构。通常，建筑物一般被设计为抗震结构。

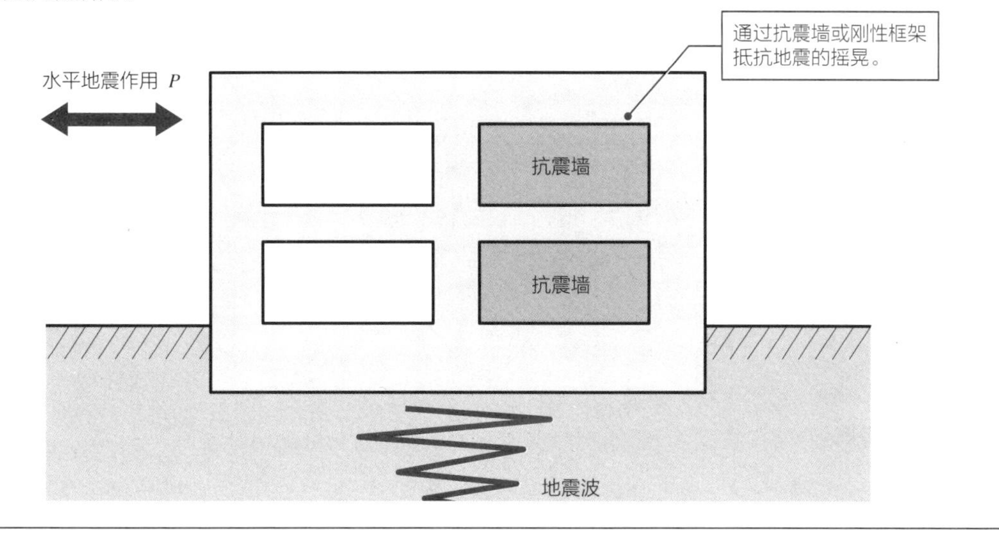

① 减震结构（减振结构）

减震结构是指，通过阻尼器等减震装置吸收地震能，减轻建筑物所吸收地震力的结构。分为黏滞阻尼器或粘弹性阻尼器等不使用电力的被动减震，以及地震发生时使用机械装置引发与地震振动方向相反的主动减震。超高层办公楼及超高层住宅多被设计成减震结构。

阻尼器等吸收地震能梁，减震构件先于柱与梁发生变化，靠此吸收地震能。

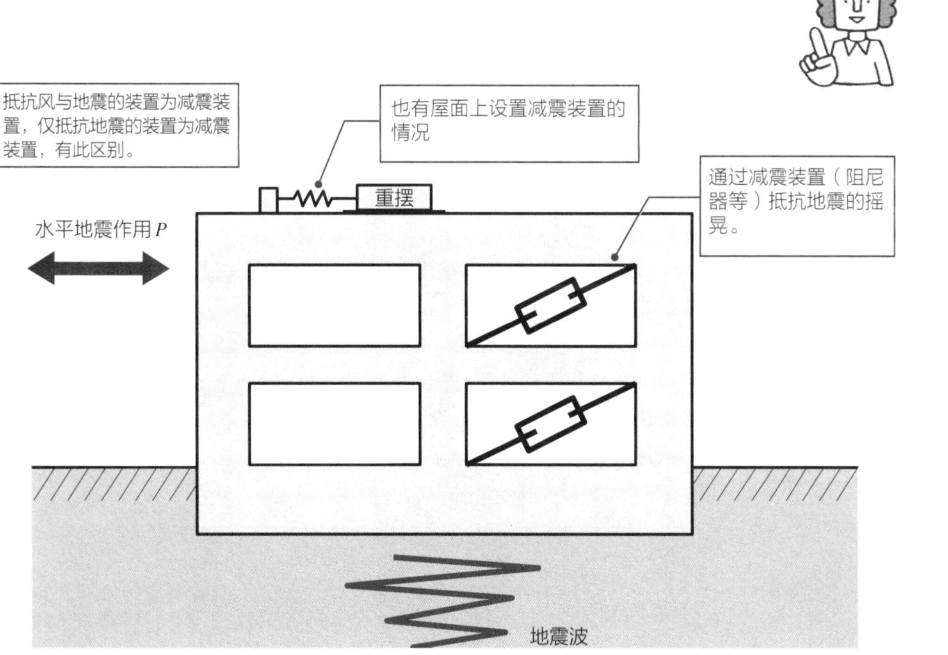

column 05

日本结构设计的历史

结构设计的发展，基于诸多先辈前赴后继的努力。

真岛健三郎

（1873~1941）

柔性结构。刚柔论争时，支持柔性结构。

佐野利器

（1880~1956）

提出烈度的概念，奠定了建筑结构抗震设计的基础。代表作：东京站。

内藤多仲

（1886~1970）

电视发射塔、观光塔的结构设计作品众多。代表作：东京塔。

横山不学

（1902~1989）

结构设计的先驱，与建筑师前川国男一起完成了众多作品。代表作：东京文化会馆。

武藤清

（1903~1989）

根据柔性结构的理论，设计了日本第一栋超高层建筑。代表作：霞关大楼。

坪井善胜

（1907~1990）

建筑结构设计的奠基人。代表作：代代木国立综合竞技场。

松井源吾

（1920~1996）

建筑结构设计的奠基人。代表作：早稻田大学理工学部51号馆。

木村俊彦

（1926~2009）

对建筑结构设计的发展做出了杰出的贡献，是日本当代建筑结构设计之父。

代表作：幕张国际会展中心、京都车站。

青木繁

(1927~)

建筑结构设计的重要贡献者。代表作：冲绳集会中心。

附录 A　房屋高度限值

现浇钢筋混凝土房屋适用的最大高度（m）

结构类型		烈度				
		6	7	8（0.2g）	8（0.3g）	9
框架		60	50	40	35	24
框架 - 抗震墙		130	120	100	80	50
抗震墙		140	120	100	80	60
部分框支抗震墙		120	100	80	50	不应采用
筒体	框架 - 核心筒	150	130	100	90	70
	筒中筒	180	150	120	100	80
板柱 - 抗震墙		80	70	55	40	不应采用

砌体房屋的层数和总高度限值（m）

房屋类别		最小抗震墙厚度（mm）	烈度和设计基本地震加速度											
			6		7				8				9	
			0.05g		0.10g		0.15g		0.20g		0.30g		0.40g	
			高度	层数	高度	层数	高度	层数	高度	层数	高度	层数	高度	层数
多层砌体房屋	普通砖	240	21	7	21	7	21	7	18	6	15	5	12	4
	多孔砖	240	21	7	21	7	18	6	18	6	15	5	9	3
	多孔砖	190	21	7	18	6	15	5	15	5	12	4	—	—
	小砌块	190	21	7	21	7	18	6	18	6	15	5	9	3
底部框架—抗震墙砌体房屋	普通砖 多孔砖	240	22	7	22	7	19	6	16	5	—	—	—	—
	多孔砖	190	22	7	19	6	16	5	13	4	—	—	—	—
	小砌块	190	22	7	22	7	19	6	16	5	—	—	—	—

钢结构房屋适用的最大高度（m）

结构类型	6、7 度（0.10g）	7 度（0.15g）	8 度		9 度（0.40g）
			（0.20g）	（0.30g）	
框架	110	90	90	70	50
框架 - 中心支撑	220	200	180	150	120
框架 - 偏心支撑（延性墙板）	240	220	200	180	160
筒体（框筒，筒中筒，桁架筒，束筒）和巨型框架	300	280	260	240	180

木结构房屋总高度（m）和层数限值

结构类别	烈度			
	6 ～ 8		9	
	高度	层数	高度	层数
木柱木屋架和穿斗木构架	宜<6	宜二层	宜<3.3	宜一层
木柱木梁	宜<3	宜一层	宜<3	宜一层

附录 B　中国规范中关于钢筋锚固的相关规定

当计算中充分利用钢筋的抗拉强度时，受拉钢筋的锚固应符合下列要求：

基本锚固长度应按下列公式计算：

普通钢筋

$$l_{ab}=\alpha\frac{f_y}{f_t}d$$

预应力筋

$$l_{ab}=\alpha\frac{f_{py}}{f_t}d$$

式中：l_{ab}——受拉钢筋的基本锚固长度；

f_y、f_{py}——普通钢筋、预应力筋的抗拉强度设计值；

f_t——混凝土轴心抗拉强度设计值，当混凝土强度等级高于 C60 时，按 C60 取值，抗拉强度按后表取用；

d——锚固钢筋的直径；

α——锚固钢筋的外形系数，按下表取用。

锚固钢筋的外形系数 α

钢筋类型	光面钢筋	带肋钢筋	螺旋肋钢丝	三股钢绞线	七股钢绞线
α	0.16	0.14	0.13	0.16	0.17

混凝土设计强度（MPa）

	C15	C20	C25	C30	C35	C40	C45	C50	C55	C60	C65	C70	C75	C80
抗压强度 f_c	7.2	9.6	11.9	14.3	16.7	19.1	21.1	23.1	25.3	27.5	29.7	31.8	33.8	35.9
抗拉强度 f_t	0.91	1.1	1.27	1.43	1.57	1.71	1.8	1.89	1.96	2.04	2.09	2.14	2.18	2.22

后记

本书内容是针对建筑学初学者的。具体来说，对象是那些正在准备开始学习建筑结构的大学本科学生。说到结构，可以立刻想到力学将会是其中主要的内容。当然，还会包括材料、施工、细部等与结构力学相关的更加具象的内容。为了更好地达到理解概念而不是死记硬背的目的，本书在可能的条件下，尽量避免使用数学和力学公式。

如果读者通过这本书对建筑结构产生了兴趣，那它将会是你们进而获取更多专业知识的一把钥匙。如此，笔者将深感荣幸！

2012 年 5 月 江尻宪泰

译者的话

有关建筑结构的入门教材，通常给人以印象就是专业级满满的文字叙述，加之拒门外汉以千里之外的高门槛公式。它们总是自带“非专业人士勿碰”的光环。久而久之，即便是对于建筑结构怀有一丝兴趣的“外界”人士，最终也失望而去。然而，比起那些我们平常看不见也摸不着的科学技术，地球重力所主导着的结构力学并非是那么的高深莫测。停放一辆自行车也好，递交一页报告也罢，我们的生活之中无处不充斥着力学。如此平常的力学，与那些对常人而言却是无解的“天书”之间，存在着令人困惑的隔阂。结构大家渡边邦夫（Kunio Watanabe）曾经说过，工程技术的作用就在于翻译，将那些抽象的科学原理翻译成一般人都可以体验到的生活。对此，笔者感同身受！工程技术就好比是一座桥梁，连接起抽象与具象，本质与表象。如果我们将建筑结构视为一门工程技术，那么那些重力、地震力、风力，以及不同的地质条件、材料，等等，都会通过建筑结构的形态让我们感知和认识，它是一部就在我们每个人身边的，了解大自然运行科学原理的翻译器。当我们用这样的眼光来看待建筑结构时，会发现它的确不应该是那样的艰深晦涩，而更应该是平易近人的姿态。

有建筑师和建筑学专业的学生经常来问“我们需要掌握多少结构知识就可以了呢”？其实，就像前面说的，我们每个人都生活在结构的世界之中，早已经磨练了对于结构的感觉。我们需要做的就是将这种感觉融入到建筑形态之中。或者说，建筑结构在定性与定量上的区别就是结构设计与结构分析之间的不同吧。建筑师需要理解建筑结构的原理与机制，而那些定量的分析则是结构分析人员的工作。

这本《轻轻松松学习建筑结构》就是以这样的方式来展现建筑结构的。这也是我们从浩瀚的各类建筑结构入门教材中选中它的初衷。全书将建筑结构的内容分为结构基础、结构力学、结构计算、结构设计和抗震设计五个部分，兼具了对建筑结构定量与定性的专业级非专业的需求，适合于建筑结构专业及建筑设计专业的建筑结构入门。各部分内容展开都尽可能地细化了知识点，全书由 103 个知识点及 5 个小专栏所构成的全部内容，既容易理解，又有助于消化。在每个知识点的叙述中，作者确保必要的结构计算的同时，侧重于原理和一般常识的叙述，其间穿插着旁征博引的建筑结构史的内容，以及可以帮助读者理解建筑结构的生活常识。总之，整本书有别于我们通常看到的建筑结构类图书。轻轻松松地入门建筑结构，或许是这本书能给读者带来的最大感受。

本书作者江尻宪泰是当前仍活跃在一线的日本知名结构设计师，也是隈研吾等许多著名建筑师的结构合作者。因此，本书所涉及的建筑结构知识都可被认为是与建筑结构设计实践密切相关的、具有可操作性的知识点。作为译者，我们在翻译这本书时，剔除了其中一些并不适合国情的知识点，增补和替换了一部分与国内设计流程及规范相关的内容，使之能够更好地适合国内读者的需求。

最后，希望这本书能给各位带来不一样的建筑结构入门之道！

作者简介

江尻宪泰　1962 年生于东京。一级注册建筑师、建筑结构设计一级注册建筑师、JSCA 建筑结构师。1986 年千叶大学工学部建筑工学科毕业；1988 年千叶大学研究生院硕士，同年进入青木繁研究室。1990 年成立江尻建筑结构设计事务所。目前担任长冈造型大学教授，千叶大学、日本女子大学客座讲师。

译（校）者简介

郭屹民　东南大学建筑学院 副教授
张　准　和作建筑结构研究所 结构设计师
陈　笛　三菱地所设计（日本）建筑师
罗林君　松田平田（日本）建筑师
钱　晨　同济大学建筑与城市规划学院 博士研究生
王梓童　同济大学建筑与城市规划学院 硕士研究生

著作权合同登记图字：01-2017-6143号
图书在版编目（CIP）数据

轻轻松松学习建筑结构/（日）江尻宪泰著；郭屹民等译. —北京：中国建筑工业出版社，2018.6
ISBN 978-7-112-21885-1

Ⅰ.①轻… Ⅱ.①江…②郭… Ⅲ.①建筑结构 Ⅳ.①TU3

中国版本图书馆CIP数据核字（2018）第043532号

责任编辑：刘婷婷　刘文昕
责任校对：姜小莲

轻轻松松学习建筑结构
[日] 江尻宪泰　著
郭屹民　陈　笛　罗林君　张　准　译
郭屹民　钱　晨　王梓童　校
*
中国建筑工业出版社出版、发行（北京海淀三里河路9号）
各地新华书店、建筑书店经销
北京点击世代文化传媒有限公司制版
北京市密东印刷有限公司印刷
*
开本：787×1092毫米　1/16　印张：15　字数：320千字
2018年7月第一版　2018年7月第一次印刷
定价：78.00元
ISBN 978-7-112-21885-1
（27472）